21世纪高等学校计算机规划教材

21st Century University Planned Textbooks of Computer Science

Visual C++ 应用教程

Visual C++ Programming

郑阿奇 丁有和 主编

精品系列

人 民 邮 电 出 版 社

北 京

图书在版编目（CIP）数据

Visual C++应用教程 / 郑阿奇，丁有和主编．—北京：人民邮电出版社，2008.10（2017.1 重印）
21 世纪高等学校计算机规划教材
ISBN 978-7-115-18208-1

Ⅰ．V…　Ⅱ．①郑…②丁…　Ⅲ．C 语言—程序设计—高等学校—教材　Ⅳ．TP312

中国版本图书馆 CIP 数据核字（2008）第 077106 号

内 容 提 要

本书在复习 C++基础知识后，先从 Windows 编程入手，然后引入 MFC 编程，再分别介绍 MFC 编程环境下的基本概念，进而一步一步展开。Visual C++内容安排突出基本概念和基本内容，通过一个一个的小综合，把小的知识点串起来，从而深化理解。实验部分前面突出知识点实际训练，后面是本书的小综合实践，最后的大综合突出数据库和图形应用。同时，本书把内容介绍和应用技术有机地结合起来，为使用 Visual C++解决问题时可能遇到的困难提供简单的解决方案。

本书可以作为大学本科、高职高专的教材，也可供 Visual C++应用开发人员参考。

21 世纪高等学校计算机规划教材

Visual C++应用教程

◆ 主　　编　郑阿奇　丁有和
　责任编辑　武恩玉
◆ 人民邮电出版社出版发行　　北京市丰台区成寿寺路 11 号
　邮编　100164　　电子邮件　315@ptpress.com.cn
　网址　http://www.ptpress.com.cn
　三河市海波印务有限公司印刷
◆ 开本：787×1092　1/16
　印张：19.25　　　　2008 年 10 月第 1 版
　字数：506 千字　　　2017 年 1 月河北第 7 次印刷

ISBN 978-7-115-18208-1/TP

定价：32.00 元

读者服务热线：(010)81055256　印装质量热线：(010)81055316
反盗版热线：(010)81055315

出版者的话

计算机应用能力已经成为社会各行业最重要的工作要求之一，而计算机教材质量的好坏会直接影响人才素质的培养。目前，计算机教材出版市场百花争艳，品种急剧增多，要从林林总总的教材中挑选一本适合课程设置要求、满足教学实际需要的教材，难度越来越大。

人民邮电出版社作为一家以计算机、通信、电子信息类图书与教材出版为主的科技教育类出版社，在计算机教材领域已经出版了多套计算机系列教材。在各套系列教材中涌现出了一批被广大一线授课教师选用、深受广大师生好评的优秀教材。老师们希望我社能有更多的优秀教材集中地呈现在老师和读者面前，为此我社组织了这套“21世纪高等学校计算机规划教材-精品系列”。

“21世纪高等学校计算机规划教材-精品系列”具有下列特点。

（1）前期调研充分，适合实际教学需要。本套教材主要面向普通本科院校的学生编写，在内容深度、系统结构、案例选择、编写方法等方面进行了深入细致的调研，目的是在教材编写之前充分了解实际教学的需要。

（2）编写目标明确，读者对象针对性强。每一本教材在编写之前都明确了该教材的读者对象和适用范围，即明确面向的读者是计算机专业、非计算机理工类专业还是文科类专业的学生，尽量符合目前普通高等教学计算机课程的教学计划、教学大纲以及发展趋势。

（3）精选作者，保证质量。本套教材的作者，既有来自院校的一线授课老师，也有来自IT企业、科研机构等单位的资深技术人员。通过他们的合作使老师丰富的实际教学经验与技术人员丰富的实践工程经验相融合，为广大师生编写出适合目前教学实际需求、满足学校新时期人才培养模式的高质量教材。

（4）一纲多本，适应面宽。在本套教材中，我们根据目前教学的实际情况，做到“一纲多本”，即根据院校已学课程和后续课程的不同开设情况，为同一科目提供不同类型的教材。

（5）突出能力培养，适应人才市场要求。本套教材贴近市场对于计算机人才的能力要求，注重理论技术与实际应用的结合，注重实际操作和实践动手能力的培养，为学生快速适应企业实际需求做好准备。

（6）配套服务完善，共促提高。对于每一本教材，我们在教材出版的同时，都将提供完备的PPT课件，并根据需要提供书中的源程序代码、习题答案、教学大纲等内容，部分教材还将在作者的配合下，提供疑难解答、教学交流等服务。

在本套教材的策划组织过程中，我们获得了来自清华大学、北京大学、人民大学、浙江大学、吉林大学、武汉大学、哈尔滨工业大学、东南大学、四川大学、上海交通大学、西安交通大学、电子科技大学、西安电子科技大学、北京邮电大学、中国林业大学等院校老师的大力支持和帮助，同时获得了来自信息产业部电信研究院、联想、华为、中兴、同方、爱立信、摩托罗拉等企业和科研单位的领导和技术人员的积极配合。在此，人民邮电出版社向他们表示衷心的感谢。

我们相信，“21世纪高等学校计算机规划教材-精品系列”一定能够为我国高等院校计算机课程教学做出应有的贡献。同时，对于工作欠缺和不妥之处，欢迎老师和读者提出宝贵的意见和建议。

人民邮电出版社

前言

目前，Visual C++教材很多，但对初学者来说感觉难学难懂，用它解决问题更难。本书作者结合近年来 Visual C++教学和应用开发的经验，以 Visual C++ 6.05（中文版）为平台组织教材内容，采用新的切入点，既吸取现有教材中合理的内容，又在对主要内容的介绍上有所创新。

本书第一部分（第 1 ~ 9 章）内容首先回顾了 C++语言的基础知识，其中，面向对象的程序设计部分为 Visual C++的介绍奠定基础。MFC 编程和操作从 Windows 编程入手，然后引入 MFC 编程，再分别介绍 MFC 编程环境下的基本概念，从而为后面理解 Visual C++的环境和开发所遇到的问题做了初步准备。从第 3 章开始一步一步展开，内容安排突出基本概念和基本内容，通过一个一个的小综合，把小的知识点串起来，从而深化理解，为解决实际问题逐步积累基础。本书所有示例的完整源程序代码均已上机调试通过。全书各部分内容既相互联系又相对独立，方便用户根据自己的需要进行选择。

本书第二部分配合教学内容选取了典型的实验题目，实验部分前面突出知识点实际训练，后面是 Visual C++教程中的小综合实践。通过具体实例一步一步引导读者进行操作和编程（先领进门），然后提出问题思考并让读者自己进行操作和编程练习，旨在帮助学生更好地利用本书学到更多的知识。

第三部分是“综合应用”，突出数据库和图形应用。通过实验和综合应用，读者能够轻松自如地使用 Visual C++设计开发一个小的应用系统。

为了便于教学，本书为授课教师提供教学课件、所有的实例源程序文件、大综合应用源程序文件，有需要者请登录人民邮电出版社（www.ptpress.com.cn）免费下载。另外，本书还配有 Visual C++应用演示系统：在人民邮电出版社教育资源网上同步提供包含教程和实验中形成的学生成绩管理系统的所有源文件。教师可据此在课堂演示，学生可据此上机模仿。

本书把内容介绍和应用技术有机结合，为在用 Visual C++解决问题时可能遇到的困难提供简单的解决方案。所以本书既是学习 Visual C++的教材，又是 Visual C++应用的参考书。

本书由南京师范大学郑阿奇、丁有和主编，由于作者水平有限，不当之处在所难免，恳请读者批评指正。

作　者

2008 年 4 月

目录

第一部分 Visual C++教程

第二部分 实 验

第三部分　实　　习

第一部分 Visual C++教程

第 1 章 C++基础

目前，Visual C++是 C++解决问题的最佳开发平台，这已经成为大家的共识。不熟悉 C++，当然谈不上学习 Visual C++。只有学好 Visual C++，才能解决实际问题。

本章首先介绍 C++面向对象的一些基础内容，以便更好地理解以后讨论的 Visual C++应用程序框架。

1.1 C++概述

20 世纪 80 年代初期，贝尔实验室的 Bjarne Stroustrup 在 C 语言的基础上创建了 C++语言。C++根除了 C 中存在的问题，同时加入了**面向对象**的程序设计，从而引入了**类**的机制。最初的 C++被称为“**带类的 C**”，1983 年正式命名为 C++（C Plus Plus）。以后经过不断完善，形成了目前的 C++。

1.1.1 C++程序创建

使用 C++高级语言编写的程序称为**源程序**。由于计算机执行由 0 和 1 组成的二进制指令（称为**机器代码**），因而 C++源程序是不能被计算机直接执行的，只有转换成机器代码才能被计算机执行。这个转换过程就是编译器对源代码进行**编译**和**连接**的过程，如图 1-1 所示。

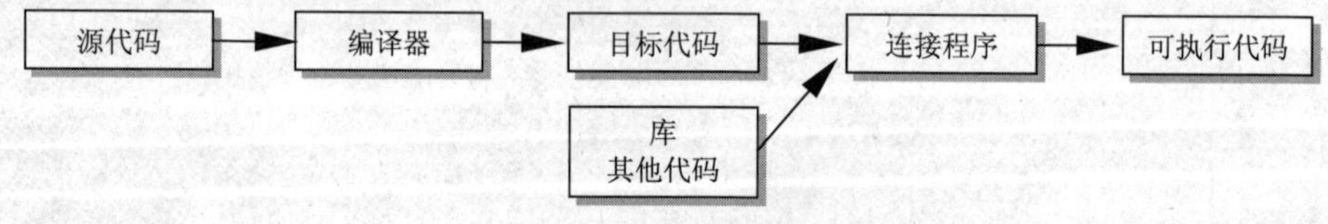

图 1-1 C++程序创建过程

事实上，许多 C++编程工具软件商都提供了各自的 C++集成开发环境（Integrated Development Environment，IDE），使 C++程序的源代码编写、**编译**和**连接**一体化。常见的有：Microsoft Visual C++、各种版本的 Borland C++（如 Turbo C++、C++ Builder 等）、IBM Visual Age C++、bloodshed 免费的 Dev-C++等。但 Visual C++在项目文件管理、调试以及操作的亲和力等方面都略胜一筹，故这里仅介绍 Visual C++开发环境。

Visual C++是微软公司推出的目前使用极为广泛的基于 Windows 平台的可视化编程环境。Visual C++ 6.0 是在以往版本不断更新的基础上形成的，由于其功能强大、灵活性好、完全可扩展以及具有强有力的 Internet 支持，在各种以 C/C++语言为内核的 Windows 开发工具中脱颖而出，成为目前流行的 Windows 应用程序开发的集成开发环境，如图 1-2 所示。

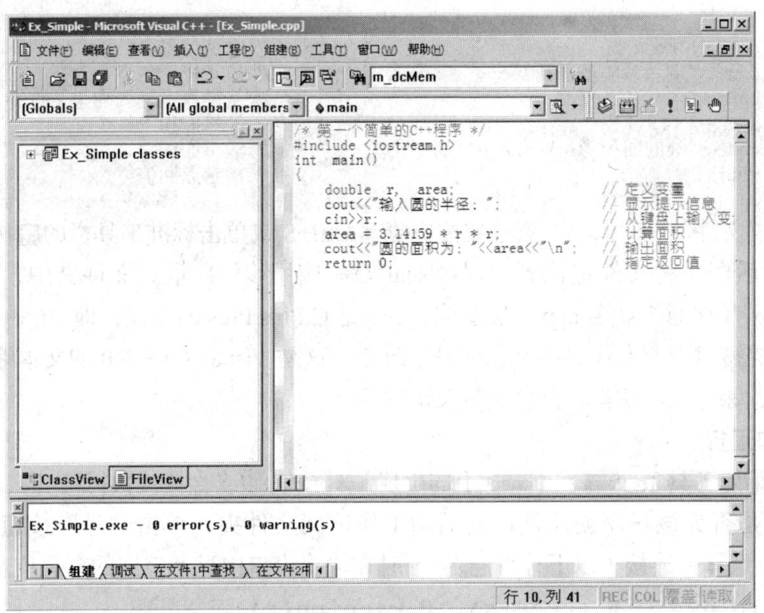

图 1-2　Visual C++ 6.05 SP6 开发环境

Visual C++ 6.0 分为标准版、专业版和企业版三种，但其基本功能是相同的。Visual C++ 6.05 中文版是在 Visual C++ 6.0 基础上进行汉化的一个版本，本书以此版本作为编程环境。为统一起见，仍称之为 **Visual C++ 6.0**，并以 Windows XP（经典桌面主题）作为操作系统。

下面以一个简单的 C++程序为例来说明在 Visual C++中创建和运行程序的一般过程。

1．创建工作文件夹

创建 Visual C++ 6.0 的工作文件夹"D:\Visual C++应用"，以后所有创建的 C++程序都在此文件夹下，这样既便于管理，又容易查找。在文件夹"D:\Visual C++应用"下再创建一个子文件夹"第 1 章"用于存放第 1 章中的 C++程序；对于第 2 章程序就存放在子文件夹"第 2 章"中，依次类推。

2．启动 Visual C++ 6.0

选择"开始"→"程序"→"Microsoft Visual Studio 6.0"→"Microsoft Visual C++ 6.0"，运行 Visual C++ 6.0。第一次运行时，将显示如图 1-3 所示的"每日提示"对话框。单击"下一条"按钮，可看到有关各种操作的提示。如果在"启动时显示提示"复选框中单击鼠标，去除复选框的选中标记"✔"，那么下一次运行 Visual C++ 6.0，将不再出现此对话框。单击"关闭"按钮关闭此对话框，进入 Visual C++ 6.0 开发环境。

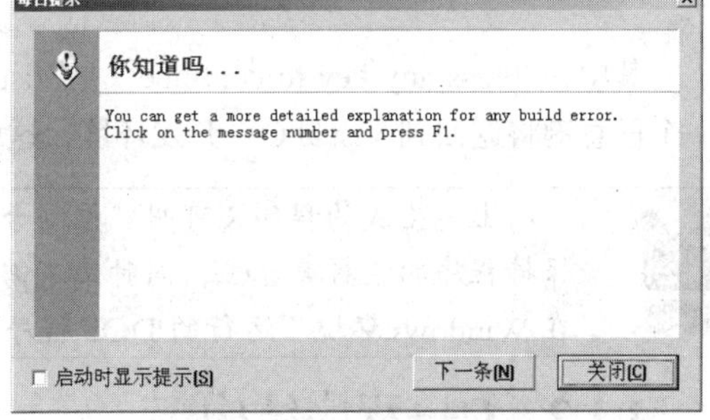

图 1-3　"每日提示"对话框

3．添加 C++程序

（1）单击标准工具栏上的"新建"（）按钮，打开一个新的文档窗口，在这个窗口中输入下列 C++代码。

例 Ex_Simple　一个简单的 C++程序。

```
/* 第一个简单的C++程序 */
#include <iostream.h>
int   main( )
```

```
    {
        double  r,  area;                          // 定义变量
        cout<<"输入圆的半径：";                     // 显示提示信息
        cin>>r;                                    // 从键盘上输入变量 r 的值
        area = 3.14159 * r * r;                    // 计算面积
        cout<<"圆的面积为："<<area<<"\n";           // 输出面积
        return 0;                                  // 指定返回值
    }
```

（2）选择"文件"→"保存"菜单或按快捷键 Ctrl+S 或单击标准工具栏的按钮，弹出"保存为"文件对话框。将文件定位到"D:\Visual C++应用\第 1 章"文件夹中，文件名指定为"Ex_Simple.cpp"（注意扩展名.cpp 不能省略，cpp 是 C Plus Plus 的缩写，即"C++"的意思）。

此时在文档窗口中所有代码的颜色都发生改变，这是 Visual C++ 6.0 的文本编辑器所具有的语法颜色功能，绿色表示注释，蓝色表示关键词等。

4．编译和运行

（1）单击编译工具条上的生成工具按钮或直接按快捷键 F7，系统弹出一个对话框，询问是否为该程序创建默认的活动工作区间文件夹，单击"是"按钮，系统开始对 Ex_Simple 进行编译、连接（以下称编连），同时在输出窗口中显示编连的有关信息，当出现：

```
Ex_Simple.exe - 0 error(s), 0 warning(s)
```

表示 Ex_Simple.exe 可执行文件已经正确无误地生成了。

（2）单击编译工具条上的运行工具按钮或直接按快捷键 Ctrl+F5，就可以运行刚刚生成的 Ex_Simple.exe 了，结果弹出以下控制台窗口（其属性已被修改过）信息：

此时等待用户输入一个数。当输入 10 并按 Enter 键后，控制台窗口显示如下：

其中，"Press any key to continue"是 Visual C++自动加上去的，表示 Ex_Simple 运行后，按一个任意键将返回到 Visual C++开发环境，这就是 C++程序的创建、编连和运行过程。

上述生成的程序又可叫"控制台应用程序"，它是指那些需要与传统 DOS 操作系统保持程序的某种兼容性，同时又不需要为用户提供完善界面的程序。简单地讲，就是指在 Windows 环境下运行的 DOS 程序。控制台窗口就是一个 DOS 屏幕！

1.1.2 C++程序结构

一个程序是由若干个程序源文件组成的。为了与其他语言相区别，每一个 C++程序源文件通常是以.cpp（C Plus Plus，C++）为扩展名，它是由编译预处理指令、数据或数据结构定义以及若干个函数组成。下面就以 Ex_Simple.cpp 的程序代码（见图 1-4）为例来分析 C++程序的组成和结构。

1．main 函数

代码中，main 表示主函数，由于每一个程序执行时都必须从 main 开始，而不管该函数在整

```
1// [例Ex_Simple] 一个简单的C++程序
2/* 第一个简单的C++程序 */
3#include <iostream.h>
4int main()
5{
6    double  r,  area;                       // 定义变量
7    cout<<"输入圆的半径：";                 // 显示提示信息
8    cin>>r;                                 // 从键盘上输入变量r的值
9    area = 3.14159 * r * r;                 // 计算面积
10   cout<<"圆的面积为："<<area<<"\n";       // 输出面积
11   return 0;                               // 指定返回值
12}
```

图 1-4　Ex_Simple.cpp 的程序代码

个程序中的具体位置，因此每一个 C++程序或由多个源文件组成的 C++项目都必须包含一个且只有一个 main 函数。

在 main 函数代码中，“int main( )”称为 main 函数的**函数头**，函数头下面用一对花括号“{”和“}”括起来的部分称为 main 函数的**函数体**，函数体中包括若干条语句（**按书写次序依次顺序执行**），每一条语句都以分号“;”结束。由于 main 函数名的前面有一个 int，它表示 **main 函数的类型**是整型，须在函数体中使用关键字 return，用来将其后面的值作为函数的返回值。由于 return 语句运行后，函数体 return 后面的语句不再被执行，因此除非想要函数提前结束，否则 return 语句应写在函数体的最后。

main 函数体的第 1 条（**行号为 6**）语句是用来定义两个双精度实型（double）变量 r 和 area，第 2 条（**行号为 7**）语句是一条输出语句，它将双引号中的内容（即字符串）输出到屏幕上，cout 表示标准输出流对象（屏幕），“<<”是插入符，它将后面的内容插入到 cout 中，即输出到屏幕上；第 3 条（**行号为 8**）语句是一条输入语句，cin 表示标准输入流对象（键盘），“>>”是提取符，用来将用户键入的内容保存到后面的变量 r 中；“return 0;”之前的最后一条（**行号为 10**）语句是采用多个“<<”将字符串和变量 area 的内容输出到屏幕中，后面的“\n”是换行符，即在内容输出后回车换行。

2. 头文件包含

行号为 3 的代码是 C++文件包含#include 的编译指令，称为**预处理指令**。#include 后面的 iostream.h 是 C++编译器自带的文件，称为 **C++库文件**，它定义了标准输入/输出流的相关数据及其操作，由于程序用到了输入/输出流对象 cin 和 cout，因而需要用#include 将其合并到程序中，又由于它们总是被放置在源程序文件的起始处，所以这些文件被称为**头文件**（Header File）。C++编译器自带了许多这样的头文件，每个头文件都支持一组特定的“工具”，用于实现基本输入输出、数值计算、字符串处理等方面的操作。

在 C++中，头文件包含两种格式。一是将文件名用尖括号“< >”括起来，用来包含那些由编译系统提供的并放在指定子文件夹中的头文件，这称为**标准方式**。二是将文件名用双引号括起来的方式，称为**用户方式**。这种方式下，系统先在用户当前工作文件夹中查找要包含的文件，若找不到再按标准方式查找（即再按尖括号的方式查找）。所以，一般来说，用尖括号的方式来包含编译器自带的头文件，以节省查找时间；而用双引号来包含用户自己编写的头文件。

3. 注释

程序 Ex_Simple 中的“/*...*/”之间的内容或“//”开始一直到行尾的内容是用来注释的，它的目的只是为了提高程序的可读性，对编译和运行并不起作用。正是因为这一点，所注释的内容既可以用汉字来表示，也可以用英文来说明，只要便于理解即可。

一般来说，注释应在编程的过程中同时进行，不要指望程序编制完成后再补写注释。那样只会多花好几倍的时间，更为严重的是，时间长了以后甚至会读不懂自己编写的程序。

通常，必要的注释内容应包含以下内容。

- 在源文件头部进行必要的源程序的**总体注释**：版权说明、版本号、生成日期、作者、内容、功能、与其他文件的关系、修改日志等，头文件的注释中还应有函数功能简要说明。
- 在函数的头部进行必要的**函数注释**：函数的目的/功能、输入参数、输出参数、返回值、调用关系（函数、表）等。
- **其他的少量注释**：如全局变量的功能、取值范围等。千万不要陈述那些一目了然的内容，否则会使注释的效果适得其反。

需要说明的是，“/*...*/”用来实现多行注释，它是将由“/*”开头到“*/”结尾之间所有内容均视为注释，称为**块注释**。块注释（“/*...*/”）的注解方式可以出现在程序中的任何位置，包括在语句或表达式之间。而“//”只能实现单行注释，它是将“//”开始一直到行尾的内容作为注释，称为**行注释**。

1.1.3 C++程序组成

下面再看两个C++程序。

例 Ex_Simple1　在屏幕上输出一个由星号形成的三角形。

```
// 输出星号的三角形阵列
#include <iostream.h>
void DoDraw(int num);                          // 声明一个全局函数
int   main( )
{
        int    num = 5;                        // 定义并初始化变量
        DoDraw(num);                           // 函数的调用
        return 0;                              // 指定返回值
}
void DoDraw(int num)                           // 函数的定义
{
        for (int    i = 0;    i < num;    i++)   // 循环语句
        {
                for (int    j = 0;    j <= i;    j++)
                        cout<< '*';
                cout << '\n';
        }
}
```

本程序包括两个函数：主函数main和被调用的函数DoDraw。DoDraw函数是在屏幕上输出星号的三角形阵列，这个阵列的行数以及每行星号的个数由num决定。程序运行的结果如下：

```
*
**
***
****
*****
```

在以后的C++程序运行结果中，本书不再完整显示其控制台窗口，也不再显示“Press any key to continue”，仅将控制台窗口中运行结果部分裁剪下来列出，并加以单线阴影边框，本书作此约定。

例 Ex_Simple2　用类的概念重写例 Ex_Draw。

```
#include <iostream.h>
class CDrawArray                               // 定义一个类
{
public:
        void DoDraw(int num);                  // 声明类的公有成员函数
};
```

```
void CDrawArray::DoDraw(int num)                          // 成员函数的实现
{
        for (int i=0; i<num; i++)
        {
                for (int j=0; j<=i; j++)
                        cout<<'*';
                cout<<'\n';
        }
}
int   main( )
{
        int   num = 5;
        CDrawArray myDraw;                                // 定义类的一个对象
        myDraw.DoDraw(num);                               // 调用此对象的成员函数
        return 0;                                         // 指定返回值
}
```

虽然本程序的作用和例 Ex_Simple1 是一样的，但它引用了类的概念，是一个面向对象的 C++程序。程序中 class 后的名称是要定义的类名，该类仅声明了一个公共类型的成员函数 DoDraw。调用时，先定义该类的对象，然后像 myDraw.DoDraw(num)语句那样调用。程序运行的结果同前。

从以上几个例子可以看出，一个 C++程序往往由预处理命令、语句、函数、变量和对象、输入与输出以及注释等几个基本部分组成。

1.2　类 和 对 象

Visual C++以 C++面向对象的**类**机制作为 Windows 应用程序框架的核心。**类**是面向对象程序设计的核心，它实际上是一种新的数据类型，也是对某一类对象的概括（抽象），而类的对象就是类的一个**实例**，因此，**类**和**对象**是密切相关的。

1.2.1　面向对象程序设计

那么，什么是面向对象的程序设计呢？

在以**过程**为主的程序设计中，**问题**被看作一系列需要完成的任务，而**函数**是用于完成这些任务的主要手段。但函数是面向过程的，即它关注如何根据规定的条件完成指定的任务，强调的是**算法**。尽管每个函数都可以有自己的局部数据，但在多函数程序中，有许多重要的数据仍然需要被放置在全局数据区中，以便能被所有的函数访问。这种结构很容易造成全局数据在无意中被其他函数改动，因而程序的正确性不易保证。

另外，在大型程序中，模块化的系统是实现模块功能的函数和子程序的集合。由于用户的需求和软、硬件技术的不断发展变化，按照功能划分设计的系统模块必然是易变的和不稳定的，这样开发出来的模块可重用性不高。

为了解决面向过程程序设计中的上述问题，20 世纪 80 年代末兴起了**面向对象**程序设计（Object-Oriented Programming，OOP）方法。它把世界看成是独立**对象**的集合，在程序中，**对象是程序的基本元素**，它将数据和操作紧密地连结在一起，并保护数据不会被外界的函数意外地改动。**对象之间通过消息而相互作用**，当一个对象为完成其功能需要请求另一个对象的服务时，前者就向后者发出一条消息，后者在接收到这条消息后，识别该消息并按照自身的适当方式予以响应。

面向对象的程序设计有三个主要特征：**封装**、**继承**和**多态**。

（1）**封装**。封装是将数据和代码捆绑到一起，避免了外界的干扰和不确定性。**在 C++中**，封装是通过类来实现的。类是用来描述具有相同属性和方法的对象的集合，它定义了该集合中每个对象所共有的属性和方法。

（2）**继承**。继承是让某个类型的对象获得另一个类型的对象的特性。在C++面向对象程序设计中，继承是指一个子类继承父类（或称为基类）的特征。通过继承可以实现代码的**重用**：从已存在的类派生出的一个新类将自动具有原来那个类的特性，同时，它还可以拥有自己的新特性。

（3）**多态**。对于相同的消息，不同的对象具有不同的反应能力。多态机制使具有不同内部结构的对象可以共享相同的外部接口，通过这种方式减少代码的复杂度。

总之，面向对象的程序设计是将问题抽象成许多类，将数据与对数据的操作封装在一起，各个类之间可以存在着继承关系，对象是类的实例，程序是由对象组成。因此，在C++面向对象程序设计时，首先设计类，定义类的属性和可执行的操作（方法），然后设计使用这些类的对象的程序。这种从低级（如类）到高级（如程序）的处理过程称为**自下向上的编程方式**。

1.2.2　类的声明

C++中，声明一个类的一般格式如下：

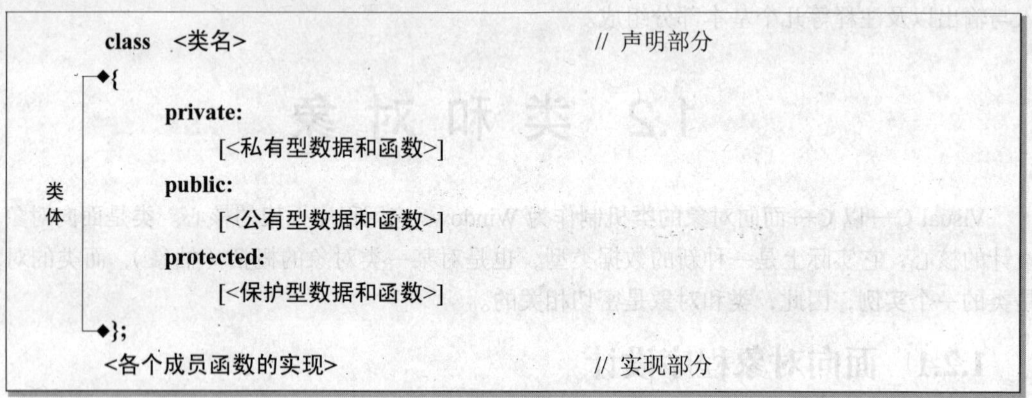

其中，class是类声明的关键字，class的后面是要声明的**类名**。类中的数据和函数都是类的成员，分别称为**数据成员**和**成员函数**。

数据成员用来描述类状态等的属性，由于数据成员常用变量来定义，所以有时又将这样的数据成员称为**成员变量**。

成员函数是用来对数据成员进行操作，又称为**方法**。注意，**类体中最后一个花括号后面的分号"；"不能省略**。

在Visual C++中，常用大写的C字母开始的标识符作为类名，C用来表示类（Class），以与对象、函数及其他数据类型的名称相区别。

类中关键字public、private和protected声明了类中的成员与类外之间的关系，称为**访问权限**。对于public成员来说，它们是公有的，可以在类外访问。对于private成员来说，它们是私有的，不能在类外访问，数据成员只能由类中的函数所使用，成员函数只允许在类中调用。而对于protected成员来说，它们是受保护的，具有半公开性质，可在类中或其子类中访问（后面还会讨论）。

从类的声明格式可以看出，类的声明可分为**声明部分**和**实现部分**。简单地说，**声明部分**将告诉使用者"做什么"，而**实现部分**是告诉使用者"怎么做"。格式中，**各个成员函数的实现**是类定义中的**实现部分**，它包含所有在类体中声明的函数的定义（即对成员函数的实现）。如果一个成员函数的声明和定义同时在类体中完成，则该成员函数的实现将不需要单独出现。如果所有的成员函数都在类体中定义，则实现部分可以省略。

当类的成员函数的定义是在类体外部完成时，必须用**作用域运算符**“::”来告知编译系统该函数所属的类。此时，成员函数的定义格式如下：

```
<函数类型>  <类名>::<函数名>( <形式参数表> )
  函    ┌◆{
  数    │  …
  体    └◆}
```

示例如下。

例 Ex_StuScoreClass　一个类的定义示例。

```
#include <iostream.h>
class CStuscore
{
  public:
      float Average(void);                    // 求平均成绩：在类中声明
      char * getName( )                       // 获取姓名：声明和定义同时在类中完成
      {
            return strName;
      }
      char * getNo( )                         // 获取学号：声明和定义同时在类中完成
      {
            return strStuNO;
      }
  private:
      char   strName[12];                     // 姓名
      char   strStuNO[9];                     // 学号
private:
      float fScore[3];                        // 三门课程成绩
};
float CStuscore::Average(void)                // 在类体外部定义
{
      return (float)((fScore[0] + fScore[1] + fScore[2])/3.0);
}
int   main( )
{
      return 0;
}
```

本例中用关键词 class 声明了名为 CStuscore 的类。在类的声明中，描述学生的姓名、学号与三门课程成绩的数据 strName、strStuNO、fScore 用 private 定义为私有数据成员。这表明数据成员 strName、strStuNO、fScore 只能在类中使用，而不能在类外使用。

对学生成绩信息进行处理的函数 Average、getName 和 getNo 用关键词 public 声明成公有成员函数，这样就可在外部程序中通过 getName 和 getNo 函数分别来获取学生姓名和学号数据，通过 Average 函数获取学生的平均成绩。可见，类中的私有数据成员只能通过公有接口函数（如 getName 和 getNo 函数）来访问，从而保证数据的安全性。

在类 CStuscore 中，成员函数 getName 和 getNo 的声明及定义是在类体中同时进行的，而函数 Average 是在类体中声明，而在类体外定义（实现）的，注意函数 Average 实现中函数名前面一定要用作用域运算符“::”指明该函数所属的类。

由于将学生数据与处理数据的函数封装为一个类，因此对类中学生数据的修改，只会影响类中的函数，而不会影响其他的函数。所以类可使程序模块具有良好的独立性与可维护性。

需要说明如下。

（1）类中的数据成员的数据类型可以是任意的，包括整型、浮点型、字符型、数组、指针和引用等，也可以是另一个类的对象。例如：

```
class   COne
{…
};
class   CTwo
{…
  private:
     COne a;                                         // 数据成员 a 是已定义的 COne 类对象
};
```

（2）由于类是一种数据类型，系统并不会为其分配内存空间，所以在定义类中的数据成员时，不能对其进行初始化，也不能指定除 static 之外的任何存储类型。例如，在类 Cstuscore 中，下面的定义是错误的：

```
class Cstuscore
{…
  private:
     float fScore[3] = {80.0, 90.0, 78.0};          // 错误：不能在直接对数据成员进行初始化
     auto int n;                                     // 错误：不合法的存储类型
};
```

（3）访问权限关键词 public、private、protected 在类中使用先后次序无关紧要，且可使用多次。每个访问权限关键词为类成员所确定的访问权限是从该关键词开始到下一个关键词为止。如在 CStuscore 类中，私有数据成员是用两个 private 来分开写成两个部分。同样，若将公有成员函数用两个 public 分开写成两个部分，仍是正确的。

（4）在进行类设计时，通常将数据成员声明为私有，而将大多数成员函数声明为公有。这样，类以外的代码不能直接访问类的访问权限私有数据，从而实现了**数据的封装**。而公有成员函数可为内部的私有数据成员提供外部接口，但接口实现的细节在类外又是不可见的，这就是 C++ 类的优点之一。

（5）一般来说，程序员更多关心的是 public 成员，因此常将 public 成员写在类体中的前面，而将 private 成员写在类体中的后面。若在类体内没有指定成员的访问权限，则默认的访问权限为私有的（private）。

（6）当程序比较大时，应尽量将类单独存放在一个文件中或将类的声明放在头文件中，而将成员函数的实现放在与头文件同名的.cpp 文件中（这也是 Visual C++ 6.0 的编程方式）。

1.2.3 对象的定义和初始化

作为一种复杂的数据构造类型，类声明后，就可以定义该类的对象。同变量一样，创建一个对象往往也要完成 3 项工作：给对象命名、为对象开辟内存空间以及将对象的数据成员进行初始化。

类对象有 3 种定义方式：**声明之后定义**、**声明之时定义**和**一次性定义**。例如：

```
class   A
{…};
A a;                                    // 声明之后定义
class   B
{…
} b, c;                                 // 声明之时定义
class
{…
} d, e;                                 // 一次性定义
```

但由于“类”比任何数据类型都要复杂得多，为了提高程序的可读性，真正将“类”当成一个密闭、“封装”的盒子（接口），在程序中应尽量使用对象的**声明之后定义**方式，即按下列格式

进行：

```
<类名>  <对象名表>;
```

其中，类名是已声明过的类的标识符，对象名可以有一个或多个，多个时要用逗号隔开。被定义的对象既可以是一个普通对象，也可以是一个数组对象或指针对象。例如：

```
CStuscore   one, *Stu, Stus[2];
```

这时，one 是类 CStuscore 的一个普通对象，Stu 和 Stus 分别是该类的一个指针对象和对象数组。若对象是一个指针，则还可像指针变量那样进行初始化，例如：

```
CStuscore   *two = &one;
```

可见，在程序中，对象的使用和变量是一样的，只是对象还有成员的访问等手段。

1.2.4　对象成员的访问

一个对象的成员就是该对象的类所定义的数据成员和成员函数。访问对象的成员变量和成员函数与访问一般变量和函数的方法是一样的，只不过需在成员前面加上对象名和成员运算符“.”，其表示方式如下：

```
<对象名>.<成员变量>
<对象名>.<成员函数>(<参数表>)
```

例如：

```
cout<<one. getName( )<<endl;
// 调用对象 one 中的成员函数 getName，然后输出其结果
cout<< Stus[0]. getNo( )<<endl;
// 调用对象数组元素 Stus[0]中的成员函数 getNo，然后输出
```

需要说明的是，一个**类对象只能访问该类的公有成员**，而对于私有成员则不能访问。例如，getName 和 getNo 等公有成员可以由对象通过上述方式来访问，但 strName、strStuNo、fScore 等私有成员不能被对象访问。

若对象是一个指针，则对象的成员访问形式如下：

```
<对象名>-><成员变量>
<对象名>-><成员函数>(<参数表>)
```

“->”是另一个表示成员的运算符，它与“.”运算符的区别是：“->”用来表示指向对象的指针的成员，而“.”用来表示一般对象的成员。

需要说明的是，下面的两种表示是等价的（对于成员函数也适用）：

```
<对象指针名>-><成员变量>
(*<对象指针名>).<成员变量>
```

例如：

```
CStuscore   *two = &one;
cout<<(*two). getName( )<<endl;            // A
cout<<two->getName( )<<endl;               // 与 A 等价
```

需要说明的是，类外通常是指在子类（后面会讨论）中或其对象等的一些场合，对于访问权限 public、private 和 protected 来说，只有在子类中或用对象来访问成员时，它们才会起作用。使用类外对象访问成员时，只能访问 public 成员，而对 private 和 protected 均不能访问。对类中的

成员访问或通过该类对象来访问成员都不受访问权限的限制。

1.2.5 构造函数和析构函数

事实上，一个类总有两种特殊的成员函数，即构造函数和析构函数。构造函数的功能是在创建对象时，给数据成员赋初值，即给对象初始化。析构函数的功能是用来释放一个对象，在对象删除前，用它来做一些内存释放等清理工作，它与构造函数的功能正好相反。

1. 构造函数

前面已提及，在类的定义中是不能对数据成员进行初始化的。为了能给数据成员设置某些初值，这时就要使用类的特殊成员函数——构造函数。构造函数的最大特点是在对象建立时它会被自动执行，因此用于变量、对象的初始化代码一般放在构造函数中。

C++规定，**一个类的构造函数必须与相应的类同名，它可以带参数，也可以不带参数，与一般的成员函数定义相同，可以重载，也可以有默认的形参值。**

例 Ex_Constructor 设计类的构造函数。

```
#include <iostream.h>
class CPerson
{
  public:
       CPerson(char *str, float h, float w)                    // A：构造函数
       {
            strcpy(name, str);         height = h;          weight = w;
       }
       CPerson(char *str)                                      // B：构造函数
       {
            strcpy(name, str);
       }
       CPerson(float h, float w = 120);                        // C：构造函数
public:
       void print( )
       {
            cout<<"姓名："<<name<<"\t 身高："<<height<<"\t 体重："<<weight<<endl;
       }
private:
       char   name[20];                                        // 姓名
       float   height;                                         // 身高
       float   weight;                                         // 体重
};
CPerson::CPerson(float h, float w)
{
       height = h;          weight = w;
}
int main( )
{
       CPerson one("DING");
       one.print( );
       CPerson two(170, 130);
       two.print( );
       CPerson three("DING", 170, 130);
       three.print( );
       return 0;
}
```

程序运行的结果如下：

```
姓名：DING        身高：-1.07374e+008        体重：-1.07374e+008
姓名：烫烫烫烫烫烫烫烫烫烫        身高：170        体重：130
姓名：DING        身高：170        体重：130
```

分析和说明

（1）代码中，为类 CPerson 定义了 3 个重载的构造函数（程序中用 A、B、C 标明）。这些构造函数的**重载**必须按其规定进行定义：要么参数个数不同；要么参数个数相同，但参数类型不能相同。其中，构造函数 CPerson(float h, float w = 120)，不仅设置了形参 w 的默认值，而且还将该构造函数的声明在类中进行，其定义在类体外实现。

（2）主函数 main 中，对象 one 的初始化等价于 one.CPerson("DING")，因而调用的是 B 构造函数，此时对象的私有数据成员 name 设定了初值 "DING"，而 height 和 weight 初值没有指定，它们的初值取决于对象的存储类型，可能是默认值或无效值。

（3）对象 two 的初始化等价于 two.CPerson(170, 130)，因而调用的是 C 构造函数，此时对象的私有数据成员 height 和 weight 初值分别设定为 170、130，而 name 初值没有指定，它可能是默认值或无效值。

（4）对象 three 的初始化等价于 three.CPerson("DING", 170, 130)，因而调用的是 A 构造函数，此时对象的私有数据成员 name、height 和 weight 初值分别设定为"DING"、170 和 130。

在 C++函数声明时，自右向左可以为一个或多个形参指定默认的参数值，这样在调用时，可以不给出具体的实际参数值，而按其指定的默认值工作。如 CPerson(float h, float w=120)构造函数，在定义对象时，若有 CPerson other(170)，则使得 height=170，而 weight 等于默认值 120。

虽然构造函数的定义方式与一般成员函数没有什么区别，但要注意以下事项。

（1）**构造函数名必须与类同名**。只有约定了构造函数名，系统在生成类的对象时，才能自动调用类的构造函数。

（2）**定义的构造函数不能指定其返回值的类型，也不能指定为 void 类型**。事实上，由于构造函数主要用于对象数据成员的初始化，因而无须返回函数值，也就无须有返回类型。

（3）若要用类定义对象，则构造函数必须是公有成员函数，否则类无法实例化。若类仅用于派生其他类，则构造函数可定义为**保护成员函数**。

（4）当构造函数重载以及设定构造函数默认形参值时，要避免出现二义性。例如：

```
CPerson(char *str, float h = 170, float w = 130)        // A
{
        strcpy(name, str);       height = h;        weight = w;
}
CPerson(char *str)                                       // B
{
        strcpy(name, str);
}
```

则当"CPerson　other("DING");"时，即"other. CPerson("DING");"，因编译无法确定是上述哪一个构造函数的调用，从而**出现编译错误**。

（5）如果没有定义任何构造函数，则编译自动为类隐式生成一个**不带任何参数**的默认构造函数，由于函数体是空块，因此默认构造函数不进行任何操作，仅仅为了对象创建时的语法需要。例如，对于 CPerson 类来说，默认构造函数的形式如下：

```
CPerson( )                                   // 默认构造函数的形式
{ }
```

默认构造函数的目的是使下列对象定义形式合法：

```
CPerson   one;                               // 即 one.CPerson ( ); 会自动调用默认构造函数
```

此时，由于对象 one 没指定任何初值，因而编译会自动调用类中隐式生成的默认构造函数对其初始化。

（6）当类定义中指定了构造函数，则隐式的默认构造函数不再存在，因此，对于前面定义的 CPerson 类来说，若有：

```
CPerson four;                          // 错误
```

则会因为找不到默认构造函数而出现编译错误。此时，在类中还要给出默认构造函数的具体定义，即定义一个不带任何参数的构造函数，称为**显式的默认构造函数**，这样才能对 four 进行定义并初始化。

2. 析构函数

与构造函数相对应的是**析构函数**（Destructor）。析构函数是 C++类中另一个特殊的成员函数，它只是在类名称前加上一个“~”符号（逻辑非），以与构造函数功能相反，其格式如下：

```
<~ 类名>( )
{ … }
```

当对象的生存期结束后，或者当使用 delete 释放由 new 来分配动态内存的对象时，析构函数会被自动调用。

这样，数据成员（尤其是用 new 为其开辟的内存空间）的释放代码就可放入析构函数的函数体中，以便对象消失后自动调用。需要说明如下。

（1）每一个类最多只能有一个析构函数，且应为 public，否则类实例化后无法自动调用析构函数进行释放，不能被重载，没有任何参数，也不返回任何值，函数名前也不能有任何关键词（包括 void）。例如：

```
class   CPerson
{
public:
        ...
        ~CPerson( )     {     }                // 析构函数
        ...
};
```

（2）与类的其他成员函数一样，析构函数的定义也可在类体外进行，但必须指明它所属的类，且在类体中还必须有析构函数的声明。例如：

```
class   CPerson
{
public:
        ...
        ~CPerson( );                           // 析构函数的声明
        ...
};
CPerson:: ~CPerson( )                          // 在类体外进行析构函数的定义
{ …}
```

（3）与默认构造函数类似，若类的声明中没有定义析构函数时，则编译也会自动生成一个隐式的不做任何操作的默认析构函数。

1.2.6 new 和 delete

类的构造函数和析构函数的一个典型应用是在构造函数中用 new 为指针成员开辟独立的动态内存空间，而析构函数再用 delete 释放它们。

由于一个类的成员的数据类型可以是任何有效的合法的类型，因而若数据类型为指针时，则这样的成员称为**指针成员**，但此时要注意**指针成员的潜在危险**。例如，若有一个类 CName，用来描述一个字符串名称：

```
class CName
{
public:
        CName( )                                  // A: 显式默认构造函数
        {
            strName = NULL;                       // 空值
        }
        CName( char *str )                        // B
        {
            strName = str;
        }
        ~CName( ){}                               // 显式默认析构函数
        char *getName( )                          // 获取字符串
        {
            return strName;
        }
private:
        char *strName;                            // 字符指针，名称
};
```

则当 main 函数中有下列代码时：

```
int main( )
{
        char *p = new char[5];                    // 为 p 开辟内存空间
        strcpy(p ,"DING");                        // p 指向的内存空间的值为"DING"
        CName one( p );                           // 对象初始化
        delete []p;                               // 释放 p 的内存空间
        cout<<one.getName( )<<endl;
        return 0;
}
```

由于“CName one(p);”调用的是 B 重载构造函数，从而使得私有指针成员 strName 指向等于 p 的指向。而 p 是指向 new 开辟的内存空间，其内容为“DING”，一旦 p 指向的内存空间删除后，p 的指向就变得不确定了，此时 strName 指向也不确定，所以此时运行结果如下：

```
葺葺葺葺葺葺葺葺
```

显然，输出的是一个无效的字符串。因此，为了保证类的封装性，类中的指针成员所指向的内存空间必须在类中自行独立开辟和释放。因此，类 CName 应改成下列代码：

```
class CName
{
public:
        CName( )                                  // A: 显式默认构造函数
        {
            strName = NULL;                       // 空值
        }
        CName( char *str )                        // B
        {
            strName = (char *)new char[strlen(str)+1];
            // 因字符串后面还有一个结束符，因此内存空间的大小要多开辟 1 个内存单元
            strcpy( strName, str );               // 复制内容
        }
        ~CName( )
        {
            if (strName)        delete []strName;
            strName = NULL;                       // 一个好习惯
        }
        char *getName( )
        {
            return strName;
        }
private:
        char *strName;                            // 字符指针，名称
};
```

这样，主函数中的代码才会正确地运行，结果如下：

```
DING
```

总之，为了使类具有通用性，通常将类中的字符串数据用 char 指针来描述，如 char *strName，但此时应将 strName 在构造函数另开辟独立的内存空间来存储字符串，然后在析构函数中释放，以保证成员数据在类中的封装性。若在构造函数中将指针成员直接指向字符串或指向外部的存储字符串的内存空间，则会出现潜在的危险。

1.2.7 对象赋值和拷贝构造函数

1．对象赋值

在 C++中，一个类的对象的初值设定可以有多种形式。例如，对于前面的类 CName 来说，则可有下列对象的定义方式：

```
CName o1;                          // 通过 A 显式默认构造函数设定初值
CName o2("DING");                  // 通过 B 重载构造函数设定初值
```

等都是合法有效的。但是若有：

```
o1 = o2;                           // 通过赋值语句设定初值
```

则虽合法，同类型的变量可以直接用“=”赋值，但运行后却会出现程序终止，这是为什么呢？

这是因为对于“CName o1;”这种定义方式，编译会自动调用相应的默认构造函数，此时显式的默认构造函数使私有指针成员 strName 为空值；而“o1 = o2;”中，C++赋值运算符的操作是将右操作对象的内容拷贝（复制）到左操作对象的内存空间中，由于左操作对象 o1 中的 strName 没有指向任何内存空间，因此试图将数据拷贝到一个不存在的内存空间中，程序必然异常终止。所以“o1 = o2;”看上去合法，但实际上是不可行的。

C++还常用下列形式的初始化来将另一个对象作为对象的初值：

```
<类名> <对象名 1>(<对象名 2>)
```

例如：

```
CName o2("DING");                  // A：通过构造函数设定初值
CName o3(o2);                      // B：通过指定对象设定初值
```

B 语句是将 o2 作为 o3 的初值，同 o2 一样，o3 这种初始化形式要调用相应的构造函数，但此时找不到相匹配的构造函数，因为 CName 类没有任何构造函数的形参是 CName 类对象。事实上，CName 还隐含一个特殊的默认构造函数，其原型为 CName(const CName &)，这种特殊的默认构造函数称为**默认拷贝构造函数**。在 C++中，每一个类总有一个**默认拷贝构造函数**，其目的是保证 B 语句中对象初始化形式的合法性，其功能就等价于“CName o3 = o2;”。但语句“CName o3(o2);”与语句“o1 = o2;”一样，也会出现程序终止，其原因和“o1 = o2;”原因一样。但是，若有类 CData：

```
class CData
{
public:
    CData( int data = 0)
    {
        m_nData = data;
    }
    ~CData( ) {}
    int getData( )
```

```
        {
            return m_nData;
        }
    private:
        int    m_nData;
    };
```

则下列初始化形式却都是合法有效的：

```
    CData a(3);                         // 通过重载构造函数设定初值
    CData b(a);                         // 通过默认拷贝构造函数设定初值，等价于 CData b = a;
                                        // 语句
    cout<< a.getData( )<<endl;          // 输出 3
    cout<< b.getData( )<<endl;          // 输出 3
```

可见，同变量一样，在 C++中类对象的初始化也可以有两种方式：赋值方式和默认拷贝方式。这两种方式是等价的，例如：CData b(a);和 CData b=a；是等价的。

2. 分析和比较

为什么 CData 对象的赋值和默认拷贝初始化是可行的，而 CName 对象的赋值和默认拷贝初始化却是不行的呢？问题就出在其数据成员的内存空间上。

CName 的数据成员 strName 是一个“char *”指针，由于其自身的内存空间是用来存放指针的地址，因而其数据的存储还需另辟一个不依附外部的独立的内存空间。而 CData 的数据成员 m_nData 自身的内存空间就是用来存储数据的，因此 CData 对象初始化所进行的数值拷贝是有效的。

解决 CName 对象初始化所进行的内容拷贝问题，在 C++中有两种方式，一是给“=”运算符赋予新的操作，称为**运算符重载**；二是重新定义或重载默认拷贝构造函数。

3. 浅拷贝

前面已说过，每一个 C++类都有一个隐式的默认拷贝构造函数，其目的是保证对象拷贝初始化方式的合法性，其功能是将一个已定义的对象所在的内存空间的内容依次拷贝到被初始化的对象的内存空间中。这种仅仅将内存空间的内容拷贝的方式称为**浅拷贝**。也就是说，默认拷贝构造函数是**浅拷贝**方式。

4. 深拷贝

事实上，对于数据成员有指针类型的类来说，均会出现如 CName 类的问题，由于默认拷贝构造函数无法解决，因此必须自己定义一个拷贝构造函数，在进行数值拷贝之前，为指针类型的数据成员另辟一个独立的内存空间。由于这种拷贝还需另辟内存空间，因而称其为**深拷贝**。

5. 拷贝构造函数

拷贝构造函数是一种比较特殊的构造函数，除遵循构造函数的声明和实现规则外，还应按下列格式进行定义：

```
<类名>(参数表)
{}
```

可见，拷贝构造函数的格式就是带参数的构造函数。由于拷贝操作实质是类对象空间的引用，因此 C++规定，拷贝构造函数的参数个数可以是 1 个或多个，但左起的第 1 个参数必须是类的引用对象，它可以是“类名 &对象”或是“const 类名 &对象”形式，其中“类名”是拷贝构造函数所在类的类名。也就是说，对于 CName 的拷贝构造函数，可有下列合法的函数原型：

```
    CName( CName &x );                  // x 为合法的对象标识符
    CName( const CName &x );
    CName( CName &x , …);               // “…”表示还有其他参数
    CName( const CName &x, …);
```

需要说明的是，一旦在类中定义了拷贝构造函数，则隐式的默认拷贝构造函数和隐式的默认构造函数就不再有效了。

例如，下面的示例是在前面 CName 的基础上添加拷贝构造函数的定义。

 例 Ex_CopyCon　使用拷贝构造函数。

```
#include <iostream.h>
#include <string.h>
class CName
{
  public:
     CName( )
     {
        strName = NULL;
     }
     CName( char *str )
     {
        strName = (char *)new char[strlen(str)+1];
        strcpy( strName, str );                    // 复制内容
     }
     CName( CName &one )                          // A：显式的默认拷贝构造函数
     {
        // 为 strName 开辟独立的内存空间
        strName = (char *)new char[strlen(one.strName)+1];
        strcpy( strName, one.strName );            // 复制内容
     }
     CName( CName &one, char *add)                // B：带其他参数的拷贝构造函数
     {  // 为 strName 开辟独立的内存空间
        strName = (char *)new char[strlen(one.strName) + strlen(add) +1];
        strcpy( strName, one.strName );            // 复制内容
        strcat( strName, add);                     // 连接到 strName 中
     }
     ~CName( )
     {
        if (strName)      delete []strName;
        strName = NULL;                            // 一个好习惯
     }
     char *getName( )
     {
        return strName;
     }
  private:
     char *strName;                                // 字符指针，名称
};
int main( )
{
     CName o1("DING");                             // 通过构造函数初始化
     CName o2(o1);                                 // 通过显式的默认拷贝构造函数来初始化
     cout<<o2.getName( )<<endl;
     CName o3(o1, " YOU HE");                      // 通过带其他参数的拷贝构造函数来初始化
     cout<<o3.getName( )<<endl;
     return 0;
}
```

代码中，类 CName 定义了两个拷贝构造函数 A 和 B，其中 A 称为**显式的默认拷贝构造函数**，B 称为**重载拷贝构造函数**，它还带有字符指针参数，用来将新对象的数据成员字符指针 strName 指向一个开辟的动态内存空间，然后将另一个对象 one 的内容复制到 strName 中，最后调用 cstring 头文件定义的库函数 strcat 将字符指针参数 add 指向的字符串连接到 strName 中。程序运行的结果如下：

```
DING
DING YOU HE
```

1.2.8　this 指针

this 指针是类中的一个特殊指针，**当类实例化（用类定义对象）时，this 指针指向对象自己，而在类的声明时指向类本身**。打个比方，this 指针就好比你自己一样，当你在屋子里面（类的声明）时，你只知道“房子”这个概念（类名），而不知道房子是什么样子，但你可以看到里面的一切（可以通过 this 指针引用所有成员），正所谓“不识庐山真面目，只缘身在此山中”，而当你走出屋子外（类的实例），看到的是一栋具体的房子（this 指针指向类的实例）。下面来看一个示例，它是通过 this 指针用另一个对象直接给对象赋值。

例 Ex_This　使用 this 指针示例。

```
#include <iostream.h>
class CPoint
{
  public:
     CPoint( int x = 0, int y = 0 )
     {    xPos = x;          yPos = y;    }
public:
     void Copy( CPoint one)
     {
          *this = one;
     }                                                    // 直接通过 this 赋值
     void    Print( )
     {
          cout<<"Point("<<xPos<<", " <<yPos<<")"<< endl;
     }
private:
     int xPos,    yPos;
};
int main( )
{
     CPoint pt1(10, 20), pt2(30, 40);
     pt1.Print( );          pt1.Copy(pt2);          pt1.Print( );
     return 0;
}
```

类 CPoint 中，使用 this 指针的成员函数是 Copy，此时 this 指针指向类自己，在成员函数 Copy 中，由于语句“*this=one”等到对象调用时才会执行，因而当在 main 函数调用“pt1.Copy(pt2);”时，this 指针指向对象 pt1，此时“*this=one”是将 one 的内容拷贝到类对象 pt1 中，这样就使得 pt1 的数据成员的值等于 pt2 的数据成员的值。因此 main 函数中最后的语句“pt1.print( );”输出的结果就等于 pt2 的结果。程序运行的结果如下：

```
Point(10, 20)
Point(30, 40)
```

事实上，如成员函数的形参名与该类的成员变量名同名时，则必须用 this 指针来显式区分，例如：

```
class CPoint
{
  public:
     CPoint( int x = 0, int y = 0)
     {    this->x = x;this->y = y;        }
     void Offset(int x, int y)
     {    (*this).x += x;      (*this).y += y;    }
     void Print( ) const
     {    cout<<"Point("<<x<<", "<<y<<")"<<endl; }
private:
```

```
        int x, y;
    };
```

代码中，类 CPoint 中的私有数据成员 x、y 和构造函数、Offset 成员函数的形参同名，正是因为成员函数体中使用了 this 指针，从而使函数中的赋值语句合法有效，且含义明确。否则，如果没有 this 指针，则构造函数中的赋值语句就变为了“x=x; y=y;”，显然是不合法的。

1.3 继承和派生

面向对象的程序设计方法实际上是一种模拟现实世界的软件方法。在现实世界中，事物之间有着复杂的联系，除了相似性、多样性之外，还有遗传或继承性等。一个事物可以继承其父辈特性，且自己还有其他特性，这种继承（Inheritance）的特性也在 C++类中得到了应用。在 C++中，当一个新类从一个已定义的类中派生后，新类不仅继承了原有类的属性和方法，并且还可以拥有自己新的属性和方法，称之为类的**继承和派生**。被继承的类称为**基类**（Base class）或**超类**（Super class）（又称为**父类**），在基类或父类上建立的新类称为**派生类**（Derived class）或**子类**（Sub class）。**一个基类可以有多个派生类**。一个派生类还可以作为基类，继续派生出新的类来，这样的派生方式称为**多层派生**（或称为**多重派生**），从继承的角度来看称为**多层继承**（或称为**多重继承**）。

1.3.1 继承的特性

在 C++中，类的继承具有下列特性。

（1）**单向性**。**类的继承是有方向的**。例如，若 A 类是子类 B 的父类，则只有子类 B 继承了父类 A 中的属性和方法，在 B 类中可以访问 A 类的属性和方法，但在父类 A 中却不能访问子类 B 的任何属性和方法。而且，**类的继承还是单向的**。例如，若 A 类继承了 B 类，反之，此时 B 类不能再继承 A 类。同样，若 A 类是 B 类的基类，B 类是 C 类的基类，此时 C 类不能是 A 类的基类。

（2）**传递性**。若 A 类是 B 类的基类，B 类是 C 类的基类，则基类 A 中的属性和方法传递给子类 B 以后，通过子类 B 也传递给子类 C，这是类继承的**传递性**。正是因为继承的传递性，才使子类**自动**获得基类的属性和方法。

（3）**可重用性**。自然界中存活在同物种具有遗传关系的层次通常是有限的，而 C++中的类却不一样，类的代码可一直保留。这样，当基类的代码构造完之后，其下一代的派生类的代码往往新增一些属性和方法，这些一代一代派生下去，整个类的代码越来越完善。若将若干代的类代码保存在一个头文件中，而在新的程序文件中包含进来，然后定义一个派生类，则这样的派生类就具有前面所有代基类的属性和方法，而不必从头开始重新定义和设计，从而节略了大量的代码。可见，类的继承机制也体现了**代码重用或软件重用**的思想。

1.3.2 派生类的定义

在 C++中，一个派生类的定义可按下列格式：

```
class <派生类名> : [<继承方式 1>] <基类名 1>, [<继承方式 2>] <基类名 2>, …
{                                    (基类列表)
    [<派生类的成员>]
};
```

说明如下。

（1）一个派生类和一个一般类的定义格式基本相同，唯一区别就在于：派生类定义时派生类名后面是由冒号“:”引导的**基类列表**。

（2）基类列表中，若指定基类只有一个，则这样的派生类是**单继承**方式，若有多个基类，则为**多继承**方式。当有多个基类时，基类名之间要用逗号分隔。

（3）各基类名之前一般需要指定其**继承方式**，用来限定派生类继承基类属性和方法的使用权限。C++继承方式有 3 种：public（公有）、private（私有）及 protected（保护），若继承方式没有指定，则被默认指定为 **private（私有）方式**。

（4）基类必须是在派生类定义前已作过定义的类，若是在派生类后面定义，而仅仅在派生类定义前作基类的提前声明，则是**不合法**的。例如：

```
class   CBase;                                  // 基类 CBase 作提前声明
class CDerived:   public CBase                  // 错误：CBase 未定义
{
        int z;
};
class   CBase                                   // 基类的定义
{
        int x, y;
};
```

1.3.3　继承方式

类的继承使得基类可以向派生类传递基类的属性和方法，但在派生类中访问基类的属性和方法不仅取决于基类成员的**访问属性**而且还取决于其**继承方式**。

继承方式能有条件地改变在派生类中的基类成员的访问属性，从而使派生类对象对派生类中的自身成员和基类成员的访问均取决于成员的访问属性。C++ 3 种继承方式的特点介绍如下。

（1）**公有**（public）**继承**。在派生类中，基类的公有成员、保护成员和私有成员的访问属性保持不变。在派生类中，只有基类的私有成员是无法访问的。也就是说，基类的私有成员在派生类中被隐藏了，但不等于说基类的私有成员不能由派生类继承。派生类对象只能访问派生类和基类的公有成员。

（2）**私有**（private）**继承**。在派生类中，基类的公有成员、保护成员和私有成员的访问属性都将变成私有，且基类的私有成员在派生类中被隐藏。因此，私有继承方式下，在派生类中仍可访问基类的公有和保护成员。由于基类的所有成员在派生类中都变成私有，因此基类的所有成员在派生类的子类中都是不可见的。换句话说，基类的成员在派生类的子类中已无法发挥基类的作用，实际上相当于终止基类的继续派生。正因为如此，实际应用中私有继承的使用情况一般比较少见。另外，派生类对象只能访问派生类的共有成员，而不能访问基类的任何成员。

（3）**保护**（protected）**继承**。在派生类中，基类的公有成员、保护成员的访问属性都将变成保护的，同样，基类的私有成员在派生类中也是被隐藏的。同私有继承一样，在保护继承方式下，派生类中仍可访问基类的公有成员和保护成员。但派生类对象只能访问派生类的共有成员，而不能访问基类的任何成员。

下面来看一个示例，它是反映类 CPerson 和类 CStudent 的公有继承关系。

在学生类 CStudent 中，它的数据成员可以有：姓名、学号、性别、年龄、三门课程的成绩、总分和平均分。以往设计这个类时，是将这些数据成员一并声明在 CStudent 类中，这样做的缺点是显然的，因为若还需要一个教职员工类 CStaff，而该类的数据成员也需要姓名、性别和年龄，则还需要重新定义这些数据，显然类代码起不到优化和重用的作用。如果将其中的姓名、性别和年龄的数据成员作为基类 CPerson 的数据成员，处理这些数据的方法也在基类完成。这样通过继承，使得 CStudent 和 CStaff 类同时拥有基类的数据成员及其方法，从而大大简化了类 CStaff 和 CStudent 的代码，这在复杂的类设计中尤为重要。

例 Ex_PublicDerived 派生类的公有继承示例。

```
#include <iostream.h>
#include <string.h>
class CPerson
{
  public:
    CPerson(char *name, int age, char sex = 'M')
    {
        strncpy(this->name, name, 20);
        this->age = age;  this->sex = sex;
    }
    void SetNameAndSex( char *name, char sex = 'M')    // 更改姓名和性别
    {
        strncpy(this->name, name, 20);
        this->sex = sex;
    }
protected:
    void SetAge(int age)
    {
        this->age = age;
    }
    void ShowInfo( )                                    // 显示信息
    {
        cout<<"姓名："<<name<<endl;
        cout<<"性别："<<(sex=='M'?"男":"女")<<endl;
        cout<<"年龄："<<age<<endl;
    }
private:
    char        name[20];                               // 姓名
    char        sex;                                    // 性别
    int         age;                                    // 年龄
};
class CStudent :public CPerson
{
  public:
    CStudent(char *name, char *no, int age, char sex = 'M')
        :CPerson(name, age, sex)                        // 调用基类构造函数进行初始化
    {
        strncpy(this->stuno, no, 20);
    }
    void SetScore( float s1, float s2, float s3 )
    {
        score[0] = s1;          score[1] = s2;          score[2] = s3;
        total = s1 + s2 + s3;   ave = total / (float)3.0;
    }
    void SetNoAndAge(char *no, int age)
    {
        strncpy(this->stuno, no, 20);  this->SetAge( age );
    }
    void ShowAll( )
    {
        ShowInfo( );                                    // 调用基类的成员函数
        cout<<"学号："<<stuno<<endl;
        cout<<"三门成绩："<<score[0]<<"\t"<<score[1]<<"\t"<<score[2]<<endl;
        cout<<"总成绩和平均分："<<total<<"\t"<<ave<<endl;
    }
private:
    char        stuno[20];                              // 学号
```

```
        float       score[3],ave, total;                  // 三门成绩、平均和总分
};
int   main( )
{
        CStudent one("LiMing", "21050101", 19 );          // A
        one.SetScore( 90, 80, 84);                        // B
        one.ShowAll( );                                   // 调用派生类的公有成员函数
        one.SetNameAndSex("WangFang", 'W');               // 调用基类的公有成员函数
        one.SetNoAndAge("21050102", 18 );                 // 调用派生类的公有成员函数
        one.ShowAll( );                                   // 调用派生类的公有成员函数
        return 0;
}
```

分析和说明

（1）基类 CPerson 包含：私有数据成员 name（姓名）、sex（性别）和 age（年龄），公有构造函数 CPerson、成员函数 SetNameAndSex（用于重新设置 name 和 sex），保护成员函数 SetAge（用来重新设置 age）、ShowInfo（用来显示这些信息）。这样，用基类 CPerson 创建对象后，对象只能调用公有成员函数 SetNameAndSex，而对于私有和保护成员是无法访问的。

（2）派生类 CStudent 的成员除了自身的成员外，实际上还包含了基类 CPerson 的所有成员。由于 CStudent 类公有继承了 CPerson 类，因此可以在派生类中访问基类的公有构造函数 CPerson、成员函数 SetNameAndSex 和保护成员函数 SetAge、ShowInfo。在派生类 CStudent 的构造函数的对象初始化列表中，就是通过调用基类的构造函数 CPerson(name, age, sex)对隐藏在派生类 CStudent 中的基类私有数据成员进行初始化。除此之外，派生类 CStudent 中的公有成员函数 ShowAll 中还调用了基类 CPerson 的保护成员函数 ShowInfo。表 1-1 列出了派生类 CStudent 的所有成员及其访问权限。

表 1-1　　　　　　　　　　　公有继承的派生类 CStudent 的成员

<table>
<tr><th>基　类</th><th colspan="2">基 类 成 员</th><th colspan="2">派生类成员</th><th>派生类中访问</th><th>派生类对象访问</th></tr>
<tr><td rowspan="7">Cperson</td><td>name</td><td rowspan="3">Private</td><td>name</td><td rowspan="3">private</td><td rowspan="3">X（不可以）</td><td rowspan="3">X</td></tr>
<tr><td>sex</td><td>sex</td></tr>
<tr><td>age</td><td>age</td></tr>
<tr><td>CPerson( )</td><td rowspan="2">public</td><td>CPerson( )</td><td rowspan="2">public</td><td rowspan="2">√（可以）</td><td rowspan="2">√</td></tr>
<tr><td>SetNameAndSex( )</td><td>SetNameAndSex()</td></tr>
<tr><td>SetAge( )</td><td rowspan="2">protected</td><td>SetAge( )</td><td rowspan="2">protected</td><td rowspan="2">√</td><td rowspan="2">X</td></tr>
<tr><td>ShowInfo( )</td><td>ShowInfo( )</td></tr>
<tr><td rowspan="6" colspan="3"></td><td>stuno</td><td rowspan="2">private</td><td rowspan="2">√</td><td rowspan="2">X</td></tr>
<tr><td>score、ave、total</td></tr>
<tr><td>CStudent( )</td><td rowspan="4">public</td><td rowspan="4">√</td><td rowspan="4">√</td></tr>
<tr><td>SetScore( )</td></tr>
<tr><td>SetNoAndAge( )</td></tr>
<tr><td>ShowAll( )</td></tr>
</table>

（3）在 main 函数中，A 语句是调用派生类 CStudent 的构造函数对 one 对象进行初始化，由于 CStudent 的构造函数还调用了基类 CPerson 的构造函数，因而使派生类 CStudent 对象 one 的数据成员 name、age、sex 和 stuno 得到了初值。B 语句是调用了派生类 CStudent 的公有成员函数 SetScore 来设定派生类 CStudent 对象 one 的数据成员 score、ave 和 total。这样，对象 one 的所有数据成员都有了初值。

程序运行的结果如下：

```
姓名：LiMing
性别：男
年龄：19
学号：21050101
三门成绩：90    80    84
总成绩和平均分：254    84.6667
姓名：WangFang
性别：女
年龄：18
学号：21050102
三门成绩：90    80    84
总成绩和平均分：254    84.6667
```

1.3.4 派生类数据成员初始化

C++中，一个派生类中的数据成员通常有 3 类：基类的数据成员、派生类自身的数据成员以及派生类中其他类的对象。由于基类在派生类常常是隐藏的，也就是说在派生类中无法访问它，因此必须通过调用基类构造函数来设定基类的数据成员的初值。需要说明的是，通常将派生类中的基类，称为**基类拷贝**，或称为“base class subobject，**基类子对象**”。

C++规定，派生类中对象成员初值的设定应在初始化列表中进行，因此一个派生类的构造函数的定义格式如下：

```
<派生类名>(形参表)
        :基类 1(参数表), 基类 2(参数表), …, 基类 n(参数表),
        对象成员 1(参数表), 对象成员 2(参数表), …, 对象成员 n(参数表)
        ︸ 成员初始化列表
{ }
```

说明

（1）在派生类构造函数的成员初始化列表中，既可有**基类拷贝**的数据成员的初始化，也可有派生类中对象成员的初始化。当然，派生类的数据成员也可在成员初始化列表中进行初始化，但数据成员的初始化形式必须是“**数据成员名（参数）**”的形式。

（2）在成员初始化列表中，多个成员初始化之间必须用逗号分隔。

（3）派生类中的各数据成员的初始化次序总体是：首先是基类拷贝成员的初始化，然后才是派生类自己的数据成员初始化。

（4）基类拷贝成员的初始化次序与它在成员初始化列表中的次序无关。在单继承中，它取决于继承层次的次序，即优先初始化上层类的对象。而在多继承中，基类成员的初始化次序取决于派生类声明时指定继承时的基类的先后次序。

（5）派生类自身数据成员的初始化次序也与它在成员初始化列表中的次序无关，它们取决于在派生类中声明的先后次序。

例如，一个长方体类 CCuboid，它从基类矩形类 CRect 派生而来。基类 CRect 的数据成员是 2 个 CPoint 类对象 ptLT 和 ptRB，分别表示矩形的左上角点和右下角点的位置。派生类 CCuboid 自身的数据成员有表示高度的 fHeight，以及表示底面中点位置的 CPoint 对象 ptCenter，如图 1-5 所示。

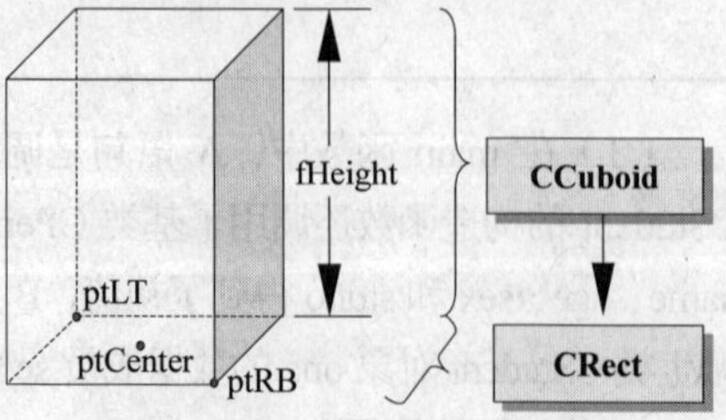

fHeight
CCuboid
CRect
ptLT
ptCenter
ptRB

图 1-5 CCuboid 类的结构

具体程序如下：

例 Ex_ClassDerived　派生类的构造和析构示例。

```
#include <iostream.h>
class CPoint
{
  public:
      CPoint( int x = 0, int y = 0)                             // C
      {
          xPos = x;    yPos = y;
          cout<<"CPoint 构造函数"<<endl;
      }
      void ShowPos(bool isEnd = false)
      {
          cout<<"pos("<<xPos<<", "<<yPos<<")";
          if (isEnd)    cout<<endl;
      }
private:
      int xPos, yPos;
};
class CRect
{
public:
      CRect( int x1 = 0, int y1 = 0, int x2 = 0, int y2 = 0)    // B
          : ptLT(x1, y1), ptRB(x2, y2)
      {
          cout<<"CRect 构造函数"<<endl;
      }
      void ShowPos( )
      {
          ptLT.ShowPos( );  cout<<", ";      ptRB.ShowPos(true);
      }
private:
      CPoint ptLT, ptRB;
};
class CCuboid: public CRect
{
  public:
      CCuboid( int x1, int y1, int x2, int y2, int height )     // A
          : CRect(x1, y1, x2, y2),
          ptCenter((x1+x2)/2, (y1+y2)/2),
          fHeight(height)
      {
          cout<<"CCuboid 构造函数"<<endl;
      }
      void ShowAll( )
      {
          cout<<"矩形的角点为：";                 CRect::ShowPos( );
          cout<<"底面矩形的中点为：";             ptCenter.ShowPos(true);
          cout<<"高为："<<fHeight<<endl;
      }
private:
      CPoint     ptCenter;
      float      fHeight;
};
int main( )
{
      CCuboid one( 5, 5, 30, 30, 50);
      one.ShowAll( );
      return 0;
}
```

程序运行的结果如下：

```
CPoint构造函数
CPoint构造函数
CRect构造函数
CPoint构造函数
CCuboid构造函数
矩形的角点为：pos(5, 5), pos(30, 30)
底面矩形的中点为：pos(17, 17)
高为：50
```

分析：由上述程序代码可知，派生类 CCuboid 除了自身的 CPoint 类对象成员 ptCenter 和 float 型数据成员 fHeight 外，还有 CRect 基类拷贝的数据成员。下面说明“CCuboid one(5, 5, 30, 30, 50);”的构造过程。

（1）在 CCuboid 类中查找对象 one 匹配的构造函数“CCuboid(int x1, int y1, int x2, int y2, int height)”，然后传递实参，使得 x1=5, y1=5, x2=30, y2=30, height=50，流程转到 CCuboid 构造函数处（即代码中的 A 处）。

（2）按 CCuboid 类声明继承时指定的基类次序进行基类拷贝的构造。因 CCuboid 类是单继承，基类是 CRect，因此这里仅构造 CRect 基类拷贝。

（3）查找 CCuboid 中的成员初始化列表中有无基类拷贝的构造代码。若没有，则流程转到基类的默认构造函数处；若有，则流程转到相匹配的基类构造函数处。显然，这里的流程是转到“CRect(x1, y1, x2, y2)”处（即代码中的 B 处），然后传递实参，使得 x1=5, y1=5, x2=30, y2=30。

（4）由于基类 CRect 中定义了 2 个 CPoint 对象成员 ptLT 和 ptRB，且在 CRect 构造函数的成员初始化列表中还有其初始化代码，因此根据它们在 CRect 类的定义次序先进行 ptLT 的初始化。

（5）根据 ptLT 在初始化列表中的初始化形式查找匹配的 CPoint 构造函数版本“CPoint(int x=0, int y=0)”，然后传递实参，使得 x=5, y=5，流程转到 CPoint 构造函数处（即代码中的 C 处）。

（6）由于 CPoint 类仅有私有数据成员 xPos 和 yPos，且构造函数中也没有成员初始化列表。故系统为 CPoint 类的数据成员开辟内存空间后，直接执行 CPoint 类构造函数中的代码，结果使得 ptLT 中的成员 xPos 和 yPos 分别为 5 和 5，输出“CPoint 构造函数”。

（7）ptLT 构造后，流程回溯到基类 CRect 构造函数的成员初始化列表中（即第 4 步），进行 CRect 类的下一个数据成员 ptRB 的初始化，即执行第 5 和第 6 步。故程序运行结果中一开始输出 2 次“CPoint 构造函数”。

（8）基类 CRect 构造函数的成员初始化列表中的代码执行完成后，系统开始执行 CRect 构造函数中的代码，结果输出“CRect 构造函数”。此时，CCuboid 类对象的 CRect 基类拷贝中的 ptLT 和 ptRB 的值分别为 (5,5) 和 (30,30)。

（9）CRect 基类拷贝初始化后，流程回溯到 CCuboid 类构造函数的成员初始化列表中。因不再有其他基类拷贝的初始化，故系统根据 CCuboid 类的数据成员的定义次序进行初始化。

（10）首先为 CCuboid 类的 CPoint 对象成员 ptCenter 开辟内存空间，然后在 CCuboid 类构造函数的成员初始化列表中查找 ptCenter 的初始化代码“ptCenter((x1+x2)/2, (y1+y2)/2)”，并根据其初始化形式查找匹配的 CPoint 构造函数版本，传递实参，执行构造函数中的代码。结果使得 ptCenter 的值为 (17,17)，输出“CPoint 构造函数”。

（11）流程再次回溯到 CCuboid 类构造函数的成员初始化列表中，根据 CCuboid 类的数据成员的定义次序进行 fHeight 成员的初始化。

（12）为 CCuboid 类的 fHeight 数据成员开辟内存空间，然后在 CCuboid 类构造函数的成员初始化列表中查找 fHeight 的初始化代码"fHeight(height)"，结果使得 fHeight = 50，然后执行 CCuboid 类构造函数中的代码，输出"CCuboid 构造函数"。CCuboid 类对象 one 构造完毕，流程转到"one.ShowAll( );"处。

1.3.5 基类成员的访问

前面已提及：派生类对象和派生类中的成员函数对基类的访问是不同的。那么，在派生类或派生类对象中究竟有哪些访问基类成员的方式呢?

假设，派生类 B 公有继承了基类 A，A 中的公有成员为 m，则在派生类 B 及其对象中访问基类 A 成员 m 的方式如下。

（1）若派生类 B 中无任何和 A 基类成员 m 同名的成员时，则可在派生类 B 中直接引用 ***m***。若有同名成员存在，则在派生类 B 中须指定成员所属的类，即访问形式为"***A::m***"。

（2）若派生类 B 对象 oB 是一个普通对象，当派生类 B 中无任何和 A 基类成员 m 同名的成员时，则通过 oB 访问基类成员 m 的形式为"***oB.m***"。若派生类 B 中有同名成员 m 存在，则通过 oB 访问基类成员 m 的形式为"***oB.A::m***"。

（3）若派生类 B 对象 poB 是一个指针对象，当派生类 B 中无任何和 A 基类成员 m 同名的成员时，则通过 poB 访问基类成员 m 的形式为"***poB->m***"，若派生类 B 中有同名成员 m 存在，则通过 poB 访问基类成员 m 的形式为"***poB->A::m***"。

1.4 多态和虚函数

多态是面向对象程序设计的重要特性之一，它与封装和继承构成了面向对象程序设计的三大特性。C++类的多态具体体现在运行和编译两个方面，在程序运行时的多态通过继承和虚函数来体现，而在程序编译时多态体现在函数和运算符的重载上。

1.4.1 多态概述

多态（Polymorphism）是指不同类型的对象接收相同的消息时产生不同的行为。这里的消息主要是指对类的成员函数的调用，而不同的行为是指成员函数的不同实现。多态是一种普遍存在的现象，如水有三种形态：固态（冰）、液态（水）和气态（汽），又如算术"加"运算可根据不同的操作数，如 1+1、1+0.5、1.5+0.5 等，具有多种形式。

在 C++中，多态可分为两种：**编译**时的多态和**运行**时的多态。编译时的多态是通过函数的重载或运算符的重载来实现的。运行时的多态是通过继承和虚函数来实现的，它是在程序执行之前，由于函数和参数还无法确定应该调用哪一个函数，而必须在程序的执行过程中，根据具体的执行情况动态地确定。

与这两种多态方式相对应的是两种编译方式：**静态联编**和**动态联编**。**联编**又称为**绑定**（Binding），就是将一个标识符和一个内存地址联系在一起的过程，或是一个源程序经过编译、连接，最后生成可执行代码的过程。

静态联编是指这种联编在编译阶段完成的，由于联编过程是在程序运行前完成的，故又称作**早期联编**。动态联编是指这种联编要在程序运行时动态进行，所以又称作**晚期联编**。

在 C++中，函数重载是静态联编的具体实现方式。调用重载函数时，编译根据调用时参数类型与个数在编译时实现静态联编，将调用地址与函数名进行绑定。

这里先来看一个示例，类的层次关系如图 1-6 所示（图 1-6 中，方框表示类，箭头表示继承关系，它指向基类）。

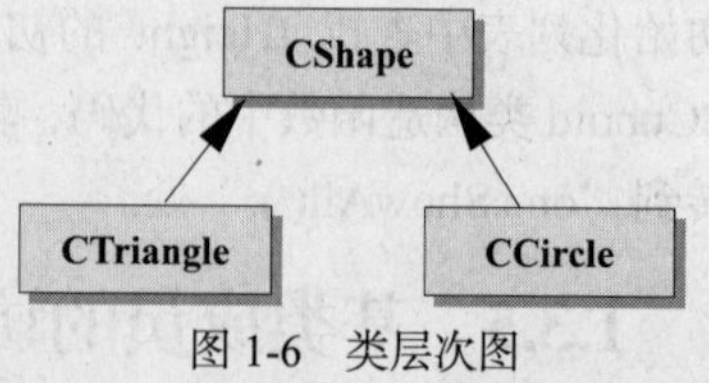

图 1-6 类层次图

例 Ex_PolyFunc 多态函数的静态联编示例。

```
#include <iostream.h>
class CShape
{
public:
        float area( )
        {    return 0.0;   }
};
class CTriangle : public CShape
{
  public:
        CTriangle(float h = 0, float w = 0)
        {    H = h;  W = w;    }
        float area( )
        {    return (float)(H * W * 0.5); }
  private:
        float H, W;
};
class CCircle : public CShape
{
  public:
        CCircle(float r = 0)
        {    R = r;      }
        float area( )
        {    return (float)(3.14159265 * R * R);      }
  private:
        float R;
};
int main( )
{
        CTriangle tri( 3, 4 );
        cout<<"tri.area( ) = "<<tri.area( )<<endl;                    // A
        CCircle cir（5）;
        cout<<"cir.area( ) = "<<cir.area( )<<endl;                    // B
        CShape *s1 = &tri;
        cout<<"s1->area( ) = "<<s1->area( )<<endl;                    // C
        CShape &s2 = cir;
        cout<<"s2.area( ) = "<<s2.area( )<<endl;                      // D
        return 0;
}
```

分析和说明

（1）代码中，基类 Cshape（形状类）派生了三角形类 CTriangle 和圆形类 CCircle。基类和派生类中都有一个同名的成员函数 area，用来求形状的面积。由于开始时，基类 CShape 形状不确定，因此成员函数 area 返回的值为 0.0。而在各具体的形状类中，成员函数 area 返回的值为各形状具有的面积。

（2）在 main 主函数中，由于 tri 是三角形类 CTriangle 对象，按“最近优先”原则，A 语句中 tri.area( )调用的是 CTriangle 类的成员函数 area，结果为 6。类似的，B 语句中 cir.area( )调用的是 CCircle 类的成员函数 area，结果为 78.5398。

（3）C 语句中，由于 s1 是 CShape 对象指针，当它指向 CTriangle 对象 tri 时，那么此时 s1->area( )究竟是调用哪一个类中的 area 函数呢？由于基类 CShape 中的成员函数 area 是一个普通成员，当被派生类 CTriangle 继承后，就会在派生类 CTriangle 中产生 CShape 类的拷贝，因此，此时 s1 指向的是对象 tri 中的 CShape 类拷贝。故 s1->area( )调用的是 CShape 类的成员函数 area，结果为 0。由于 s1->area( )调用在编译时就能确定是基类还是派生类的成员函数，因而它是静态联编。类似的，D 语句中的 s2.area( )调用的也是 CShape 类的成员函数 area，结果也为 0。

程序运行的结果如下：

```
tri.area() = 6
cir.area() = 78.5398
s1->area() = 0
s2.area() = 0
```

可见，在**静态联编**的方式下，同一个成员函数在基类和派生类中的不同版本是不会在运行时根据程序代码的指定进行自动**绑定**的。因此，必须通过类的**虚函数**机制，才能实现基类和派生类中的成员函数不同版本的**动态联编**。

1.4.2　虚函数定义

虚函数是用关键字 virtual 来修饰基类中的 public 或 protected 的成员函数。当在派生类中进行重新定义后，就可在此类层次中具有该成员函数的不同版本。在程序执行过程中，依据基类对象指针所指向的派生类对象，或通过基类引用对象所引用的派生类对象，才能确定哪一个版本被激活，从而实现**动态联编**。

在基类中，虚函数定义的一般格式如下：

```
        virtual <函数类型>   <函数名>( <形式参数表> )
  函    ┌◆ {
  数    │ <若干语句>
  体    └◆ }
```

说明

（1）虽然虚函数定义只是在一般函数定义前添加了关键字 virtual，但虚函数必须是类中的成员函数。

（2）可把析构函数定义为虚函数，但不能将构造函数定义为虚函数。通常在释放基类中及其派生类中的动态申请的存储空间时，也要把析构函数定义为虚函数，以便实现撤销对象时的多态性。

（3）虚函数在派生类重新定义时参数的个数和类型以及函数类型必须和基类中的虚函数完全匹配，这一点和函数重载完全不同。并且，虚函数派生下去仍是虚函数，且可省略 virtual 关键字。

下面的示例是将上例基类 CShape 中的 area 成员函数定义成虚函数，其他未作改动。

例 Ex_VirtualFunc　**虚函数的动态联编示例。**

```
#include <iostream.h>
class CShape
{
public:
    virtual float area( )
    {     return 0.0;     }
};
class CTriangle : public CShape
{
  public:
    CTriangle(float h = 0, float w = 0)
    {     H = h;          W = w;    }
    float area( )
    {     return (float)(H * W * 0.5); }
  private:
    float H, W;
};
```

```
class CCircle : public CShape
{
  public:
      CCircle(float r = 0)
      {     R = r;      }
      float area( )
      {     return (float)(3.14159265 * R * R);     }
  private:
      float R;
};
int main( )
{
      CTriangle tri( 3, 4 );
      cout<<"tri.area( ) = "<<tri.area( )<<endl;                    // A
      CCircle cir（5）;
      cout<<"cir.area( ) = "<<cir.area( )<<endl;                    // B
      CShape *s1 = &tri;
      cout<<"s1->area( ) = "<<s1->area( )<<endl;                    // C
      CShape &s2 = cir;
      cout<<"s2.area( ) = "<<s2.area( )<<endl;                      // D
      return 0;
}
```

程序运行的结果如下：

```
tri.area() = 6
cir.area() = 78.5398
s1->area() = 6
s2.area() = 78.5398
```

由于基类 CShape 指针对象 s1 指向派生类 CTriangle 对象 tri，故 s1->area( )调用的是 CTriangle 中的成员函数 area，而不是基类中的成员函数 area。同样，由于 CShape 引用对象 s2 引用的是派生类 CCircle 对象 cir，因而 s2->area( )调用的是 CCircle 中的成员函数 area。

可见，通过将基类的成员函数 area 定义成虚函数后，C 和 D 语句就可通过基类的指针对象或引用对象根据所指向或所引用的派生类对象，调用派生类中实际的 area 成员函数，输出实际的形状面积值。

1.4.3 虚函数的内部机制

C++中虚函数为什么可以实现上述的动态联编？实际上，虚函数的内部实现机制本身是比较复杂的，且不同的 C++编译器的实现方式又都不一样。不过，Visual C++编译器采用了 VTable 结构来实现，VTable 称为**虚表**。

简单地说，当程序编译时，编译就会为**虚函数所在的各个类**（基类和派生类）各自创建一个 VTable，并将类的虚函数放在此表中，然后在其内部创建一个指针 vptr 指向该虚表结构 VTable，vptr 称为**虚指针**。

程序运行时就会根据基类对象所获取的派生类对象将派生类对象的 VTable 和 vptr **复制**给基类，并由基类来调用，从而实现了类成员函数的动态联编。

可见，动态联编时需要指定派生类对象的地址，因而必须通过基类指针或引用对象才能激活虚函数的动态联编机制。

需要说明的是：派生类中重写的虚函数应与基类的虚函数**完全一样**，包括虚函数的返回值类型也应一样。在 ANSI/ISO C++中，对于一般函数来说，函数返回值类型是不能作为一般函数的重载区分内容；但对于虚函数而言，函数返回值类型不同的虚函数被认为是两个不一样的虚函数。

一旦派生类中重写的虚函数与基类的虚函数不一样时，派生类的 VTable 和 vptr 将无法复制给基类，因此当该派生类对象地址传给基类指针对象时，基类指针对象所引用的虚函数调用是基类本身 VTable 中的虚函数而不是派生类中的虚函数，此时无法实现动态联编。例如：

```
class CCircle:public CShape
{
  public:
      …
      virtual float area( int r = 0)                  // 与基类的虚函数不一样
      {      return (float)(3.14159265 * R * R);      }
  …
};
int main( )
{     …
      CCircle cir(5);
      CShape &s2 = cir;
      cout<<"s2.area( ) = "<<s2.area( )<<endl;
      return 0;
}
```

则程序运行的结果如下：

```
s2.area() = 0
```

总之，C++将 C 语言作为自己的子集，并对 C 语言内容进行了许多提升和更新。C++的面向对象程序设计模式是构成 Visual C++中 MFC 应用程序的核心。理解了 C++类的编程思想也就理解了 MFC 应用程序框架。下一章将讨论 MFC 应用程序的创建、机制和常用操作。

习　　题

1. 面向对象的程序设计有三个主要特征，它们分别是什么？试举例说明。

2. 什么是类和对象？叙述公有、私有、保护成员在类中、类外和对象中的访问权限。

3. 构造函数和析构函数的作用分别是什么？对构造函数和析构函数的定义有哪些规定？隐式的默认构造函数和默认析构函数的作用分别是什么？

4. 何时调用构造函数和析构函数？

5. 类的指针成员为什么要用 new 另辟内存空间，这样的做的好处是什么？试举例说明。

6. 什么是浅拷贝和深拷贝？如何定义拷贝构造函数？

7. 定义一个复数类 CComplex，复数的实部 real 与虚部 image 定义为私有数据成员。用复数类定义两个对象 c1、c2，用构造函数将 c1 初始化为 c1=10+20i，将 c2 初始化为 c2=0+0i，将 c1 的值赋给 c2。最后用公有成员函数 Dispaly 显示复数 c1 与 c2 的内容。

8. 下面是一个类的测试程序，给出类的定义，构造一个完整的程序。执行时程序输出为：

　　输出结果：200 – 60 = 140

主函数如下：

```
int   main( )
{
      CTest c;
      c.Init(200, 60);
      c.Print( );
      return 0;
}
```

9. 什么是继承和派生？什么是单继承和多继承？什么是多重派生？

10. 如何定义一个派生类？它有哪些继承方式，各有哪些特点？

11. 派生类的继承方式有哪些？它们各有哪些特点？

12. 在定义派生类的过程中，如何对基类的数据成员进行初始化？

13. 在派生类中和在派生类对象中，在访问基类成员上有哪些区别？

14. 分析程序，写出运行结果。

```
#include <iostream.h>
class CRoot
{
public:
        int small;
        CRoot(int n = 2) { small = n;}
        void showsmall( ){ cout<<"small = "<<small<<endl; }
};
class CDer1: public CRoot
{
public:
        CDer1(int m)
             :CRoot(m)
        {}
};
class CDer2: public CRoot
{
public:
        int small;
        CDer2(int n = 0) { small = n;}
};
int    main( )
{
        CRoot A;
        CDer1 B(3);
        CDer2 C;
        A.showsmall( );           B.showsmall( );           C.showsmall( );
        return 0;
}
```

15. 什么是类的多态？什么是静态联编和动态联编？它们各有哪些实现方式？

16. 写出下列程序的运行结果。

```
# include <iostream.h>
class B
{
        int b;
   public:
        B( ) {}
        B(int i) { b = i;}
        virtual void virfun( )
        {    cout<<"B::virfun( ) is called.\n"; }
};
class D: public B
{
        int d;
        void virfun( )
        {    cout<<"D::virfun( ) is called.\n";   }
public:
        D( ) {}
        D(int i, int j): B(i)
        { d = j; }
};
void fun(B *obj)
{       obj -> virfun( );    }
int   main( )
{
        D *pd = new D;         fun(pd);
        return 0;
}
```

第2章 MFC 编程和操作

编制一个功能强大和易操作的Windows应用程序所需要的代码肯定会比一般的C++程序要多得多，但并不是所有的代码都需要自己从头开始编写，因为 Visual C++中 MFC 不仅提供了常用的 Windows 应用程序的基本框架，而且可以在框架程序中直接调用 Win32 API（Application Programming Interface，应用编程接口）函数。这样，用户仅需要在相应的框架中添加自己的代码或修改部分代码就可实现 Windows 应用程序的许多功能。

2.1 Windows 编程

自从图形用户界面（Graphical User Interface，GUI）的 Windows 操作系统取代早期的文本模式的 DOS 系统以后，越来越多的程序员已转而致力于 Windows 应用程序的研究与开发。下面先来看看在 C++中如何进行 Windows 编程。

2.1.1 C++的 Windows 编程

早期的 Windows 应用程序开发是使用 C/C++通过调用 Windows API 所提供的结构和函数来进行的。对于有些特殊的功能，有时还要借助相应的软件开发工具（Software Development Kit，SDK）来实现。这种编程方式由于其运行效率高，因而至今在某些特殊场合中仍旧使用，但它编程繁琐、手工代码量也比较大。下面来看一个简单的 Windows 应用程序。

 例 Ex_HelloMsg 一个简单的 Windows 应用程序。

```
#include <windows.h>
int WINAPI WinMain (HINSTANCE hInstance, HINSTANCE hPrevInstance,
                    LPSTR lpCmdLine, int nCmdShow)
{
    MessageBox (NULL, "你好，我的 Visual C++世界！", "问候", 0) ;
    return 0 ;
}
```

在 Visual C++ 6.0 运行上述程序操作步骤如下。

（1）选择“文件”→“新建”菜单命令，显示出“新建”对话框。在“工程”标签页面的列表框中，选中 Win32 Application（Win32 应用程序）项。

（2）在工程编辑框中键入 Win32 应用程序项目名称 Ex_HelloMsg。在“位置”编辑框中直接键入文件夹名称，或单击浏览按钮...选择一个已有的文件夹，这里为“D:\Visual C++应用\第 2 章”。

（3）单击“确定”按钮继续。弹出一个向导对话框，用来询问创建的 Win32 应用程序的项目类型，选中 An empty project 项。单击“完成”按钮，系统将显示该应用程序向导的创建信息，单击“确定”按钮系统将自动创建此应用程序。

（4）再次选择“文件”→“新建”菜单命令，显示出“新建”对话框。在“文件”标签页面左边的列表框中选择 C++ Source File 项，在右边的文件框中键入 Ex_HelloMsg. cpp，单击“确定”按钮。

（5）输入上面的代码，运行程序，结果如图 2-1 所示。

图 2-1　Ex_HelloMsg 运行结果

从上面的程序代码可以得出以下结论。

- C++控制台应用程序以 main 函数作为进入程序的初始入口点，但在 Windows 应用程序中，main 主函数被 WinMain 函数取代。WinMain 函数的原型如下：

```
int WINAPI WinMain (
    HINSTANCE hInstance,          // 当前实例句柄
    HINSTANCE hPrevInstance,      // 前一实例句柄
    LPSTR lpCmdLine,              // 指向命令行参数的指针
    int nCmdShow )                // 窗口的显示状态
```

这里出现了一个新的概念——“句柄”（handle），所谓句柄是一个标识 Windows 资源（如菜单、图标、窗口等）和设备等对象的数据指针类型。通常，一个句柄变量可用来对系统中某些资源的间接引用。

- 每一个 C++ Windows 应用程序都需要 Windows.h 头文件，它还包含了其他的一些 Windows 头文件。这些头文件定义了 Windows 的所有数据类型、函数调用、数据结构和符号常量。

- 程序中结果的输出已不再显示在屏幕上，而是通过对话框（如 MessageBox）来显示或将结果绘制在用户界面元素上。

- MessageBox 是一个 Win32 API 函数，用来弹出一个消息对话框。该函数第 1 个参数用来指定父窗口句柄，即对话框所在的窗口句柄。第 2、第 3 个参数分别用来指定显示的消息内容和对话框窗口的标题，最后一个参数用来指定在对话框中显示的按钮。

下面再看一个比较完整的 Windows 应用程序 Ex_HelloWin。

例 Ex_HelloWin　一个完整的 Windows 应用程序。

```
#include <windows.h>
LRESULT CALLBACK WndProc (HWND, UINT, WPARAM, LPARAM);          // 窗口过程
int WINAPI WinMain (HINSTANCE hInstance, HINSTANCE hPrevInstance,
                    LPSTR lpCmdLine, int nCmdShow)
{
    HWND            hwnd ;                                      // 窗口句柄
    MSG             msg ;                                       // 消息
    WNDCLASS        wndclass ;                                  // 窗口类
    wndclass.style              = CS_HREDRAW | CS_VREDRAW ;
    wndclass.lpfnWndProc        = WndProc ;
    wndclass.cbClsExtra         = 0 ;
    wndclass.cbWndExtra         = 0 ;
    wndclass.hInstance          = hInstance ;
    wndclass.hIcon              = LoadIcon (NULL, IDI_APPLICATION) ;
    wndclass.hCursor            = LoadCursor (NULL, IDC_ARROW) ;
    wndclass.hbrBackground      = (HBRUSH) GetStockObject (WHITE_BRUSH) ;
    wndclass.lpszMenuName       = NULL ;
    wndclass.lpszClassName      = "HelloWin";                   // 窗口类名
    if (!RegisterClass (&wndclass))                             // 注册窗口
    {
        MessageBox (NULL, "窗口注册失败！", "HelloWin", 0) ;
        return 0 ;
    }
    hwnd = CreateWindow ("HelloWin",                            // 窗口类名
```

```
                    "我的窗口",                      // 窗口标题
                    WS_OVERLAPPEDWINDOW,            // 窗口样式
                    CW_USEDEFAULT,                  // 窗口最初的 x 位置
                    CW_USEDEFAULT,                  // 窗口最初的 y 位置
                    CW_USEDEFAULT,                  // 窗口最初的 x 大小
                    CW_USEDEFAULT,                  // 窗口最初的 y 大小
                    NULL,                           // 父窗口句柄
                    NULL,                           // 窗口菜单句柄
                    hInstance,                      // 应用程序实例句柄
                    NULL) ;                         // 创建窗口的参数
    ShowWindow (hwnd, nCmdShow) ;           // 显示窗口
    UpdateWindow (hwnd) ;                   // 更新窗口，包括窗口的客户区
    // 进入消息循环：当从应用程序消息队列中检取的消息是 WM_QUIT 时，则退出循环
    while (GetMessage (&msg, NULL, 0, 0))
    {
        TranslateMessage (&msg) ;           // 转换某些键盘消息
        DispatchMessage (&msg) ;            // 将消息发送给窗口过程，这里是 WndProc
    }
    return msg.wParam ;
}
LRESULT CALLBACK WndProc (HWND hwnd, UINT message,
                          WPARAM wParam, LPARAM lParam)
{
    switch (message)
    {
        case WM_CREATE:                     // 窗口创建产生的消息
                return 0 ;
        case WM_LBUTTONDOWN:
                MessageBox (NULL, "你好，我的 Visual C++世界！", "问候", 0) ;
                return 0 ;
        case WM_DESTROY:                    // 当窗口关闭时产生的消息
                PostQuitMessage (0) ;
                return 0 ;
    }
    return DefWindowProc (hwnd, message, wParam, lParam) ;    // 执行默认的消息处理
}
```

在 Visual C++ 6.0 中，创建和运行上述程序的步骤与 Ex_HelloMsg 相同。程序运行后，单击鼠标左键，就会弹出一个对话框，结果如图 2-2 所示。

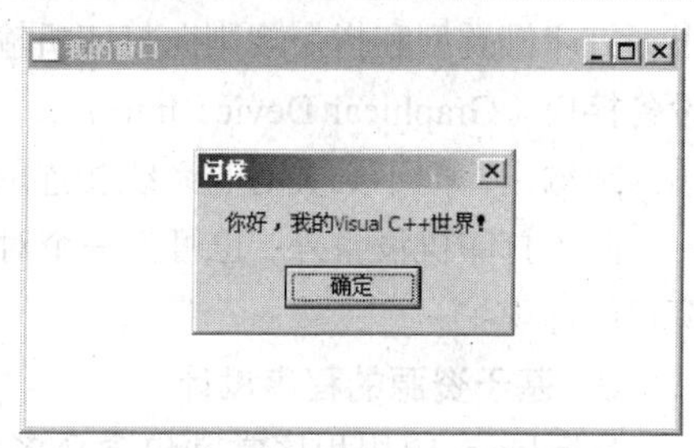

图 2-2 Ex_HelloWin 运行结果

与 Ex_HelloMsg 相比，示例 Ex_HelloWin 要复杂得多，但总可以将其分解成两个基本函数的程序结构。一个是 WinMain 函数，另一个是用户定义的窗口过程函数 WndProc。

窗口过程函数 WndProc 用来接收和处理各种不同的消息，而主函数 WinMain 通常要完成以下几步工作。

（1）调用 API 函数 RegisterClass 注册应用程序的窗口类。

（2）调用相关 API 函数创建和显示窗口，并进行其他必要的初始化处理。其中，函数 CreateWindow 用来创建已注册窗口类的窗口。Windows 每一个窗口都有一些基本属性，如窗口标题、窗口位置和大小、应用程序图标、鼠标指针、菜单和背景颜色等。窗口类就是充当这些属性的模板。

（3）创建和启动应用程序的消息循环。Windows 应用程序接受各种不同的消息，包括键盘消息、鼠标以及窗口产生的各种消息。Windows 系统首先将消息放入消息队列中，应用程序的消息循环就是从应用程序的消息队列中检取消息，并将消息发送至相应的窗口过程函数中作进一步处理。API 函数 GetMessage 和 DispatchMessage 就是起到这样的作用。

（4）如果接收到 WM_QUIT 消息，则调用 PostQuitMessage，向系统请求退出。

2.1.2 Windows 编程特点

从示例 Ex-HelloWin 可以看出，一个完整的 Windows 应用程序除了包含 WinMain 函数外，还包含用于处理用户动作和窗口消息的窗口函数。这不同于一个 C++的控制台应用程序，可以将整个程序包含在 main 函数中。事实上，它们的区别还远不止这些，不久还会发现一个 Windows 应用程序还常常具有这样的一些特性或概念：消息驱动机制、图形设备接口、基于资源的程序设计、动态链接库、进程和线程。

1. 消息驱动机制

前面已经看到，Windows 应用程序和 C++控制台应用程序之间的一个最根本区别，就在于 C++控制台应用程序是通过调用系统函数来获得用户输入的，而 Windows 应用程序则是通过系统发送的消息来处理用户输入的。例如，对鼠标消息 WM_LBUTTONDOWN 的处理。

在 Windows 操作环境中，无论是系统产生的动作或是用户运行应用程序产生的动作，都称为**事件**（Events）产生的消息（Message）。例如，在 Windows 桌面（传统风格）上，双击应用程序的快捷图标，系统就会根据这个事件产生的消息来执行该应用程序。在 Windows 的应用程序中，也是通过接收消息、分发消息、处理消息来和用户进行交互的。这种消息驱动的机制是 Windows 编程的最大特点。

需要注意的是，许多 Windows 消息都经过了严格的定义，并且适用于所有的应用程序。例如，当用户按下鼠标的左键时系统就会发送 WM_LBUTTONDOWN 消息，而当用户敲了一个字符键时系统就会发送 WM_CHAR 消息，若用户进行菜单选择或工具按钮单击等操作时，系统又会相应地发送 WM_COMMAND 消息给相应的窗口等。

2. 图形设备接口

在传统的 DOS 环境中，想要在打印机上打印一幅图形是一件非常复杂的事情，因为用户必须根据打印机类型和指令规则向打印机输送数据。而 Windows 则提供了一个抽象的接口，称为**图形设备接口**（Graphical Device Interface，GDI），使得用户直接利用系统的 GDI 函数就能方便实现输入或输出，而不必关心与系统相连的外部设备的类型。

除了打印机设备外，也可为一个对话框或一个窗口构造这样的 GDI 接口，用来重绘对话框或窗口的外观。

3. 基于资源的程序设计

Windows 应用程序常常包含众多图形元素，如光标、菜单、工具栏、位图、对话框等，在 Windows 环境下，每一个这样的元素都作为一种可以装入应用程序的资源来存放。这些资源就像 C++程序中的常量一样，可以被编辑、修改，也可以被其他应用程序所共享。Visual C++ 6.0 中就提供这样的编辑器，可"所见即所得"地对这些不同类型的资源进行设计、编辑等。

4. 动态链接库

动态链接库提供了一些特定结构的函数，能被应用程序在运行过程中装入和连接，且多个程序可以共享同一个动态链接库，这样就可以大大节省内存和磁盘空间。从编程角度来说，动态链接库可以提高程序模块的灵活性，因为它本身是可以单独设计、编译和调试的。

Windows 提供了应用程序可利用的丰富的函数调用，大多数用于实现其用户界面和在显示器上显示的文本和图形，都是通过动态链接库来实现的。这些动态链接库是一些具有 .DLL 扩展名或者有时是 .EXE 扩展名的文件。

在 Windows 操作系统中，最主要的 DLL 有 KERNEL32.DLL、GDI32.DLL 和 USER32.DLL

三个模块。其中，KERNEL32 用来处理存储器低层功能、任务和资源管理等 Windows 核心服务；GDI32 用来提供图形设备接口，管理用户界面和图形绘制，包括 Windows 元文件、位图、设备描述表和字体等；而 USER32 负责窗口的管理，包括消息、菜单、光标、计时器以及其他与控制窗口显示相关的一些功能。

5. 进程和线程

在 32 位 Windows 多任务操作系统中，采用了进程和线程的管理模式。进程是装入内存中正在执行的应用程序。进程包括私有的虚拟地址空间、代码、数据及其他操作系统资源，如文件、管道以及对该进程可见的同步对象等。进程包括了一个或多个在进程上下文内运行的线程。线程是操作系统分配 CPU 时间的基本实体。线程可以执行应用程序代码的任何部分，包括当前正在被其他线程执行的那些部分。同一进程的所有线程共享同样的虚拟地址空间、全局变量和操作系统资源。在一个应用程序中，可以包括一个或多个进程，每个进程由一个或多个线程构成。

2.1.3　Windows 基本数据类型

在前面示例和函数原型中，有一些“奇怪”的数据类型，如前面的 HINSTANCE 和 LPSTR 等，事实上，很多这样的数据类型只是一些基本数据类型的别名，表 2-1 列出了一些在 Windows 编程中常用的基本数据类型。表 2-2 列出了常用的预定义句柄，它们的类型均为 void *，即一个 32 位指针。

表 2-1　　Windows 常用的基本数据类型

Windows 所用的数据类型	对应的基本数据类型	说　明
BOOL	bool	布尔值
BSTR	unsigned short *	32 位字符指针
BYTE	unsigned char	8 位无符号整数
COLORREF	unsigned long	用作颜色值的 32 位值
DWORD	unsigned long	32 位无符号整数，段地址和相关的偏移地址
LONG	long	32 位带符号整数
LPARAM	long	作为参数传递给窗口过程或回调函数的 32 位值
LPCSTR	const char *	指向字符串常量的 32 位指针
LPSTR	char *	指向字符串的 32 位指针
LPVOID	void *	指向未定义类型的 32 位指针
LRESULT	long	来自窗口过程或回调函数的 32 位返回值
UINT	unsigned int	32 位无符号整数
WORD	unsigned short	16 位无符号整数
WPARAM	unsigned int	当作参数传递给窗口过程或回调函数的 32 位值

表 2-2　　Windows 常用的句柄类型

句 柄 类 型	说　明
HBITMAP	保存位图信息的内存域的句柄
HBRUSH	画刷句柄
HCURSOR	鼠标光标句柄
HDC	设备描述表句柄
HFONT	字体句柄
HICON	图标句柄
HINSTANCE	应用程序的实例句柄

续表

句柄类型	说明
HMENU	菜单句柄
HPALETTE	颜色调色板句柄
HPEN	在设备上画图时用于指明线型的笔的句柄
HWND	窗口句柄

说明如下。

- 这些基本数据类型都是以大写字符出现，以与一般 C++基本数据类型相区别。
- 凡是数据类型的前缀是 P 或 LP，则表示该类型是一个指针或长指针数据类型。如果前缀是 H，则表示是句柄类型。若前缀是 U，则表示是无符号数据类型，等等。
- Windows 还提供一些宏来处理上述基本数据类型。例如，LOBYTE 和 HIBYTE 分别用来获取 16 位数值中的低位和高位字节；LOWORD 和 HIWORD 分别用来获取 32 位数值中的低位和高位字；MAKEWORD 是将两个 16 位无符号值结合成一个 32 位无符号值等。

2.2 MFC 编程

前面的 Ex_HelloMsg 和 Ex_HelloWin 都是基于 Windows API 的 C++应用程序。显然，随着应用程序的复杂性，C++应用程序代码也必然越复杂。

为了方便处理那些经常使用又复杂繁琐的各种 Windows 操作，Visual C++设计了一套基础类库（Microsoft Foundation Class Library，MFC）。MFC 把 Windows 编程规范中的大多数内容封装成为各种类，使程序员从繁杂的编程中解脱出来，提高了编程和代码效率。

2.2.1 MFC 概述

1987 年微软公司推出了第一代 Windows 产品，并为应用程序设计者提供了 Win16（16 位 Windows 操作系统）API，在此基础上推出了 Windows GUI（图形用户界面），然后采用面向对象技术对 API 进行封装。1992 年推出应用程序框架产品 AFX（Application Frameworks），并在 AFX 的基础上进一步发展为 MFC 产品。正因为如此，在用 MFC 应用程序向导（后面会讨论）创建的程序中仍然保留 stdafx.h 头文件包含，它是每个应用程序所必有的预编译头文件，程序所用到的 Visual C++头文件包含语句一般均添加到这个文件中。MFC 类的基本层次结构如图 2-3 所示。

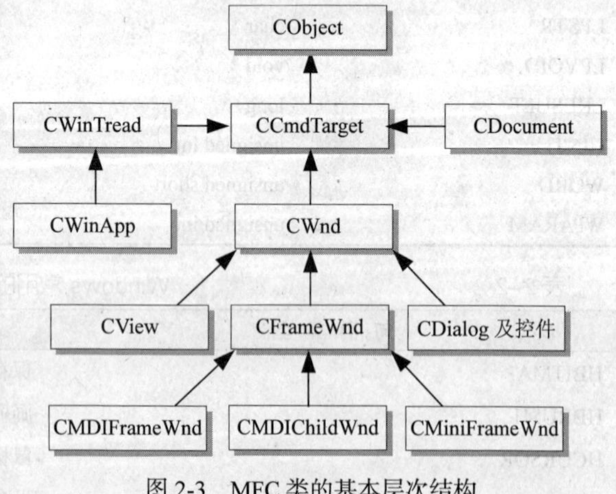

图 2-3 MFC 类的基本层次结构

CObject 类是 MFC 提供的绝大多数类的基类。该类完成动态空间的分配与回收，支持一般诊断、出错信息处理和文档序列化等。

CCmdTarget 类主要负责将系统事件（消息）和窗口事件（消息）发送给响应这些事件的对象，

完成消息发送、等待和派遣（调度）等工作，实现应用程序的对象之间协调运行。

CWinApp 类是应用程序的主线程类，它是从 CWinThread 类派生而来。CWinThread 类用来完成对线程的控制，包括线程的创建、运行、终止和挂起等。

CDocument 类是文档类，包含了应用程序在运行期间所用到的数据。

CWnd 类是一个通用的窗口类，用来提供 Windows 中的所有通用特性、对话框和控件。

CFrameWnd 类是从 CWnd 继承来的，并实现了标准的框架应用程序。CDialog 类用来控制对话框窗口。

CView 是用于让用户通过窗口来访问文档。

CMDIFrameWnd 和 CMDIChildWnd 类分别用来多文档应用程序的主框架窗口和文档子窗口的显示和管理。CMiniFrameWnd 类是一种简化的框架窗口，它没有最大化和最小化窗口按钮，也没有窗口系统菜单，一般很少用到它。

2.2.2 一个 MFC 程序

例 Ex_HelloMFC 一个 MFC 应用程序。

```
#include <afxwin.h>                              // MFC 头文件
class CHelloApp : public CWinApp                 // 声明应用程序类
{
  public:
      virtual BOOL InitInstance( );
};
CHelloApp theApp;                                // 建立应用程序类的实例
class CMainFrame: public CFrameWnd               // 声明主窗口类
{
  public:
      CMainFrame( )
      {
            // 创建主窗口
            Create(NULL, "我的窗口", WS_OVERLAPPEDWINDOW, CRect(0,0,400,300));
      }
  protected:
      afx_msg void OnLButtonDown(UINT nFlags, CPoint point);
      DECLARE_MESSAGE_MAP( )
};
// 消息映射入口
BEGIN_MESSAGE_MAP(CMainFrame, CFrameWnd)
      ON_WM_LBUTTONDOWN( )                       // 单击鼠标左键消息的映射宏
END_MESSAGE_MAP( )
//定义消息映射函数
void CMainFrame::OnLButtonDown(UINT nFlags, CPoint point)
{
      MessageBox ("你好，我的 Visual C++世界！", "问候", 0) ;
      CFrameWnd::OnLButtonDown(nFlags, point);
}
// 每当应用程序首次执行时都要调用的初始化函数
BOOL CHelloApp::InitInstance( )
{
     m_pMainWnd = new CMainFrame( );
     m_pMainWnd->ShowWindow(m_nCmdShow);
     m_pMainWnd->UpdateWindow( );
     return TRUE;
}
```

在 Visual C++ 6.0 运行上述 MFC 程序需要进行以下步骤。

（1）选择“文件”→“新建”菜单命令，显示出“新建”对话框。在“工程”标签页面的列表框中，选中 Win32 Application 项，创建一个 Ex_HelloMFC 空应用程序项目。

（2）再次选择“文件”→“新建”菜单命令，显示出“新建”对话框。在“文件”标签页面左边的列表框中选择 C++ Source File 项，在右边的文件框中键入 Ex_HelloMFC.cpp，单击“确定”按钮。

（3）输入上面的代码。选择“工程”→“设置”菜单命令，在出现的对话框中选择 General 标签。然后在“Microsoft Foundation Classes”组合框中，选择“Use MFC in a Shared DLL”，如图 2-4 所示。单击“确定”按钮。

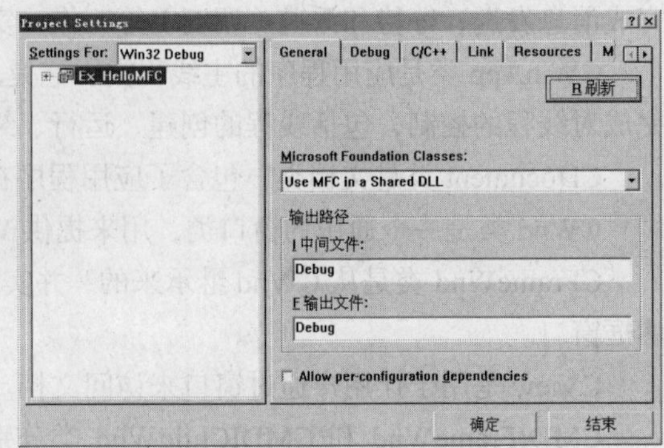

图 2-4　设置工程属性

（4）程序运行后，单击鼠标左键，就会弹出一个对话框，结果同 Ex_HelloWin。

2.2.3　理解程序代码

从示例 Ex_HelloMFC 可以看出，MFC 是使用 afxwin.h 来代替头文件 windows.h，但在 Ex_HelloMFC 程序中却看不到 Windows 应用程序所必须的程序入口函数 WinMain。这是因为 MFC 将它隐藏在应用程序框架内部了。

当用户运行应用程序时，Windows 会自动调用应用程序框架内部的 WinMain 函数，并自动查找该应用程序类 CHelloApp（从 CWinApp 派生）的全局变量 theApp，然后自动调用 CHelloApp 的虚函数 InitInstance，该函数会进一步调用相应的函数来完成主窗口的构造和显示工作。下面来看看上述程序中 InitInstance 的执行过程。

（1）首先执行的是：

```
m_pMainWnd = new CMainFrame( );
```

该语句用来创建从 CFrameWnd 类派生而来的用户框架窗口 CMainFrame 类对象，继而调用该类的构造函数，使得 Create 函数被调用，完成了窗口创建工作。

（2）然后执行后面两句：

```
m_pMainWnd->ShowWindow(m_nCmdShow);
m_pMainWnd->UpdateWindow( );
```

用作窗口的显示和更新。

（3）最后返回 TRUE，表示窗口创建成功。

需要说明的是，由于应用程序类 CWinApp 派生类 CHelloApp 有一个全局的对象实例 theApp，这使得在构造时还自动进行基类 CWinApp 的初始化，在 InitInstance 完成初始化工作之后，还调用基类 CWinApp 的成员函数 Run，执行应用程序的消息循环，即重复执行接收消息并转发消息的工作。当 Run 检查到消息队列为空时，将调用基类 CWinApp 的成员函数 OnIdle 进行空闲时的后台处理工作。若消息队列为空且又没有后台工作要处理时，则应用程序一直处于等待状态，一直等到有消息为止。当程序结束后，调用基类 CWinApp 的成员函数 ExitInstance，完成终止应用程序的收尾工作。

另外，上述代码中还有 MFC 消息映射机制（后面会讨论）来处理单击鼠标左键产生的 WM_LBUTTONDOWN 消息。

2.2.4　MFC 应用程序框架类型

事实上，上述 MFC 程序代码可以不必从头构造，甚至不需要输入一句代码就能创建这样的 MFC 应用程序，这就是 Visual C++ 6.0 中的 MFC 应用程序向导（MFC AppWizard）的功能。

Visual C++ 6.0 中的 MFC AppWizard 能为用户快速、高效、自动地生成一些常用的标准程序结构和编程风格的应用程序，它们被称为**应用程序框架结构**。前面的示例 Ex_HelloMsg 和 Ex_HelloWin 事实上已经使用过它的 Win32 Application 向导类型。

选择“文件”→“新建”菜单，在弹出的“新建”对话框中，可以看到工程标签页面中，显示出一系列的应用程序项目类型，如表 2-3 所示。

表 2-3　　MFC 应用程序框架类型

名　称	项　目
ATL COM MFC AppWizard	创建 ATL（Active Template Library）应用模块工程
Cluster Resource Type Wizard	创建 Cluster Resource（用于 Windows NT 服务器）
Custom MFC AppWizard	创建自己的应用程序向导
Database Project	创建数据库应用程序
DevStudio Add-in Wizard	创建 ActiveX 组件或 VBScript 宏
Extended Stored Proc Wizard	创建基于 SQL 服务器下的外部存储过程
ISAPI Extension Wizard	创建 Internet Server 程序
MakeFile	创建独立于 Visual C++开发环境的应用程序
MFC ActiveX ControlWizard	创建 ActiveX Control 应用程序
MFC AppWizard(dll)	MFC 的动态链接库
MFC AppWizard(exe)	一般 MFC 的 Windows 应用程序
Utility Project	创建简单、实用的应用程序
Win32 Application	其他 Win32 的 Windows 应用程序
Win32 Console Application	Win32 的控制台应用程序
Win32 Dynamic-Link Library	Win32 的动态链接库
Win32 Static Library	Win32 的静态链接库

这些类型基本满足了用户的各个层次的需要，但用户更关心的是 **MFC AppWizard(exe)**（MFC 应用程序向导，用于创建常见的可执行 Windows 应用程序）类型，因为它包含了一般用户常创建的最常用、最基本的三种应用程序类型：**单文档、多文档和基于对话框**的应用程序。

单文档应用程序是类似于 Windows **记事本**的程序，它的功能比较简单，复杂程度适中，虽然每次只能打开和处理一个文档，但已能满足一般工程上的需要。因此，大多数应用程序的编制都是从单文档程序框架开始的。

与单文档应用程序相比较，基于**对话框**的应用程序是最简单，也是最紧凑的。它没有菜单、工具栏及状态栏，也不能处理文档，但它速度快，代码少，程序员所花费的开发和调试时间短。

多文档应用程序可以同时打开和处理多个文档。与单文档应用程序相比，增加了许多功能，因而需要大量额外的编程工作。例如，它不仅需要跟踪所有打开文档的路径，而且还需要管理各文档窗口的显示和更新等。

2.3　MFC 程序应用

尽管 **MFC AppWizard(exe)**提供了最常用、最基本的三种应用程序类型：**单文档、多文档和基于对话框**的应用程序，但实际它们可简单地分为**文档应用程序**和**对话框应用程序**这两种类型。这里先来讨论这两类应用程序的创建、项目管理及管理配置、主框架窗口和文档窗口等概念及其相关类的作用。

2.3.1 文档应用程序创建

下面以创建一个单文档应用程序 Ex_SDI 为例，简单说明其创建、编译和运行过程。

1. 启动

选择“开始”→“程序”→“Microsoft Visual Studio 6.0”→“Microsoft Visual C++ 6.0”，运行 Visual C++ 6.0。

2. 创建

选择“文件”→“新建”菜单，在弹出的“新建”对话框的工程标签页面中，选择 MFC AppWizard(exe)的项目类型。单击**位置**框右侧的按钮[...]，在弹出的对话框中，将该应用程序的文件夹定位在“D:\Visual C++应用\第 2 章”，并在“工程”编辑框中输入应用程序名 Ex_SDI，结果如图 2-5 所示。

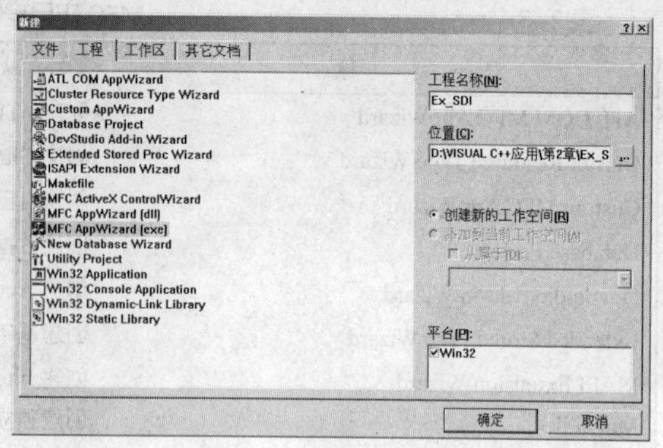

图 2-5 “新建”对话框

3. 第一步

单击“确定”按钮，出现如图 2-6 所示的对话框，让用户进行下列选择：

① 从单文档（Single Document，**SDI**）、多重文档（Multiple Document，**MDI**、**多文档**）和基本对话框（Dialog Based，基于对话框的应用程序，简称**对话框**）中选择创建的应用程序类型（见图 2-6 中的①）。这里，选择“单文档”。

② 决定应用程序中是否需要“文档/查看体系结构支持”（见图 2-6 中的②）。一般情况下，应选中此项。

“文档/查看体系结构支持”应汉化成“文档/视图体系结构支持”。文档/视图体系结构是 Visual C++独特的一种程序框架结构，后面将会来说明它。

③ 选择资源所使用的语言，这里是“中文‘中国’”（见图 2-6 中的③）。

4. 第二步

单击“下一步”按钮，出现如图 2-7 所示的对话框，让用户选择程序中是否加入数据库的支持（有关数据库的内容将在以后的章节中介绍）。

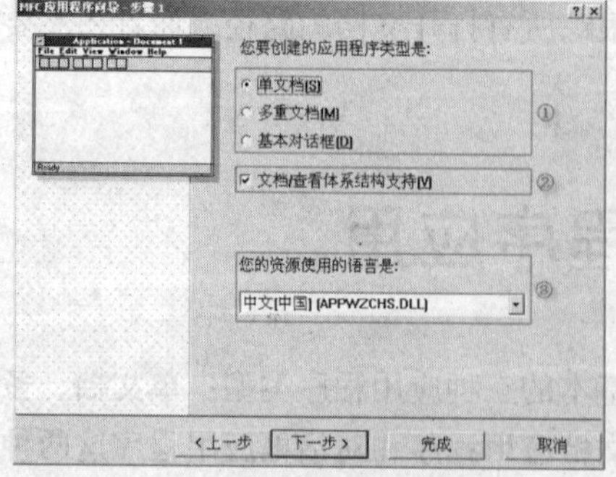

图 2-6 “步骤 1”对话框

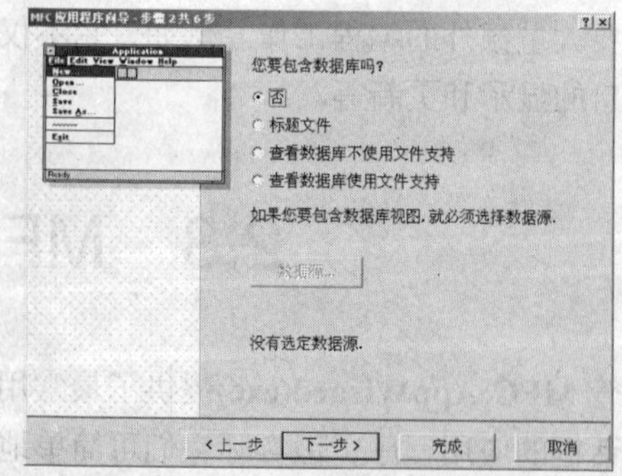

图 2-7 “步骤 2”对话框

5. **第三步**

保留默认选项，单击“下一步”按钮，出现如图 2-8 所示的对话框。允许用户在程序中加入复合文档、自动化、ActiveX 控件的支持。

6. **第四步**

保留默认选项，单击“下一步”按钮，出现如图 2-9 所示的对话框，对话框的前几项依次确定对浮动工具条、打印与预览以及通信等特性的支持。

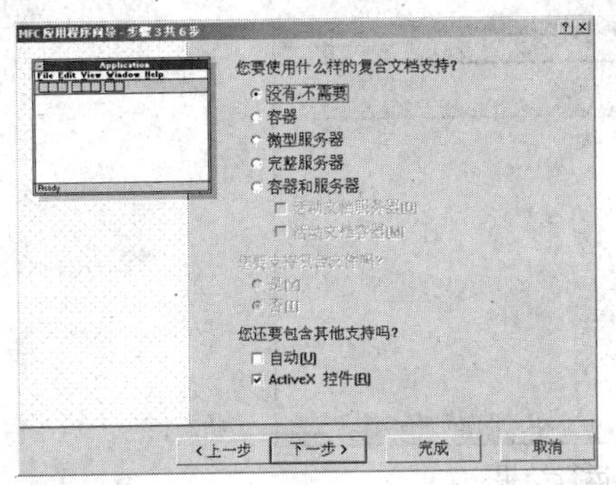

图 2-8 “步骤 3”对话框

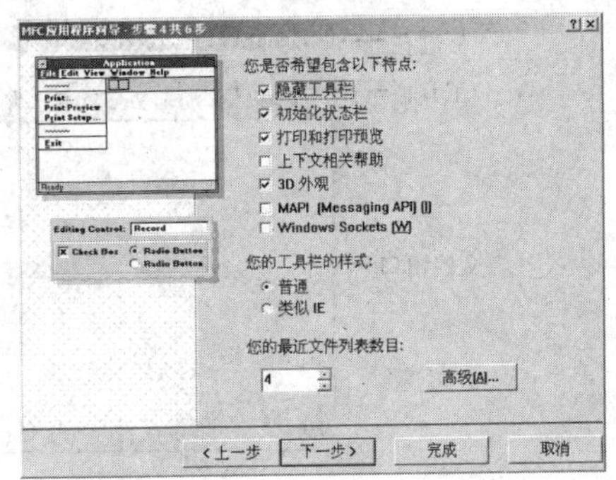

图 2-9 “步骤 4”对话框

对话框的最后两项是最近文件列表数目的设置（默认时为 4）和一个“高级”按钮。单击“高级”按钮将弹出一对话框，允许用户对文档及其扩展名、窗口风格进行修改。

7. **第五步**

保留默认选项，单击“下一步”按钮，弹出如图 2-10 所示的对话框，这里出现三个方面的选项，供用户来选择：

① 应用程序的主窗口是 MFC 标准风格还是窗口左边有切分窗口的 Windows 资源管理器样式；

② 在源文件中是否加入注释用来引导用户编写程序代码；

③ 使用动态的共享链接库还是静态链接库。

8. **第六步**

保留默认选项，单击“下一步”按钮，出现如图 2-11 所示的对话框。在这里，用户可以对 MFC AppWizard 提供的默认类名、基类、各个源文件名进行修改。

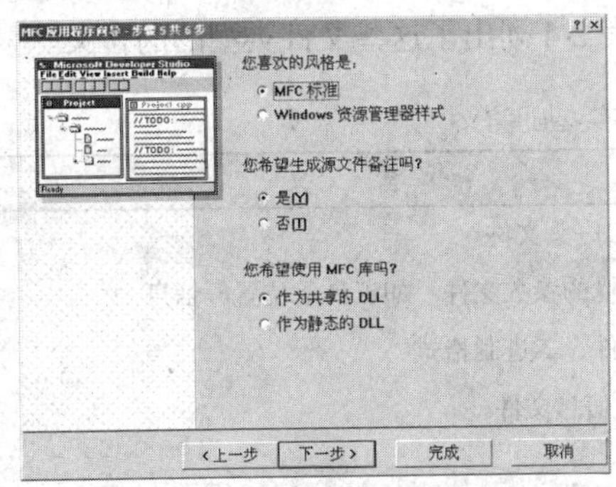

图 2-10 “步骤 5”对话框

图 2-11 “步骤 6”对话框

9. **完成**

单击“完成”按钮出现一个信息对话框，显示出用户在前面几个步骤中作出的选择内容，单击“确定”按钮系统开始创建，并又回到了 Visual C++ 6.0 的主界面。

10. 编译并运行

到这里为止，虽然没有编写任何程序代码，但 Visual C++应用程序向导已根据用户的选项自动生成基本的应用程序框架。单击编译工具栏上的运行工具按钮“!”或按快捷键 Ctrl+F5，系统开始编译、连接并运行生成的单文档应用程序可执行文件 Ex_SDI.exe，运行结果如图 2-12 所示。

需要说明的是：创建的单文档应用程序 Ex_SDI 界面和其他文档应用程序一样，都有标题栏、菜单栏、工具栏、状态栏以及文档窗口（客户区）等界面元素。

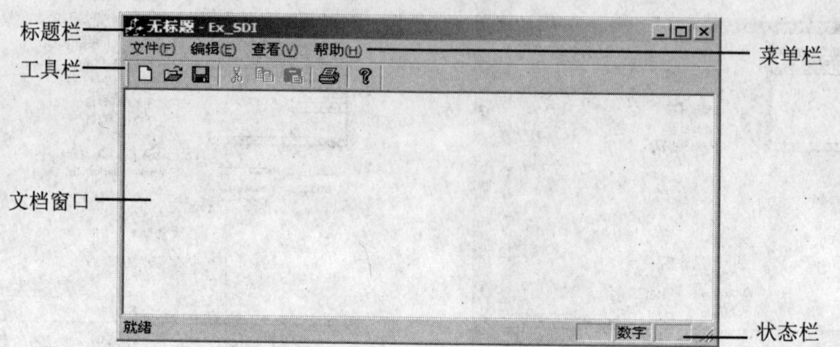

图 2-12 Ex_SDI 运行结果

类似的，使用 MFC AppWizard(exe)可以创建一个通用多文档应用程序 EX_MDI（其步骤与 Ex_SDI 一样），编译并运行后，其结果如图 2-13 所示。

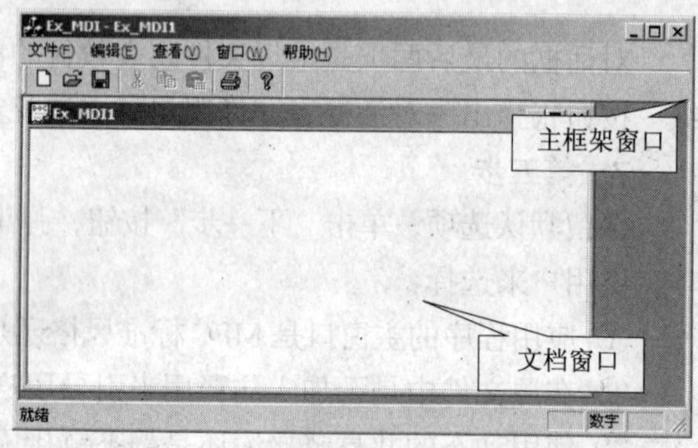

图 2-13 Ex_MDI 运行结果

2.3.2 项目文件和项目配置

定位到创建时指定的根文件夹“D:\Visual C++应用\第 2 章”中，可以看到 Ex_SDI 和 Ex_MDI 两个文件夹，其中分别包含了单文档应用程序 Ex_SDI 和多文档应用程序 Ex_MDI 所有的文件和信息。由于这些应用程序还包含了除源程序外的许多信息，因此，在 Visual C++中常将它们称为项目或工程。另外，Visual C++是用文件夹来管理一个应用程序项目的，且将项目名作为文件夹名，在此文件夹下包含源程序代码文件（.cpp,.h）、项目文件（.dsp）以及项目工作区文件（.dsw）等。表 2-4 列出了这些文件类型的的含义。

表 2-4 Visual C++ 6.0 文件类型的含义

类　型	含　义
.cpp(C Plus Plus)，.h	C++文件，C++头文件
.opt	关于开发环境的参数文件，如工具条位置等信息
.aps(AppStudio File)	资源辅助文件，二进制格式
.clw	ClassWizard 信息文件
.dsp(DeveloperStudio Project)	项目文件
.dsw(DeveloperStudio Workspace)	项目工作区文件
.plg	编译信息文件
.hpj(Help Project)	帮助文件项目
.mdp(Microsoft DevStudio Project)	旧版本的项目文件

续表

类　型	含　义
.bsc	浏览信息文件
.map	执行文件的映像信息记录文件
.pch(Pre-Compiled File)	预编译文件，可以加快编译速度，但是文件非常大
.pdb(Program Database)	记录程序有关的一些数据和调试信息
.exp	记录 DLL 文件中的一些信息，只有在编译 DLL 才会生成
.ncb	无编译浏览文件（no compile browser）

除了上述文件外，还有相应的 Debug（调试）或 Release（发行）、Res（资源）等子文件夹。例如，上述创建的单文档应用程序项目 Ex_SDI，其各文件的组织如图 2-14 所示。当然，不同类型的项目的文件类型及数目会略有不同。

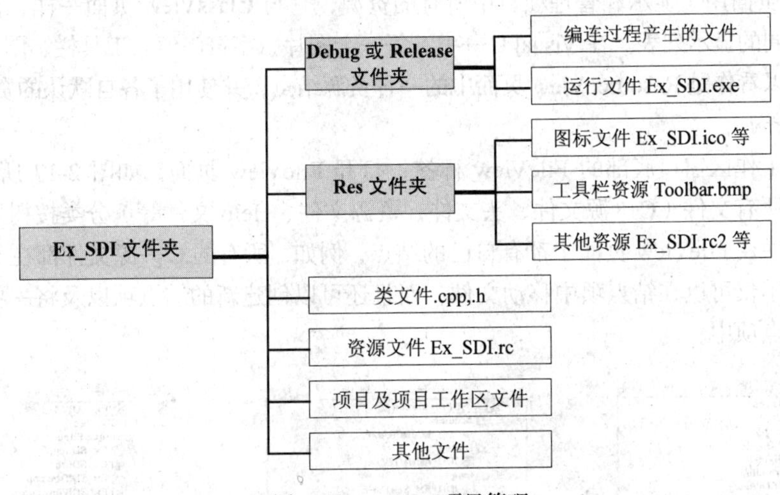

图 2-14　Ex_SDI 项目管理

事实上，当用户用 Visual C++ 6.0 应用程序向导创建项目时，系统会自动为项目创建 Win32 Debug 的运行程序，并使用相应的默认配置。它和 Win32 Release 版本的区别在于：Debug 版本的运行程序有相应的调试信息码，以便于程序的调试，而 Release 版本的运行程序没有，但 Release 版本的运行程序经过代码的优化，其程序的运行速度被最大加速。

通常，当应用程序经过测试后并可以交付时，应通过选择“组建”→“放置（移除）工程配置”菜单命令，在弹出的对话框中，选择“Ex_SDI-Win32 Release”，然后单击“确定”按钮。重新编连后，可将默认的 Win32 Debug 版本修改成 Win32 Release 版本。这样，在 Release 文件中的.exe 文件就是交付用户的可执行文件。

2.3.3　项目管理

为了能有效地管理项目中的这些文件并维护各源文件之间的依赖关系，Visual C++ 6.0 通过开发环境中左边的项目工作区窗口来进行管理的。项目工作区窗口包含三个标签页面，分别是 ClassView（类页面）、ResourceView（资源页面）和 FileView（文件页面）。

1. ClassView

项目工作区窗口的 ClassView 页面用以显示和管理项目中所有的类。以打开的项目名 Ex_SDI

为例，ClassView 页面显示出“Ex_SDI classes”的树状结点，在它的前面是一个图标和一个套在方框中的符号“+”，单击符号“+”或双击图标，Ex_SDI 中的所有类名将被显示，如 CMainFrame、CEx_SDIApp、CEx_SDIDoc、CEx_SDIView 等，如图 2-15 所示。

在 ClassView 页面中，每个类名前也有一个图标和一个套在方框中的符号“+”，双击图标，则直接打开并显示类定义的头文件（如 CEx_SDIView.h）；单击符号“+”，则会显示该类中的成员函数和成员变量，双击成员函数前的图标，则在文档窗口中直接打开源文件并显示相应函数体代码。

这里，要注意一些图标所表示的含义。例如，在成员函数的图标中，使用紫色方块表示公有成员函数，使用紫色方块和一把钥匙表示私有成员函数，使用紫色方块和一把锁表示保护成员函数；又如用蓝绿色图标表示成员变量等。

2. ResourceView

单击项目工作区窗口底部的 ResourceView 标签，打开 ResourceView 页面，如图 2-16 所示。ResourceView 页面用于显示和管理项目中所有的资源，它与 ClassView 页面一样，都是按树层次结构来呈现不同的显示列表。在 Visual C++中，每一个图片、字符串值、工具栏、图标或其他非代码元素等都可以看作是 ResourceView 页面中的一种资源结点，并使用了各自默认的资源结点图标。

3. FileView

单击项目工作区窗口底部的 FileView 标签，打开 FileView 页面，如图 2-17 所示。FileView 可将项目中的所有文件（C++源文件、头文件、资源文件、Help 文件等）分类按树层次结构来显示。每一类文件在 FileView 页面中都有自己的结点，例如，所有的 C++源文件都在 Source File 目录项中。用户不仅可以在结点项中移动文件，而且还可以创建新的结点项以及将一些特殊类型的文件放在该结点项中。

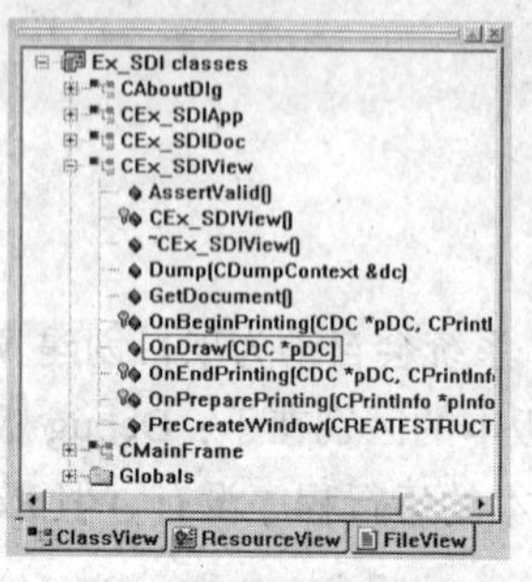

图 2-15 ClassView

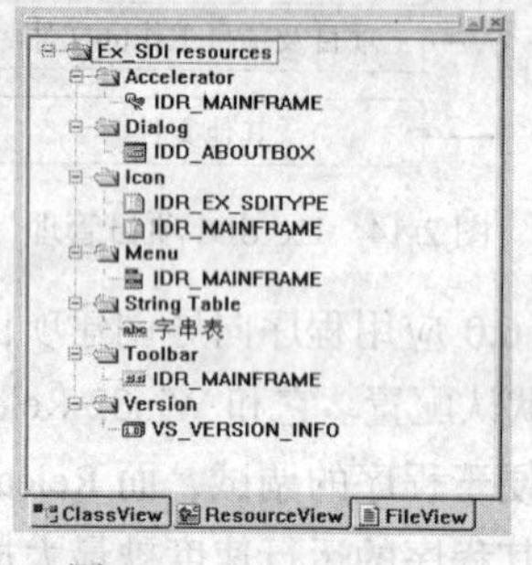

图 2-16 ResourceView

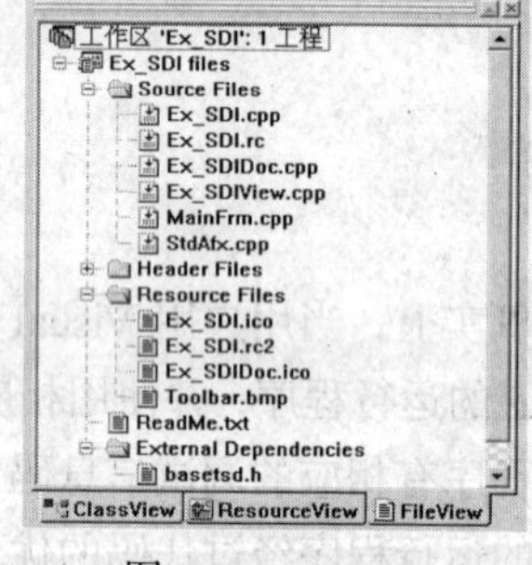

图 2-17 FileView

2.3.4 资源和资源标识

Visual C++ 6.0 将 Windows 应用程序中经常用到的菜单、工具栏、对话框、图标等都视为资源，并将其单独存放在一个资源文件中。每个资源都有相应的标识符来区分，且可以像变量一样进行赋值。

1. 资源的分类

图 2-16 所示的 ResourceView 页面显示了一个用 MFC AppWizard 创建的单文档应用程序 Ex_SDI 的所有使用到的默认资源，它可分为以下几类。

（1）快捷键列表（Accelerator）：一系列组合键的集合，被应用程序用来引发一个动作。该列表一般与菜单命令相关联，用来代替鼠标操作。

（2）对话框（Dialog）：含有按钮、列表框、编辑框等各种控件的窗口。

（3）**图标**（Icon）：代表应用程序显示在 Windows 桌面上的位图，它同时有 32×32 像素和 16×16 像素两种规格。

（4）**菜单**（Menu）：用户通过菜单可以完成应用程序的大部分操作。

（5）**字串表**（String Table）：应用程序使用的全局字符串或其他标识符。

（6）**工具栏**（Toolbar）：工具栏外观是以一系列具有相同尺寸的位图（按钮）组成的，它通常与一些菜单命令相对应，用以提高用户的工作效率。

（7）**版本信息**（Version）：包含应用程序的版本、用户注册码等相关信息。

除了上述常用资源类别外，Visual C++ 6.0 应用程序中还可有鼠标指针、HTML 等，也可以自己添加新的资源类别。

2. ID 标识符

在图 2-16 中，可以看到每一个资源类别下都有一个或多个相关资源，每一个资源均由**标识符**来定义。当添加或创建一个新的资源或资源对象时，系统会为其提供默认的名称，如 IDR_MAINFRAME 等。当然，用户也可重新命名，但要按一定的规则来进行，因为这样便于在应用程序代码设计时理解和记忆。一般要遵循以下规则。

（1）在标识符名称中允许使用字母 a ~ z、A ~ Z、0 ~ 9 以及下划线。

（2）标识符名称不区分大小写字母，如 new_idd 与 New_Idd 是相同的标识符。

（3）不能以数字开头，如 8BIT 是不合法的标识符名。

除了上述规则外，出于习惯，Visual C++还提供了一些常用的定义标识符名称的前缀供用户参考使用，如表 2-5 所示。

表 2-5 常用标识符定义的前缀

标识符前缀	含　义
IDR_	表示快捷键或菜单相关资源
IDD_	表示对话框资源
IDC_	表示光标资源或控件
IDI_	表示图标资源
IDB_	表示位图资源
IDM_	表示菜单项
ID_	表示命令项
IDS_	表示字符表中的字符串
IDP_	表示消息框中使用的字符串

事实上，每一个定义的标识符都保存在应用程序项目的 Resource.h 文件中，它的取值范围为 0 ~ 65 535。在同一个程序项目中，用户定义的资源标识符名称不能相同，不同的标识符的值也不能一样。但同时要注意，文档应用程序中的菜单、工具栏、加速键和图标资源的标识只有相同时（如都为 IDR_MAINFRAME），才能在文档模板创建时通过指定其标识符来全部装载（以后还会讨论）。

2.3.5 框架窗口、文档和视图

在前面创建的单文档应用程序 Ex_SDI 中，MFC AppWizard 为 Ex_SDI 构造的主要类有 CEx_SDIApp、CMainFrame（主框架类）、CEx_SDIDoc 和 CEx_SDIView（视图类）等。多文档应用程序除了这几个类外，还有一个 CChildFrame（子框架类）。

对于 CEx_SDIApp 类，它是从基类 CWinApp（应用程序类）派生而来，其作用前面已讨论过。

对于 CEx_SDIDoc 类，它是从基类 CDocument（文档类）派生而来，用来负责数据的读取和保存。这也就是说，若应用程序项目需要有处理的数据，通常都放在派生的文档类进行。对于 CMainFrame 和 CEx_SDIView 类，它们都是用来控制和操作应用程序的主框架窗口和文档窗口的客户区。下面就来讨论文档应用程序中的窗口类。

1. 主框架窗口

文档应用程序中的窗口可分为两类：一类是应用程序主窗口，另一类是文档窗口。

应用程序主窗口是应用程序直接放置在桌面（DeskTop）上的那个窗口，又称为**主框架窗口**。每个应用程序只能有一个主框架窗口，它通常包含标题栏、菜单栏、工具栏和状态栏。主框架窗口的标题栏上往往显示应用程序的名称和当前活动的文档名。

当用 MFC AppWizard 创建单文档（SDI）或多文档（MDI）应用程序时，构造的默认主框架窗口类均为 CMainFrame，其源文件名分别是 MainFrm.h 和 MainFrm.cpp。对于单文档应用程序来说，CMainFrame 类是从 CFrameWnd 派生而来的，而对于多文档应用程序，CMainFrame 类是从 CMDIFrameWnd 派生的。

通常，CMainFrame 类还含有操作工具栏的 CToolBar 类成员对象 m_wndToolBar 和操作状态栏的 CStatusBar 类成员对象，并在 CMainFrame 的 OnCreate 函数中进行初始化。若有自定义的菜单资源，也可在 OnCreate 函数中装载。

2. 文档窗口

文档窗口对于单文档应用程序来说，它和主框架窗口是一致的，即主框架窗口就是文档窗口；而对于多文档应用程序，文档窗口是主框架窗口的子窗口，如图 2-13 所示。

文档窗口一般都有相应的可见边框，它的**客户区**（除了窗口标题栏、边框外的区域）是由相应的视图类（默认从 CView 类派生）来构成的，而 CView 类又是从窗口类 CWnd 派生，因此可以说视图是文档窗口内的子窗口。文档窗口时刻跟踪当前处于活动状态的视图的变化，并将用户或系统产生的命令消息传递给当前活动视图。而主框架窗口负责管理各个用户交互对象（包括菜单、工具栏、状态栏以及加速键）并根据用户操作相应地创建或更新文档窗口及其视图。

在多文档应用程序中，MFC AppWizard 创建的文档子窗口类的源文件是 ChildFrm.h 和 ChildFrm.cpp，其类名是 CChildFrame，它是从 CMDIChildWnd 派生的。

2.3.6 对话框和控件

对话框是一个特殊类型的窗口，可以作为各种**控件**的容器，可用于捕捉和处理用户的多个输入信息或数据。控件是一种具有独立功能的、可以进行交互的窗口。对话框和一般控件类都是从 CWnd 派生而来。

对话框应用程序是 Windows 最简单也是最常用的一种应用程序。下面就来创建一个对话框应用程序 Ex_DLG。

1. 创建

启动 Visual C++ 6.0，选择“文件”→“新建”菜单，在弹出的“新建”对话框的**工程**标签页面中，选择 MFC AppWizard(exe)的项目类型。单击**位置**框右侧的按钮...，在弹出的对话框中，将该应用程序的文件夹定位在“D:\Visual C++应用\第 2 章”，并在“工程”编辑框中输入应用程序名 Ex_DLG，结果如图 2-18 所示。

2. 第一步

单击“确定”按钮，出现如图 2-19 所示的对话框，让用户进行下列选择：

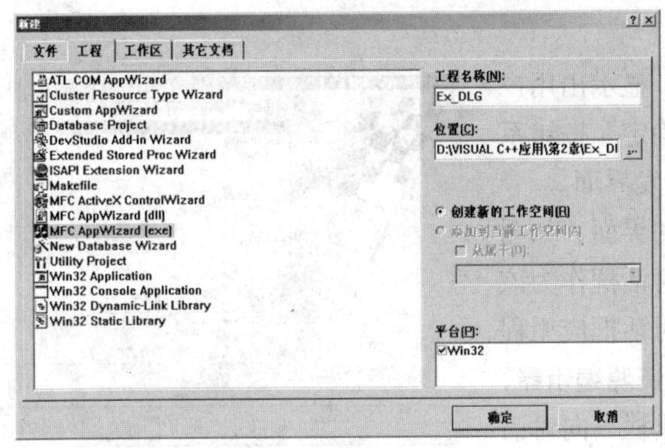

图 2-18 “新建”对话框

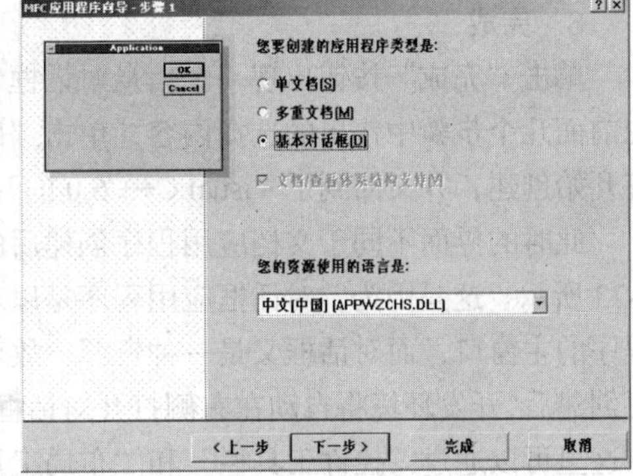

图 2-19 “步骤 1”对话框

① 从单文档、多重文档和基本对话框中选择创建的应用程序类型。这里，选择“基本对话框”。

② 选择资源所使用的语言，这里是“中文[中国]”。

3. 第二步

单击“下一步”按钮，出现如图 2-20 所示的对话框，让用户进行下列选择：

① 是否包含“关于”对话框（后面还会讨论）；

② 是否包含上下文相关帮助，即一旦选择此项，则在创建的对话框中自动添加“Help”按钮，以后该程序运行后，单击此按钮或按 F1 键，显示自己在程序中定制的帮助信息；

③ 是否使用“3D 外观”，即对话框以及对话框中的控件具有三维立体效果；

④ 是否加入“自动操作”和“ActiveX 控件”的支持，以便实现 OLE 功能；

⑤ 是否加入网络组件功能（Windows Sockets，一种 Windows 网络协议）；

⑥ 在“对话框的标题是”现在的编辑框中输入要更改的对话框标题内容。

4. 第三步

保留默认选项，单击“下一步”按钮，出现如图 2-21 所示的对话框，这里出现两个方面的选项，供用户来选择：

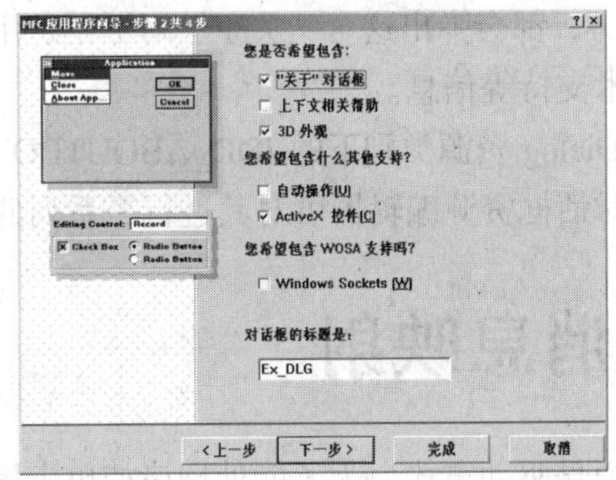

图 2-20 “步骤 2”对话框

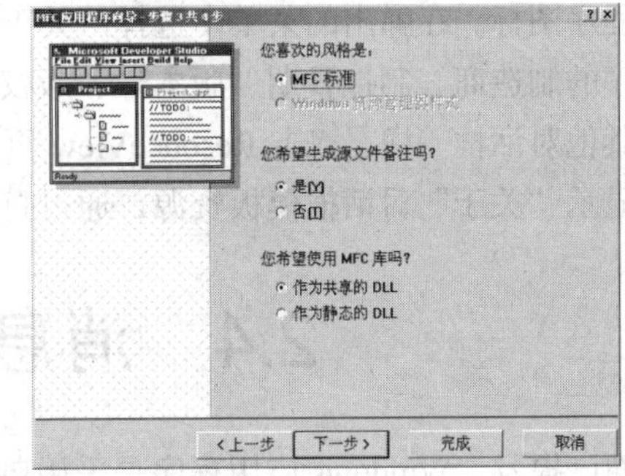

图 2-21 “步骤 3”对话框

① 在源文件中是否加入注释用来引导用户编写程序代码；

② 使用动态的共享链接库还是静态链接库。

5. 第四步

保留默认选项，单击“下一步”按钮，出现如图 2-22 所示的对话框。在这里，用户可以对 MFC AppWizard 提供的默认类名、基类、各个源文件名进行修改。

6. 完成

单击“完成”按钮出现一个信息对话框，显示出用户在前面几个步骤中作出的选择内容，单击“确定”按钮系统开始创建，并又回到了 Visual C++ 6.0 的开发界面。

此时的界面不同于文档应用程序创建后的界面，如图 2-23 所示。这是因为，对话框应用程序是以对话框作为该程序的主窗口，而对话框又是一种资源，故对话框应用程序创建后，开发环境将自动在右侧打开**对话框资源编辑器**，在这里可以通过“控件工具栏”和“布局工具栏”向对话框添加和布局控件，并可设置对话框的属性。

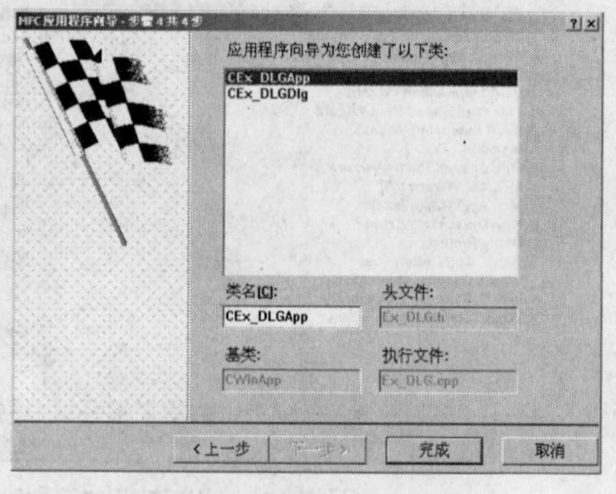

图 2-22　“步骤 4”对话框

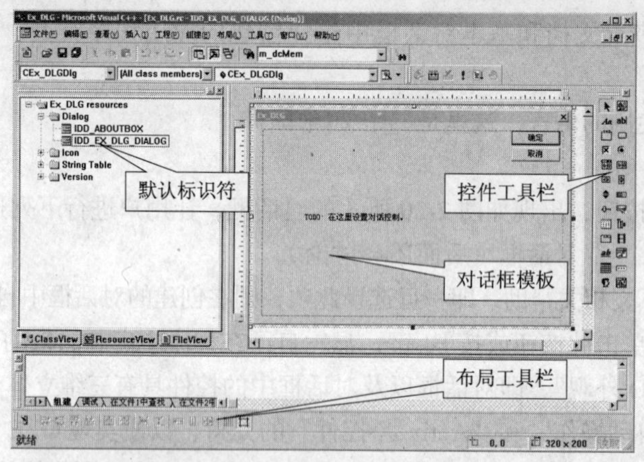

图 2-23　Ex_DLG 创建后的开发环境

单击项目工作区底部的 ClassView 标签，切换到 ClassView 页面，展开所有结点，可以看到创建的对话框应用程序是由对话框类 CAboutDlg、应用程序类 CEx_DLGApp 和对话框类 CEx_DLGDlg 组成。其中，CAboutDlg 是每个默认 MFC 应用程序都有的类，当 MFC 应用程序运行后，单击文档应用程序的“帮助”菜单下的“关于 xxx...”，或单击对话框应用程序的标题栏中的应用程序图标，在弹出的菜单中选择“关于 xxx...”，都会弹出这个“关于”对话框，用来显示应用程序的制造商、制造日期、版本号、版权、技术支持等信息。

同其他对话框一样，双击 ResouceView 页面中 Dialog 资源类别下的 IDD_ABOUTBOX，就可在右侧显示“关于”对话框模板资源，通过打开的对话框资源编辑器可对其进行一系列的设计。

2.4　消息和消息映射

前面已提及，Windows 应用程序是采用典型的消息驱动方式。为了能处理诸如单击鼠标键、敲击键盘、窗口移动等情况，Windows 系统都会向特定的窗口发送消息。而 MFC ClassWizard（MFC 类向导）可以帮助用户快速简单地映射这些消息，并提供相应的消息处理函数框架。因此这里先来介绍它的使用。

2.4.1　使用类向导

MFC 类向导是 Visual C++ 6.0 中又一个非常有用的工具。它能自动为一个项目添加一个类、进行消息和数据映射、创建 OLE Automation（自动化）属性和方法以及进行 ActiveX 事件处理等。打开 MFC 类向导可以使用以下方法。

（1）选择“查看”→“建立类向导”菜单或直接使用 Ctrl+W 快捷键。

（2）在源代码文件的文档编辑窗口中，右击鼠标，从弹出的快捷菜单中选择“建立类向导”命令。

当 MFC 类向导打开后，就会弹出如图 2-24 所示的“MFC ClassWizard”对话框（设 Visual C++打开的是单文档应用程序 Ex_SDI）。

可以看到“MFC ClassWizard”对话框包含了 5 个标签页面，它们各自含义如下。

- **Message Maps**（消息映射）：用来添加、删除和编程处理消息的成员函数。
- **Member Variables**（成员变量）：添加或删除与控件相关联的成员变量（或称控件变量），以便与控件进行数据交换。这些控件所在的类一般是从 CDialog、CPropertyPage、CRecordView 或 CDaoRecordView 中派生的类。
- **Automation**（自动化）：为支持自动化的类（如 ActiveX 控件类）添加属性和方法。
- **ActiveX Events**（ActiveX 事件）：为 ActiveX 控件类添加触发事件的支持。
- **Class Info**（类信息）：有关项目中类的其他信息。

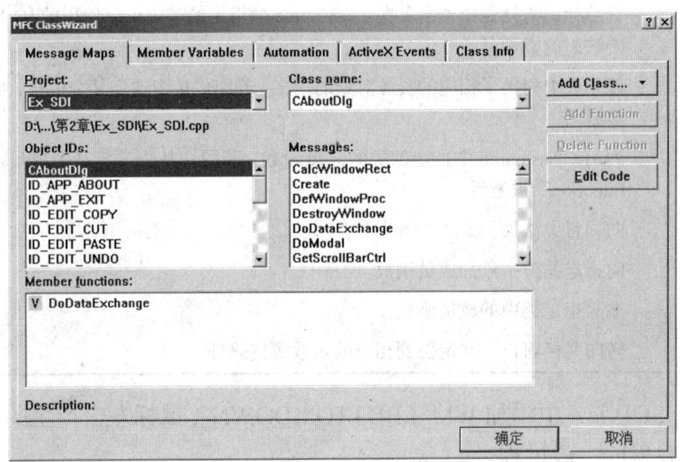

图 2-24　“MFC ClassWizard”对话框

一般来说，“MFC ClassWizard”对话框前面两项是用户最关心的，也是最经常使用的，因为几乎所有的代码编写都要利用这两个标签项。

2.4.2　消息分类

Windows 应用程序中的消息主要有下面三种类型。

（1）**窗口消息**（Windows message）：这类消息主要是指由 WM_开头（除 WM_ COMMAND 之外）的消息，如 WM_CREATE（窗口对象创建时产生）、WM_DESTROY（窗口对象清除前发生）、WM_PAINT（窗口更新时产生绘制消息）等，一般由窗口类和视图类对象来处理。窗口消息往往带有参数，以标志处理消息的方法。

（2）**控件的通知消息**（Control notifications）：当控件的状态发生改变（例如，用户在控件中进行输入）时，控件就会向其父窗口发送 WM_COMMAND 通知消息。应用程序框架处理控件消息的方法和窗口消息相同，但按钮的 BN_CLICKED 通知消息除外，它的处理方法与命令消息相同。

（3）命令消息（Command message）：命令消息主要包括由用户交互对象（菜单、工具条的按钮、快捷键等）发送的 WM_COMMAND 通知消息。

命令消息的处理方式与其他两种消息不同，它能够被多种对象接收、处理，这些对象包括文档类、文档模板类、应用程序本身以及窗口和视图类等；而窗口消息和控件的通知消息是由窗口对象接收并处理的，这里的窗口对象是指从窗口类 CWnd 中派生的类的对象，它包括 CFrameWnd、CMDIFrameWnd、CMDIChildWnd、CView、CDialog 以及从这些派生类对象等。

2.4.3 消息映射

在 MFC 中，上述的绝大多数消息都可通过 MFC 的 ClassWizard 来映射。将“MFC ClassWizard”对话框切换到 Message Maps 页面（见图 2-24），可以看到它有许多选项，如项目（Project）组合框、类名（Class name）组合框等。各项功能说明如表 2-6 所示。

表 2-6 ClassWizard 对话框的 Message Maps 页面功能

项 目	说 明
Project 框	选择应用程序项目名，一般只有一个
Class name 框	在相应的项目中选择指定的类，它的名称与项目工作区中 ClassView 中是一样的
Object IDs 列表	资源标识符列表中列出了在 Class name 框指定的类中可以使用的 ID 号，用户从中可以选择要映射的资源号
Messages 列表	该列表中列出了相应的资源对象的消息，若用户从中选定某个消息，则按钮“Add Function”被激活
Member functions 列表	列出 Class name 中指定的类的成员函数，若用户从中选定某个成员函数，则按钮“Delete Function”被激活
Add Class 按钮	向项目中添加类
Add Function 按钮	向指定的类中添加成员函数
Delete Function 按钮	删除指定类中的成员函数
Edit Code 按钮	转向文档窗口，并定位到相应的函数源代码处

下面以向 CEx_SDIView 中添加 WM_LBUTTOMDOWN（鼠标左击产生的消息）的消息映射为例，说明其消息映射的一般过程。

（1）按 Ctrl+W 快捷键打开“MFC ClassWizard”对话框。

（2）在“Class name”组合框中，将类名选定为 CEx_SDIView。此时，Object IDs 和 Messages 列表内容会相应的改变。

（3）在“Object IDs”列表框中选定 CEx_SDIView，然后拖动 Messages 列表框右侧的滚动块，直到出现要映射的 WM_LBUTTOMDOWN 消息为止。

（4）双击 Messages 列表中的 WM_LBUTTOMDOWN 消息或单击“Add Function”按钮，都会在 CEx_SDIView 类中添加该消息的映射函数 OnLButtonDown，同时在“Member functions”列表中显示这一消息映射函数和被映射的消息，结果如图 2-25 所示。

（5）单击“Edit Code”按钮后，“MFC ClassWizard”对话框退出，并转向文档窗口，定位到 OnLButtonDown 函数源代码处。

（6）添加下列代码：

```
void CEx_SDIView::OnLButtonDown(UINT nFlags, CPoint point)
{
    // TODO: Add your message handler code here and/or call default
```

```
        MessageBox ("你好，我的 Visual C++世界！", "问候", 0) ;
        CView::OnLButtonDown(nFlags, point);
}
```

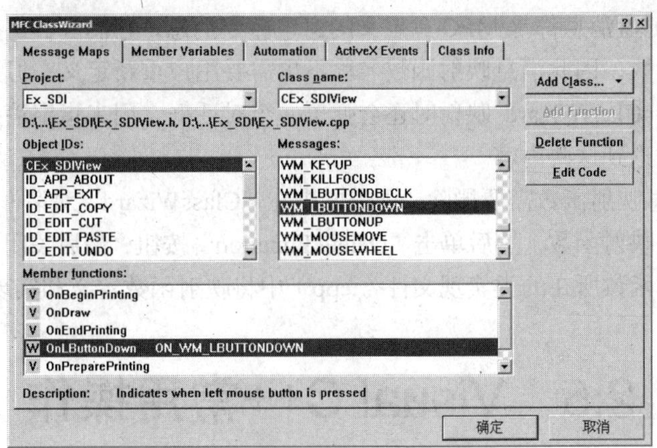

图 2-25　映射 WM_LBUTTONDOWN 消息

（7）这样就完成了一个消息映射过程。程序运行后，在窗口客户区单击鼠标左键，就会弹出一个消息对话框。

2.4.4　消息映射代码框架

查看 CEx_SDIView 程序代码，可以发现：MFC ClassWizard 为 WM_LBUTTOMDOWN 的消息映射作了以下三个方面内容的安排。

（1）在头文件 Ex_SDIView.h 中声明消息处理函数 OnLButtonDown：

```
protected:
        //{{AFX_MSG(CEx_SDIView)
        afx_msg void OnLButtonDown(UINT nFlags, CPoint point);
        //}}AFX_MSG
        DECLARE_MESSAGE_MAP( )
```

代码中的//{{AFX_MSG(CEx_SDIView)和//}}AFX_MSG之间的部分是MFC ClassWizard定义的专门用作消息映射函数声明的标记，表示该程序块中的消息映射声明是由 ClassWizard 来自动管理的，用户一般不需要去更改。需要说明的是，凡//{{和//}}之间的程序代码块均由 ClassWizard 自动管理。

（2）在 Ex_SDIView.cpp 源文件前面的消息映射入口处，添加了相应的消息映射宏：

```
BEGIN_MESSAGE_MAP(CEx_SDIView, CView)                    // 消息映射开始
        //{{AFX_MSG_MAP(CEx_SDIView)
                ON_WM_LBUTTONDOWN( )
        //}}AFX_MSG_MAP
        …
END_MESSAGE_MAP( )                                       // 消息映射结束
```

（3）在 Ex_SDIView.cpp 文件中写入一个空的消息处理函数的模板，以便用户填入具体代码，如下面的框架代码：

```
void CEx_SDIView::OnLButtonDown(UINT nFlags, CPoint point)
{
        // TODO: Add your message handler code here and/or call default
        CView::OnLButtonDown(nFlags, point);
}
```

事实上，根据 ClassWizard 产生的上述消息映射过程，用户可以自己手动添加一些 MFC ClassWizard 不支持的消息映射函数，以完成特定的功能。例如，Ex_HelloMFC 示例就是按照上

述过程添加消息映射的。

说明

- 由于鼠标和键盘消息都是 MFC 预定义的窗口命令消息，它们各自都有相应的消息处理宏和预定义消息处理函数，因此消息映射函数名称不再需要用户重新定义。但是，对于菜单和按钮等命令消息来说，用 ClassWizard 映射时还会弹出一个对话框，用来指定消息映射函数的名称。在后续章节中将会讨论到这些内容。
- 若指定的消息映射函数需要删除，则需要先在“ClassWizard”对话框的“Messages”列表中选定要删除的消息映射函数，然后单击“Delete Function”按钮，最后关闭“ClassWizard”对话框，并在该消息映射函数所在的类实现文件（.cpp）中将映射函数定义和实现的代码全部删除。

2.5 Visual C++常用操作

在 Visual C++应用程序编程过程中，常常需要对类及类代码进行定位、添加、添加成员、消息映射、虚函数等操作，下面以默认的单文档应用程序 Ex_SDI 为例分别说明。

2.5.1 类的添加和删除

1．类的添加

给项目添加一个类有很多方法，例如，先将外部源文件复制到当前项目文件夹中，然后选择“工程”→“增加到工程”→“文件”菜单命令，可将外部源文件所定义的类添加到项目中。但若使用 MFC 的 ClassWizard，则可以从大多数 MFC 类中派生一个类，并且创建的类代码自动包含 MFC 所必需的消息映射等机制。

用“MFC ClassWizard”给项目添加一个类通常是按下列步骤进行的。

（1）按快捷键 Ctrl+W 启动“MFC ClassWizard”对话框。单击“Add Class”按钮，从弹出的下拉菜单中选择 New 命令，弹出如图 2-26 所示的“New Class”对话框。

（2）对话框中，Name 是用来输入用户定义的类名，注意要以“C”字母打头，以保持与 MFC 标识符命名规则一致；File name 是该类的源代码文件名，单击“Change”按钮可改变源文件名称及其在磁盘中的位置；Base class 用来指定该类的基类；Dialog ID 是当选择 CDialog 作为基类时指定对话框的资源 ID 号。最下面的 Automation 是用来设置对自动化的支持。

（3）单击“OK”按钮，一个新类就会自动添加到项目中。

2．类的删除

当添加的类需要删除时，则需要按下列步骤进行。

（1）将 Visual C++ 6.0 打开的所有文档窗口关闭。

（2）将项目工作区窗口切换到 FileView 页面，展开 Source Files 和 Header Files 结点，分别选定要删除类的对应 .h 和 .cpp 文件，按下 Delete 键，删除这两个文件。

（3）选择“文件”→“关闭工作区”菜单命令，关闭项目。

（4）从当前项目文件夹中删除对应的 .h 和 .cpp 文件与 .clw 文件。

这样，当调入项目文件后，按 Ctrl+W 快捷键就会弹出一个对话框，询问是否重新建立 ClassWizard 数据文件，单击“是”按钮，出现如图 2-27 所示的“Select Source Files”对话框。单击右下角的“Add All”按钮，然后单击“MFC ClassWizard”对话框的“确定”即可。

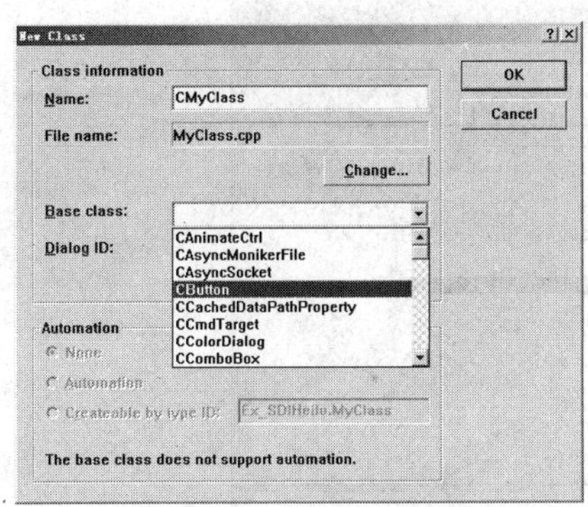

图 2-26　New Class 对话框

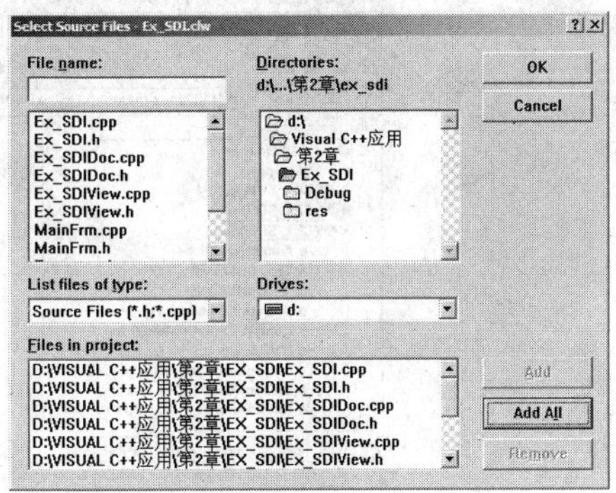

图 2-27　Select Source Files 对话框

2.5.2　成员的添加和删除

1. 添加类的成员函数

例如，下面的操作步骤是向 CEx_SDIView 类添加一个成员函数 void DoDemo(int nDemo1)，其他类的成员函数的添加可以类似进行。

（1）选择"文件"→"打开工作空间"菜单，从弹出的对话框中打开前面创建的单文档应用程序项目 Ex_SDI。

（2）将项目工作区窗口切换到 ClassView 页面，右击"CEx_DemoView"类名，弹出相应的快捷菜单，如图 2-28 所示。

（3）从弹出的快捷菜单中选择"Add Member Function"，弹出"添加成员函数"对话框。在函数类型（Function Type）框中输入 void，在函数描述（Function Declaration）框中输入 DoDemo (int nDemo1)，对话框下方用来确定该成员函数的访问方式，如图 2-29 所示。

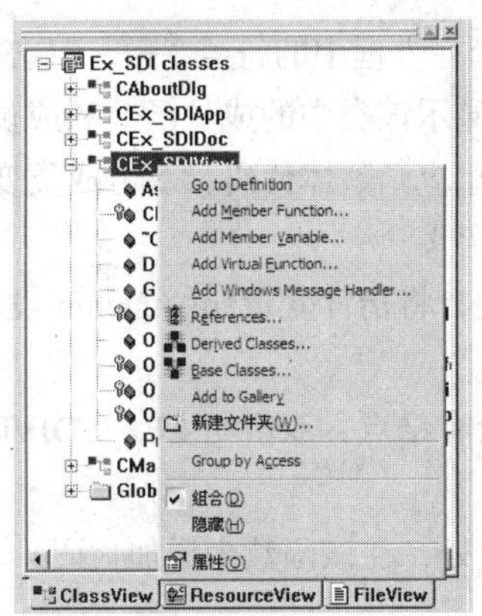

图 2-28　ClassView 页面和快捷菜单

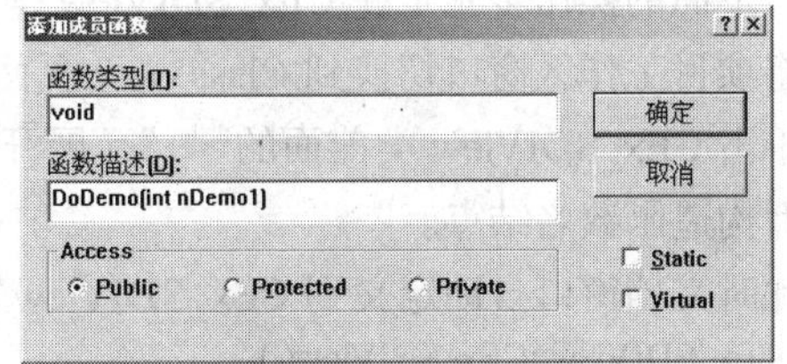

图 2-29　添加成员函数

（4）单击"确定"，文档窗口打开该类源代码文件，并自动定位到添加的函数实现代码处，在这里用户可以添加该函数的代码，如图 2-30 所示。

2. 添加类的成员变量

例如，下面的操作步骤是向 CEx_SDIView 类添加一个成员指针变量 int *m_nDemo，其他的成员变量的添加可以类似进行。

（1）将项目工作区窗口切换到 ClassView 页面。

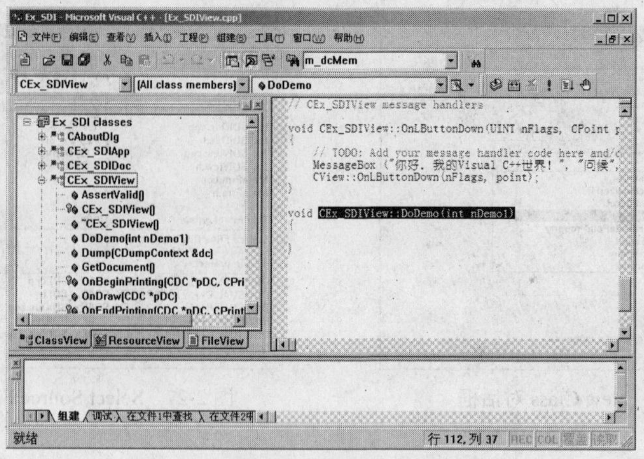

图 2-30　添加成员函数后的文档窗口

（2）右击“CEx_SDIView”类名，从弹出的快捷菜单中选择“Add Member Variable”，弹出“Add Member Variable”对话框。在变量类型（Variable Type）框中输入 int，在变量名称（Variable Name）框中输入*m_nDemo，注意指针变量中的“*”不能添加到变量类型框中，对话框下方用来确定该成员变量的访问方式，结果如图 2-31 所示。

图 2-31　添加成员变量

（3）单击“确定”按钮。

需要说明的是，用这种方法添加的成员变量，对于某些类型来说，它会自动为其设定初值。当然，成员变量的添加也可在类的声明文件（.h）中直接添加。

2.5.3　文件打开和成员定位

在 ClassView 页面中，每个类名前有一个图标和一个套在方框中的符号“+”，双击类名结点，则直接打开并显示类定义的头文件；单击符号“+”，则会显示该类中的成员函数和成员变量，双击成员函数结点，则在文档窗口中直接打开源文件并显示相应函数体代码，双击成员变量结点，则在文档窗口中直接打开类的头文件并显示该成员变量的定义。

例如，下面的操作步骤是在 CEx_SDIView 构造函数处，将指针变量*m_nDemo 设为 NULL。

（1）将项目工作区窗口切换到 ClassView 页面。

（2）单击 CEx_SDIView 类前面的“+”，展开该类的所有结点，双击与 CEx_SDIView 类同名的结点，即构造函数名结点。

（3）此时文档窗口自动定义到 CEx_SDIView 构造函数处，在该函数中添加代码：

```
CEx_SDIView::CEx_SDIView()
{
	// TODO: add construction code here
	m_nDemo = NULL;
}
```

事实上，对于文件打开，最简单的方法是将项目工作区切换到 FileView 页面，然后展开所有结点，双击文件名结点，即可打开该文件。

2.5.4　使用向导工具栏

向导工具栏（WizardBar）是 Visual C++ 6.0 又一个颇具特色的操作方式。它将使用频率最高的“MFC ClassWizard”对话框的功能体现为三个相互关联的组合框和一个 Actions 控制按钮，如图 2-32 所示。

图 2-32　WizardBar

三个组合框分别表示类信息（Class）、选择相应类的资源标识（Filter）和相应类的成员函数（Members）或资源标识可映射的消息。单击 Actions 控制按钮可将文本指针移动到指定类成员函数在相应的源文件的定义和声明的位置处，单击 Actions 向下按钮（▼）会弹出一个快捷菜单，如图 2-33 所示，从中可以选择要执行的命令。

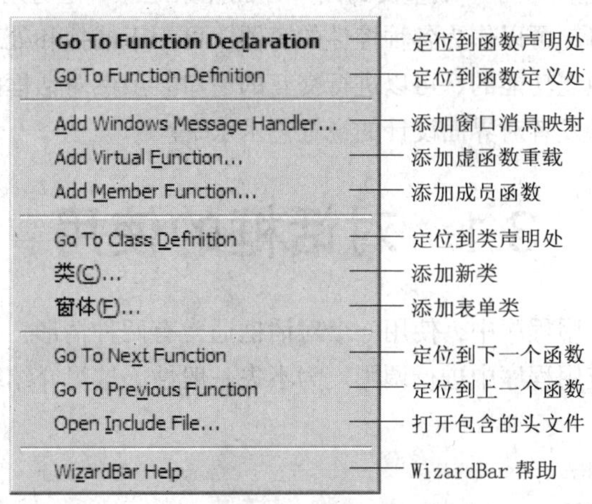

图 2-33　Actions 菜单

总之，Visual C++ 6.0 提供了 MFC AppWizard、ClassWizard 以及 WizardBar 为用户在创建 Windows 应用程序、消息处理、类操作、代码编辑等方面上提供了极大的方便，而应用程序项目是用文件夹来管理的，并可通过项目工作区进行常规的操作。另外，在应用程序框架代码中还提供了运行时类型检查（Run Time Type Inspection，RTTI）机制（它通过 GetRuntimeClass、IsKindOf、宏 DECLARE_DYNAMIC 和宏 IMPLEMENT_DYNAMIC 来实现），以及诊断信息转储机制（通过 AssertValid、Dump 和宏 TRACE 来实现）来提高代码的可维护性（以后还会讨论）。

下一章，将讨论对话框的设计和控件之间的交互实现。

习　题

1. Windows 的应用程序特点有哪些？
2. MFC 的 AppWizard(exe)提供了哪几种类型的应用程序？
3. MFC 有哪些机制？这些机制有什么用？
4. 用 MFC AppWizard(exe)分别创建一个多文档应用程序项目、一个单文档应用程序项目和一个对话框应用程序项目，在类结构、虚函数 InitInstance 代码等方面，比较它们的异同。
5. 消息的类别有哪些？用 MFC ClassWizard 如何映射消息？

第 3 章 对话框和常用控件

对话框是 Windows 应用程序中最重要的用户界面元素之一，是与用户交互的重要手段。对话框是一个特殊类型的窗口，可以作为各种控件的容器，可用于捕捉和处理用户的多个输入信息或数据。控件是一种具有独立功能的、可以进行交互的窗口。虽然对话框的创建、使用和实现比较容易，但同时也反映了开发者对界面设计的视觉艺术水平。

3.1 对话框的使用

在 Visual C++ 6.0 应用程序中，使用一个对话框通常有两种情形：一是直接创建一个对话框应用程序，二是在一个应用程序中进行调用。为不失一般性，这里介绍第二种对话框使用情况的一般过程，依次如下。

（1）添加对话框资源。

（2）设置对话框的属性。

（3）添加和布局控件。

（4）创建对话框类。

（5）添加对话框代码。

（6）在程序中调用对话框。

显然，对于第一种对话框使用情况来说，其过程通常是从（2）到（5）。

3.1.1 添加对话框资源

在对话框资源添加之前，先来创建一个默认的单文档应用程序 Ex_SDI。

（1）在“D:\Visual C++应用”文件夹中，创建本章应用程序工作文件夹“第 3 章”。

（2）启动 Visual C++ 6.0，选择“文件”→“新建”菜单，在弹出的“新建”对话框的工程标签页面中，选择 MFC AppWizard(exe)的项目类型。单击位置框右侧的按钮...，在弹出的对话框中，将该应用程序的文件夹定位在“D:\Visual C++应用\第 3 章”，并在工程编辑框中输入单文档应用程序名 Ex_SDI。

（3）单击“确定”按钮，在出现的“步骤 1”对话框中，选择“单个文档”应用程序类型。

（4）单击“完成”按钮出现一个信息对话框，显示出用户在前面几个步骤中作出的选择内容，单击“确定”按钮系统开始创建，接着又回到了 Visual C++ 6.0 的主界面。

若无特别说明，以后凡遇到“创建一个默认的单文档应用程序 Ex_XXXX”就是指上述的步骤，本书作此约定。其中，Ex_XXXX 为创建的应用程序名。

这样就可在单文档应用程序 Ex_SDI 中添加一个对话框资源，通常按下列步骤进行。

（1）选择“插入”→“资源”菜单，或按快捷键 Ctrl+R 打开“插入资源”对话框，在对话框中可以看到资源列表中存在 Dialog 项，若单击 Dialog 项左边的“+”号，将展开对话框资源的不同类型选项，如图 3-1 所示，表 3-1 列出各种类型的对话框资源的不同用途。

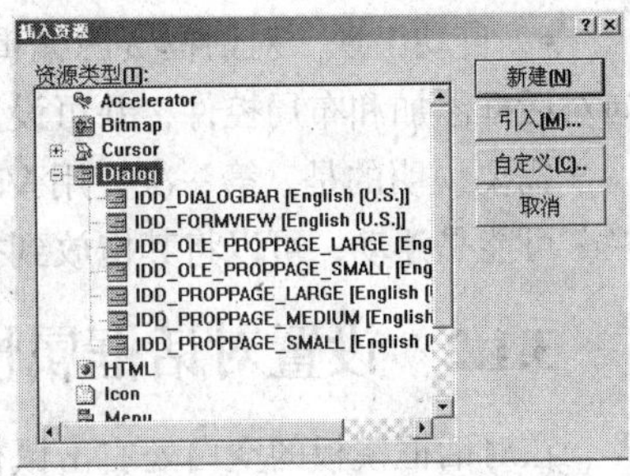

图 3-1 “插入资源”对话框

其中，“新建”按钮是用来创建一个由“资源类型”列表中指定类型的新资源，“自定义”按钮是用来创建“资源类型”列表中没有的新类型的资源，“引入”按钮是用于将外部已有的位图、图标、光标或其他定制的资源添加到当前应用程序中。

表 3–1 对话框资源类型

类　型	说　明
IDD_DIALOGBAR	对话条，往往和工具条放一起
IDD_FORMVIEW	一个表单（一种样式的对话框），用于表单视图类的资源模板
IDD_OLE_PROPPAGE_LARGE	一个大的 OLE 属性页
IDD_OLE_PROPPAGE_SMALL	一个小的 OLE 属性页
IDD_ PROPPAGE_LARGE	一个大属性页，用于属性对话框
IDD_ PROPPAGE_MEDIUM	一个中等大小的属性页，用于属性对话框
IDD_ PROPPAGE_SMALL	一个小的属性页，用于属性对话框

（2）对展开的不同类型的对话框资源不作任何选择，选中“Dialog”，单击“新建”按钮，系统就会自动为当前应用程序添加一个对话框资源，并出现如图 3-2 所示的界面。

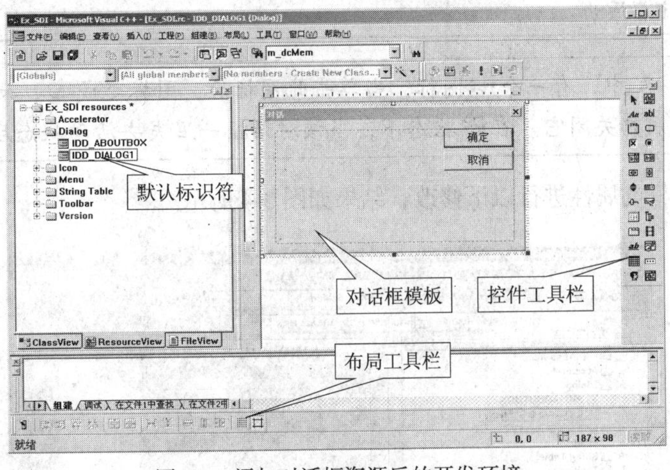

图 3-2 添加对话框资源后的开发环境

从中可以得出以下结论。

- 系统为对话框资源自动赋给它一个默认的标识符名称（第一次为 IDD_DIALOG1，以后依次为 IDD_DIALOG2、IDD_DIALOG3、…）。
- 使用通用的对话框模板创建新的对话框资源。对话框的默认标题为“对话”（Dialog），有“确定”和“取消”两个按钮，这两个按钮的标识符分别为 IDOK 和 IDCANCEL。

- 自动出现“对话框资源编辑器”窗口，在这里可以通过“控件工具栏”和“布局工具栏”向对话框添加和布局控件，并可设置对话框的属性。

需要说明的是，第一次使用 Visual C++ 6.0 的对话框编辑器时，“控件工具栏”和“布局工具栏”可能是浮动，可以将其拖放到指定位置（见图 3-2），以便让开发环境更易于操作。

3.1.2 设置对话框属性

在对话框模板的空白处右击鼠标，从弹出的快捷菜单中选择“属性”菜单项，出现如图 3-3 所示的对话框属性窗口。

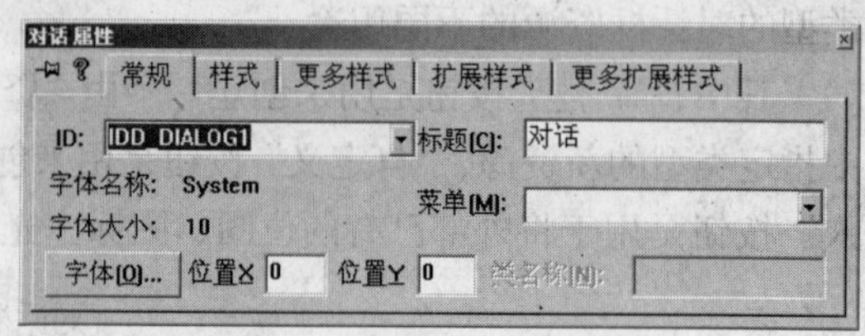

图 3-3 对话框属性窗口

可以看出，对话框具有常规（General）、样式（Styles）、更多样式（More Styles）、扩展样式（Extended Styles）、更多扩展样式（More Extended Styles）属性，这里仅介绍最常用的常规（General）属性，如表 3-2 所示。

表 3-2 对话框的常规（General）属性

项　目	说　明
ID 框	修改或选择对话框的标识符名称
标题框	输入对话框的标题名称，中英文均可，如“我的对话框”
字体按钮	单击此按钮可选择字体的种类（如宋体）及尺寸（如 9 号）
位置 X/位置 Y	对话框左上角在父窗口中的 X、Y 坐标，都为 0 时表示居中
菜单框	默认值为无，当对话框需要菜单时输入或选择指定的菜单资源
类名称框	默认值为无，它提供 C/C++语言编程时所需要的对话框类名，对 MFC 类库的资源文件来说，该项不被激活

图 3-3 中，有一个图标，当单击此图标后，图标变成，表示该对话框将一直显示直到用户关闭它。在状态下，当该对话框一旦失去活动状态后就会自动消失！

将添加的对话框的属性进行以下修改，结果如图 3-4 所示。

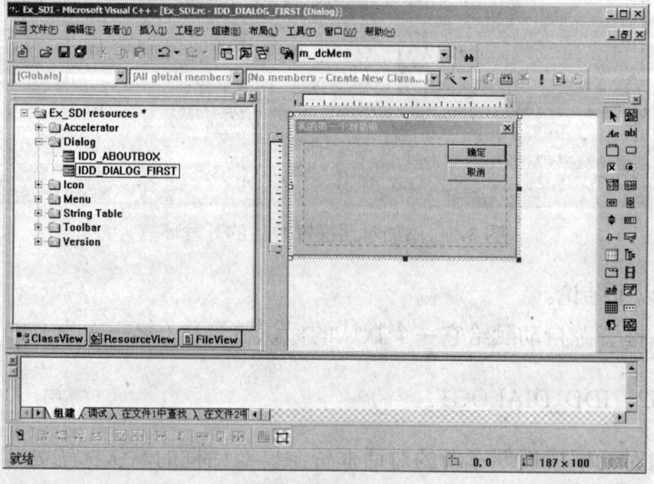

图 3-4 对话框属性修改后的界面

- 在 ID 框中，将对话框标识符 IDD_DIALOG1 改成 IDD_DIALOG_FIRST；
- 在标题框中，将对话框标题“对话”改为“我的第一个对话框”；
- 单击“字体”按钮，通过弹出的字体对话框将对话框内的文本设置成“宋体，9”，以使自己的对话框和 Windows 中的对话框保持外观上的一致（这是界面设计的“一致性”原则）。

3.1.3　添加和布局控件

一旦对话框资源被打开或被创建，就会出现对话框编辑器，通过它可以在对话框中进行控件的添加和布局等操作。

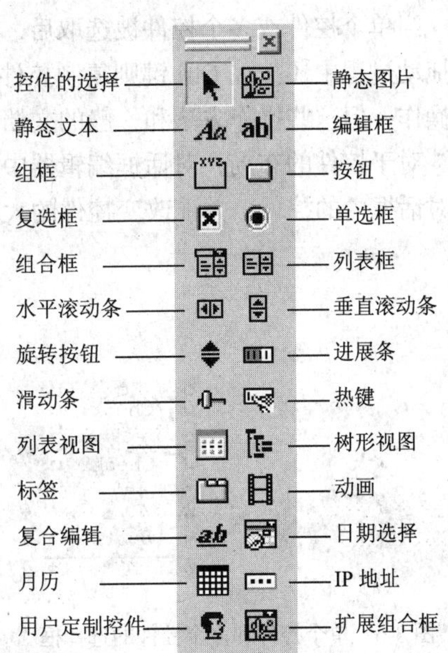

图 3-5　控件工具栏和各按钮含义

1. 控件的添加

对话框编辑器一旦打开，“控件”工具栏一般都会随之出现。若不出现，则可在开发环境的工具栏区的空白处右击鼠标，从弹出的快捷菜单中选择“控件”。

利用“控件”工具栏中的各个按钮可以顺利完成控件的添加。图 3-5 所示为各个按钮所对应的控件类型。

向对话框添加一个控件的方法如下。

- 在控件工具栏中单击某控件，此时的鼠标箭头在对话框内变成“十”字形状；在对话框指定位置单击鼠标左键，则此控件被添加到对话框的相应位置，再拖动刚添加控件的选择框可改变其大小和位置。
- 在控件工具栏中单击某控件，此时的鼠标箭头在对话框内变成“十”字形状；在指定位置处单击鼠标左键不放，拖动鼠标至满意位置，释放鼠标键。
- 用鼠标左键点中控件工具栏中的某控件，并按住鼠标左键不放；在移动鼠标到对话框的指定位置的过程中，用户会看到一个虚线框，下面带有该控件的标记；释放鼠标左键，新添加的控件立即出现在对话框中。

2. 控件的选取

控件的删除、复制和布局操作一般都要先选取控件，选取单个控件的方法如下。

- 用鼠标直接选取。首先保证在控件工具栏中的选择按钮（ ）是被选中的，然后移动鼠标指针至指定的控件上，单击鼠标左键即可。
- 用助记符来选取。如果控件的标题中带有下划线的字符，这个字符就是助记符，选择时直接按下该助记符键或“Alt+助记符”组合键即可。
- 用 Tab 键选取。在对话框编辑器中，系统会根据控件的添加次序自动设置相应的 Tab 键次序。利用 Tab 键，用户可在对话框内的控件中进行选择。每按一次 Tab 键依次选取对话框中的下一个控件，若按住 Shift 键，再单击 Tab 键则选取上一个控件。

对于多个控件的选取，可采用下列方法。

- 先在对话框内按住鼠标左键不放，拖出一个大的虚框，然后释放鼠标，则被该虚框所包围的控件都将被选取。
- 先按住 Shift 键不放，然后用鼠标选取控件，直到所需要的多个控件选取之后再释放 Shift 键。若在选取时，对已选取的控件再选取一下，则取消该控件选取。

注意

（1）一旦单个控件被选取后，其四周由选择框包围着，选择框上还有几个（通常是 8 个）蓝色实心小方块，拖动它可改变控件的大小，如图 3-6（a）所示。

（2）多个控件被选取后，其中只有一个控件的选择框有几个蓝色实心小方块，这个控件称为主要控件，而其他控件的选择框的小方块是空心的，如图 3-6（b）所示。

3. 控件的删除、复制和布局

当单个控件或多个控件被选取后，按方向键或用鼠标拖动控件的选择框可移动控件。若在鼠标拖动过程中还按住 Ctrl 键则复制控件。若按 Del 键可将选取的控件删除。当然还有其他一些编辑操作，但这些操作方法和一般的文档编辑器基本相同，这里不再重复。

对于控件的布局，对话框编辑器中提供了控件布局工具栏，如图 3-7 所示，它可以自动地排列对话框内的控件，并能改变控件的大小。

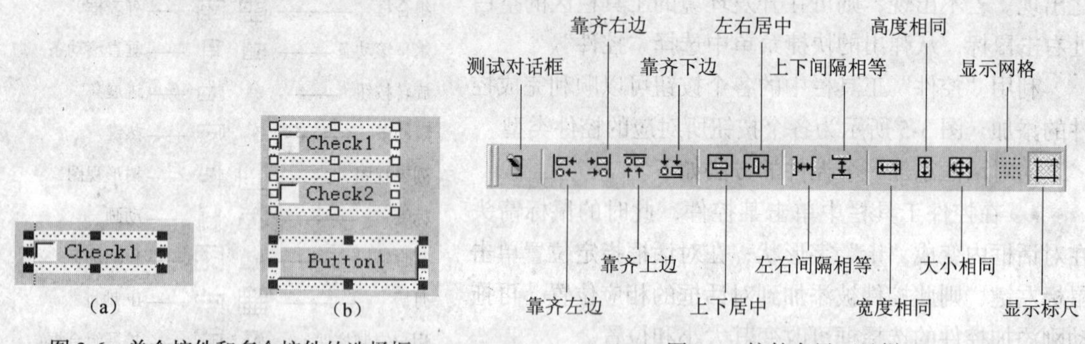

图 3-6　单个控件和多个控件的选择框

图 3-7　控件布局工具栏

说明

（1）随着对话框编辑器的打开，Visual C++ 6.0 开发环境的菜单栏还出现“布局”菜单，它的命令与布局工具相对应，而且大部分命令名后面还显示出相应的快捷键，由于它们都是中文的（汉化过），故这里不再列出。

（2）大多数布置控件的命令使用前，都需要用户选取多个控件，且“主要控件”起到了关键作用。例如，用户选取多个控件后，使用“大小相同”命令只改变其他控件的大小，并与“主要控件”的尺寸一致。因此，在多个控件的布置过程中，常需要重新设置“主要控件”。设置的方法是按住 Ctrl 或 Shift 键，然后用鼠标单击所要指定的控件即可。

（3）为了便于用户在对话框内精确定位各个控件，系统还提供了网格、标尺等辅助工具。在图 3-7 的控件布局工具栏的最后两个按钮分别用来切换网格和标尺。一旦网格显示，添加或移动控件时都将自动定位在网格线上。

4. 测试对话框

“布局”菜单下的“测试”命令或布局工具栏上的测试按钮是用来模拟所编辑的对话框的运行情况，帮助用户检验对话框是否符合用户的设计要求以及控件功能是否有效等。

5. 操作示例

下面向对话框添加三个静态文本控件（一个静态文本控件就是一个文本标签）。

（1）在控件工具栏上，单击 Aa 按钮，然后在对话框模板左上角单击鼠标左键不放，拖动鼠标至满意位置，释放鼠标键。这样，第一个静态文本控件添加到对话框中了。

（2）单击布局工具栏上的按钮，打开对话框模板的网格。

（3）在控件工具栏上，将按钮拖放到对话框模板中的左中部。这样，第二个静态文本控件添加到对话框中了。采用同样的操作，将第三个静态文本控件拖放到对话框模板中的左下部。

（4）按住 Shift 键不放，依次单击刚才添加的三个静态文本控件，结果如图 3-8 所示。

（5）在布局工具栏上，依次单击“大小相同”按钮、“靠左对齐”按钮、“上下间隔相等”按钮，结果如图 3-9 所示。

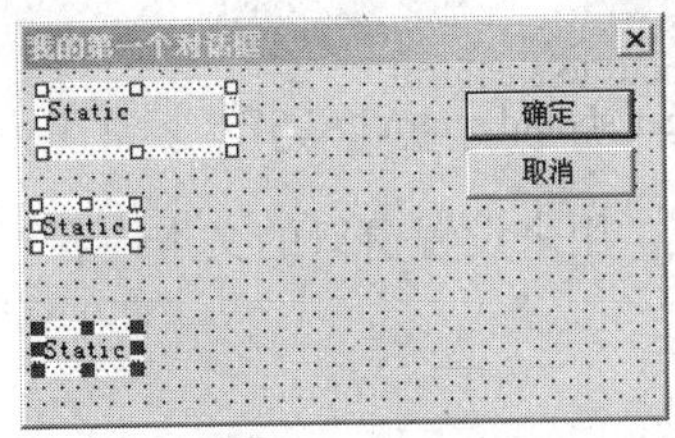

图 3-8　布局前的静态文本控件

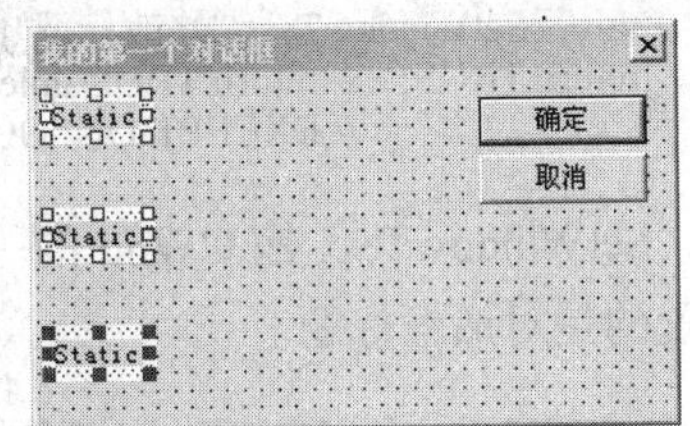

图 3-9　布局后的静态文本控件

3.1.4　创建对话框类

在对话框资源模板的空白区域（没有其他元素或控件）内双击鼠标或按 Ctrl+W 快捷键，将弹出一个对话框，询问是否为对话框资源创建一个新类。

单击“OK”按钮，将弹出如图 3-10 所示的 New Class（新类）对话框。在 Name（名称）框中输入类名 CFirstDlg。Base class（基类）和 Dialog ID（对话框标识符）内容是由系统自动设置的，一般无需修改。从 Base class 框的内容可以看出用户对话框类是从基类 CDialog 派生而来的。

单击“OK”按钮，一个基于对话框资源模板的对话框类 CFirstDlg 就创建好了。此时，出现 MFC ClassWizard（MFC 类向导）对话框，如图 3-11 所示。

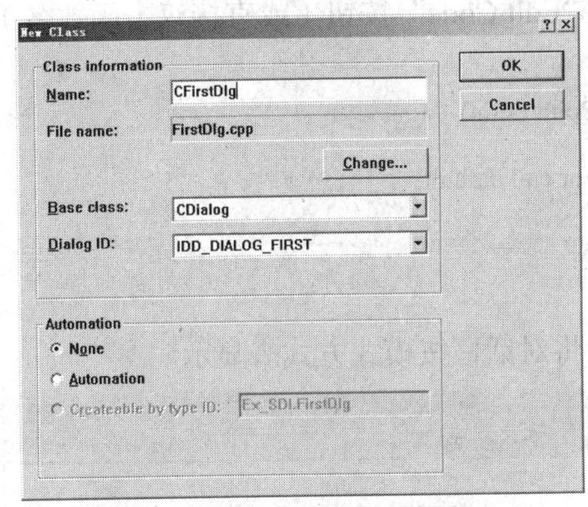

图 3-10　“New Class”对话框

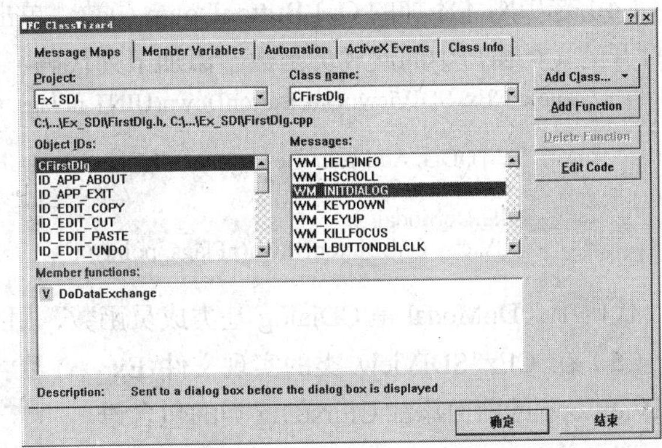

图 3-11　“MFC ClassWizard”对话框

3.1.5　添加对话框代码

在“MFC ClassWizard”对话框中，查看“Class name”列表中是否选择了 CFirstDlg，若不是，则在 Object IDs 列表中选择 CFirstDlg。在 Messages 框中找到并选定 WM_INITDIALOG 消息，如图 3-11 所示。单击“Add Function”按钮或双击 WM_INITDIALOG 消息，“MFC ClassWizard”对话框自动为 CFirstDlg 类添加 OnInitDialog 函数。

需要说明的是，WM_INITDIALOG 是在对话框显示之前向父窗口发送的消息，由于建立了此消息和 OnInitDialog 函数的关联，系统在对话框显示之前就会调用此函数，因此常将对话框一些初始化代码添加到这个函数中。

在 Member functions 列表框中选择刚添加的 OnInitDialog 函数，单击“Edit Code”按钮（或直接在函数名双击鼠标），将自动出现该函数代码编辑窗口，在此函数中添加下列代码：

```
BOOL CFirstDlg::OnInitDialog( )
{
    CDialog::OnInitDialog( );
    // TODO: Add extra initialization here
    this->SetWindowText("修改标题");
    return TRUE;    // return TRUE unless you set the focus to a control
                    // EXCEPTION: OCX Property Pages should return FALSE
}
```

代码中，SetWindowText 是 CWnd 的一个成员函数，用来设置窗口的文本内容。对于对话框来说，它设置的是对话框标题。

3.1.6 在程序中调用对话框

在程序中调用对话框，一般是通过映射事件的消息（如命令消息、鼠标消息、键盘消息等）在映射函数中进行调用。这样，相应事件产生后，就会调用其消息映射函数，从而调用对话框的代码初执行。例如，下面的步骤用来实现在单文档应用程序 Ex_SDI 的客户区中单击鼠标左键，显示前面添加的对话框。

（1）按 Ctrl+W 键，弹出“MFC ClassWizard”对话框。

（2）在“Message Maps”页面中，从“Class name”列表中选择 CEx_SDIView，在 IDs 列表中选择 CEx_SDIView，然后在 Messages 框中找到并选中 WM_LBUTTONDOWN 消息。

（3）单击“Add Function”按钮或双击 WM_LBUTTONDOWN 消息，则该消息的映射函数 OnLButtonDown 自动添加到 Member Functions 列表框中。

（4）选中刚才添加的 OnLButtonDown 函数，单击“Edit Code”按钮（或直接双击函数名），在打开的文档窗口中的此成员函数中添加下列代码：

```
void CEx_SDIView::OnLButtonDown(UINT nFlags, CPoint point)
{
    // TODO: Add your message handler code here and/or call default
    CFirstDlg dlg;
    dlg.DoModal( );
    CView::OnLButtonDown(nFlags, point);
}
```

代码中，DoModal 是 CDialog 基类成员函数，用来将对话框按模式方式来显示。

（5）在 CEx_SDIView 类的实现文件 Ex_SDIView.cpp 的前面添加 CFirstDlg 类的包含语句，即：

```
#include "Ex_SDIDoc.h"
#include "Ex_SDIView.h"
#include "FirstDlg.h"
```

（6）编译并运行。在应用程序文档窗口的客户区中单击鼠标，就会出现如图 3-12 的对话框，这个对话框就是刚才添加的对话框，对话框的标题是程序代码所指定的结果。

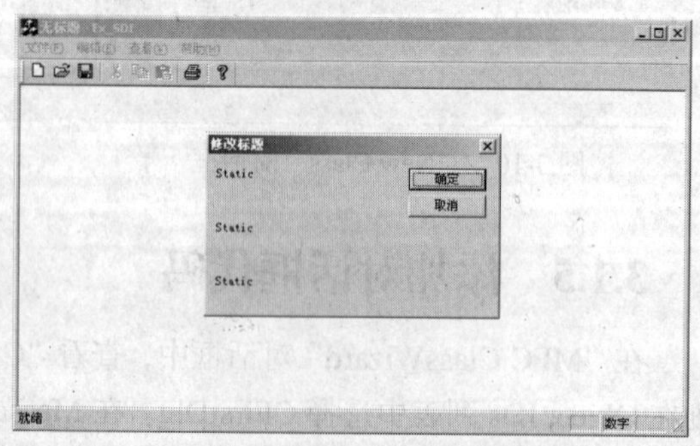

图 3-12 Ex_SDI 运行的结果

3.1.7 模式对话框和无模式对话框

上述通过 DoModal 成员函数来显示的对话框称为模式对话框，“模式对话框”是指当对话框被弹出，用户必须在对话框中作出相应的操作，在退出对话框之前，对话框所在应用程序的其他操作不能继续执行。

模式对话框的应用范围较广，一般情况下，模式对话框会有“确定”（OK）和“取消”（Cancel）按钮。单出“确定”按钮，系统认定用户在对话框中的选择或输入有效，对话框退出；单击“取消”按钮，对话框中的选择或输入无效，对话框退出，程序恢复原有状态。

事实上，对话框还可以用“无模式”方式来显示，称为**无模式对话框**。“无模式对话框”是指当对话框被弹出后，一直保留在屏幕上，用户可继续在对话框所在的应用程序中进行其他操作；当需要使用对话框时，只需像激活一般窗口一样单击对话框所在的区域即可。由于“无模式”方式还要涉及其他一些编程工作，限于篇幅，这里不作讨论。

3.2　控件的创建和使用方法

控件是在系统内部定义的能够完成特定功能的控制程序单元。在应用程序中使用控件不仅简化了编程，而且还能完成常用的各种功能。为了更好地发挥控件作用，用户还必须理解和掌握控件的数据映射、消息映射以及创建和使用的方法。

3.2.1　控件的创建方法

控件的创建方式有以下两种：一种是在对话框模板资源中用编辑器来指定控件，这就是说，将控件的**父窗口**指定为对话框，这样做的好处是明显的，因为当应用程序启动该对话框时，框架系统就会为对话框创建控件；而当对话框消失时，控件也随之清除。另一种方式是将控件看作是任意窗口的**子窗口**，并通过调用相应的 Create 函数来创建。

例 Ex_Edit　使用编程方式来创建一个编辑框。

（1）启动 Visual C++ 6.0，选择“文件”→“新建”菜单，在弹出的“新建”对话框的工程标签页面中，选择 MFC AppWizard（exe）的项目类型。单击位置框右侧的按钮[...]，在弹出的对话框中，将该应用程序的文件夹定位在“D:\Visual C++应用\第 3 章”，并在工程编辑框中输入单文档应用程序名 Ex_Edit。

（2）单击“确定”按钮，在出现的“步骤 1”对话框中，选择“基本对话框”应用程序类型。

（3）单击“完成”按钮出现一个信息对话框，显示出用户在前面几个步骤中作出的选择内容，单击“确定”按钮系统开始创建，并又回到了 Visual C++ 6.0 的主界面。

说明

*若无特别说明，以后凡遇到“**创建一个默认的基于对话框应用程序** Ex_XXXX”就是指上述的步骤，本书作此约定。其中，Ex_XXXX 为创建的应用程序名。*

（4）将项目工作区切换到 ClassView 页面，展开 Ex_Edit 所有的类结点，右击 CEx_EditDlg 类名，从快捷菜单中选择 Add Member Variable（添加成员变量），在出现的对话框中定义一个 CEdit 类对象 m_wndEdit，通常以“m_”来作为变量的开头，表示“成员”（member）的意思，如图 3-13 所示，单击“确定”按钮。

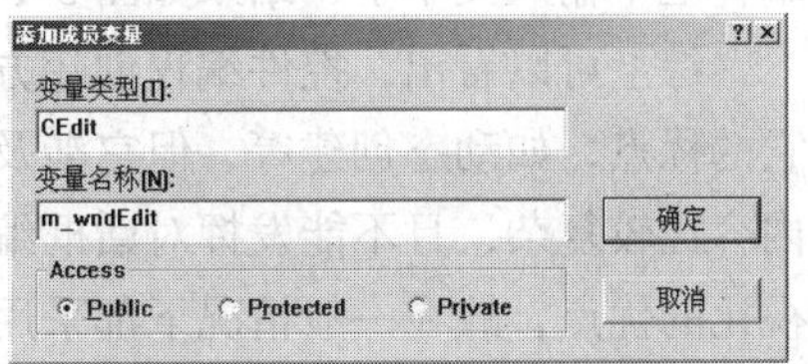

图 3-13　添加成员变量

在 MFC 中，每一个类型的控件都用相应的类来封装，如编辑框控件，它的类是 CEdit，通过该类对象来访问其成员，从而实现编辑框的操作。

（5）在项目工作区窗口的 ClassView 页面中，将 CEx_EditDlg 结点展开，双击 OnInitDialog 函数名，在该函数中添加下列代码（return true;语句之前添加）：

```
BOOL CEx_EditDlg::OnInitDialog( )
{
    CDialog::OnInitDialog( );
    …
    CRect rcClient;
    this->GetClientRect( rcClient );
    rcClient.right      -= 100;
    m_wndEdit.Create(ES_MULTILINE|WS_CHILD|WS_VISIBLE|WS_TABSTOP| WS_BORDER,
        rcClient, this, 201 );                      // 创建
    CFont *font = this->GetFont( );                 // 获取对话框的字体
    m_wndEdit.SetFont(font);                        // 设置控件字体
    return TRUE;   // return TRUE   unless you set the focus to a control
}
```

分析和说明

• 前面曾说过，由于 OnInitDialog 函数在对话框初始化时被调用，因此将对话框中的一些初始化代码都添加在此函数中。

• 由于 Windows 操作系统使用的是图形界面，因此在 MFC 中，对于每种界面元素的几何大小和位置常使用 CPoint 类（点）、CSize 类（大小）和 CRect 类（矩形）来描述（以后还会讨论）。代码中，GetClientRect 是对话框基类 CWnd 的成员函数，用来获取其客户区的位置和大小。对于对话框来说，其客户区是指除标题栏（如果有的话）和边框之外的那部分区域。为了使创建的编辑框占用对话框整个客户区，且又不能覆盖对话框右侧的"确定"和"取消"按钮，故将右边的位置在原来的位置上减去 100。

• 代码中，CEdit 类成员函数 Create 用来创建编辑框控件，该函数第一个参数用来指定控件的样式（样式），其中 ES_MULTILINE（以 ES_开头的）是编辑框类封装的预定义样式，表示创建的编辑框可以输入多行文本，WS_CHILD（子窗口）、WS_VISIBLE（可见）、WS_TABSTOP（可用 Tab 键选择）、WS_BORDER（带有边框）等都是 CWnd 类封装的预定义窗口样式，它们都可以直接引用，当多个样式指定时，需要使用**按位或运算符**"|"来连接。第二个参数用来指定它在父窗口中的位置和大小，第三个参数用来指定父窗口指针，最后一个参数是指定该控件的标识值。

• 由于编辑框是作为对话框的一个子窗口来创建的，因此 WS_CHILD 样式是必不可少的，且还要使用 WS_VISIBLE 使控件在创建后显示出来。

（6）编译并运行，这样就可以在创建的编辑框中输入文本了，结果如图 3-14 所示。

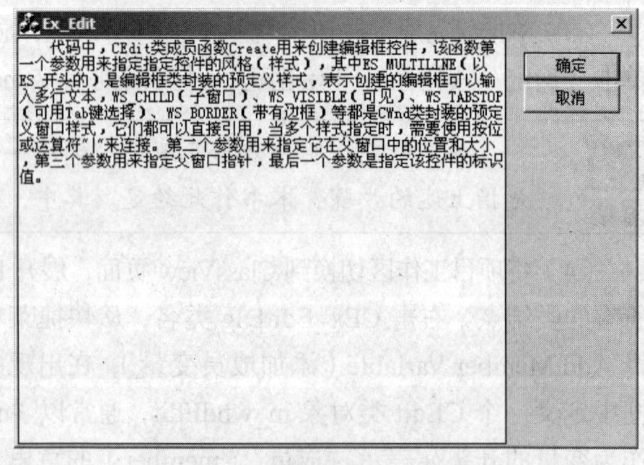

图 3-14 Ex_Edit 运行结果

综上可以看出，控件编程创建方法自有它的优点，如动态创建等，但它涉及的编程内容比较复杂，且不能发挥对话框编辑器可视化的优点，故在一般情况下都采用第一种方法，即在对话框模板中用编辑器指定控件。

3.2.2　控件的消息及消息映射

1. 控件的消息

当控件的状态发生改变时，控件就会向其父窗口发送消息，这个消息称为**通知消息**。对于一般控件来说，其通知消息通常是一条 WM_COMMAND 消息，这条消息的 wParam 参数的低位字中含有控件标识符，wParam 参数的高位字则为通知代码，lParam 参数则是指向控件的句柄。

而对于有些控件，其通知消息通常是一条 WM_NOTIFY 消息，这条消息的 wParam 参数是发送通知消息的控件的标识符，而 lParam 参数则是指向一个结构指针。

2. 映射控件消息

不管是什么控件消息，一般都可以用 MFC ClassWizard 对它们加以映射。

例 Ex_Btns　一个或多个按钮控件的映射。

（1）创建一个默认的基于对话框应用程序 Ex_Btns。

（2）在打开的对话框资源模板中，删除"TODO: 在这里设置对话控制。"静态文本控件，将"确定"和"取消"按钮向对话框左边移动一段位置，然后将鼠标移至对话框资源模板右下角的实心蓝色方块处，拖动鼠标，将对话框资源模板的大小缩小一些。

（3）在对话框资源模板的左边依次添加三个按钮控件，保留其默认属性，并将其布局得整齐一些，且上下间隔相同，如图 3-15 所示。

（4）按快捷键 Ctrl+W，打开"MFC ClassWizard"对话框，查看 Class name 列表中是否选择了 CEx_BtnsDlg，在 IDs 列表中选择 IDC_BUTTON1，这是添加第一个按钮后，系统自动为此按钮设置的默认标识符，然后在 Messages 框中选择 BN_CLICKED 消息。

（5）单击"Add Function"按钮或双击 BN_CLICKED 消息，出现"Add Member Function"对话框，在这里可以输入成员函数的名称，系统默认的函数名为 OnButton1，如图 3-16 所示。

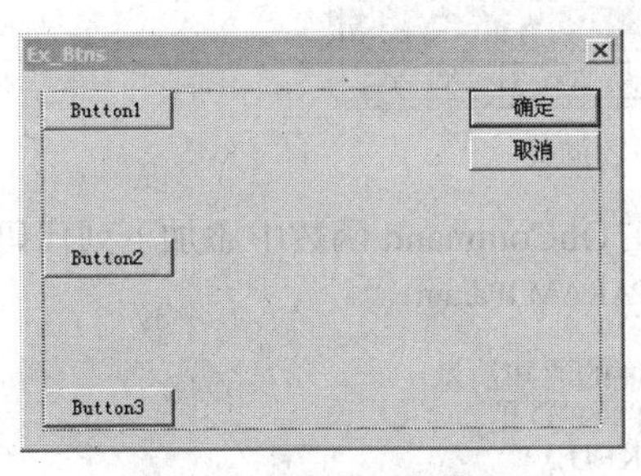

图 3-15　添加 3 个按钮

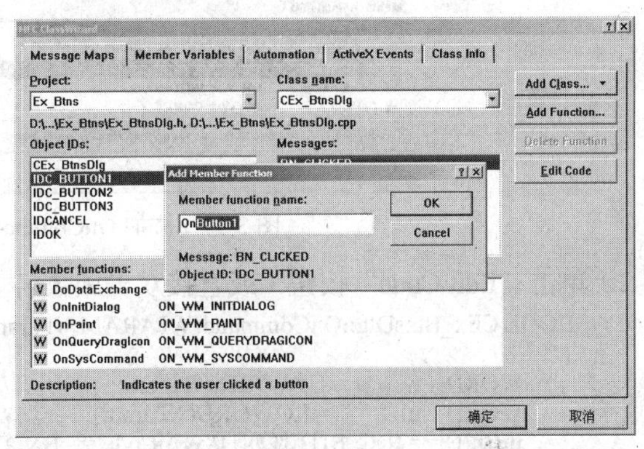

图 3-16　添加按钮消息映射函数

说明

- 不同资源对象（控件、菜单命令等）所产生的消息是不相同的。例如，按钮控件 IDC_BUTTON1 的消息有两个：BN_CLICKED 和 BN_DOUBLECLICKED，分别表示当用户单击或双击该按钮时产生的通知消息。
- 一般不需要对对话框中的"确定"（OK）与"取消"（Cancel）按钮进行消息映射，因为系统已自动设置了这两个按钮的动作，当用户单击这两个按钮都将自动关闭对话框，且"确定"

(OK)按钮动作还使得对话框数据有效。

(6)单击"OK"按钮，在 MFC ClassWizard 的"Member functions"列表中将列出新增加的成员函数。选择此函数，单击"Edit Code"按钮(或直接在函数名双击鼠标)，开发环境的文档窗口中将自动打开该函数所在的源代码文件，并定位到该函数的实现代码处。在此成员函数中添加下列代码：

```
void CEx_BtnsDlg::OnButton1( )
{
    MessageBox("你按下了\"Button1\"按钮！");
}
```

(7)编译并运行，当单击"Button1"按钮时，就会执行 OnButton1 函数，弹出一个消息对话框，显示"你按下了 Button1 按钮"。

这就是按钮 BN_CLICKED 消息的映射过程，其他控件的消息也可以类似映射。

3. 映射控件通用消息

上述过程是映射一个控件的某一个消息，事实上也可通过 WM_COMMAND 消息的映射来处理一个或多个控件的通用消息，具体步骤如下。

(1)打开"MFC ClassWizard"对话框，在"Class name"列表中是否选择了 CEx_BtnsDlg，在 IDs 列表中选择 CEx_BtnsDlg，在 Messages 框中找到并双击 OnCommand，这样 OnCommand 消息函数就添加好了，如图 3-17 所示。由于 OnCommand 函数是一个用来处理 WM_COMMAND 消息的虚函数，而这里添加的 OnCommand 函数事实上是一个在类中实际调用的函数，可称为**实例函数**。这样的映射操作可以称之为**对虚函数 OnCommand 的重载**。

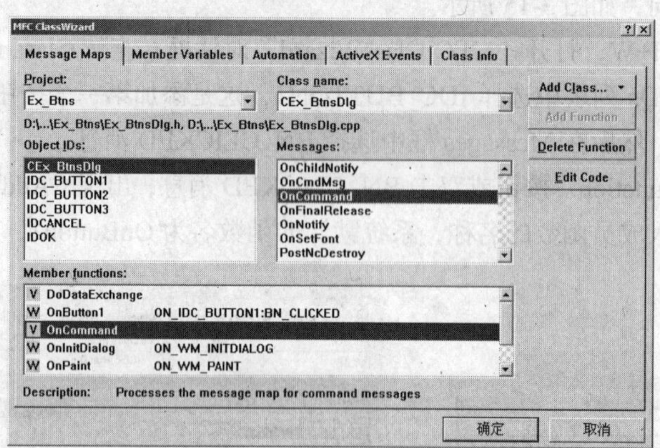

图 3-17　添加 OnCommand 函数重载

(2)单击"Edit Code"按钮(或直接双击函数名)，在 OnCommand 函数中添加下列代码：

```
BOOL CEx_BtnsDlg::OnCommand(WPARAM wParam, LPARAM lParam)
{
    WORD   nCode = HIWORD(wParam);          // 控件的通知消息
    WORD   nID      = LOWORD(wParam);       // 控件的 ID 值
    if ((nID == IDC_BUTTON1)&&(nCode == BN_CLICKED))
        MessageBox("这是在 OnCommand 处理 Button1 的结果！");
    if ((nID == IDC_BUTTON2)&&(nCode == BN_CLICKED))
        MessageBox("这是在 OnCommand 处理 Button2 的结果！");
    if ((nID == IDC_BUTTON3)&&(nCode == BN_CLICKED))
        MessageBox("这是在 OnCommand 处理 Button3 的结果！");
    return CDialog::OnCommand(wParam, lParam);
}
```

(3)编译运行并测试。

需要说明的是，由于"Button1"按钮的 BN_CLICKED 消息处理同时存在两种函数，即 OnButton1 和 OnCommand，因此若单击"Button1"按钮，系统会先执行哪一个函数呢？测试的结果表明，系统先执行 OnCommand 函数代码，然后执行 OnButton1 函数代码。之所以还能执行 OnButton1 函数代码，是因为 OnCommand 函数的最后一句代码“return CDialog::OnCommand(wParam, lParam);”，它将控件的消息交由对话框其他函数处理。

3.2.3　控件的数据交换和数据校验

为了能让用户直接方便地操作一个控件，MFC 采用了独特的控件数据交换（DDX）和数据校验（DDV）技术。DDX 将数据成员变量同对话类模板内的控件相连接，这样就使得数据在控件之间很容易地传输，这样的变量称为**控件变量**。DDV 用于数据的校验，例如，它能自动校验数据成员变量数值的范围，并发出相应的警告。

使用 MFC ClassWizard 可以很方便地为一个控件设置相关联变量并可设置其数据范围。例如，设一对话框中有一个编辑框和一个按钮控件，单击按钮控件，则按钮控件的标题就是编辑框中输入的内容（以下示例分为三部分阐述：控件及控件变量的添加、理解 DDX/DDV、使用 UpdateData）。

例 Ex_DDX　控件的 DDX 和 DDV。

1．控件及控件变量的添加

（1）创建一个默认的基于对话框应用程序 Ex_DDX。

（2）在打开的对话框资源模板中，删除“TODO: 在这里设置对话控制。”静态文本控件，将“确定”和“取消”按钮向对话框左边移动一段位置，然后将鼠标移至对话框资源模板右下角的实心蓝色方块处，拖动鼠标，将对话框资源模板的大小缩小一些。

（3）在对话框资源模板的左边添加一个编辑框控件和一个按钮控件，保留其默认属性，并将其布局得整齐一些，如图 3-18 所示。

（4）按快捷键 Ctrl+W，打开“MFC ClassWizard”对话框，并切换到“Member Variables”页面，查看“Class name”列表中是否选择了 CEx_DDXDlg，此时可以在 Control IDs 列表中看到刚才添加的控钮和编辑框的标识符 IDC_BUTTON1 和 IDC_EDIT1，如图 3-19 所示。

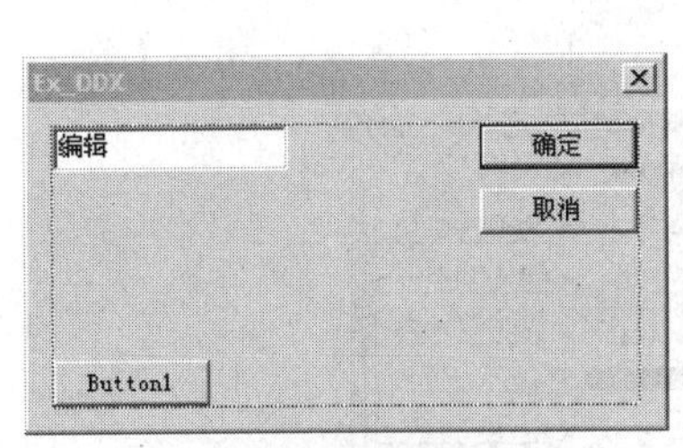

图 3-18　添加编辑框和按钮

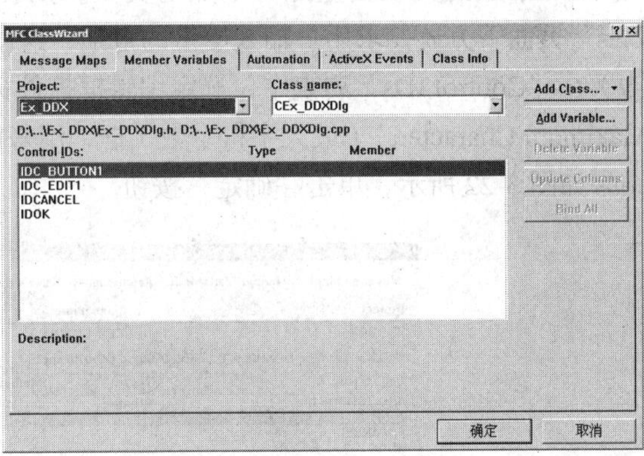

图 3-19　“Member Variables”页面

（5）在“Control Ids”列表中，选定按钮控件标识符 IDC_BUTTON1，双击鼠标左键或单击“Add Variable”按钮，弹出“Add Member Variable”对话框，如图 3-20 所示。

（6）在“Member variable name”框中填好与控件相关联的成员变量 m_RelBtn，单击“OK”按钮，又回到“MFC ClassWizard”对话框的“Member Variables”页面中，在“Control IDs”列表中出现刚才添加的控件变量 m_RelBtn。

（7）在“Control IDs”列表中，选定编辑框控件标识符 IDC_EDIT1，双击鼠标左键或单击“Add Variable”按钮，弹出“Add Member Variable”对话框。在“Member variable name”框中输入控件变量名 m_strEdit，保留 Category 的默认选项 Value，在 Variable type 中选择该变量的数据类型为 CString（字符串类），结果如图 3-21 所示。

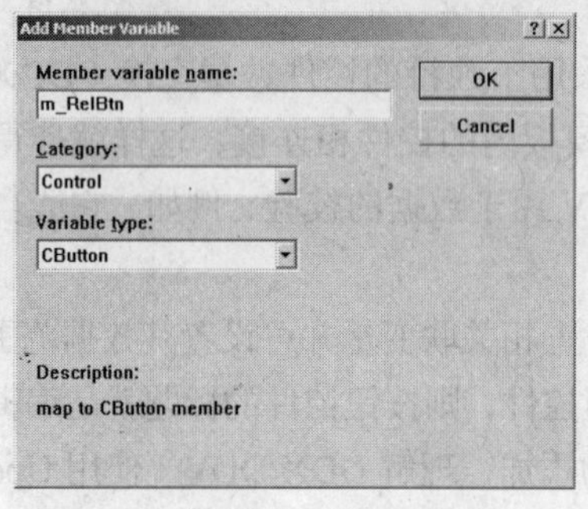

图 3-20　为按钮控件添加控件变量

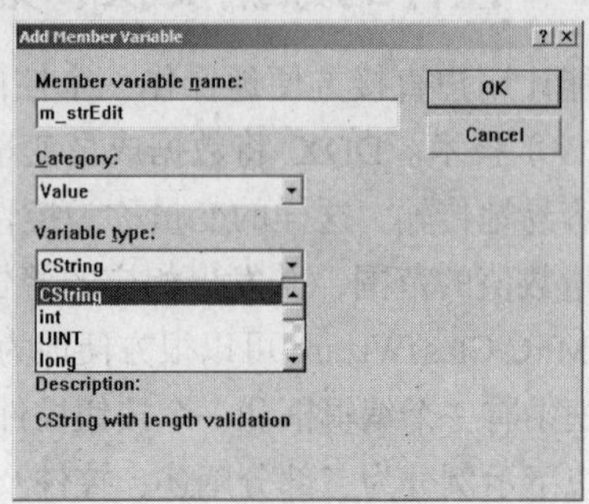

图 3-21　为编辑框控件添加控件变量

（8）单击“OK”按钮，又回到“MFC ClassWizard”对话框的“Member Variables”页面。

从图 3-20 和图 3-21 的不同可以得出以下结论。

- 对于大多数控件而言，Category 框内可选择 Value 或 Control 两种类型。Control 所对应的变量类型就是 MFC 为该控件封装的控件类，Value 所对应的是数值类型，但按钮控件变量没有 Value 类型。
- 不同的控件所提供的关联的数值类型各不相同。例如，对于编辑框来说，Variables type（变量值类型）中的数值类型可以有 CString（字符串类）、int、UINT、long、DWORD、float、double、BYTE、short、BOOL 等。
- 注意，DDV/DDX 技术中，允许为同一个控件关联多个变量，但必须保证这些变量名是互不相同的，且这些变量在同一个类型不能有多个变量，即在 Value 和 Control 类型中各自只能有一个关联变量。另外，通常将 Value 型控件变量称为**控件值变量**。
- 如果添加的关联变量是一个数值类型，则在“MFC ClassWizard”对话框的“Member Variables”页面下方还要求用户输入变量的范围，这就是控件的数据校验设置。

（9）在“Control IDs”列表中，选定编辑框控件标识符 IDC_EDIT1，此时就会出现下方位置处“Maximum Characters”（最大字符个数）框，用来设定该控件变量允许的最大字符个数。输入 20，结果如图 3-22 所示，单击“确定”按钮。

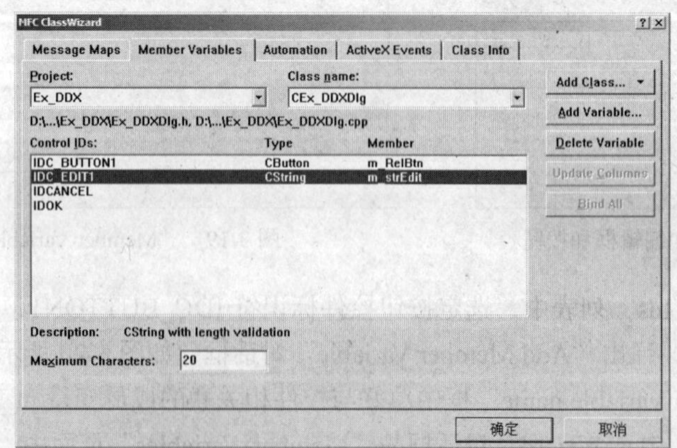

图 3-22　编辑框控件值变量的 DDV 设置

需要说明的是，若控件值变量的数据类型是整型或浮点型，则 DDV 框就变成设置最大和最小的两个数值框了。

2. 理解 DDX/DDV

打开 CEx_DDXDlg 类源文件，可以发现 MFC ClassWizard 对上述操作有以下三方面的修改。

（1）在 Ex_DDXDlg.h 文件中，添加了控件变量的声明，代码如以下的加粗斜体部分：

```
// Dialog Data
    //{{AFX_DATA(CEx_DDXDlg)
    enum { IDD = IDD_EX_DDX_DIALOG };
    // 用枚举定义一个符号常量 IDD，使其值等于 IDD_EX_DDX_DIALOG
    CButton     m_RelBtn;
    CString     m_strEdit;
    //}}AFX_DATA
```

（2）在 Ex_DDXDlg.cpp 文件中的 CEx_DDXDlg 构造函数实现代码处，添加了控件变量的一些初始代码（加粗斜体部分）：

```
CEx_DDXDlg::CEx_DDXDlg(CWnd* pParent /*=NULL*/)
    : CDialog(CEx_DDXDlg::IDD, pParent)
{
    //{{AFX_DATA_INIT(CEx_DDXDlg)
    m_strEdit = _T("");
    //}}AFX_DATA_INIT
    // Note that LoadIcon does not require a subsequent DestroyIcon in Win32
    …
}
```

（3）在 Ex_DDXDlg.cpp 文件中的 DoDataExchange 函数体内，添加了控件的 DDX/DDV 代码（加粗斜体部分），它们都是一些以 DDV_或 DDX_开头的函数调用。

```
void CEx_DDXDlg::DoDataExchange(CDataExchange* pDX)
{
    CDialog::DoDataExchange(pDX);
    //{{AFX_DATA_MAP(CEx_DDXDlg)
    DDX_Control(pDX, IDC_BUTTON1, m_RelBtn);
    DDX_Text(pDX, IDC_EDIT1, m_strEdit);
    DDV_MaxChars(pDX, m_strEdit, 20);
    //}}AFX_DATA_MAP
}
```

需要说明的是，上述代码中以“//{{AFX_DATA”或“//{{AFX_DATA_XXXX”开头，而以“//}}AFX_DATA”或“//}}AFX_DATA_XXXX”结尾的标记是 ClassWizard 定义的专门用作 DDX/DDV 的标记，表示该部分的代码是由 ClassWizard 自动管理，一般不需要更改。

3. 使用 UpdateData

当为一个控件定义一个关联的数据变量后，即对控件值变量来说，就可使用 CWnd 类的成员函数 UpdateData 使数值在控件显示和控件值变量之间进行切换。

UpdateData 函数只有一个为 TRUE 或 FALSE 的参数。当调用 UpdateData（FALSE）时，数据由控件相关联的成员变量向控件传输，即将控件值变量的值在控件中显示出来；当调用 UpdateData（TRUE）或不带参数的 UpdateData 时，数据从控件向相关联的成员变量复制，即将当前控件显示的值存储到控件值变量中。故当需要获取当前控件的值之前，一定要调用 UpdateData（TRUE）或不带参数的 UpdateData。示例如下。

（1）按快捷键 Ctrl+W，打开“MFC ClassWizard”对话框，为按钮 IDC_BUTTON1 在 CEx_DDXDlg 类添加 BN_CLICKED 消息的映射函数 OnButton1。

（2）在映射函数 OnButton1 中添加下面代码：

```
void CEx_DDXDlg::OnButton1( )
{
    UpdateData();                    // 默认参数值是 TRUE
```

```
        m_strEdit.TrimLeft( );
        m_strEdit.TrimRight( );
        if ( m_strEdit.IsEmpty( ) )
            m_RelBtn.SetWindowText( "Button1" );
        else
            m_RelBtn.SetWindowText( m_strEdit );
    }
```

代码中，由于 m_strEdit 是 CString 类对象，因而可以调用 CString 类的公有成员函数。其中，TrimLeft 和 TrimRight 函数不带参数时分别用来去除字符串最左边或最边一些空格符、换行符、Tab 字符等白字符，IsEmpty 用来判断字符串是否为空。

这样，当编辑框内容有除白字符之外的实际字符的字符串时，SetWindowText 将其内容设定为按钮控件的标题。否则，按钮控件的标题为“Button1”。

（3）编译并运行。当在编辑框中输入“Hello”后，单击“Button1”按钮，按钮的名称就变成了编辑框控件中的内容“Hello”，其结果如图 3-23 所示。

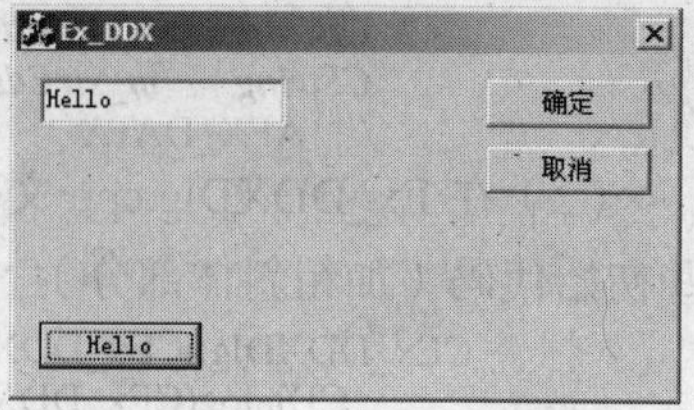

图 3-23　Ex_DDX 运行结果

3.3 常用控件

根据控件的特性和功能，一般可将其分为三类：Windows 公共控件、ActiveX 控件以及 MFC 新增的一些控件等。表 3-3 列出了本书所用到的常用控件类。

表 3-3　常用控件类

控件名称	MFC 类	功能描述
静态控件	CStatic	用来显示一些几乎固定不变的文字或图形
按钮	CButton	用来产生某些命令或改变某些选项，包括单选按钮、复选框和组框
编辑框	CEdit	用于完成文本和数字的输入和编辑
列表框	CListBox	显示一个列表，让用户从中选取一个或多个项
组合框	CComboBox	是一个列表框和编辑框组合的控件
滚动条	CScrollBar	通过滚动块在滚动条上的移动和滚动按钮来改变某些量
进展条	CProgressCtrl	用来表示一个操作的进度
滑动条	CSliderCtrl	通过滑动块的移动来改变某些量，并带有刻度指示
旋转按钮控件	CSpinButtonCtrl	带有一对反向箭头的按钮，单击这对按钮可增加或减少某个值
日期时间控件	CDateTimeCtrl	用于选择指定的日期和时间
图像列表	CImageList	一个具有相同大小的图标或位图的集合
列表控件	CListCtrl	可以用“大图标”、“小图标”、“列表”或“报表”四种不同的方式来显示一组信息
树控件	CTreeCtrl	用树结构的形式显示一组信息，并能反映这些信息的层次关系

Windows 最初版本中引用了一些基本控件，如编辑框、列表框、组合框等，但随着 Windows 95/NT3.5（及以后）的发行，一些新的控件为用户界面注入了新的活力，这些控件称为**公共控件**。目前，Windows 98/NT/XP 又引入了许多新的界面特性，这其中包括一些具有特殊功能的控件。作为补充，Visual C++不仅对已有的控件进行了一些扩展，例如，复选列表框是对基本控件“列表框”的扩展等，而且还新增一些控件，如日期控件、月历控件、IP 地址控件、ReBar 控件等。

事实上，可以利用控件本身的“自画”机制或其他定制方法，构造出不一样的新控件或在原有的控件基础上增加新的功能。

3.3.1　静态控件和按钮

静态控件和按钮是 Windows 最基本的控件之一。

1．静态控件

一个静态控件是用来显示一个字符串、框、矩形、图标、位图或增强的图元文件。它可以作为标签、框或用来分隔其他的控件。一个静态控件一般不接收用户输入，也不产生通知消息。

在对话框编辑器的控件工具栏中，属于静态控件的有：静态文本（Aa）、组框（）和静态图片（）三种。其中，静态图片控件的常规（General）属性对话框（右击添加的控件，从弹出的快捷菜单中选择“属性”菜单，即可弹出该控件的属性对话框），如图 3-24 所示。

在静态图片控件的常规属性对话框中，用户可以选择图片“类型”、“图像”两个组合框中的有关选项内容，并可将应用程序资源中的图标、位图等内容显示在该静态图片控件中。另外，用户还可设置其样式来改变控件的外观以及图像在控件的位置等。例如，在任意一个对话框中添加一个静态图片控件，在其常规属性对话框中，将其“类型”选择为“图标（Icon）”，再将其“图像”选择为 IDR_MAINFRAME，则静态图片控件显示的图标是。

另外，静态图片控件还可用来在对话框中形成一个水平或垂直蚀刻线，蚀刻线可起到分隔其他控件的作用。例如，下面的步骤是在对话框中创建一个水平蚀刻线。

例 Ex_Etched　制作水平蚀刻线。

（1）创建一个默认的对话框应用程序 Ex_Etched。

（2）在打开的对话框资源模板中，删除“TODO: 在这里设置对话控制。”静态文本控件，将“确定”和“取消”按钮向对话框左边移动一段位置，然后将鼠标移至对话框资源模板右下角的实心蓝色方块处，拖动鼠标，将对话框资源模板的大小缩小一些。

（3）在对话框资源模板中的靠左中间位置添加一个静态图片控件，右击该控件，从弹出的快捷菜单中选择“属性”，弹出其属性对话框。

（4）将“类型”选择为默认的“框架（Frame）”类型，将“颜色”类型选为“蚀刻（Etched）”，然后关闭属性对话框。此时，静态图片控件变成一个蚀刻的矩形框。

（5）将鼠标移动到添加的静态图片控件的右下角位置，使鼠标指针变成↘，拖动鼠标使控件的大小变成一条水平线，单击对话框测试按钮，结果如图 3-25 所示。

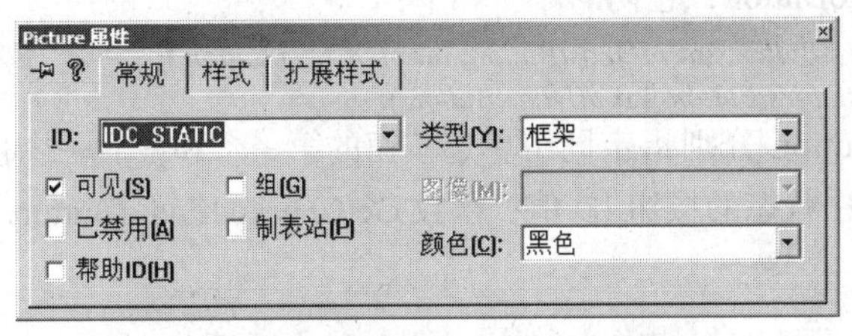

图 3-24　静态图片控件的常规属性对话框

图 3-25　水平蚀刻线

说明　凡以后在对话框中有这样的水平蚀刻线或垂直蚀刻线，都是指的这种制作方法，书中不再讲述其制作过程。本书作此约定。

2. 按钮

在 Windows 中所用的按钮是用来实现一种开与关的输入，常见的按钮有三种类型：按键按钮、单选按钮、复选框按钮，如图 3-26 所示。

图 3-26　按钮的不同类型

（1）**按键按钮**：按键按钮通常可以立即产生某个动作，执行某个命令，因此也常被称为**命令按钮**。按键按钮有两种样式：标准按键按钮和默认（缺省）按键按钮。从外观上来说，默认按键按钮是在标准按键按钮的周围加上一个黑色边框（见图 3-26），这个黑色边框表示该按钮已接收到键盘的输入焦点，这样一来，用户只需按 Enter 键就能按下该按钮。一般来说，只把最常用的按键按钮设定为默认按键按钮，具体设定的方法是在按键按钮属性对话框的样式（Style）页面中选中“缺省按钮（Default button）”项。

（2）**单选按钮**：单选按钮的外形是在文本前有一个圆圈，当它被选中时，单选按钮中就标上一个黑点，它可分为一般和自动两种类型。在自动类型中，用户若选中同组按钮中的某个单选按钮，则其余的单选按钮的选中状态就会清除，保证了多个选项始终只有一个被选中。

（3）**复选框**：复选框的外形是在文本前有一个空心方框，当它被选中时，复选框中就加上一个“✔”标记，通常复选框只有选中和未选中两种状态，若复选框前面有一个灰色是“✔”，则这样的复选框是三态复选框，如图 3-26 所示的 Check2，它表示复选框的选择状态是“不确定”。设定成三态复选框的方法是在复选框属性对话框的样式（Style）页面中选中“三次状态（Tri-state）”项。

3. 按钮的消息

在按钮映射的消息中，常见的只有两个：BN_CLICKED（单击按钮）和 BN_DOUBLE CLICKED（双击按钮）。

4. 按钮选中操作

最常用的按钮操作是设置或获取一个按钮或多个按钮的选中状态。CButton 类的成员函数 SetCheck 和 GetCheck 分别用来设置或获取指定按钮的选中状态，其原型如下：

```
void SetCheck( int nCheck );
int GetCheck( ) const;
```

其中，nCheck 和 GetCheck 函数返回的值可以是：0 表示不选中，1 表示选中，2 表示不确定（仅用于三态按钮）。

而对于同组多个单选按钮的选中状态的设置或获取，需要使用通用窗口类 CWnd 的成员函数 CheckRadioButton 和 GetCheckedRadioButton，它们的原型如下：

```
void CheckRadioButton( int nIDFirstButton, int nIDLastButton, int nIDCheckButton );
int GetCheckedRadioButton( int nIDFirstButton, int nIDLastButton );
```

其中，nIDFirstButton 和 nIDLastButton 分别指定同组单选按钮的第一个和最后一个按钮 ID 值，nIDCheckButton 用来指定要设置选中状态的按钮 ID 值，函数 GetCheckedRadioButton 返回被选中的按钮 ID 值。

5. 示例：制作问卷调查

问卷调查是日常生活中经常遇到的调查方式。例如，图 3-27 就是一个问卷调查对话框，它针对“上网”话题提出了三个问题，每个问题都有四个选项，除最后一个问题外，其余都是单项选择。创建的过程分创建并设计对话框、完善代码两步来阐述。

 例 Ex_Research　制作问卷调查。

第一步，创建并设计对话框。

（1）创建一个默认的对话框应用程序 Ex_Research。

（2）Visual C++会自动打开对话框编辑器并显示对话框资源模板。单击对话框编辑器工具栏上的切换网格按钮，显示对话框网格，将对话框标题改为“上网问卷调查”。

（3）调整对话框的大小，删除对话框中间的“TODO: 在这里设置对话控制。”静态文本控件，将“确定”和“取消”按钮移至对话框的下方，并向对话框中添加组（Group）框控件，然后参看图 3-28 调整其大小和位置。

（4）右击添加的组框控件，从弹出的快捷菜单中选择“属性”菜单，出现该控件的属性对话框，在属性对话框“常规（General）”页面中可以看到它的 ID 为默认的 IDC_STATIC。将其标题（Caption）属性内容由“Static”改成“你的年龄”。在组框控件的“样式”（Styles）属性中，“水平排列”属性用来指定文本在顶部的左边（Left）、居中（Center）还是右边（Right）。保留其缺省（Default）选项，它表示左对齐。

（5）在组框内添加 4 个单选按钮，默认的 ID 依次为 IDC_RADIO1、IDC_RADIO2、IDC_RADIO3 和 IDC_RADIO4。在其属性对话框中将 ID 属性内容分别改成 IDC_AGE_L18、IDC_AGE_18T27、IDC_AGE_28T38 和 IDC_AGE_M38，然后将其“标题”（Caption）属性内容分别改成“<18”、“18–27”、“28–38”和“>38”，最后调整位置，结果如图 3-28 所示。

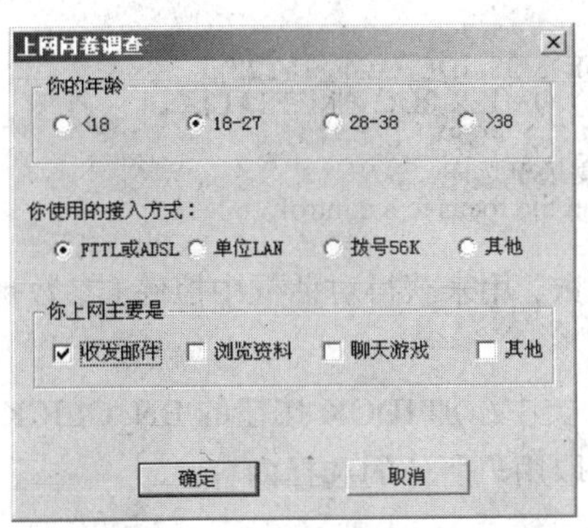

图 3-27　“上网问卷调查”对话框

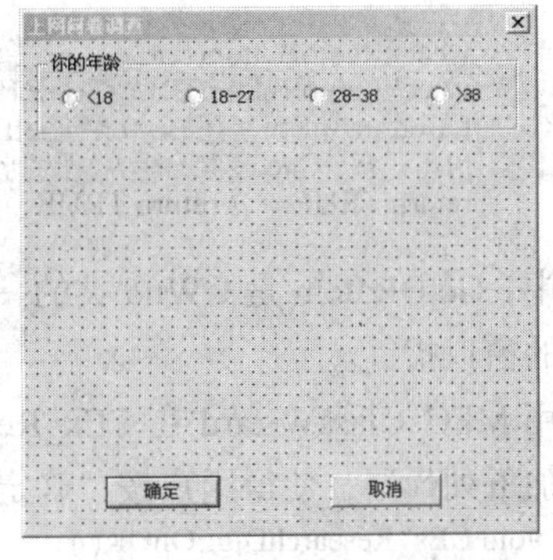

图 3-28　添加的组框和单选按钮

（6）接下来添加一个静态文本，标题设为“你使用的接入方式:”，然后在其下再添加 4 个单选按钮，标题分别是“FTTL 或 ADSL”、“单位 LAN”、“拨号 56K”和“其他”，并将相应的 ID 属性依次改成：IDC_CM_FTTL、IDC_CM_ LAN、IDC_CM_56K 和 IDC_CM_OTHER。用对话框编辑器工具栏的按钮命令调整控件左右之间的间距，结果如图 3-29 所示。

（7）在对话框的下方，再添加一个组框控件，其标题为“你上网主要是”。然后添加 4 个复选框，其标题分别为“收发邮件”、“浏览资料”、“聊天游戏”和“其他”，ID 分别为 IDC_DO_POP、IDC_DO_READ、IDC_DO_GAME 和 IDC_DO_OTHER，结果如图 3-30 所示。

（8）单击工具栏上的“测试”对话框按钮。对话框测试后，可以发现：顺序添加的这 8 个单选按钮全部变成一组，也就是说，在这组中只有一个单选按钮被选中，这不符合本意。解决这个问题的最好的办法是将每一组中的第一个单选按钮的“组”（Group）属性选中。

（9）将第一和第二个问题中的第一个单选按钮的“组”（Group）属性均选中。

（10）单击对话框编辑器工具栏上的切换辅助线按钮，然后将对话框中的控件调整到辅助线以内，并适当对其他控件进行调整。这样，整个问卷调查的对话框就设计好了，单击工具栏上的测试对话框按钮 进行测试。

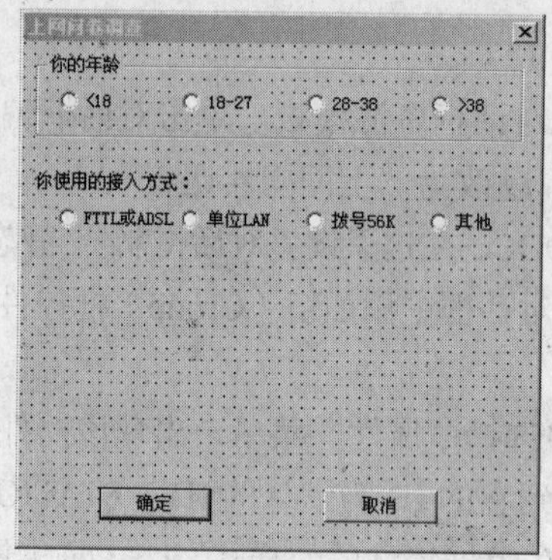

图 3-29　再添加单选框图

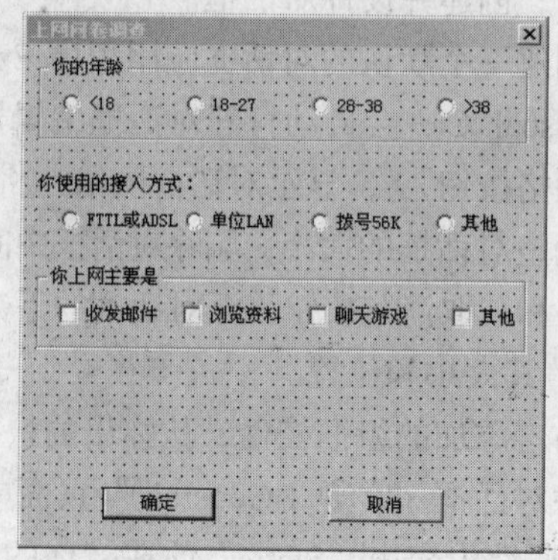

图 3-30　三个问题全部添加后的对话框

第二步，完善代码。

（1）将项目工作区切换到 ClassView（类视图）页面，展开 CEx_ResearchDlg 类的所有成员，双击 OnInitDialog 函数名就会在文档窗口中自动定位到该函数的实现代码处，在此函数添加下列初始化代码：

```
BOOL CEx_ResearchDlg::OnInitDialog( )
{
    CDialog::OnInitDialog( );
    …
    CheckRadioButton(IDC_AGE_L18, IDC_AGE_M38, IDC_AGE_18T27);
    CheckRadioButton(IDC_CM_FTTL, IDC_CM_OTHER, IDC_CM_FTTL);
    CButton* pBtn = (CButton*)GetDlgItem(IDC_DO_POP);
    pBtn->SetCheck(1);     // 使“收发邮件”复选框选中
    return TRUE;   // return TRUE   unless you set the focus to a control
}
```

代码中，GetDlgItem 是 CWnd 类的一个成员函数，用来获得对话框中控件（参数是控件的 ID 标识符）的窗口指针。

（2）用 MFC ClassWizard 在 CEx_ResearchDlg 类中添加 IDOK 按钮的 BN_CLICKED 消息映射，并添加下列代码，使得用户按“确定”按钮获取用户所作的选择内容。

```
void CEx_ResearchDlg::OnOK( )
{
    CString str, strCtrl;         // 定义两个字符串变量，CString 是操作字符串的 MFC 类
    // 获取第一个问题的用户选择
    str = "你的年龄：";
    UINT nID = GetCheckedRadioButton( IDC_AGE_L18, IDC_AGE_M38);
    GetDlgItemText(nID, strCtrl); // 获取指定控件的标题文本
    str = str + strCtrl;
    // 获取第二个问题的用户选择
    str = str + "\n 你使用的接入方式：";
    nID = GetCheckedRadioButton( IDC_CM_FTTL, IDC_CM_OTHER);
    GetDlgItemText(nID, strCtrl); // 获取指定控件的标题文本
    str = str + strCtrl;
    // 获取第三个问题的用户选择
    str = str + "\n 你上网主要是：\n";
    UINT nCheckIDs[4]={IDC_DO_POP, IDC_DO_READ, IDC_DO_GAME, IDC_DO_OTHER};
    CButton* pBtn;
    for (int i=0; i<4; i++)
    {
        pBtn = (CButton*)GetDlgItem(nCheckIDs[i]);
        if ( pBtn->GetCheck( ) )
        {
            pBtn->GetWindowText( strCtrl );
            str = str + strCtrl;
```

```
                str = str + "  ";
            }
        }
        MessageBox( str );
        CDialog::OnOK( );
    }
```

代码中，GetDlgItemText 是 CWnd 类成员函数，用来获得对话框（或其他窗口）中的指定控件的窗口文本。在单选按钮和复选框中，控件的窗口文本就是它们的标题属性内容。该函数有两个参数，第一个参数用来指定控件的标识，第二个参数是返回的窗口文本。后面的函数 GetWindowText 的作用与 GetDlgItemText 相同，也是获取窗口的文本内容。不过，GetWindowText 使用更加广泛，但要注意这两个函数在使用上的不同。

（3）编译并运行，出现"上网问卷调查"对话框，当回答问题后，单击"确定"按钮，出现如图 3-31 所示的消息对话框，显示用户选择的内容。

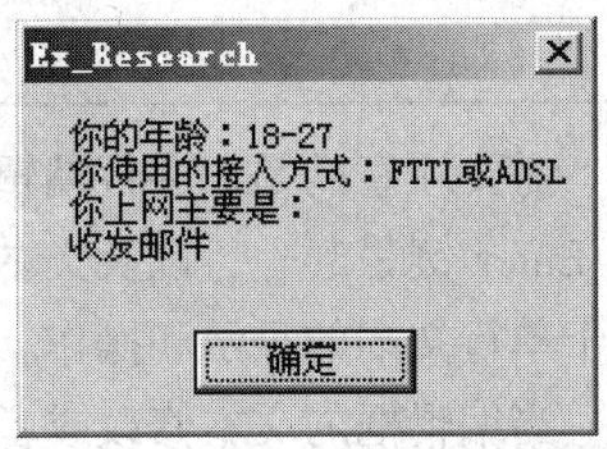

图 3-31　显示用户选择的内容

可见，在组框、静态文本、单选按钮、复选框等控件的混合使用时，常常需要通过 CheckRadioButton 函数来设置同组单选按钮的最初选中状态，通过 SetCheck 来设置指定复选框的选中状态，然后通过 GetCheck 和 GetCheckedRadioButton 来判断被选中的复选框和单选按钮，并通过 GetDlgItemText 或 GetWindowText 获取选中控件的窗口文本。

3.3.2　编辑框和旋转按钮控件

1. 编辑框

编辑框（ab|）是一个让用户从键盘输入和编辑文本的矩形窗口，用户可以通过它，很方便地输入各种文本、数字或者口令，也可使用它来编辑和修改简单的文本内容。当编辑框具有输入焦点时，就会出现一个闪动的**插入符**（又称为**文本光标**），表明当前插入点的位置。

（1）编辑框的属性和通知消息

在控件的属性对话框中，"常规"属性页面通常用来设置控件的 ID 号、组、标题等属性，而"样式"属性页面反映了该控件独有的、主要的常用样式。图 3-32 是编辑框的"样式"属性页面，表 3-4 列出其中各项的含义。

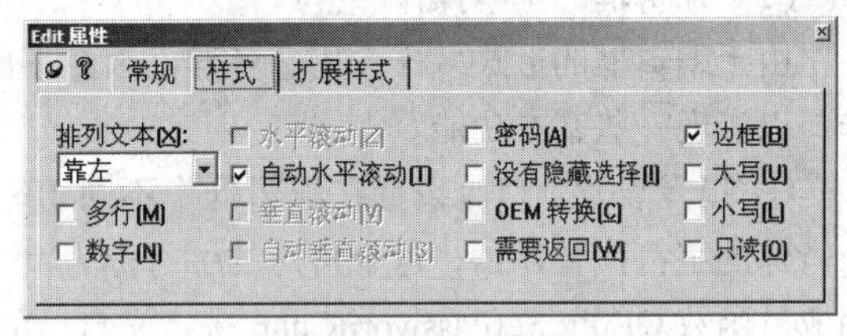

图 3-32　编辑框的"样式"属性

表 3-4　编辑框的"样式"属性

项　目	说　明
排列文本（Align text）	文本对齐方式：靠左（Left）、居中（Center）、靠右（Right），默认时为靠左（Left）
多行（Multiline）	选中时为多行编辑框，否则为单行编辑框
数字（Number）	选中时控件只能输入数字
水平滚动（Horizontal scroll）	水平滚动，仅对多行编辑框有效
自动水平滚动（Auto Hscroll）	当用户在行尾键入一个字符时，文本自动向右滚动
垂直滚动（Vertical scroll）	垂直滚动，仅对多行编辑框有效
自动垂直滚动（Auto Vscroll）	当用户在最后一行按 Enter 键时，文本自动向上滚动一页，仅对多行编辑框有效
密码（Password）	选中时，键入编辑框的字符都将显示为"*"，仅对单行编辑框有效
没有隐藏选择（No hide selection）	通常情况下，当编辑框失去键盘焦点时，被选择的文本仍然反色显示。选中时，则不具备此功能

续表

项　目	说　明
OEM 转换（OEM convert）	选中时，实现对特定字符集的字符转换
需要返回（Want return）	选中时，用户按下 Enter 键，编辑框中就会插入一个回车符
边框（Border）	选中时，在控件的周围存在边框
大写（Uppercase）	选中时，键入在编辑框的字符全部转换成大写形式
小写（Lowercase）	选中时，键入在编辑框的字符全部转换成小写形式
只读（Read-Only）	选中时，防止用户键入或编辑文本

需要注意的是，多行编辑框具有简单文本编辑器的常用功能，例如，它可以有滚动条，用户按 Enter 键另起一行以及文本的选定、复制、粘贴等常见操作。而单行编辑框功能较简单，它仅用于单行文本的显示和操作。

当编辑框的文本修改或者被滚动时，会向其父窗口发送一些消息，如表 3-5 所示。

表 3-5　　编辑框的通知消息

通 知 消 息	说　明
EN_CHANGE	当编辑框中的文本已被修改，在新的文本显示之后发送此消息
EN_HSCROLL	当编辑框的水平滚动条被使用，在更新显示之前发送此消息
EN_KILLFOCUS	编辑框失去键盘输入焦点时发送此消息
EN_MAXTEXT	文本数目到达了限定值时发送此消息
EN_SETFOCUS	编辑框得到键盘输入焦点时发送此消息
EN_UPDATE	编辑框中的文本已被修改，新的文本显示之前发送此消息
EN_VSCROLL	当编辑框的垂直滚动条被使用，在更新显示之前发送此消息

（2）编辑框的基本操作

由于编辑框的形式多样，用途各异，因此下面针对编辑框的不同用途，分别介绍一些常用操作，以实现一些基本功能。

① 口令设置。口令设置在编辑框中不同于一般的文本编辑框，用户输入的每个字符都被一个特殊的字符代替显示，这个特殊的字符称为口令字符。默认的口令字符是“*”，应用程序可以用成员函数 CEdit::SetPasswordChar 来定义自己的口令字符，其函数原型如下：

```
void SetPasswordChar( TCHAR ch );
```

其中，参数 ch 表示设定的口令字符；当 ch = 0 时，编辑框内将显示实际字符。

② 选择文本。当在编辑框中编辑文本时，往往需要选定文本作为整体进行各种编辑操作。用户可以用鼠标或键盘来选择文本。用鼠标来选择文本的操作方法是：在要选择的文本的一端按下鼠标左键并拖动鼠标，到另一端释放鼠标键。用键盘来选择文本的方法是：在按光标方向移动键的同时，按住 Shift 键。

在应用程序中也可以通过编程选择文本，这时需要通过调用成员函数 CEdit::SetSel 来实现。这个函数确定了编辑框内文本的选择范围，与该函数相对应的还有 CEdit::GetSel 和 CEdit::ReplaceSel。其中，CEdit::GetSel 用来获取编辑框中当前被选择文本的开始和结束的位置，CEdit::ReplaceSel 用来替换当前被选择的文本。

③ 设置编辑框的页面边距。设置编辑框的页面边距可以使文本在编辑框显示更具满意效果，这在多行编辑框中尤为重要，应用程序可通过调用成员函数 CEdit::SetMargins 来实现，这个函数

的原型如下：

```
void SetMargins( UINT nLeft, UINT nRight );
```

其中，参数 nLeft 和 nRight 分别用来指定左、右边距的像素大小。

④ 剪贴板操作。编辑框通过 CEdit 类的 Copy、Paste 和 Cut 成员函数来实现文本的复制、粘贴、剪切的操作，并还自动支持键盘快捷操作，其对应的快捷键分别为 Ctrl+C、Ctrl+V 和 Ctrl+X。若应用程序调用 CEdit::Undo 函数时，则还可撤销当前的操作，再调用一次该函数，则恢复刚才的操作。示例代码如下：

```
if (m_Edit.CanUndo( ))m_Edit.Undo( );
```

⑤ 获取多行编辑框文本。获取多行编辑框控件的文本可以有以下两种方法。

一种是使用 DDX/DDV，当将编辑框控件所关联的变量类型选定为 CString 后，则不管多行编辑框的文本有多少都可用此变量来保存，从而能简单地解决多行文本的读取。但这种方法不能单独获得多行编辑框中的某一行文本。

另一种方法是使用编辑框 CEdit 类的相关成员函数来获取文本。例如，下面的代码将获取并显示编辑框中第二行的文本内容：

```
char str[100];
if (m_Edit.GetLineCount( )>=2)                          // 判断多行编辑框的文本是否有两行以上
{
    int nChars;
    nChars = m_Edit.LineLength(m_Edit.LineIndex(1));    // 获取第二行文本的字符个数
    // 0 表示第一行，1 表示第二行，依次类推。LineIndex 用于将文本行转换成
    // 能被 LineLength 识别的索引
    m_Edit.GetLine(1,str,nChars);                       // 获取第二行文本
    str[nChars] = '\0';
    MessageBox(str);
}
```

代码中，由于调用 GetLine 获得某行文本内容时，并不能自动在文本后添加文本的结束符‘\0’，因此需要首先获得某行文本的字符数，然后设置文本的结束符。

2. 旋转按钮控件

旋转按钮控件（ ，也称为**上下控件**）是一对箭头按钮，用户单击它们来增加或减小某个值，比如一个滚动位置或显示在相应控件中的一个数字，如图 3-33 所示。

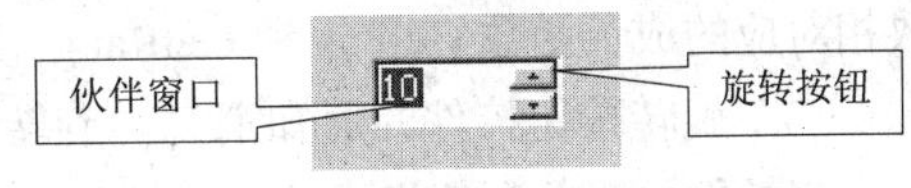

图 3-33 旋转按钮控件及其伙伴窗口

旋转按钮控件通常与相伴的控件一起使用，这个控件称为**伙伴窗口**。若相伴的控件的 Tab 键次序刚好在旋转按钮控件的前面，则这时的旋转按钮控件可以自动定位在它的伙伴窗口的旁边，看起来就像一个单一的控件。通常，将一个旋转按钮控件与一个编辑框一起使用，以提示用户进行数字输入。单击向上箭头使当前位置向最大值方向移动，而单击向下箭头使当前位置向最小值的方向移动。

默认时，旋转按钮控件的最小值是 100，最大值是 0。当用户单击向上箭头减少数值，而单击向下箭头则增加它，因此用户还需使用成员函数 CSpinButtonCtrl::SetRange 来改变最大和最小值。但在使用时不要忘记在旋转按钮控件属性对话框中选中了“自动结伴（Auto buddy）”，若选中“设置结伴整数（Set buddy integer）”属性，则伙伴窗口的数值自动改变。

（1）旋转按钮控件常用的样式。旋转按钮控件有许多样式，它们都可以通过旋转按钮控件属性对话框进行设置，如图 3-34 所示，其中各项的含义如表 3-6 所示。

图 3-34 旋转按钮控件样式属性对话框

表 3-6　　旋转按钮控件的样式（Style）属性

项　　目	说　　明
方向（Orientation）	控件放置方向：垂直（Vertical）、水平（Horizontal）
排列（Alignment）	控件在伙伴窗口的位置安排：独立（Unattached）、靠右（Right）、靠左（Left）
自动结伴（Auto buddy）	选中此项，自动选择一个 Z-order 中的前一个窗口作为控件的伙伴窗口
设置结伴整数（Set buddy integer）	选中此项，使控件设置伙伴窗口数值，这个值可以是十进制或十六进制
没有上千（No thousands）	选中此项，不在每隔三个十进制数字的地方加上千分隔符
换行（Wrap）	选中此项，当增加或减小的数值超出范围，则从最小值或最大值开始回绕
箭头键（Arrow keys）	选中此项，当按下向上和向下方向键时，也能增加或减小
热轨迹（Hot track）	选中此项，当光标移过控件时，突出显示控件的上下按钮

（2）旋转按钮控件的基本操作。MFC 的 CSpinButtonCtrl 类提供了旋转按钮控件的各种操作函数，使用它们可以进行基数、范围、位置设置和获取等基本操作。

成员函数 SetBase 是用来设置其基数的，这个基数值决定了伙伴窗口显示的数字是十进制还是十六进制。如果成功则返回先前的基数值，如果给出的是一个无效的基数则返回一个非零值。函数的原型如下：

int SetBase(int *nBase*);

其中参数 nBase 表示控件的新的基数，如 10 表示十进制，16 表示十六进制等。与此函数相对应的成员函数 GetBase 是获取旋转按钮控件的基数。

成员函数 SetPos 和 SetRange 分别用来设置旋转按钮控件的当前位置和范围，它们的函数原型如下：

int SetPos(int *nPos*);
void SetRange(int *nLower*, int *nUpper*);

其中，参数 nPos 表示控件的新位置，它必须在控件的上限和下限指定的范围之内。nLower 和 nUpper 表示控件的上限和下限。任何一个界限值都不能大于 0x7fff 或小于–0x7fff。与这两个函数相对应的成员函数 GetPos 和 GetRange 分别用来获取旋转按钮控件的当前位置和范围。

（3）旋转按钮控件的通知消息。旋转按钮控件的通知消息只有一个：UDN_DELTAPOS，它是在当控件的当前数值将要改变时向其父窗口发送的。

3. 示例：用对话框输入学生成绩

在一个简单的学生成绩结构中，常常有学生的姓名、学号以及三门成绩等内容。为了能够输入这些数据，需要设计一个对话框，如图 3-35 所示。

本例将用到静态文本、编辑框、旋转按钮控件等控件。实现时，最关键的是如何将编辑框设置成旋转按钮控件的伙伴窗口。本例分创建并设计对话框、完善 CInputDlg 类代码和调用对话框三步来阐述。

 **例 Ex_Input　用对话框输入学生成绩。**

第一步，创建并设计对话框。

（1）用 MFC AppWizard（exe）创建一个默认的单文档应用程序 Ex_Input。

（2）添加一个新的对话框资源，通过其属性对话框，将 ID 标识符改为 IDD_INPUT，标题为“学生成绩输入”，将对话框字体改为“宋体，9 号”。

（3）显示对话框网格，调整对话框的大小，然后将“确定”和“取消”按钮移至对话框的下方。

（4）向对话框添加如表 3-7 所示的控件，调整控件的位置，结果如图 3-36 所示。

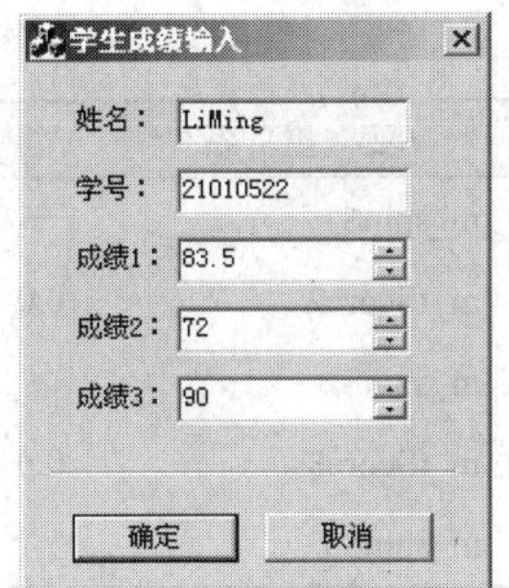

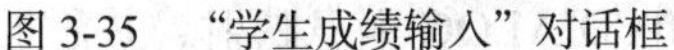

图 3-35　“学生成绩输入”对话框

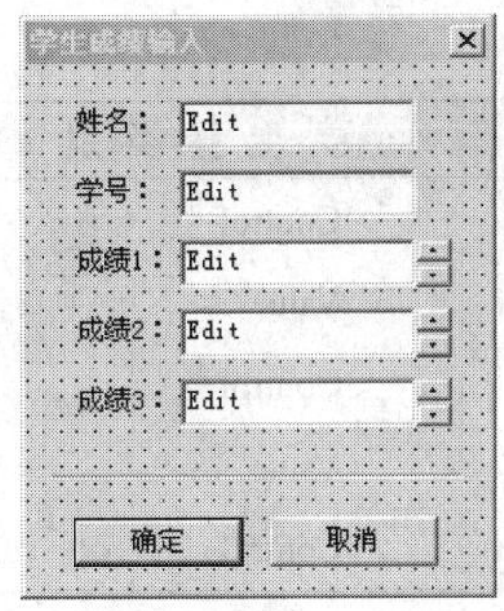

图 3-36　设计的“学生成绩输入”对话框

表 3–7　学生成绩输入对话框添加的控件

添加的控件	ID 标识符	标　题	其 他 属 性
编辑框	IDC_EDIT_NAME	—	默认
编辑框	IDC_EDIT_NO	—	默认
编辑框	IDC_EDIT_S1	—	默认
旋转按钮控件	IDC_SPIN_S1	—	自动结伴，设置结伴整数、靠右对齐
编辑框	IDC_EDIT_S2	—	默认
旋转按钮控件	IDC_SPIN_S2	—	自动结伴，设置结伴整数、靠右对齐
编辑框	IDC_EDIT_S3	—	默认
旋转按钮控件	IDC_SPIN_S3	—	自动结伴，设置结伴整数、靠右对齐

需要说明的是，由于控件的添加、布局和设置属性的方法以前已详细阐述过，**为了节约篇幅，这里用表格形式列出所要添加的控件，并且因默认 ID 标识符的静态文本控件的“标题”属性内容可从对话框直接看出，因此一般不在表中列出，本书作此约定。**表格中 ID、标题和其他属性均是通过控件的属性对话框进行设置的，凡是“默认”属性均为保留属性对话框中的默认设置。

（5）选择“布局”→“Tab 次序”命令，或按快捷键 Ctrl+D，此时每个控件的左上方都有一个数字，表明当前 Tab 键次序，单击对话框中的控件，重新设置控件的 Tab 键次序，以保证旋转按钮控件的 Tab 键次序在相对应的编辑框（伙伴窗口）之后，结果如图 3-37 所示，单击对话框或按 Enter 键结束“Tab 次序”方式。

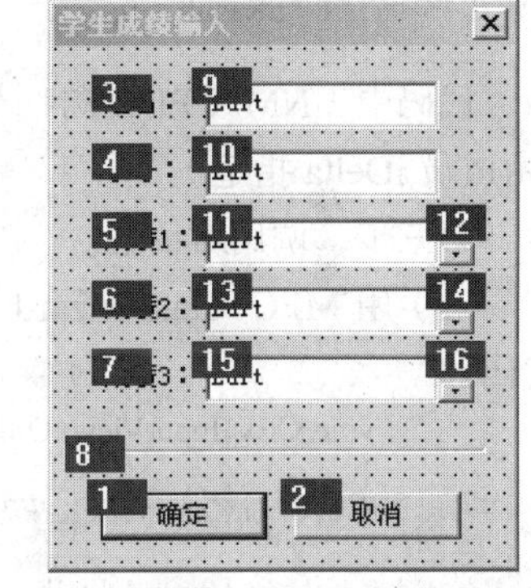

图 3-37　改变控件的 Tab 键次序

（6）双击对话框模板空白处，为该对话框模板创建一个对话框类 CInputDlg。

第二步，完善 CInputDlg 类代码。

（1）在 MFC ClassWizard 的 Member Variables 页面中，确定 Class name 中是否已选择了 CInputDlg，选中所需的控件 ID 标识符，双击鼠标或单击 Add Variables 按钮，依次为表 3-8 控件增加成员变量。

表 3–8　控件变量

控件 ID 标识符	变 量 类 别	变 量 类 型	变　量　名	范围和大小
IDC_EDIT_NAME	Value	Cstring	m_strName	20
IDC_EDIT_NO	Value	Cstring	m_strNO	20
IDC_EDIT_S1	Value	float	m_fScore1	0.0 ~ 100.0

续表

控件 ID 标识符	变 量 类 别	变 量 类 型	变 量 名	范围和大小
IDC_SPIN_S1	Control	CSpinButtonCtrl	m_spinS1	—
IDC_EDIT_S2	Value	float	m_fScore2	0.0 ~ 100.0
IDC_SPIN_S2	Control	CSpinButtonCtrl	m_spinS2	—
IDC_EDIT_S3	Value	float	m_fScore3	0.0 ~ 100.0
IDC_SPIN_S3	Control	CSpinButtonCtrl	m_spinS3	—

（2）用 MFC ClassWizard 为 CInputDlg 添加 WM_INITDIALOG 消息映射，并添加下列代码：

```
BOOL CInputDlg::OnInitDialog( )
{
    CDialog::OnInitDialog( );
    m_spinScore1.SetRange( 0, 100 );        // 设置旋转按钮控件范围
    m_spinScore2.SetRange( 0, 100 );
    m_spinScore3.SetRange( 0, 100 );
    return TRUE;   // return TRUE unless you set the focus to a control
}
```

（3）用 MFC ClassWizard 为 CInputDlg 增加 IDC_SPIN_S1 控件的 UDN_DELTAPOS 消息映射，并添加下列代码：

```
void CInputDlg::OnDeltaposSpinS1(NMHDR* pNMHDR, LRESULT* pResult)
{
    NM_UPDOWN* pNMUpDown = (NM_UPDOWN*)pNMHDR;
    UpdateData(TRUE);                        // 将控件的内容保存到变量中
    m_fScore1 += (float)pNMUpDown->iDelta * 0.5f;
    if (m_fScore1<0.0)
        m_fScore1 = 0.0f;
    if (m_fScore1>100.0)
        m_fScore1 = 100.0f;
    UpdateData(FALSE);                       // 将变量的内容显示在控件中
    *pResult = 0;
}
```

代码中，NM_UPDOWN 结构用于反映旋转控件的当前位置（由成员 iPos 指定）和增量大小（由成员 iDelta 指定）。

第三步，调用对话框。

（1）用 MFC ClassWizard 为 CEx_InputView 添加 WM_KEYDOWN 消息映射，并添加下列代码：

```
void CEx_InputView::OnKeyDown(UINT nChar, UINT nRepCnt, UINT nFlags)
{
    if ( nChar == VK_F7 )                          // 按下 F7 功能键
    {
        CInputDlg dlg;
        if (IDOK == dlg.DoModal( ))
        {                                          // 获取对话框数据
            CString str;
            str.Format("%s, %s, %4.1f, %4.1f, %4.1f",
                dlg.m_strName, dlg.m_strNO, dlg.m_fScore1,
                dlg.m_fScore2,  dlg.m_fScore3 );
            AfxMessageBox(str);
        }
    }
    CView::OnKeyDown(nChar, nRepCnt, nFlags);
}
```

分析和说明

- 此例对话框是通过映射键盘消息而调用的。当用户按下一个键或组合键时，Windows 将 WM_KEYDOWN 或 WM_SYSKEYDOWN 放入具有输入焦点的应用程序窗口的消息队列中。当

键被释放时，Windows 则把 WM_KEYUP 或 WM_SYSKEYUP 消息放入消息队列中。对于字符键来说，还会在这两个消息之间产生 WM_CHAR 消息。

MFC ClassWizard 能自动添加了当前类的 WM_KEYDOWN 和 WM_KEYUP 击键消息处理函数的调用，它们具有下列函数原型：

```
afx_msg void OnKeyDown( UINT nChar, UINT nRepCnt, UINT nFlags );
afx_msg void OnKeyUp( UINT nChar, UINT nRepCnt, UINT nFlags );
```

afx_msg 是 MFC 用于定义消息函数的标志，参数 nChar 表示虚拟键代码，nRepCnt 表示当用户按住一个键时的重复计数，nFlags 表示击键消息标志。

虚拟键代码是指与设备无关的键盘编码。在 Visual C++中，最常用的虚拟键代码已被定义在 Winuser.h 中，例如，VK_SHIFT 表示 SHIFT 键，VK_F1 表示功能键 F1 等。

同击键消息一样，MFC 中的 ClassWizard 也提供相应的字符消息处理框架，并自动添加了当前类的 WM_CHAR 消息处理函数调用，它具有下列函数原型：

```
afx_msg void OnChar( UINT nChar, UINT nRepCnt, UINT nFlags );
```

参数 nChar 表示键的 ASCII 码，nRepCnt 表示当用户按住一个键时的重复计数，nFlags 表示字符消息标志。

- 代码中，第 1 个 if 语句是用来判断是否按下了 F7 功能键，第 2 个 if 语句用来判断用户是否单击对话框的“确定”按钮。一旦 DoModal 返回的值为 IDOK，即按下了对话框的“确定”按钮，对话框中的数据才是有效的。
- 代码中的 Format 是 CString 类的一个经常使用的成员函数，它通过格式操作使任意类型的数据转换成一个字符串。该函数的第一个参数是带格式的字符串，其中的“%s”就是一个格式符，每一个格式符依次对应于该函数的后面参数表中的参数项。例如，格式字符串中第一个%s 对应于 dlg.m_strName。CString 类的 Format 和 C 语言库函数 printf 十分相似。

（2）在文件 Ex_InputView.cpp 的前面添加 CInputDlg 类的头文件包含以下代码：

```
#include "Ex_InputDoc.h"
#include "Ex_InputView.h"
#include "InputDlg.h"
```

（3）编译并运行，按 F7 键弹出如图 3-35 所示的对话框。单击成绩 1 的旋转按钮控件将以 0.5 增量来改变它的伙伴窗口的数值。而成绩 2 和成绩 3 的旋转按钮控件由于有“设置结伴整数（Set buddy integer）”属性，因此它按默认增量 1 自动改变伙伴窗口的数值。

3.3.3 列表框

列表框（▤）是一个列有许多项目让用户选择的控件。它与单选按钮组或复选框组一样，都可让用户在其中选择一个或多个项，但不同的是，列表框中项的数目是可灵活变化的，程序运行时可往列表框中添加或删除某些项。并且，当列表框中项的数目较多，而不能一次全部显示时，还可以自动提供滚动条来让用户浏览其余的列表项。

1. 列表框的样式和消息

按性质来分，列表框有单选、多选、扩展多选以及非选四种类型，如图 3-38 所示。

默认样式下的**单选列表框**让用户一次只能选择一个项，**多选列表框**可让用户一次选择几个项，而**扩展多选列表框**允许用户用鼠标拖动或其他特殊组合键进行选择，**非选列表框**则不提供选择功能。

列表框还有一系列其他样式，用来定义列表框的外观及操作方式，这些样式可在如图 3-39 所示的列表框属性对话框中设置。表 3-9 列出样式（Style）属性各项的含义。

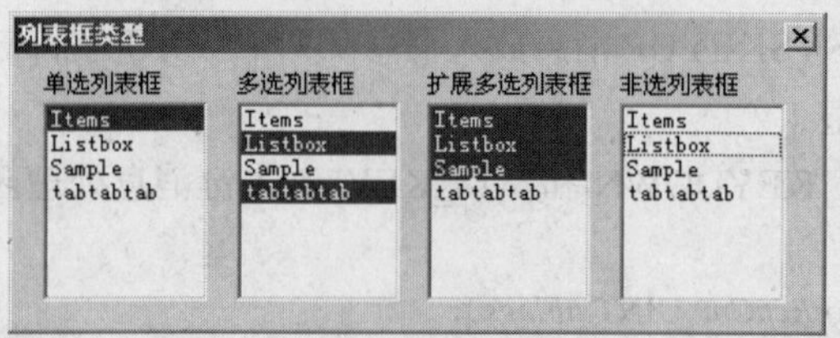

图 3-38　不同类型的列表框

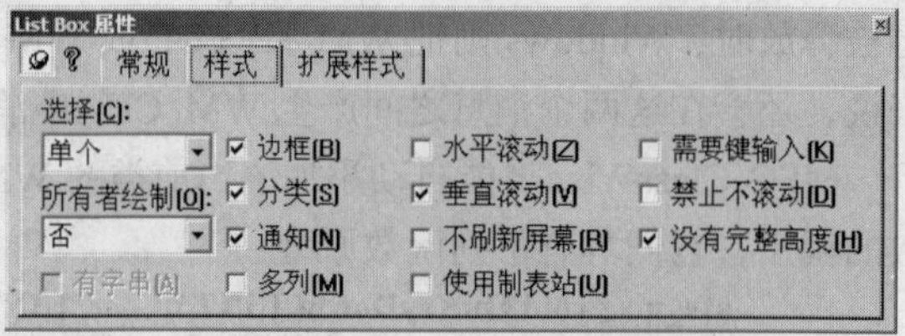

图 3-39　列表框的"样式"属性

表 3-9　　列表框的样式（Style）属性

项　目	说　明
选择（Selection）	指定列表框的类型：单个（Single）、多选（Multiple）、扩展多选（Extended）、不选（None）
所有者绘制（Owner draw）	自画列表框，默认为否（No）
有字串（Has strings）	选中时，在自画列表框中的项目中含有字符串文本
边框（Border）	选中时，使列表框含有边框
分类（Sort）	选中时，列表框的项目按字母顺序排列
通知（Notify）	选中时，当用户对列表框操作，就会向父窗口发送通知消息
多列（Multi-column）	选中时，指定一个具有水平滚动的多列列表框
水平滚动（Horizontal scroll）	选中时，在列表框中创建一个水平滚动条
垂直滚动（Vertical scroll）	选中时，在列表框中创建一个垂直滚动条
不刷新屏幕（No redraw）	选中时，列表框发生变化后不会自动重画
使用制表站（Use tabstops）	选中时，允许使用停止位来调整列表项的水平位置
需要键输入（Want key input）	选中此项，当用户按键且列表框有输入焦点时，就会向列表框的父窗口发送相应消息
禁止不滚动（Disable no scroll）	选中时，即使列表框的列表项能全部显示，垂直滚动条也会显示，但此时是禁用的（灰显）
没有完整高度（No integral height）	选中时，在创建列表框的过程中，系统会把用户指定的尺寸完全作为列表框的尺寸，而不管是否会有项目在列表框不能完全显示出来

当列表框中发生了某个动作，如用户双击选择了列表框中某一项时，列表框就会向其父窗口发送一条通知消息，常用的通知消息如表 3-10 所示。

表 3-10　　列表框的通知消息

通 知 消 息	说　明
LBN_DBLCLK	用户双击列表框的某项字符串时发送此消息
LBN_KILLFOCUS	列表框失去键盘输入焦点时发送此消息
LBN_SELCANCEL	当前选择项被取消时发送此消息
LBN_SELCHANGE	列表框中的当前选择项将要改变时发送此消息
LBN_SETFOCUS	列表框获得键盘输入焦点时发送此消息

2. 列表框的基本操作

当列表框创建之后，往往要添加、删除、改变或获取列表框中的列表项，这些操作都可以调用 MFC 的 CListBox 类成员函数来实现。需要注意的是，列表框的项除了用字符串来标识外，还常常通过索引来确定。索引表明项目在列表框中排列的位置，它是以 0 为基数的，即列表框中第一项的索引是0，第二项的索引是1，依次类推。

（1）添加列表项。列表框创建时是一个空的列表，需要用户添加或插入一些列表项。CListBox类成员函数 AddString 和 InsertString 分别用来添加列表项，其函数原型如下：

```
int AddString( LPCTSTR lpszItem );
int InsertString( int nIndex, LPCTSTR lpszItem );
```

其中，列表项的字符串文本由参数 lpszItem 来指定。虽然两个函数成功调用时都将返回列表项在列表框的索引，错误时返回 LB_ERR，空间不够时，返回 LB_ERRSPACE。但 InsertString 函数不会对列表项进行排序，不管列表框控件是否具有 sort 属性，只是将列表项插在指定索引的列表项之前，若 nIndex 等于–1，则列表项添加在列表框末尾。而 AddString 函数当列表框控件具有 sort 属性时会自动将添加的列表项进行排序。函数原型中，LPCTSTR 类型用来表示一个常值字符指针，这里可以将其理解成是一个常值字符串类型。

上述两个函数只能将字符串增加到列表框中，但有时用户还会需要根据列表项使用其他数据。这时，就需要调用 CListBox 的 SetItemData 和 SetItemDataPtr，它们能使用户数据和某个列表项关联起来。

```
int SetItemData( int nIndex, DWORD dwItemData );
int SetItemDataPtr( int nIndex, void* pData );
```

其中，SetItemData 是将一个32位数与某列表项（由 nIndex 指定）关联起来，而 SetItemDataPtr 可以将用户的数组、结构体等大量的数据与列表项关联。若有错误产生时，两个函数都将返回 LB_ERR。

与上述函数相对应的两个函数 GetItemData 和 GetItemDataPtr 分别用来获取相关联的用户数据。

（2）删除列表项。CListBox 类成员函数 DeleteString 和 ResetContent 分别用来删除指定的列表项和清除列表框所有项目，它们的函数原型如下：

```
int DeleteString( UINT nIndex );        // nIndex 指定要删除的列表项的索引
void ResetContent( );
```

需要注意的是，若在添加列表项时使用 SetItemDataPtr 函数，不要忘记在进行删除操作时及时将关联数据所占的内存空间释放出来。

（3）查找列表项。为了保证列表项不会重复地添加在列表框中，有时还需要对列表项进行查找。CListBox 类成员函数 FindString 和 FindStringExact 分别用来在列表框中查找所匹配的列表项。其中，FindStringExact 的查找精度最高。

```
int FindString( int nStartAfter, LPCTSTR lpszItem ) const;
int FindStringExact( int nIndexStart, LPCTSTR lpszFind ) const;
```

其中，lpszFind 和 lpszItem 指定要查找的列表项文本，nStartAfter 和 nIndexStart 指定查找的开始位置，若为–1，则从头至尾查找。查到后，这两个函数都将返回所匹配列表项的索引，否则返回 LB_ERR。

（4）列表框的单项选择。当选中列表框中某个列表项，用户可以使用 CListBox::GetCurSel 来获取这个结果，与该函数相对应的 CListBox::SetCurSel 函数是用来设定某个列表项呈选中状态（高亮显示）。

```
int GetCurSel( ) const;        // 返回当前选择项的索引
int SetCurSel( int nSelect );
```

其中，nSelect 指定要设置的列表项索引，错误时这两个函数都将返回 LB_ERR。

若要获取某个列表项的字符串，可使用下列函数：

```
int GetText( int nIndex, LPTSTR lpszBuffer ) const;
void GetText( int nIndex, CString& rString ) const;
```

其中，nIndex 指定列表项索引，lpszBuffer 和 rString 可以存放列表项文本。

（5）列表框的多项选择。当在列表框的样式（Style）属性对话框中选中多选（Multiple）或扩展多选（Extended）类型后，就可以在列表框中进行多项选择。要想获得选中的多个选项，需要用 MFC ClassWizard 映射列表框控件的 LBN_SELCHANGE 消息，并添加类似下面的一些代码：

```
void CListBoxDlg::OnSelchangeList1( )
{
    int nCount = m_list.GetSelCount( );          // 获取用户选中的项数
    if (nCount == LB_ERR)   return;
    int *buffer = new int[nCount];               // 开辟缓冲区
    m_list.GetSelItems(nCount,buffer);           // 将各个选项的索引号内容存放在缓冲区中
    CString allStr = NULL, str;
    for (int i=0; i<nCount; i++)
    {
        m_list.GetText(buffer[i], str);          // 获得各个索引的项目文本
        allStr = allStr + "[" + str + "]";       // 处理项目文本
    }
    delete []buffer;                             // 释放内存
    // MessageBox(allStr);                       // 处理获得的文本
}
```

3. 示例：城市邮政编码

在一组城市邮政编码中，城市名和邮政编码是一一对应的。为了能够添加和删除城市邮政编码列表项，需要设计一个这样的对话框，如图 3-40 所示。单击“添加”按钮，将城市名和邮政编码添加到列表框中，为了使添加不重复，还要进行一些判断操作。单击列表框的城市名，将在编辑框中显示出城市名和邮政编码。单击“删除”按钮，删除当前的列表项。

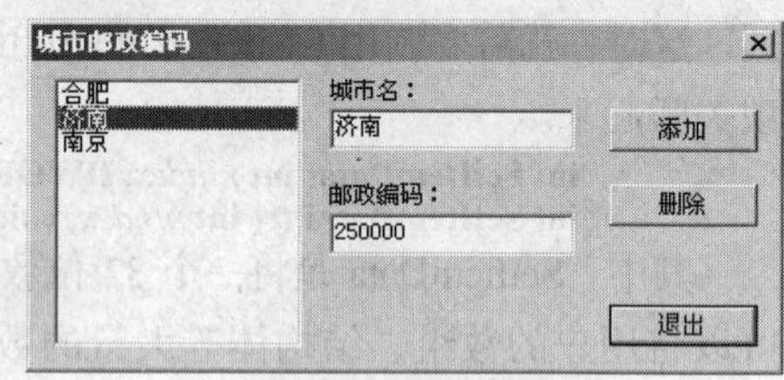

图 3-40　城市邮政编码

实现本例有两个要点：一是在添加时需要通过 FindString 或 FindStringExact 来判断添加的列表项是否重复，然后通过 SetItemData 将邮政编码（将它视为一个 32 位整数）与列表项关联起来；二是由于删除操作是针对当前选中的列表项，如果当前没有选中的列表项则应通过 EnableWindow（FLASE）使“删除”按钮灰显，即不能单击它，本例分两步来阐述：创建并设计对话框、完善代码。

例 Ex_City　城市邮政编码对话框。

第一步，创建并设计对话框。

（1）用 MFC AppWizard（exe）创建一个默认的对话框应用程序 Ex_City。

（2）将对话框的标题设为“城市邮政编码”。删除“TODO: 在这里设置对话控制。”静态文本控件和“取消”按钮，将“确定”按钮标题改为“退出”。

（3）打开对话框网格，参看图 3-40 所示的控件布局，用编辑器为对话框添加如表 3-11 所示的一些控件。

表 3-11　城市邮政编码对话框添加的控件

添加的控件	ID 标识符	标　题	其 他 属 性
列表框	IDC_LIST1	—	默认
编辑框（城市名）	IDC_EDIT_CITY	—	默认
编辑框（邮政编码）	IDC_EDIT_ZIP	—	默认
按钮（添加）	IDC_BUTTON_ADD	添加	默认
按钮（修改）	IDC_BUTTON_DEL	修改	默认

（4）按 Ctrl+W 键，打开“MFC ClassWizard”对话框，并切换至“Member Variables”页面，看看 Class name 是否是 CEx_CityDlg，然后选中所需的控件 ID 标识符，双击鼠标或单击“Add Variables”按钮，依次为下列控件增加成员变量，如表 3-12 所示。

表 3-12　　控件变量

控件 ID 标识符	变 量 类 别	变 量 类 型	变 量 名	范围和大小
IDC_LIST1	Control	ClistBox	m_ListBox	—
IDC_EDIT_CITY	Value	CString	m_strCity	40
IDC_EDIT_ZIP	Value	DWORD	m_dwZipCode	100 000 ~ 999 999

第二步，完善代码。

（1）将项目工作区切换到 ClassView 页面，展开结点，右击 CEx_CityDlg 类名，从弹出的快捷菜单中选择“Add Member Function”，弹出如图 3-41 所示的对话框，在“函数类型”（Function Type）框中输入 BOOL，在“函数声明”（Function Declaration）框中输入 IsValidate，单击“确定”按钮。

图 3-41　添加成员函数

（2）在 CEx_CityDlg::IsValidate 函数输入下列代码：

```
BOOL CEx_CityDlg::IsValidate( )
{
    UpdateData( );
    m_strCity.TrimLeft( );
    if (m_strCity.IsEmpty( ))
    {
        MessageBox("城市名输入无效！"); return FALSE;
    }
    return TRUE;
}
```

IsValidate 函数的功能是判断城市名编辑框中的内容是否是有效的字符串。代码中，TrimLeft 是 CString 类的一个成员函数，用来去除字符串左边的白字符。

（3）在 CEx_CityDlg::OnInitDialog 函数添加下列代码：

```
BOOL CEx_CityDlg::OnInitDialog( )
{
    CDialog::OnInitDialog( );
    …
    m_dwZipCode = 100000;                // 设置初始的邮政编码
    UpdateData( FALSE );                 // 将邮政编码显示在控件中
    GetDlgItem(IDC_BUTTON_DEL) ->EnableWindow( FALSE ); // 使“删除”按钮灰显
    return TRUE;                         // 返回 TRUE
}
```

（4）打开 MFC ClassWizard，切换到“Messsage Maps”页面，为按钮 IDC_BUTTON_ADD 添加 BN_CLICKED 的消息映射，并增加下列代码：

```
void CEx_CityDlg::OnButtonAdd( )
{
    if (!IsValidate( )) return;
    int nIndex = m_ListBox.FindStringExact( -1, m_strCity );
    if (nIndex != LB_ERR )
    {
        MessageBox("该城市已添加！");          return;
    }
    nIndex = m_ListBox.AddString( m_strCity );
    m_ListBox.SetItemData( nIndex, m_dwZipCode );
}
```

（5）用 MFC ClassWizard 为按钮 IDC_BUTTON_DEL 添加 BN_CLICKED 的消息映射，并增加下列代码：

```
void CEx_CityDlg::OnButtonDel( )
{
```

```
        int nIndex = m_ListBox.GetCurSel( );
        if (nIndex != LB_ERR ) m_ListBox.DeleteString( nIndex );
        else    GetDlgItem(IDC_BUTTON_DEL) ->EnableWindow( FALSE );
    }
```

（6）用 MFC ClassWizard 为列表框 IDC_LIST1 添加 LBN_SELCHANGE（当前选择项发生改变）的消息映射，并增加下列代码。这样，当单击列表框的城市名时，将会在编辑框中显示出城市名和邮政编码。

```
void CEx_CityDlg::OnSelchangeList1( )
{
    int nIndex = m_ListBox.GetCurSel( );
    if (nIndex != LB_ERR )
    {
        m_ListBox.GetText( nIndex, m_strCity );
        m_dwZipCode = m_ListBox.GetItemData( nIndex );
        UpdateData( FALSE );            // 使用当前列表项所关联的内容显示在控件上
        GetDlgItem(IDC_BUTTON_DEL) ->EnableWindow( TRUE );
    }
}
```

（7）编译运行后，按图 3-40 所示的内容进行测试。

3.3.4 组合框

作为用户输入的接口，前面的列表框和编辑框各有其优点。例如，列表框可列出用户所需的各种可能的选项，这样一来，用户不需要记住这些项，只需进行选择操作即可，但用户却不能输入列表框中列表项之外的内容。虽然编辑框能够允许用户输入内容，但却没有列表框的选择操作。于是很自然地产生这样的想法：把常用的项列在列表框中以供选择，而同时提供编辑框，允许用户输入列表框中所没有的新项。**组合框**（ ）正是这样的一种控件，它结合列表框和编辑框的特点，取二者之长，从而完成较为复杂的输入功能。

1. 组合框的样式类型

按照组合框的主要样式特征，可把组合框分为三类：即简单组合框、下拉式组合框、下拉式列表框，如图 3-42 所示。

简单组合框和**下拉式组合框**都包含列表框和编辑框，但是简单组合框中的列表框不需要下拉，可以直接显示出来，而当用户单击下拉式组合框中的下拉按钮时，下拉的列表框才被显示出来。**下拉式列表框**虽然具有下拉式的列表，却没有文字编辑功能。

组合框还有其他一些样式，这些样式可在如图 3-43 所示的组合框的属性对话框中设置。除了“分类（Sort，排序）”选项外，其他选项的含义与列表框或编辑框的样式属性相同。

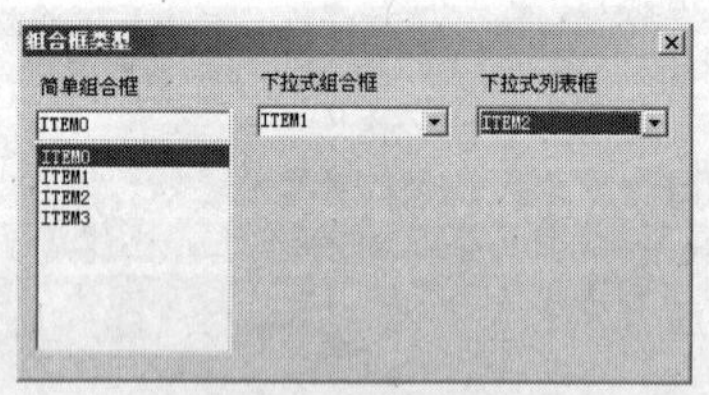

图 3-42　组合框类型

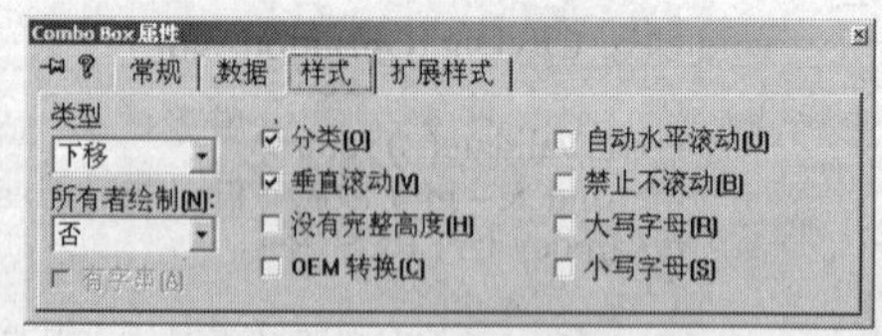

图 3-43　组合框的属性对话框

需要说明的是，在组合框属性对话框中，“数据”（Data）标签页面可以让用户直接输入组合框的数据项，每输入一条数据项后，按 Ctrl+Enter 快捷键可继续输入数据项。这样，就可以在该控件设计时来指定无动态变化的选项。

2. 组合框的通知消息

在组合框的通知消息中，有的是列表框发出的，有的是编辑框发出的，如表 3-13 所示。

表 3-13 组合框的通知消息

通知消息	说明
CBN_CLOSEUP	当组合框的列表关闭时发送此消息
CBN_DBLCLK	用户双击组合框的某项字符串时发送此消息
CBN_DROPDOWN	当组合框的列表打开时发送此消息
CBN_EDITCHANGE	同编辑框的 EN_CHANGE 消息
CBN_EDITUPDATE	同编辑框的 EN_UPDATE 消息
CBN_SELENDCANCEL	当前选择项被取消时发送此消息
CBN_SELENDOK	当用户选择一个项并按下 Enter 键或单击下拉箭头（▾）隐藏列表框时发送此消息
CBN_KILLFOCUS	组合框失去键盘输入焦点时发送此消息
CBN_SELCHANGE	组合框中的当前选择项将要改变时发送此消息
CBN_SETFOCUS	组合框获得键盘输入焦点时发送此消息

3. 组合框常见操作

组合框的操作大致分为两类，一类是对组合框中的列表框进行操作，另一类是对组合框中的编辑框进行操作。这些操作都可以调用 CComboBox 类的成员函数来实现，如表 3-14 所示。

表 3-14 CComboBox 类常用成员函数

成员函数	说明
int AddString(LPCTSTR *lpszString*);	向组合框添加字符串
int DeleteString(UINT *nIndex*)	删除指定的索引项，返回剩下的列表项总数
int InsertString(int *nIndex*, LPCTSTR *lpszString*)	在指定的位置 nIndex 处插入字符串，若 nIndex=–1 时，向组合框尾部添加
void ResetContent( );	删除组合框的全部项和编辑文本
int FindString(int *nStartAfter*, LPCTSTR *lpszString*) const;	查找字符串。nStartAfter 为搜索起始项的索引，其值为 –1 时从头开始查找，lpszString 是被搜索字符串
int FindStringExact(int *nIndexStart*, LPCTSTR *lpszFind*) const;	精确查找字符串返回匹配项的索引
int SelectString(int *nStartAfter*, LPCTSTR *lpszString*);	选定指定字符串返回选择项的索引
int GetCurSel( ) const;	获得当前选择项的索引
int SetCurSel(int *nSelect*);	设置索引 nSelect 为当前选择项，–1 时，没有选择项
int GetCount( ) const;	获取组合框的项数
int SetDroppedWidth(UINT *nWidth*);	设置下拉组合框的最小像素宽度
int SetItemData(int *nIndex*, DWORD *dwItemData*);	将一个 32 位值和指定列表项关联
int SetItemDataPtr(int *nIndex*, void* *pData*);	将一个值的指针和指定列表项关联
DWORD GetItemData(int *nIndex*) const;	获取和指定列表项关联的一个 32 位值
void* GetItemDataPtr(int *nIndex*) const;	获取和指定列表项关联的一个值的指针。错误时返回 –1
int GetLBText(int *nIndex*, LPTSTR *lpszText*); **void GetLBText(int *nIndex*, CString& *rString*);**	获取指定项的字符串
int GetLBTextLen(int *nIndex*) const;	获取指定项的字符串长度

说明

（1）上述有返回值的成员函数中，若不特别说明，当函数产生错误时其返回值一般都 CB_ERR。

（2）由于组合框的一些编辑操作与编辑框 CEdit 的成员函数相似，如：GetEditSet、SetEditSel 等，因此这些成员函数没有在上述表中列出。

4. 示例：城市邮政编码和区号

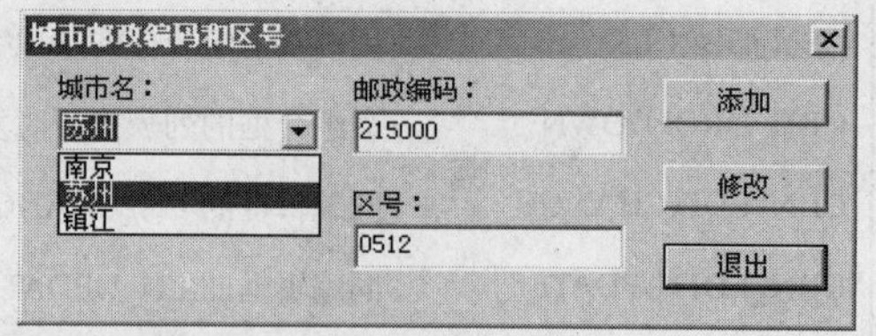

图 3-44　城市邮政编码和区号

前面的示例中，只是简单的涉及城市名和邮政编码的对应关系。实际上，城市名还和区号一一对应，为此本例需要设计这样的对话框，如图 3-44 所示。

单击“添加”按钮将城市名、邮政编码和区号添加到组合框中，在添加前同样需要进行重复性的判断。选择组合框中的城市名，将在编辑框中显示出邮政编码和区号，单击“修改”按钮，将以城市名作为组合框的查找关键字，找到后修改其邮政编码和区号内容。

实现本例最关键的技巧是如何使组合框中的项关联邮政编码和区号内容，这里先将邮政编码和区号变成一个字符串，中间用逗号分隔，然后通过 SetItemDataPtr 来将字符串和组合框中的项相关联。由于 SetItemDataPtr 关联的是一个数据指针，因此需要用 new 运算符为要关联的数据分配内存，同时在对话框即将关闭时，需要用 delete 运算符来释放组合框中的项所关联所有数据的内存空间。本例分两个部分来阐述：创建并设计对话框、完善代码。

例 Ex_CityZone　城市邮政编码和区号对话框。

第一步，创建并设计对话框。

（1）用 MFC AppWizard（exe）创建一个默认的对话框应用程序 Ex_CityZone。

（2）将对话框的标题设为“城市邮政编码和区号”。删除“TODO: 在这里设置对话控制。”静态文本控件和“取消”按钮，将“确定”按钮标题改为“退出”。

（3）打开对话框网格，参看图 3-44 的控件布局，用编辑器为对话框添加如表 3-15 所示。

表 3–15　城市邮政编码和区号对话框添加的控件

添加的控件	ID 标识符	标　题	其 他 属 性
组合框	IDC_COMBO1	—	默认
编辑框（邮政编码）	IDC_EDIT_ZIP	—	默认
编辑框（区号）	IDC_EDIT_ZONE	—	默认
按钮（添加）	IDC_BUTTON_ADD	添加	默认
按钮（修改）	IDC_BUTTON_CHANGE	修改	默认

需要说明的是，在组合框添加到对话框模板后，一定要单击组合框的下拉按钮（▼），然后调整出现的下拉框大小，如图 3-45 所示，否则组合框可能因为下拉框太小而无法显示其下拉列表项。

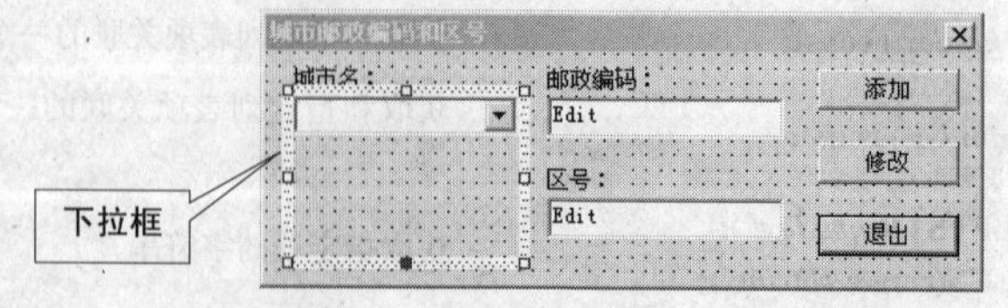

图 3-45　调整组合框的下拉框

（4）打开 MFC ClassWizard 的“Member Variables”页面，看看 Class name 是否是 CEx_CityZoneDlg，然后选中所需的控件 ID 标识符，双击鼠标或单击“Add Variables”按钮。依次为下列控件增加成员变量，如表 3-16 所示。

表 3-16　　控件变量

控件 ID 标识符	变量类别	变量类型	变量名	范围和大小
IDC_COMBO1	Control	CComboBox	m_ComboBox	—
IDC_COMBO1	Value	CString	m_strCity	20
IDC_EDIT_ZONE	Value	CString	m_strZone	10
IDC_EDIT_ZIP	Value	CString	m_strZip	6

第二步，完善代码。

（1）将项目工作区切换到“ClassView”页面，展开结点，右击 CEx_CityZoneDlg 类名，从弹出的快捷菜单中选择“Add Member Function”，弹出“Add Member Function”对话框，在函数类型框中输入 BOOL，在函数声明框中输入 IsValidate，单击“确定”按钮。

（2）在 CEx_CityZoneDlg::IsValidate 函数输入下列代码：

```
BOOL CEx_CityZoneDlg::IsValidate( )
{
    UpdateData( );    m_strCity.TrimLeft( );
    if (m_strCity.IsEmpty( ))
    {
        MessageBox("城市名输入无效！");           return FALSE;
    }
    m_strZip.TrimLeft( );
    if (m_strZip.IsEmpty( ))
    {
        MessageBox("邮政编码输入无效！");         return FALSE;
    }
    m_strZone.TrimLeft( );
    if (m_strZone.IsEmpty( ))
    {
        MessageBox("区号输入无效！");             return FALSE;
    }
    return TRUE;
}
```

（3）打开 MFC ClassWizard，切换到“Messsage Maps”页面，为按钮 IDC_BUTTON_ADD 添加 BN_CLICKED 的消息映射，并增加下列代码：

```
void CEx_CityZoneDlg::OnButtonAdd( )
{
    if (!IsValidate( )) return;
    int nIndex = m_ComboBox.FindStringExact( -1, m_strCity );
    if (nIndex != CB_ERR )
    {
        MessageBox("该城市已添加！");             return;
    }
    CString strData;
    strData.Format("%s,%s", m_strZip, m_strZone); // 将邮政编码和区号合并为一个字符串
    m_ComboBox.SetItemDataPtr( nIndex, new CString(strData) );
}
```

（4）用 MFC ClassWizard 为按钮 IDC_BUTTON_CHANGE 添加 BN_CLICKED 的消息映射，并增加下列代码：

```
void CEx_CityZoneDlg::OnButtonChange( )
{
    if (!IsValidate( )) return;
    int nIndex = m_ComboBox.FindStringExact( -1, m_strCity );
```

```
        if (nIndex != CB_ERR )
        {
            delete (CString*)m_ComboBox.GetItemDataPtr( nIndex );
            CString strData;
            strData.Format("%s,%s", m_strZip, m_strZone);
            m_ComboBox.SetItemDataPtr( nIndex, new CString(strData) );
        }
    }
```

（5）用 MFC ClassWizard 为组合框 IDC_COMBO1 添加 CBN_SELCHANGE（当前选择项发生改变）的消息映射，并增加下列代码：

```
void CEx_CityZoneDlg::OnSelchangeCombo1( )
{
    int nIndex = m_ComboBox.GetCurSel( );
    if (nIndex != CB_ERR )
    {
        m_ComboBox.GetLBText( nIndex, m_strCity );
        CString strData = *(CString*)m_ComboBox.GetItemDataPtr( nIndex );
        // 分解字符串
        int n = strData.Find(',');
        m_strZip = strData.Left( n );            // 前面的 n 个字符
        m_strZone = strData.Mid( n+1 );          // 从中间第 n+1 字符到末尾的字符串
        UpdateData( FALSE );
    }
}
```

（6）用 MFC ClassWizard 为对话框添加 WM_DESTROY 的消息映射，并增加下列代码：

```
void CEx_CityZoneDlg::OnDestroy( )          // 此消息是当对话框关闭时发送的
{
    for (int nIndex = m_ComboBox.GetCount( ) -1; nIndex>=0; nIndex--)
    {
        // 删除所有与列表项相关联的 CString 数据，并释放内存
        delete (CString *)m_ComboBox.GetItemDataPtr(nIndex);
    }
    CDialog::OnDestroy( );
}
```

需要说明的是，当对话框从屏幕消失后，对话框被清除时发送 WM_DESTROY 消息。在此消息的映射函数中添加一些对象删除代码，以便在对话框清除前有效地释放内存空间。

（7）编译运行并测试。

3.3.5 进展条和日期时间控件

进展条通常用来说明一个操作的进度，并在操作完成时从左到右填充进展条，这个过程可以让用户看到任务还有多少要完成，而日期时间控件可以允许用户选择日期和时间。

1. 进展条

进展条（▭）是一个如图 3-46 所示的控件。除了能表示一个过程进展情况外，使用进展条还可表明温度、水平面或类似的测量值。

图 3-46 进展条

（1）进展条的样式。打开进展条的属性对话框，可以看到它的“样式”属性并不是很多。其中，“边框”（Border）用来指定进展条是否有边框，“垂直”（Vertical）用来指定进展是水平还是垂直的，若选中，则为垂直的。“平滑”（Smooth）表示平滑地填充进展条，若不选中则表示将用块来填充，就像图 3-46 那样。

（2）进展条的基本操作。进展条的基本操作有：设置其范围、当前位置、设置增量等，这些操作都是通过 CProgressCtrl 类的相关成员函数来实现的。

```
int SetPos( int nPos );
int GetPos( );
```

这两个函数分别用来设置和获取进展条的当前位置。需要说明的是，这个当前位置是指在 SetRange 中的上限和下限范围之间的位置。

```
void SetRange( short nLower, short nUpper );
void SetRange32(int nLower, int nUpper );
void GetRange( int & nLower, int& nUpper );
```

它们分别用来设置和获取进展条范围的上限和下限值。一旦设置后，还会重画此进展条来反映新的范围。成员函数 SetRange32 为进展条设置 32 位的范围。参数 nLower 和 nUpper 分别表示范围的下限（默认值为 0）和上限（默认值为 100）。

```
int SetStep( int nStep );
```

该函数用来设置进展条的步长并返回原来的步长，默认步长为 10。

```
int StepIt( );
```

该函数将当前位置向前移动一个步长并重画进展条以反映新的位置。函数返回进展条上一次的位置。

2. 日期时间控件

日期时间控件（ ）是一个组合控件，它由编辑框和一个下拉按钮组成，单击控件右边的下拉按钮，即可弹出月历控件供用户选择日期，如图 3-47 所示。

日期时间有许多样式，这些样式用来定义日期时间控件的外观及操作方式，它们可以在日期时间控件属性对话框中进行设置，如图 3-48 所示。表 3-17 列出其各项含义。

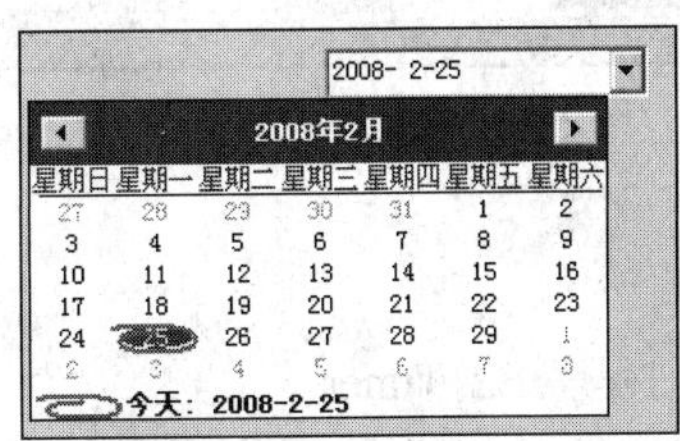

图 3-47　日期时间控件

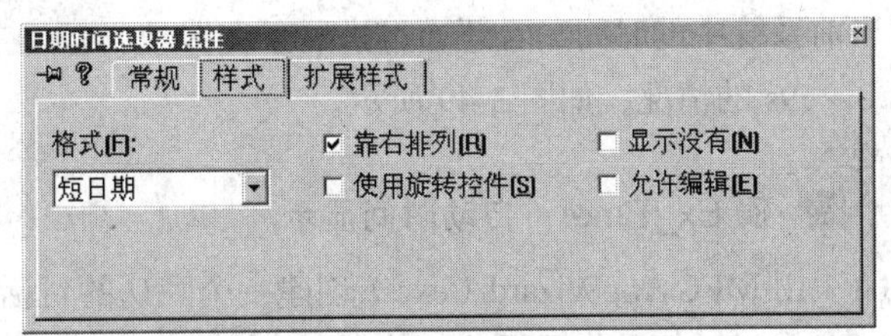

图 3-48　日期时间控件属性对话框

表 3-17　日期时间控件的样式（Style）属性

项　目	说　明
格式（Format）	日期时间控件的格式有：短日期（Short Date）、长日期（Long Date）、时间（Time）
靠右排列（Right Align）	下拉月历右对齐控件
使用旋转控件（Use Spin Control）	选中此项，在控件的右边出现一个旋转按钮用来调整日期。否则，控件的右边是一个下拉按钮用来弹出月历
显示没有（Show None）	选中此项，日期前面显示一个复选框，当用户选中复选框时，方可键入或选择一个日期
允许编辑（Allow Edit）	选中此项，日期和时间允许在编辑框中直接更改

一般来说，用户最关心地是如何设置和获取日期时间控件的日期或时间。CDateTimeCtrl 类的成员函数 SetTime 和 GetTime 可以满足这样的要求，它们最常用的函数原型如下：

```
BOOL SetTime( const CTime* pTimeNew );
DWORD GetTime( CTime& timeDest ) const;
```

其中，CTime 是 Visual C++用于时间操作的类。

3. 示例：自动时间显示

在 MFC 应用程序中，自动运行的方法是通过计时器来实现的。Windows 的**计时器**能周期性地按一定的时间间隔向应用程序发送 WM_TIMER 消息。由于它能实现“实时更新”以及“后台运行”等功能，因而在应用程序中计时器是一个难得的程序方法。

应用程序是通过 CWnd 的 SetTimer 函数来设置并启动计时器的，这个函数的原型如下：

```
UINT SetTimer( UINT nIDEvent, UINT nElapse,
               void (CALLBACK EXPORT* lpfnTimer)(HWND, UINT, UINT, DWORD) );
```

参数 nIDEvent 用来指定该计时器的标识值（不能为 0），当应用程序需要多个计时器时可多次调用该函数，但每一个计时器的标识值应是唯一的，各不相同。nElapse 表示计时器的时间间隔（单位为毫秒），lpfnTimer 是一个回调函数的指针，该函数由应用程序来定义，用来处理计时器 WM_TIMER 消息。一般情况下该参数为 NULL，此时 WM_TIMER 消息被放入到应用程序消息队列中供 CWnd 对象处理。

SetTimer 函数成功调用后返回新计时器的标识值。当应用程序不再使用计时器时，可调用 CWnd:: KillTimer 函数来停止 WM_TIMER 消息的传送，其函数原型如下：

```
BOOL KillTimer( int nIDEvent );
```

其中 nIDEvent 和用户调用 SetTimer 函数设置的计时器标识值是一致的。

对于 WM_TIMER 消息，MFC ClassWizard 会将其映射成具有下列原型的消息处理函数：

```
afx_msg void OnTimer( UINT nIDEvent );
```

通过 nIDEvent 可判断出 WM_TIMER 是哪个计时器传送的。

在本例中，对话框中的日期时间控件能自动显示当前系统中的时间，且还通过进展条在线地显示 0 ~ 59s 的情况，如图 3-49 所示。

图 3-49　自动时间显示

例 Ex_Timer　自动时间显示。

（1）用 MFC AppWizard（exe）创建一个默认的对话框应用程序 Ex_Timer。

（2）将对话框的标题设为“自动时间显示”。删除“TODO: 在这里设置对话控制。”静态文本控件和“取消”按钮，将“确定”按钮标题改为“退出”。

（3）打开对话框网格，参看图 3-49 的控件布局，向对话框添加 2 个静态标签控件、1 个日期时间控件（设为“时间”格式，其他默认）、1 个进展条控件（去除“边框”选项，选中“平滑”项，其他默认）。

（4）打开 MFC ClassWizard 的“Member Variables”页面，为进展条控件添加 Control 类型变量 m_wndProgress，为日期时间控件添加 Value 类型（CTime）变量 m_curTime。

（5）再次打开 MFC ClassWizard，切换到“Messsage Maps”页面，为 CEx_TimerDlg 类添加 WM_TIMER 消息映射，并增加下列代码：

```
void CEx_TimerDlg::OnTimer(UINT nIDEvent)
{
    m_curTime = CTime::GetCurrentTime( );          // 获取当前时间
    UpdateData( FALSE );                           // 结果显示在控件中
    int nSec     = m_curTime.GetSecond( );         // 获取当前时间的秒数
    m_wndProgress.SetPos( nSec );                  // 设定进展条的当前位置
    CDialog::OnTimer(nIDEvent);
}
```

（6）在 CEx_TimerDlg::OnInitDialog 中添加下列代码：

```
BOOL CEx_TimerDlg::OnInitDialog( )
{
    CDialog::OnInitDialog( );
    …
    m_wndProgress.SetRange( 0, 59 );
    SetTimer( 1, 200, NULL );
```

```
        return TRUE;  // return TRUE  unless you set the focus to a control
    }
```

（7）编译运行。

需要说明的是，由于 OnTimer 函数是通过获取系统时间来显示相应的内容，因此 SetTimer 中所指定的消息发生的时间间隔对结果基本没有影响，因此间隔设置小一些，可以让结果显示更加可靠一些。

3.3.6　滚动条和滑动条

滚动条和滑动条可以完成诸如定位、指示等之类的操作。

1. 滚动条

滚动条是一个独立的窗口，虽然它具有直接的输入焦点，但却不能自动地滚动窗口内容，因此，它的使用受到一定的限制。

根据滚动条的走向，可分为**垂直滚动条**（）和**水平滚动条**（）两种类型。这两种类型滚动条的组成部分都是一样的，两端都有两个箭头按钮，中间有一个可沿滚动条方向移动的滚动块，如图 3-50 所示。

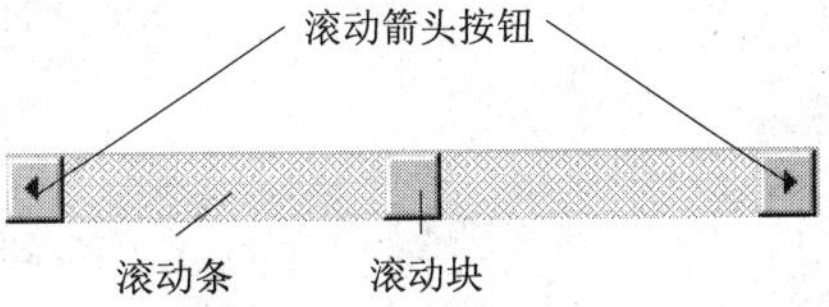

图 3-50　滚动条外观

（1）滚动条的基本操作。滚动条的基本操作一般包括设置和获取滚动条的范围及滚动块的相应位置。

由于滚动条控件的默认滚动范围是 0 ~ 0，因此在使用滚动条之前必须设定其滚动范围。在 MFC 的 CScrollBar 类中，函数 SetScrollRange 是用来设置滚动条的滚动范围，其原型如下：

```
SetScrollRange( int nMinPos, int nMaxPos, BOOL bRedraw = TRUE );
```

其中，nMinPos 和 nMaxPos 表示滚动位置的最小值和最大值。bRedraw 为重画标志，当为 TRUE 时，滚动条被重画。

在 CScrollBar 类中，设置滚动块位置操作是由 SetScrollPos 函数来完成的，其原型如下：

```
int SetScrollPos( int nPos, BOOL bRedraw = TRUE );
```

其中，nPos 表示滚动块的新位置，它必须是在滚动范围之内。

与 SetScrollRange 和 SetScrollPos 相对应的两个函数是分别用来获取滚动条的当前范围以及当前滚动位置：

```
void GetScrollRange( LPINT lpMinPos, LPINT lpMaxPos ) ;
int GetScrollPos( );
```

其中，LPINT 是整型指针类型，lpMinPos 和 lpMaxPos 分别用来返回滚动块最小和最大滚动位置。

需要说明的是：在 CScrollBar 类的成员函数中，还可以用 SetScrollInfo 和 GetScrollInfo 来代替上面提到的四个函数。与前面的函数相比，使用 SetScrollInfo 函数还能使滚动块的大小随自动参数大小改变而改变，并且这两个函数都使用下面的 SCROLLINFO 结构：

```
typedef struct tagSCROLLINFO {   // si
    UINT      cbSize;           // SCROLLINFO 结构本身的字节大小
    UINT      fMask;            // 见下
    int       nMin;             // 最小滚动位置
    int       nMax;             // 最大滚动位置
    UINT      nPage;            // 页面尺寸
    int       nPos;             // 滚动块的位置
    int       nTrackPos;        // 表示滚动块当前被拖动的位置
} SCROLLINFO;
```

上述结构中，成员 fMask 表示结构中的数据成员哪些是被设置或获取（有效）的，它可以是 SIF_ALL（所有数据成员都有效）、SIF_PAGE（nPage 有效）、SIF_POS（nPos 有效）、SIF_RANGE（nMin 和 nMax 有效）、SIF_TRACKPOS（nTrackPos 有效）等。

（2）WM_HSCROLL 或 WM_VSCROLL 消息。当用户对滚动条进行操作时，滚动条就会向父窗口发送 WM_HSCROLL 或 WM_VSCROLL 消息（分别对应于水平滚动条和垂直滚动条）。这些消息是通过 MFC ClassWizard 在其对话框（滚动条的父窗口）中进行映射的，并产生相应的消息映射函数 OnHScroll 和 OnVScroll，这两个函数具有下列原型：

```
afx_msg void OnHScroll( UINT nSBCode, UINT nPos, CScrollBar* pScrollBar );
afx_msg void OnVScroll( UINT nSBCode, UINT nPos, CScrollBar* pScrollBar );
```

其中，nPos 表示滚动块的当前位置，pScrollBar 表示由滚动条控制的指针，nSBCode 表示滚动条的通知消息。图 3-51 表示当鼠标单击滚动条的不同部位时，所产生的不同通知消息。

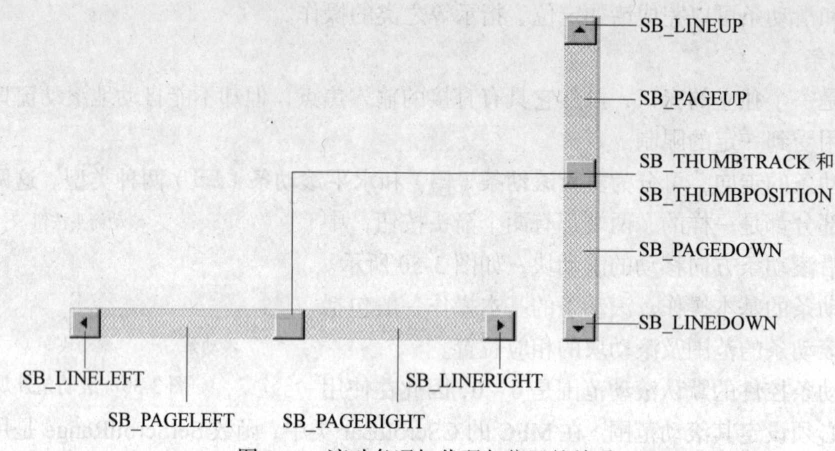

图 3-51　滚动条通知代码与位置的关系

表 3-18 列出了各通知消息的含义。

表 3-18　　滚动条的通知消息

通 知 消 息	说　明
SB_LEFT、SB_RIGHT	滚动到最左端或最右端时发送此消息
SB_TOP、SB_BOTTOM	滚动到最上端或最下端时发送此消息
SB_LINELEFT、SB_LINERIGHT	向左或右滚动一行（或一个单位）时发送此消息
SB_LINEUP、SB_LINEDOWN	向上或下滚动一行（或一个单位）时发送此消息
SB_PAGELEFT、SB_PAGERIGHT	向左或右滚动一页时发送此消息
SB_PAGEUP、SB_PAGEDOWN	向上或下滚动一页时发送此消息
SB_THUMBPOSITION	滚动到某绝对位置时发送此消息
SB_THUMBTRACK	拖动滚动块时发送此消息
SB_ENDSCROLL	结束滚动

2. 滑动条

滑动条控件（▯）是由滑动块和可选的刻度线组成的，如图 3-52 所示。当用户用鼠标或方向键移动滑动块时，该控件发送通知消息来表明这些改变。

滑动条是按照应用程序中指定的增量来移动。例如，如果用户指定此滑动条的范围为 5，则滑动块只能有 6 个位置：在滑动条控件最左边的一个位置和另外 5 个在此范围内每隔一个增量的位置。通常，这些位置都是由相应的刻度线来标识。

（1）滑动条的风格和消息。滑动条控件有许多样式，它们都可以通过滑动条控件的属性对话框进行设置，如图 3-53 所示。表 3-19 列出该属性对话框的各项含义。

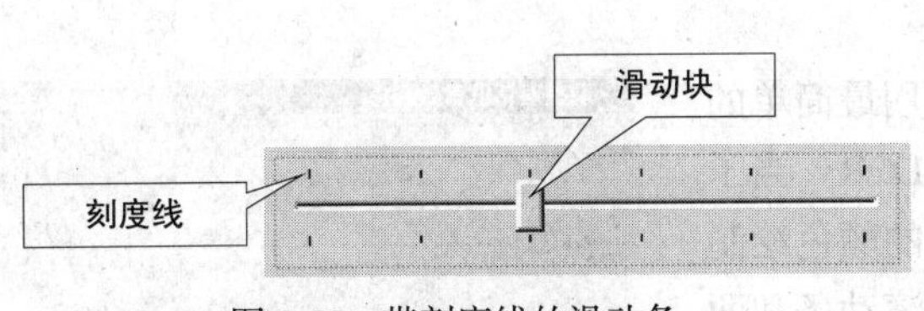

图 3-52　带刻度线的滑动条

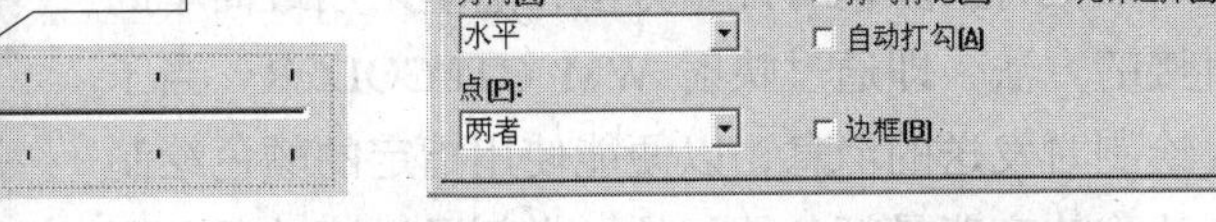

图 3-53　滑动条属性对话框

表 3-19　滑动条控件的 Style 属性

项　目	说　明
方向（Orientation）	控件放置方向：垂直（Vertical）、水平（Horizontal，默认）
点（Point）	刻度线在滑动条控件中放置的位置：两者（Both，两边都有）、顶部/左侧（Top/ Left，水平滑动条的上边或垂直滑动条的左边，同时滑动块的尖头指向有刻度线的那一边）、底部/右侧（Bottom/Right，水平滑动条的下边或垂直滑动条的右边，同时滑动块的尖头指向有刻度线的那一边）
打勾标记（Tick marks）	选中此项，在滑动条控件上显示刻度线
自动打勾（Auto ticks）	选中此项，滑动条控件上的每个增量位置处都有刻度线，并且增量大小自动根据其范围来确定
边框（Border）	选中此项，控件周围有边框
允许选择（Enable selection）	选中此项，控件中供用户选择的数值范围高亮显示

滑动条的通知消息代码常见的有：TB_BOTTOM、TB_ENDTRACK、TB_LINEDOWN、TB_LINEUP、TB_PAGEDOWN、TB_PAGEUP、TB_THUMBPOSITION、TB_TOP 和 TB_THUMBTRACK 等。这些消息代码都来自于 WM_HSCROLL 或 WM_VSCROLL 消息，其具体含义同滚动条。

（2）滑动条的基本操作。MFC 的 CSliderCtrl 类提供了滑动条控件的各种操作函数，其中包括范围、位置设置和获取等。

成员函数 SetPos 和 SetRange 分别用来设置滑动条的位置和范围，其原型如下：

```
void SetPos( int nPos );
void SetRange( int nMin, int nMax, BOOL bRedraw = FALSE );
```

其中，参数 nPos 表示新的滑动条位置。bMin 和 nMax 表示滑动条的最小和最大位置，bRedraw 表示重画标志，其值为 TRUE 时，滑动条被重画。与这两个函数相对应的成员函数 GetPos 和 GetRange 是分别用来获取滑动条的位置和范围的。

成员函数 SetTic 用来设置滑动条控件中的一个刻度线的位置。函数成功调用后返回非零值；否则返回 0。函数原型如下：

```
BOOL SetTic( int nTic );
```

其中，参数 nTic 表示刻度线的位置。

成员函数 SetTicFreq 用来设置显示在滑动条中的刻度线的疏密程度，其函数原型如下：

```
void SetTicFreq( int nFreq );
```

其中，参数 nFreq 表示刻度线的疏密程度。例如，如果参数被设置为 2，则在滑动条的范围中每两个增量显示一个刻度线。要使这个函数有效，必须在属性对话框中选中 Auto ticks 项。

成员函数 ClearTics 用来从滑动条控件中删除当前的刻度线，其函数原型如下：

```
void ClearTics( BOOL bRedraw = FALSE );
```

其中，参数 bRedraw 表示重画标志。若该参数值为 TRUE，则在选择被清除后重画滑动条。

成员函数 SetSelection 用来设置一个滑动条控件中当前选择的开始和结束位置，其函数原型如下：

```
void SetSelection( int nMin, int nMax );
```

其中，参数 nMin、nMax 表示滑动条的开始和结束位置。

3. 示例：调整对话框背景颜色

设置对话框背景颜色有许多方法，这里采用最简单的也是最直接的方法，即通过映射 WM_CTLCOLOR（当子窗口将要绘制时发送的消息，以便能使用指定的颜色绘制控件）来达到改变背景颜色的目的。本例通过滚动条和两个滑动条来调整 Visual C++所使用的 RGB 颜色的三个分量：R（红色）、G（绿色）和 B（蓝色），如图 3-54 所示。示例过程分创建并设计对话框、完善代码两步来阐述。

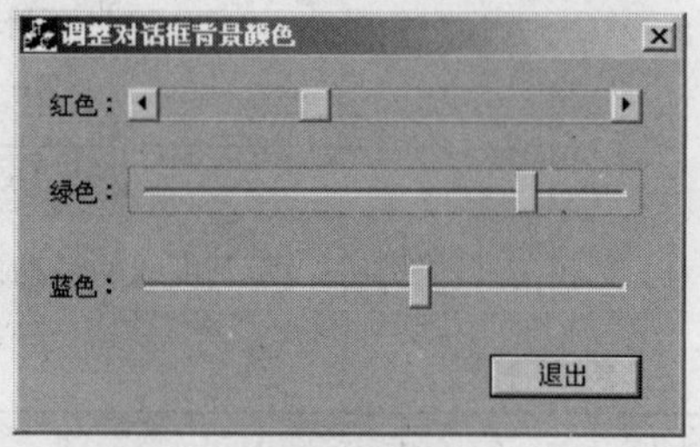

图 3-54　调整对话框背景颜色

 **例 Ex_BkColor　调整对话框背景颜色。**

第一步，创建并设计对话框。

（1）用 MFC AppWizard（exe）创建一个默认的对话框应用程序 Ex_BkColor。

（2）将对话框的标题设为“调整对话框背景颜色”。删除“TODO: 在这里设置对话控制。”静态文本控件和“取消”按钮，将“确定”按钮标题改为“退出”。

（3）打开对话框网格，参看图 3-54 的控件布局，为对话框添加如表 3-20 所示的一些控件。

表 3-20　　对话框添加的控件

添加的控件	ID 标识符	标　题	其 他 属 性
水平滚动条（红色）	IDC_SCROLLBAR_RED	—	默认
滑动条（绿色）	IDC_SLIDER_GREEN	—	默认
滑动条（蓝色）	IDC_SLIDER_BLUE	—	默认

（4）打开 ClassWizard 的“Member Variables”页面，选中所需的控件 ID 标识符，双击鼠标。依次为下列控件增加成员变量，如表 3-21 所示。

表 3-21　　控件变量

控件 ID 标识符	变 量 类 别	变 量 类 型	变　量　名	范围和大小
IDC_SCROLLBAR_RED	Control	CScrollBar	m_scrollRed	—
IDC_SLIDER_GREEN	Control	CSliderCtrl	m_sliderGreen	—
IDC_SLIDER_GREEN	Value	int	m_nGreen	—
IDC_SLIDER_BLUE	Control	CSliderCtrl	m_sliderBlue	—
IDC_SLIDER_BLUE	Value	int	m_nBlue	—

（5）为 CEx_BkColorDlg 类添加两个成员变量，一个是 int 型 m_nRedValue，用来指定 RGB 中的红色分量，另一个是画刷 CBrush 类对象 m_Brush，用来设置对话框背景所需要的画刷。

第二步，完善代码。

（1）在 CEx_BkColorDlg::OnInitDialog 中添加下列初始化代码：

```
BOOL CEx_BkColorDlg::OnInitDialog( )
{
    CDialog::OnInitDialog( );
    …
    // TODO: Add extra initialization here
    m_scrollRed.SetScrollRange(0, 255);
    m_sliderBlue.SetRange(0, 255);
    m_sliderGreen.SetRange(0, 255);
    m_nBlue = m_nGreen = m_nRedValue = 192;
    UpdateData( FALSE );
```

```
	m_scrollRed.SetScrollPos(m_nRedValue);
	return TRUE;   // 返回 TRUE
}
```

（2）用 MFC ClassWizard 为 CEx_BkColorDlg 类添加 WM_HSCROLL 消息映射，并添加下列代码：

```
void CEx_BkColorDlg::OnHScroll(UINT nSBCode, UINT nPos, CScrollBar* pScrollBar)
{
	int nID = pScrollBar->GetDlgCtrlID( );                    // 获取对话框中控件 ID 值
	if (nID == IDC_SCROLLBAR_RED)
	{	// 若是滚动条产生的水平滚动消息
		switch(nSBCode)
		{
			case SB_LINELEFT:       m_nRedValue--;      // 单击滚动条左边箭头
			                        break;
			case SB_LINERIGHT:      m_nRedValue++;      // 单击滚动条右边箭头
			                        break;
			case SB_PAGELEFT:       m_nRedValue -= 10;
			                        break;
			case SB_PAGERIGHT:      m_nRedValue += 10;
			                        break;
			case SB_THUMBTRACK:     m_nRedValue = nPos;
			                        break;
		}
		if (m_nRedValue<0) m_nRedValue = 0;
		if (m_nRedValue>255) m_nRedValue = 255;
		m_scrollRed.SetScrollPos(m_nRedValue);
	}
	Invalidate( );              // 使对话框无效，强迫系统重绘对话框
	CDialog::OnHScroll(nSBCode, nPos, pScrollBar);
}
```

（3）用 MFC ClassWizard 为 CEx_BkColorDlg 类添加 WM_CTLCOLOR 消息映射，并添加下列代码：

```
HBRUSH CEx_BkColorDlg::OnCtlColor(CDC* pDC, CWnd* pWnd, UINT nCtlColor)
{
	UpdateData(TRUE);
	COLORREF color = RGB(m_nRedValue, m_nGreen, m_nBlue);
	m_Brush.Detach( );                          // 使画刷和对象分离
	m_Brush.CreateSolidBrush(color);            // 创建颜色画刷
	pDC->SetBkColor( color );                   // 设置背景颜色
	return (HBRUSH)m_Brush;                     // 返回画刷句柄，以便系统使此画刷绘制对话框
}
```

代码中，COLORREF 是用来表示 RGB 颜色的一个 32 位的数据类型，它是 Visual C++中一种专门用来定义颜色的数据类型（画刷的详细用法以后还会讨论）。

（4）编译运行并测试。

说明

- 由于滚动条和滑动条等许多控件都能产生 WM_HSCROLL 或 WM_VSCROLL 消息，因此当它们处在同一方向（水平或垂直）时，就需要添加相应代码判断消息是谁产生的。
- 由于滚动条中间的滚动块在默认时是不会停止在用户操作的位置处的，因此需要调用 SetScrollPos 函数来进行相应位置的设定。

3.4 通用对话框和消息对话框

从上面示例可以得知，使用对话框编辑器和 MFC ClassWizard 可以创建自己的对话框类。但事实上，MFC 还提供了一些通用对话框以及消息对话框供用户在程序中直接调用。

3.4.1 通用对话框

Windows 提供了一组标准用户界面对话框，它们都有相应的 MFC 库中的类来支持。用户或许早已熟悉了全部或大部分的这些对话框，因为众多的 Windows 的应用程序早已使用过它们，其中包括 Visual C++。所有这些通用对话框类都是从一个公共的基类 CCommonDialog 派生而来。这些通用对话框，如表 3-22 所示。

表 3-22　　MFC 的通用对话框

对 话 框	用 途
CColorDialog	“颜色”对话框，用户可以选择或创建颜色
CFileDialog	“文件”对话框，用户可以打开或保存一个文件
CFindReplaceDialog	“查找替换”对话框，用户可以查找或替换指定字符串
CPageSetupDialog	“页面设置”对话框，用户可以设置页面参数
CFontDialog	“字体”对话框，用户可以从列出的可用字体中选择一种字体
CPrintDialog	“打印”对话框，用户可以设置打印机的参数及打印文档

这些对话框都有一个共同特点：它们都从用户获取信息，但并不对信息作处理。例如，“文件”对话框可以帮助用户选择一个用于打开的文件，但它实际上只是给程序提供了一个文件路径名，用户的程序必须调用相应的成员函数才能打开文件。类似地，“字体”对话框只是填充一个描述字体的逻辑结构，但它并不创建字体。

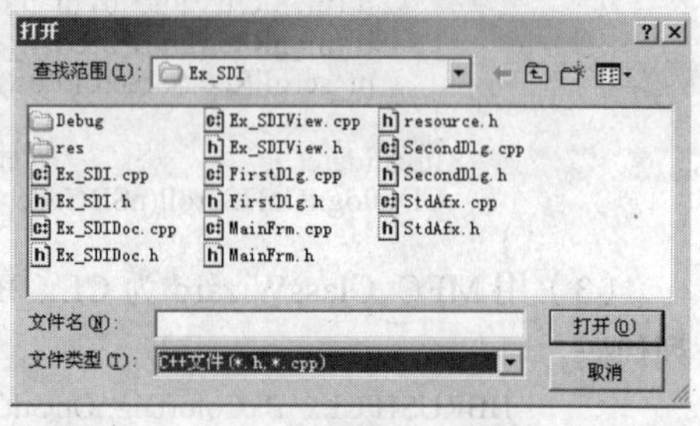

图 3-55　通用文件对话框

用户可以在程序中直接使用这些通用对话框。例如，下列代码运行后将弹出如图 3-55 所示的对话框。选定一个文件后，单击“打开”按钮，就会弹出一个消息对话框，显示该文件的全路径名称。

```
CString filter;
filter = "文本文件(*.txt)|*.txt|C++文件(*.h,*.cpp)|*.h;*.cpp||";
CFileDialog dlg (TRUE, NULL, NULL, OFN_HIDEREADONLY, filter);
if (dlg.DoModal ( ) == IDOK)
{
    CString str = dlg.GetPathName( );
    AfxMessageBox(str);
}
```

通用文件对话框类 CFileDialog 的构造函数的原型如下：

CFileDialog(BOOL *bOpenFileDialog*, **LPCTSTR** *lpszDefExt* **= NULL,**
LPCTSTR *lpszFileName* **= NULL,**
DWORD *dwFlags* **= OFN_HIDEREADONLY | OFN_OVERWRITEPROMPT,**
LPCTSTR *lpszFilter* **= (NULL, CWnd*** *pParentWnd* **= NULL);**

参数中，当 bOpenFileDialog 为 TRUE 时表示文件打开对话框，为 FALSE 时表示文件保存对话框。lpszDefExt 用来指定文件扩展名。若用户在文件名编辑框中没有键入扩展名，则系统在文件名后自动添加 lpszDefExt 指定的扩展名。lpszFileName 用来在文件名编辑框中指定开始出现的文件名，若为 NULL 时，则不出现。dwFlags 用来指定对话框的界面标志，当为 OFN_HIDEREADONLY 时表示隐藏对话框中的“只读”复选框，当为 OFN_OVER- WRITEPROMPT 时表示文件保存时，若有指定的文件有重名，则出现提示对话框。pParentWnd 用来指定对话框的父窗口指针。lpszFilter 参数用来确定出现在文件列表框中的文件类型。它由一对或多对字符串组成，每对字符串中第一个字符串表示过滤器名称，第二个字符串表示文件扩展名，若指定多个扩展名则用“;”分隔，字符串最后用两个“|”结尾。注意，字符串最好写在一行，若一行写不下则用“\”连接。

上述代码中，AfxMessageBox 用来弹出一个消息对话框（后面还要讨论）。GetPathName 是 CFileDialog 类成员函数，用来获取文件的全路径名。CFileDialog 中类似这样的成员函数还有很多，例如：

```
CString GetFileName( ) const;
```

该函数返回在对话框确定的文件名；如确定的文件是"C:\FILES\TEXT.DAT"则返回"TEXT.DAT"。

```
CString GetFileExt( ) const;
```

该函数返回在对话框确定的文件扩展名；如确定的文件是"DATA.TXT"，则返回"TXT"。

注意，只有当调用对话框类的成员函数 DoModal 并返回 IDOK 后，该对话框类的这些属性成员函数才会有效。

3.4.2　消息对话框

消息对话框是最简单的一类对话框，它只是用来显示信息的。在 Visual C++ 6.0 的 MFC 类库中就提供相应的函数实现这样的功能，使用时，直接在程序中调用它们即可，它们的函数原型如下：

```
int AfxMessageBox( LPCTSTR lpszText, UINT nType = MB_OK, UINT nIDHelp = 0 );
int MessageBox( LPCTSTR lpszText, LPCTSTR lpszCaption = NULL, UINT nType = MB_OK );
```

这两个函数都是用来创建和显示消息对话框的，它们和前面示例 Ex_HelloMsg 使用到的 Win32 API 函数 MessageBox 是不同的，前者是 MFC 类库中的函数。AfxMessageBox 是全程函数，可以用在任何地方。而 MessageBox 只能在控件、对话框、窗口等一些窗口类中使用。

这两个函数都返回用户选择按钮的情况，其中 IDOK 表示用户单击"OK"按钮。参数 lpszText 表示在消息对话框中显示的字符串文本，lpszCaption 表示消息对话框的标题，其值为 NULL 时使用默认标题，nIDHelp 表示消息的上下文帮助 ID 标识符，nType 表示消息对话框的图标类型以及所包含的按钮类型，这些类型是用 MFC 预先定义的一些标识符来指定的，如 MB_ICONSTOP、MB_YESNOCANCEL 等，具体如表 3-23 和表 3-24 所示。

表 3-23　消息对话框常用图标类型

图标类型	含义	
MB_ICONHAND、MB_ICONSTOP、 MB_ICONERROR	用来表示	⊗
MB_ICONQUESTION	用来表示	?
MB_ICONEXCLAMATION、MB_ICONWARNING	用来表示	!
MB_ICONASTERISK、MB_ICONINFORMATION	用来表示	i

表 3-24　消息对话框常用按钮类型

按钮类型	含义
MB_ABOUTRETRYIGNORE	表示含有"关于"、"重试"、"忽略"按钮
MB_OK	表示含有"确定"按钮
MB_OKCANCEL	表示含有"确定"、"取消"按钮
MB_RETRYCACEL	表示含有"重试"、"取消"按钮
MB_YESNO	表示含有"是"、"否"按钮
MB_YESNOCANCEL	表示含有"是"、"否"、"取消"按钮

在使用消息对话框时，图标类型和按钮类型的标识可使用按位或运算符"|"来组合，例如，下面的代码框架中，MessageBox 将产生如图 3-56 所示的结果。

```
int nChoice = MessageBox("你喜欢 Visual C++吗？","提问",
                    MB_OKCANCEL|MB_ICONQUESTION);
if (nChoice == IDYES) {     /*…*/     }
```

图 3-56　消息对话框

3.5 综合应用

如图 3-57（a）所示，列表框内容用来显示一个学生信息的记录，包括：班级、姓名、学号、性别、出生年月。单击“更新”按钮，将弹出“学生信息”对话框，如图 3-57（b）所示，在该对话框中输入学生的信息，单击“确定”按钮，对话框消失，其信息内容在列表框中更新。

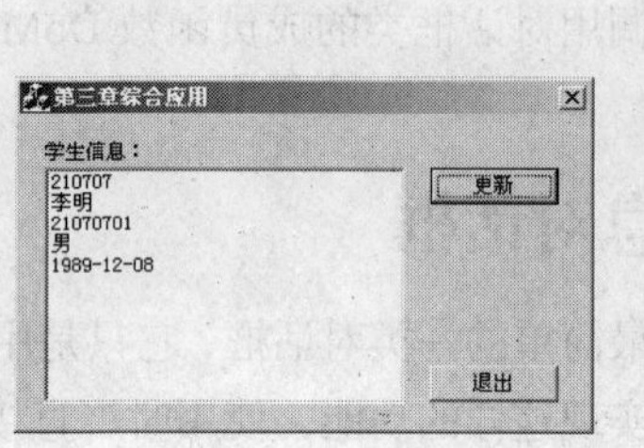

（a）

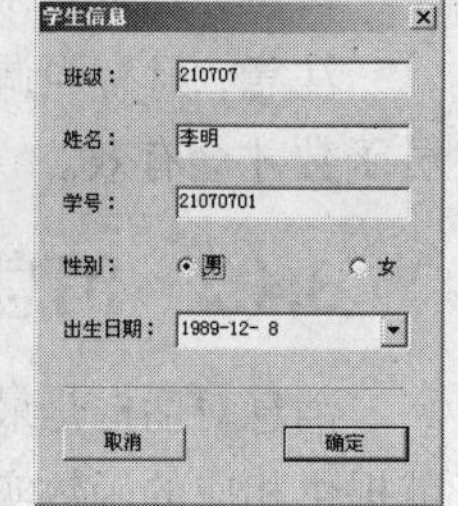

（b）

图 3-57　综合应用题图

要完成本综合应用，步骤如下。

（1）创建一个对话框应用程序，进行图 3-57（a）和图 3-57（b）对话框设计，且为图 3-57（b）对话框创建一个对话框类。

（2）在“学生信息”对话框类中，要添加一些代码用于判断相关信息的有效性。

（3）将学生信息按列表项依次添加到列表框中，且在添加前还需对原来的信息进行清除。

下面用三部分过程来实现：创建应用程序、添加对话框、完善代码。

例 Ex_A3　第 3 章综合应用。

第一步，创建应用程序。

（1）用 MFC AppWizard（exe）创建一个默认的对话框应用程序 Ex_A3。

（2）将对话框的标题设为“第 3 章综合应用”。删除“TODO: 在这里设置对话控制。”静态文本控件和“取消”按钮，将“确定”按钮标题改为“退出”。

（3）打开对话框网格，参看图 3-57（a）的控件布局，向对话框添加 1 个列表框控件（保留默认属性，去除“分类（排序）”属性）、1 个按钮控件（“标题”设为“更新”，IDC_BUTTON_SET）和静态文本控件。

（4）打开 MFC ClassWizard 的“Member Variables”页面，为列表框控件添加 Control 类型变量 m_ListBox，单击“确定”按钮，关闭“MFC ClassWizard”对话框。

第二步，添加对话框。

（1）添加一个新的对话框资源，通过其属性对话框，将 ID 标识符改为 IDD_INFO，标题为“学生信息”，将对话框字体改为“宋体，9 号”。

（2）显示对话框网格，调整对话框的大小，然后将“确定”和“取消”按钮移至对话框的下方。

（3）向对话框添加如表 3-25 所示的控件，参照图 3-57（b）调整控件的位置。

表 3–25　学生信息对话框添加的控件

添加的控件	ID 标识符	标　题	其 他 属 性
编辑框（班级）	IDC_EDIT_CLASS	—	默认
编辑框（姓名）	IDC_EDIT_NAME	—	默认
编辑框（学号）	IDC_EDIT_NO	—	默认
单选按钮（男）	IDC_RADIO_M	男	默认

续表

添加的控件	ID 标识符	标　题	其 他 属 性
单选按钮（女）	IDC_RADIO_W	女	默认
日期时间控件	IDC_DATETIMEPICKER1	—	默认

（4）双击对话框模板空白处或按 Ctrl+W 键，为该对话框模板创建对话框类 CInfoDlg。

（5）在 MFC ClassWizard 的“Member Variables”页面中，确定 Class name 中是否已选择了 CInfoDlg，选中所需的控件 ID 标识符，双击鼠标或单击“Add Variables”按钮，依次为表 3-26 所示的控件增加成员变量。

表 3-26　控件变量

控件 ID 标识符	变 量 类 别	变 量 类 型	变　量　名	范围和大小
IDC_EDIT_CLASS	Value	CString	m_strClass	20
IDC_EDIT_NAME	Value	CString	m_strName	20
IDC_EDIT_NO	Value	CString	m_strNO	20
DC_DATETIMEPICKER1	Value	CTime	m_tBirth	—

（6）用 MFC ClassWizard 为 CInfoDlg 添加 WM_INITDIALOG 消息映射，添加下列代码：

```
BOOL CInfoDlg::OnInitDialog( )
{
    CDialog::OnInitDialog( );
    // 设置默认的性别为男
    CheckRadioButton(IDC_RADIO_M, IDC_RADIO_W, IDC_RADIO_M);
    return TRUE;   // return TRUE unless you set the focus to a control
}
```

（7）为 CInfoDlg 类添加一个 CString 成员变量 m_strSex。

（8）用 MFC ClassWizard 为 CInfoDlg 的“确定”按钮 IDOK 增加 BN_CLICKED 消息映射，并添加下列用于判断输入信息有效性的代码：

```
void CInfoDlg::OnOK( )
{
    UpdateData( );
    m_strClass.TrimLeft( );             m_strClass.TrimRight( );
    if (m_strClass.IsEmpty( ))
    {
        MessageBox( "班级 不能为空！", "提示" );         return;
    }
    m_strName.TrimLeft( );        m_strName.TrimRight( );
    if (m_strName.IsEmpty( ))
    {
        MessageBox( "姓名 不能为空！", "提示" );         return;
    }
    m_strNO.TrimLeft( );                m_strNO.TrimRight( );
    if (m_strNO.IsEmpty( ))
    {
        MessageBox( "学号 不能为空！", "提示" );         return;
    }
    UINT nID = GetCheckedRadioButton( IDC_RADIO_M, IDC_RADIO_W );
    GetDlgItemText( nID, m_strSex );          // 获取性别
    CDialog::OnOK( );
}
```

第三步，完善代码。

（1）用 MFC ClassWizard 为 CEx_A3Dlg 对话框中的“更新”按钮 IDC_BUTTON_SET 增加

BN_CLICKED 消息映射，并添加下列代码：

```
void CEx_A3Dlg::OnButtonSet( )
{
    CInfoDlg dlg;
    if ( IDOK != dlg.DoModal( ) ) return;
    m_ListBox.ResetContent( );                          // 清空列表框内容
    m_ListBox.AddString( dlg.m_strClass );              // 添加班级
    m_ListBox.AddString( dlg.m_strName );               // 添加姓名
    m_ListBox.AddString( dlg.m_strNO );                 // 添加学号
    m_ListBox.AddString( dlg.m_strSex );                // 添加性别
    // 添加出生年月
    m_ListBox.AddString( dlg.m_tBirth.Format("%Y-%m-%d") );
}
```

代码中，m_tBirth.Format 是引用 CTime 类的成员函数，用来将一个时间转换成一个字符串，其中“%Y”表示 4 位数的年号，“%m”表示 2 位数的月份（01～12），“%d”表示 2 位数的日期（01～31）。

（2）在 Ex_A3Dlg.cpp 文件的前面添加 CInfoDlg 类的头文件，代码如下：

```
#include "Ex_A3Dlg.h"
#include "InfoDlg.h"
```

（3）编译运行并测试。

总之，对话框是 MFC 应用程序最常见也是最有用的一种界面，对话框中常布局一些控件，用来完成相应的数据输入以及其他一些操作。但作为一个完整的文档应用程序来说，还应有菜单栏、工具栏和状态栏等一些界面元素，下一章就来讨论。

习　题

1. 什么是对话框模板、对话框资源和对话框类？
2. 对一个对话框编程一般需要哪几个步骤？
3. 什么是模式和无模式对话框？它们有哪些不同？
4. 通用对话框有哪些？调用时需要注意哪些要点？
5. 什么是静态控件？静态控件有哪些？
6. 什么是按钮控件？按钮控件有哪些？
7. 一个对话框中有 9 个单选按钮控件，分为 3 组，每组 3 个，每组中只能有一个单选按钮被选中。先设计这个对话框，然后编程获得每组选中的单选按钮控件的文本内容。
8. 制作一个“用户登录”对话框，如图 3-58 所示。当用户输入“用户名”和“密码”分别是“LiMing”和“886688”时，显示“输入正确！”，否则显示“没有此用户名！”或“密码错误！”。提示：选中“密码”编辑框的密码（Password）属性。

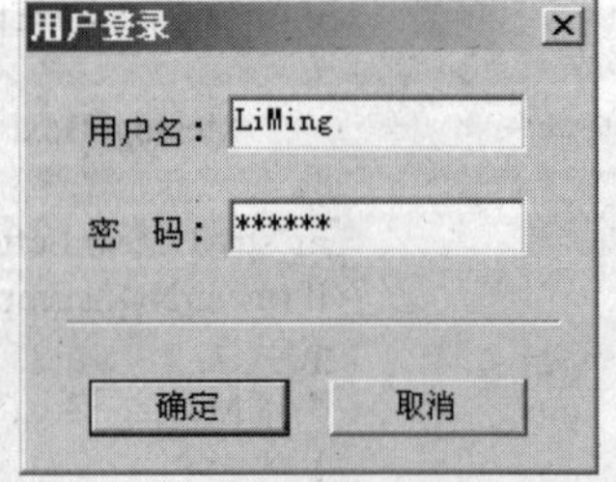

图 3-58　“用户登录”对话框

9. 什么是旋转按钮的“伙伴”控件？如何设置？
10. 在对话框中添加一个编辑框和旋转控件，并使它们成为伙伴窗口。设编辑框默认的数值为 29.7，当单击旋转控件的向上和向下按钮时分别使编辑框数值按 0.1 增加和减少。
11. 在例 Ex_Timer 中，若添加一个按钮，单击此按钮后时间才会自动显示，则应如何修改代码？

第 4 章 菜单、工具栏和状态栏

文档应用程序的框架窗口常常包含菜单、工具栏、状态栏和快捷键等内容，它们是 Windows 应用程序中不可缺少的界面元素，其样式和功能有时直接影响着用户对软件的评价。许多优秀的软件（如 Microsoft Office）为增加对用户的吸引力，不惜资源将它们做得多姿多彩，甚至达到真三维的效果。本章将从它们最简单的用法开始入手，逐步深入直到对其进行编程控制。

4.1 菜　　单

菜单是一系列命令的列表，通过选中其中的菜单项（命令）来执行相应任务。除一些简单的基于对话框的应用程序外，所有的 Windows 应用程序都提供了各自的菜单。

为了使应用程序更容易操作，对于菜单系统的设计还应遵循下列一些规则。

（1）若单击某菜单项后，将弹出一个对话框，那么在该菜单项文本后有“...”。

（2）若某项菜单有子菜单，那么在该菜单项文本后有“▸”。

（3）若菜单项需要助记符，则用括号将带下划线的字母括起来。助记符与 Alt 构成一个组合键，当按住 Alt 键不放，再敲击该字母时，对应的菜单项就会被选中。

（4）若某项菜单需要快捷键的支持，则一般将其列在相应菜单项文本之后。“快捷键”是一个组合键，如 Ctrl+N，使用时是先按下 Ctrl 键不放，然后再按 N 键。任何时候按下快捷键，相应的菜单命令都会被执行。

图 4-1 所示为一个菜单样例，注意它们的规则含义。需要说明的是，在常见的菜单系统中，最上面的一层水平排列的菜单称为**顶层菜单**，每一个顶层菜单项可以是一个简单的菜单命令，也可以是**下拉**（Popup）菜单，在下拉菜单中的每一个菜单项也可是菜单命令或下拉菜单，这样一级一级下去可以构造出复杂的菜单系统。

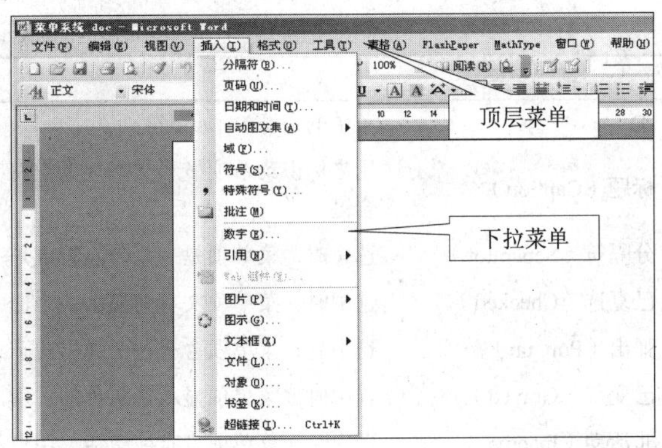

图 4-1　菜单样例

4.1.1 用编辑器设计菜单

创建一个默认的单文档应用程序程序 Ex_SDI，在项目工作区窗口中选择“ResourceView”页面，展开结点，双击资源“Menu”项中的 IDR_MAINFRAME，则菜单编辑器窗口出现在主界面的右边，相应的 Ex_SDI 项目的菜单资源被显示出来。现在，就可以使用菜单编辑器设计菜单了，并还可用 MFC ClassWizard 来处理菜单命令。

1．编辑菜单

（1）在顶层菜单的最后一项，Visual C++自动留出了一个空位置，用来输入新的顶层菜单项。在菜单的空位置上双击鼠标左键，出现菜单项的属性对话框，在标题框中输入“测试（&T）”，结果如图 4-2 所示，其中符号&用来将其后面的字符作为该菜单项的助记符，这样当按住 Alt 键不放，再敲击该助记符键时，对应的菜单项就会被选中，或在菜单打开时，直接按相应的助记符键，对应的菜单项也会被选中。

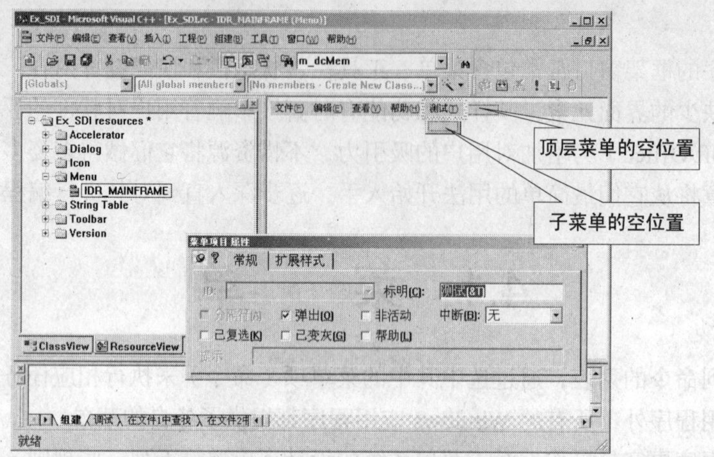

图 4-2　Ex_SDI 菜单资源

需要说明的是，Visual C++将顶层菜单项的默认属性定义为“弹出”（下拉）菜单，即该菜单项有下拉式子菜单。一个含有下拉子菜单的菜单项是不需要相应的 ID 标识符。同时，“弹出”菜单项的属性对话框中，ID、分隔符（Separator）和提示（Prompt）项无效。表 4-1 所示为菜单属性对话框“常规”（General）的各项含义。

表 4–1　　菜单 General 属性对话框的各项含义

项　目	含　义
ID	菜单的资源 ID 标识符
标题（Caption）	用来标识菜单项显示文本。助记符字母的前面须有一个&符号，这个字母与 Alt 键构成组合键
分隔符（Separator）	选中时，菜单项是一个分隔符或是一条水平线
已复选（Checked）	选中时，菜单项文本前显示一个选中标记
弹出（Pop_up）	选中时，菜单项含有一个弹出式子菜单
已变灰（Grayed）	选中时，菜单项显示是灰色的，用户不能选用
非活动（Inactive）	选中时，菜单项没有被激活，用户不能选用
帮助（Help）	选中时，菜单项在程序运行时被放在顶层菜单的最右端
中断（Break，分块）	当为“列”（Column）时，对于顶层菜单上的菜单项来说，被放置在另外一行上，而对于弹出式子菜单的菜单项来说，则被放置在另外一列上；当为“条”（Bar）时，与 Column 相同，只不过对于弹出式子菜单来说，它还在新列与原来的列之间增加一条竖直线；注意这些效果只能在程序运行后才能看到
提示（Prompt）	用来指明光标移至该菜单项时在状态栏上显示的提示信息

（2）单击“测试”菜单项下方的空位置，在菜单项属性对话框中，输入标题“切换菜单（&D）”，在 ID 框输入该菜单项的资源标识符：ID_TEST_CHANGE，结果如图 4-3 所示。

（3）关闭菜单项属性对话框，单击“测试”菜单项并按住鼠标左键不放，移动鼠标，将“测试”菜单项移到“查看”和“帮助”菜单项之间，然后释放鼠标，结果如图 4-4 所示。这样，就将新添加的“测试”菜单项拖放到“查看”和“帮助”菜单项之间了。需要说明的是，菜单项位置改变后，其属性并没改变。

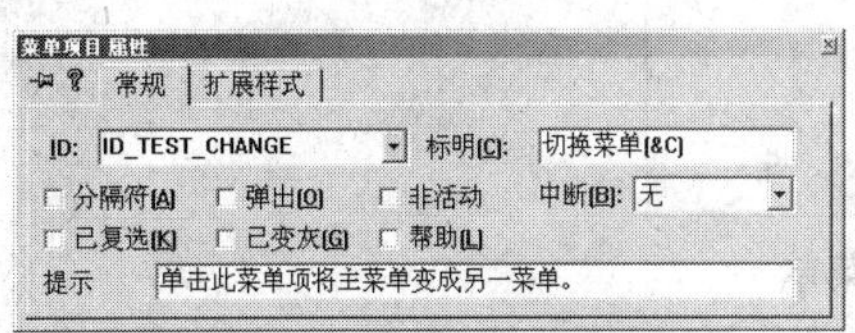

图 4-3　修改菜单项属性

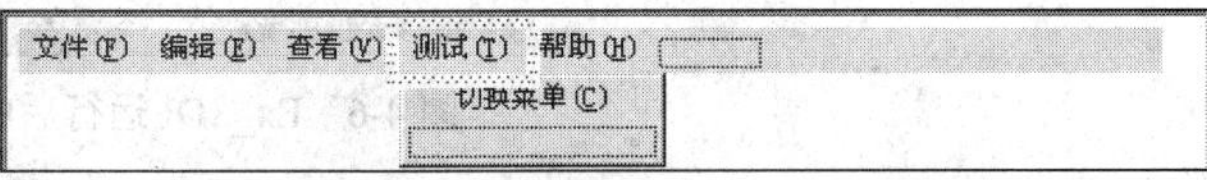

图 4-4　菜单项“测试”拖放后的位置

2. 菜单命令的消息映射

菜单项、工具栏的按钮以及快捷键等用户交互对象都能产生 WM_COMMAND 命令消息。命令消息能够被文档类、应用类、窗口类以及视图类等多种对象接收、处理，且用户可以用 ClassWizard 对命令消息进行映射。例如，上述的“切换菜单”菜单项的命令映射过程如下。

（1）选择“查看”→“建立类向导”菜单命令或按 Ctrl+W 快捷键，则出现“MFC ClassWizard”对话框，并自动切换到“Message Maps”页面。

（2）从“Class name”列表中选择 CMainFrame，在 IDs 列表中选择 ID_TEST_CHANGE，然后在 Messages 框中选择 COMMAND 消息。单击“Add Function”按钮或双击 COMMAND 消息，出现“Add Member Function”对话框以输入成员函数的名称。系统默认的函数名为 OnTestChange，如图 4-5 所示。该函数是对菜单项 ID_TEST_CHANGE 的映射，也就是说，当应用程序运行后，用户选择“测试”→“切换菜单”菜单时，该函数 OnTestChange 被调用，执行函数中的代码。

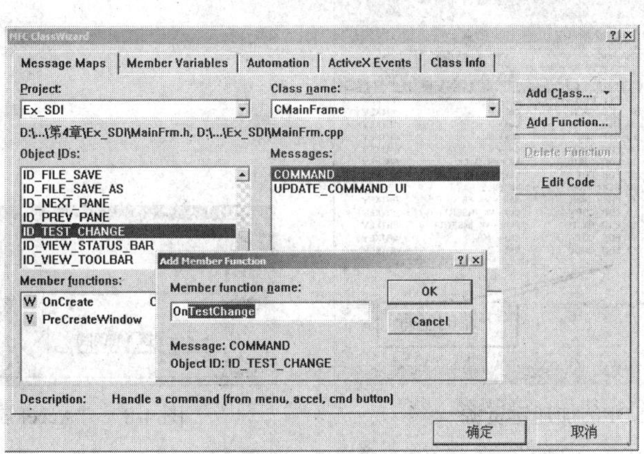

图 4-5　菜单命令消息的映射

（3）单击“OK”按钮，在 ClassWizard 的“Member functions”列表中将列出新增加的成员函数。选择此函数，单击“Edit Code”按钮（或直接在函数名双击鼠标），在此成员函数中添加下列代码：

```
void CMainFrame::OnTestChange()
{
    MessageBox("现在就切换吗？");
}
```

（4）编译运行并测试。在应用程序的顶层菜单上，单击“测试”菜单项，然后将鼠标移动到弹出的子菜单项“切换菜单”上，则结果如图 4-6 所示，此时状态栏上显示该菜单项的提示信息，该信息就是在图 4-3 的菜单项属性对话框“提示”框中设置的内容。单击“切换菜单”，则弹出一个消息对话框，显示内容“现在就切换吗？”。

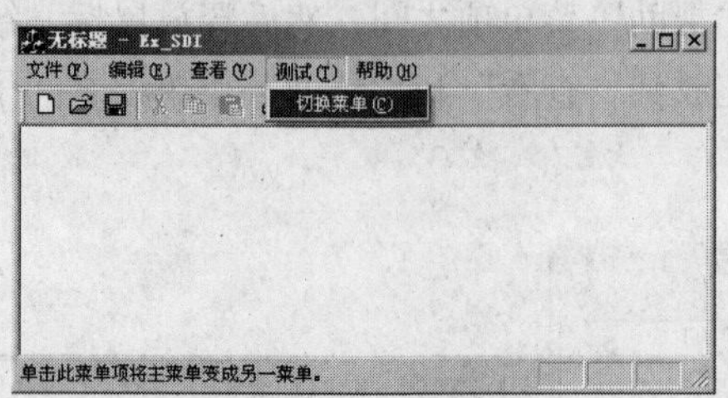

图 4-6　Ex_SDI 运行后的菜单

4.1.2　使用键盘快捷键

通过菜单系统，可以选择几乎所有可用的命令和选项，它保证了菜单命令系统的完整性，但菜单系统也有某些美中不足之处，如操作效率不高等。尤其对于那些反复使用的命令，很有必要进一步提高效率，于是加速键应运而生。

加速键也被称为**键盘快捷键**，一个加速键就是一个按键或几个按键的组合，它用于激活特定的命令。加速键也是一种资源，它的显示、编辑过程和菜单相似。

例如，下面的过程是为前面菜单项 ID_TEST_CHANGE 定义一个键盘快捷键。

（1）在项目工作区窗口的“ResourceView”（资源视图）页面中，展开 Accelerator（加速键）的资源项，双击 IDR_MAINFRAME，在右侧窗口中出现如图 4-7 所示的加速键资源列表。

（2）建立一个新的加速键时，只要双击加速键列表的最下端的空行，将弹出如图 4-8 所示的“Accel 属性”（Accel Properties）对话框，其中可设置的属性如表 4-2 所示。

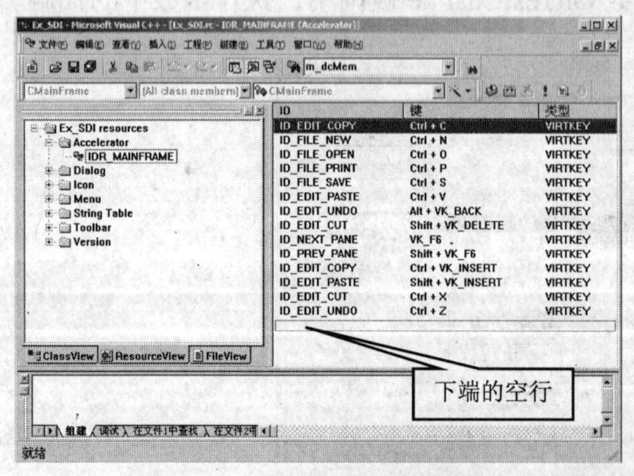

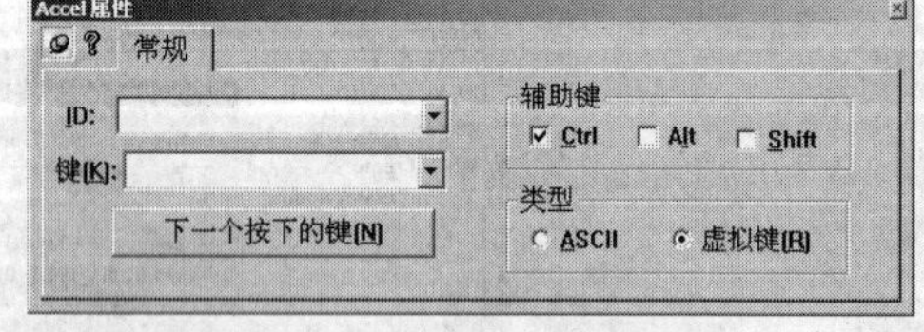

图 4-7　Ex_SDI 的加速键资源　　　　图 4-8　“Accel 属性”对话框

表 4–2　加速键常规（General）属性的各项含义

项　目	含　义
ID	指定资源 ID 号的列表项，为了能和菜单联用，通常选择某菜单项的 ID 号
辅助键（Modifiers）	用来确定 Ctrl、Alt、Shift 键是否是构成加速键的组成部分
类型（Type）	用来确定该加速键的值是虚拟键（VirKey）还是 ASCII 字符键
键（Key）	是指启动加速键的键盘按键
下一键（Next Key Typed）	单击此按钮后，用户操作的任何按键将成为此加速键的键值

（3）在加速键属性对话框中，先选择在 Ex_SDI 应用程序菜单资源添加的“切换菜单”菜单项 ID_TEST_CHANGE 作为要联用的加速键的 ID 标识符，然后单击“下一键”按钮，并按下 Ctrl+1 作为此加速键的键值。

需要说明的是，为了使其他用户能查看并使用该加速键，还需在相应的菜单项文本后面添加加速键内容。例如，可将 ID_TEST_CHANGE 菜单项的标题改成“切换菜单（&C）\tCtrl+1”，其中“\t”是将后面的“Ctrl+1”定位到下一个水平制表位。

（4）编译运行并测试。当程序运行后，按 Ctrl+1 键将执行相应的菜单命令。

4.1.3　更改应用程序菜单

下面在上节单文档应用程序 Ex_SDI 的基础上，为其添加菜单资源并实现应用程序的菜单更改。过程如下。

（1）按快捷键 Ctrl+R，弹出“插入资源”对话框，在资源类型中选定“Menu”，如图 4-9 所示。

（2）单击“新建”按钮，系统就会为应用程序添加一个新的菜单资源，并自动赋给它一个默认的标识符名称（第一次为 IDR_MENU1，以后依次为 IDR_MENU2、IDR_MENU3、…），同时自动打开这个新的菜单资源及相应的菜单编辑器，如图 4-10 所示。

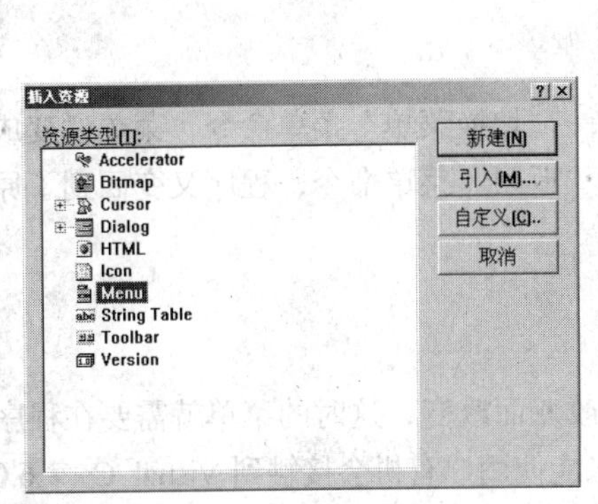

图 4-9　“插入资源”对话框

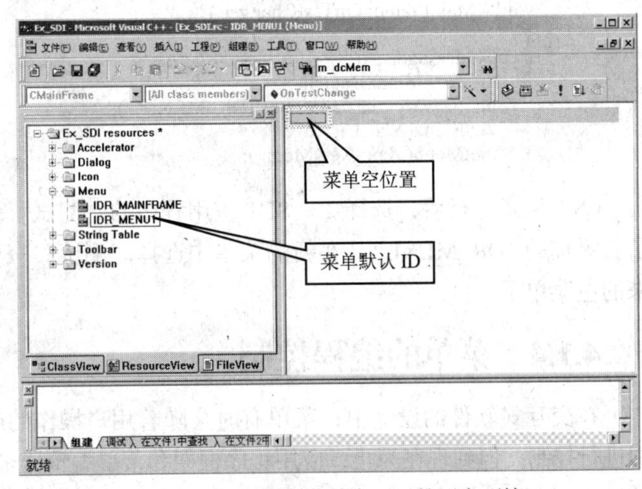

图 4-10　添加菜单资源后的开发环境

（3）在 Menu 资源的 ID_MENU1 上右击鼠标，从弹出的快捷菜单中选择“属性”（Properties）命令，出现如图 4-11 所示的菜单属性对话框，在这里可以重新指定菜单资源 ID，设置菜单资源的语言和条件，这个条件用来决定菜单资源包含到哪个环境中，例如，当指定条件为_DEBUG，则菜单资源只存在于 Debug 编译环境中。

（4）在菜单的空位置上双击鼠标左键，则出现它的属性对话框。通过其属性对话框为菜单 ID_MENU1 添加一个顶层弹出菜单项“测试（&T）”，并在该菜单下添加一个子菜单项“返回（&R）”，ID 设为 ID_TEST_RETURN，如图 4-12 所示。需要再次强调的是，符号&用来指定后面的字符是一个助记符。

图 4-11　菜单属性对话框

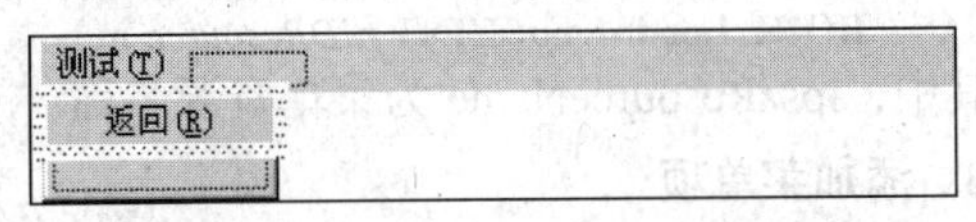

图 4-12　设计新的菜单资源

（5）为 CMainFrame 类添加一个 CMenu 类型的成员变量 m_NewMenu，CMenu 类是用来处理菜单的一个 MFC 类。

（6）按快捷键 Ctrl+W 打开“MFC ClassWizard”对话框，切换到“Message Maps”页面，从“Class name”列表中选择 CMainFrame，为菜单项 ID_TEST_RETURN 添加 COMMAND 消息映射，使用默认的消息映射函数名，并添加下列代码：

```
void CMainFrame::OnTestReturn( )
{
    m_NewMenu.Detach( );                          // 使菜单对象和菜单句柄分离
    m_NewMenu.LoadMenu( IDR_MAINFRAME );
    SetMenu(NULL);                                // 清除应用程序菜单
    SetMenu( &m_NewMenu );                        // 设置应用程序菜单
}
```

代码中，LoadMenu 和 Detach 都是 CMenu 类成员函数，LoadMenu 用来装载菜单资源，而 Detach 是使菜单对象与菜单句柄分离。在调用 LoadMenu 后，菜单对象 m_NewMenu 就拥有一个菜单句柄，当再次调用 LoadMenu 时，由于菜单对象的句柄已经创建，因而会发生运行时错误，但当菜单对象与菜单句柄分离后，就可以再次创建菜单了。SetMenu 是 CWnd 类的一个成员函数，用来设置应用程序的菜单。

（7）修改 CMainFrame::OnTestChange 中的代码：

```
void CMainFrame::OnTestChange( )
{
    // MessageBox("现在就切换吗？");
    m_NewMenu.Detach( );
    m_NewMenu.LoadMenu( IDR_MENU1 );
    SetMenu(NULL);
    SetMenu( &m_NewMenu );
}
```

（8）编译运行后，选择 Ex_SDI 应用程序的“测试”→“切换菜单”菜单命令，菜单栏变成了新添加的 IDR_MENU1，在新的菜单中选择“测试”→“返回”菜单命令，程序又变回到了原来的主菜单了。

4.1.4 菜单的编程控制

在交互式软件的设计中，菜单有时会随着用户操作的改变而改变，这时的菜单就需要在程序中进行控制。但到现在为止，应用程序框架和菜单编辑器未能使用户有机会接触到 Visual C++ 6.0 的 MFC 提供的菜单类 CMenu。CMenu 类可在程序运行时处理有关菜单的操作，如创建菜单、装入菜单、删除菜单项、获取或设置菜单项的状态等。

1. 创建菜单

CMenu 类的 CreateMenu 和 CreatePopupMenu 分别用来创建一个菜单或子菜单框架，它们的原型如下：

```
BOOL CreateMenu();              // 产生一个空菜单
BOOL CreatePopupMenu( );        // 产生一个空的弹出式子菜单
```

2. 装入菜单

将菜单从资源装入应用程序中，需调用 CMenu 成员函数 LoadMenu，或者用 SetMenu 对应用程序菜单进行重新设置。

```
BOOL LoadMenu( LPCTSTR lpszResourceName );
BOOL LoadMenu( UINT nIDResource );
```

其中，lpszResourceName 为菜单资源名称，nIDResource 为菜单资源 ID 标识符。

3. 添加菜单项

当菜单创建后，用户可以调用 AppendMenu 或 InsertMenu 函数来添加一些菜单项。但每次添加时，AppendMenu 是将菜单项添加在菜单的末尾处，而 InsertMenu 在菜单的指定位置处插入菜单项，并将后面的菜单项依次下移。

```
BOOL AppendMenu( UINT nFlags, UINT nIDNewItem = 0,LPCTSTR lpszNewItem = NULL );
BOOL AppendMenu( UINT nFlags, UINT nIDNewItem, const CBitmap* pBmp );
BOOL InsertMenu( UINT nPosition, UINT nFlags, UINT nIDNewItem = 0,
                 LPCTSTR lpszNewItem = NULL );
BOOL InsertMenu( UINT nPosition, UINT nFlags, UINT nIDNewItem, const CBitmap* pBmp );
```

其中，nIDNewItem 表示新菜单项的资源 ID 标识符，lpszNewItem 表示新菜单项的内容，pBmp 用于菜单项的位图指针，nPosition 表示新菜单项要插入的菜单项位置。nFlags 表示要增加的新菜单项的状态信息，它的值影响其他参数的含义，如表 4-3 所示。

表 4-3　　nFlags 的值及其对其他参数的影响

nFlags 值	含　义	nPosition 值	nIDNewItem 值	lpszNewItem 值
MF_BYCOMMAND	菜单项以 ID 标识符来标识	菜单项资源 ID		
MF_BYPOSITION	菜单项以位置来标识	菜单项的位置		
MF_POPUP	菜单项有弹出式子菜单		弹出式菜单句柄	
MF_SEPARATOR	分隔线		忽略	忽略
MF_OWNERDRAW	自画菜单项			自画所需的数据
MF_STRING	字符串标志			字符串指针
MF_CHECKED	设置菜单项的选中标记			
MF_UNCHECKED	取消菜单项的选中标记			
MF_DISABLED	禁用菜单项			
MF_ENABLED	允许使用菜单项			
MF_GRAYED	菜单项灰显			

- 当 nFlags 为 MF_BYPOSITION 时，nPosition 表示新菜单项要插入的具体位置，其值为 0 时，表示第一个菜单项，为-1 时，表示将菜单项添加菜单的末尾处。
- nFlags 的标志中，可以用“|”（按位或）来组合，例如，MF_CHECKED|MF_STRING 等。但有些组合是不允许的，例如，MF_DISABLED、MF_ENABLED 和 MF_GRAYED，MF_STRING、MF_OWNERDRAW、MF_SEPARATOR 和位图，MF_CHECKED 和 MF_UNCHECKED 都不能组合在一起。
- 当菜单项增加、改变或删除后，不管菜单依附的窗口是否改变，都应调用 CWnd::DrawMenuBar 来更新菜单。

4. 删除菜单项

调用 DeleteMenu 函数可将指定的菜单项删除，函数 DeleteMenu 的原型如下：

```
BOOL DeleteMenu( UINT nPosition, UINT nFlags );
```

其中，参数 nPosition 表示要删除的菜单项位置，它由 nFlags 进行说明。若当 nFlags 为 MF_BYCOMMAND 时，nPosition 表示菜单项的 ID 标识符，而当 nFlags 为 MF_BYPOSITION 时，nPosition 表示菜单项的位置（第一个菜单项位置为 0）。

5. 获取菜单项

下面的 3 个 CMenu 成员函数分别获得菜单的项数、菜单项的 ID 标识符以及弹出式子菜单的句柄。

```
UINT GetMenuItemCount( ) const;
```

该函数用来获得菜单的菜单项数，调用失败后返回值为-1。

UINT GetMenuItemID(int *nPos*) const;

该函数用来获得由 nPos 指定菜单项位置（以 0 为基数）的菜单项的标识号，若 nPos 是 SEPARATOR（分隔符），则返回−1。

CMenu* GetSubMenu(int *nPos*) const;

该函数用来获得指定菜单的弹出式菜单的菜单句柄。该弹出式菜单位置由参数 nPos 指定，开始的位置为 0。若菜单不存在，则创建一个临时的菜单指针。

例 Ex_Menu　用程序添加并处理一个菜单项。

下面的示例过程是利用 CMenu 成员函数向应用程序菜单中添加并处理一个菜单项。

（1）创建一个默认的单文档应用程序 Ex_Menu。

（2）选择"查看"→"资源符号"（Resource Symbols）命令，弹出如图 4-13 所示的"资源符号"对话框，它能对应用程序中的资源标识符进行管理。

菜单项的资源值最好用资源标识符来表示。使用程序来添加一个菜单项时，为了能使框架使用到这个菜单项，常用此对话框来添加一个新标识符。

（3）单击"新建"按钮，弹出如图 4-14 所示的"新建符号"（New Symbol）对话框。在"名称"（Name）框中输入一个新的标识符 ID_NEW_MENUITEM。在"值"（Value）框中，输入该 ID 的值，系统要求用户定义的 ID 值应大于 15（0X000F）而小于 61440（0XF000）。保留默认的 ID 值 101，单击"确定"按钮，关闭"资源符号"对话框。

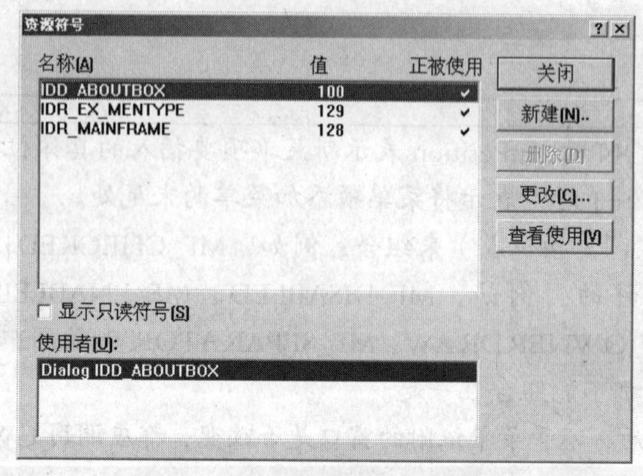

图 4-13　"资源符号"对话框

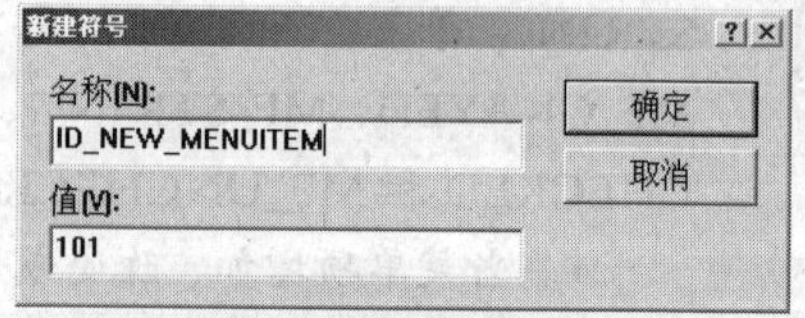

图 4-14　新标识符对话框

（4）在 CMainFrame::OnCreate 函数中添加下列代码，该函数在框架窗口创建时自动调用。

```
int CMainFrame::OnCreate(LPCREATESTRUCT lpCreateStruct)
{
    ...
    CMenu* pSysMenu = GetMenu( );                        // 获得程序菜单指针
    CMenu* pSubMenu = pSysMenu->GetSubMenu(1);           // 获得第二个子菜单的指针
    CString strMenuItem("新的菜单项");
    pSubMenu->AppendMenu(MF_SEPARATOR);                  // 增加一水平分隔线
    pSubMenu->AppendMenu(MF_STRING,ID_NEW_MENUITEM, strMenuItem);
                                                         // 在子菜单中增加一菜单项
    m_bAutoMenuEnable = FALSE;
    // 关闭自动更新菜单状态，这样避免添加的菜单项是禁用的
    pSysMenu->EnableMenuItem(ID_NEW_MENUITEM,MF_BYCOMMAND|MF_ENABLED);
                                                         // 激活菜单项
    DrawMenuBar( );                                      // 更新菜单
    return 0;
}
```

（5）此时编译运行后，结果如图 4-15 所示。但此时选择“新的菜单项”命令不会有反应。

（6）用 MFC ClassWizard 在 CMainFrame 添加 OnCommand 消息函数的重载，并添加下列代码：

```
BOOL CMainFrame::OnCommand(WPARAM wParam,
LPARAM lParam)
{
    // wParam 的低字节表示菜单、控件、加速键的命令 ID
    if (LOWORD(wParam) == ID_NEW_MENUITEM)
        MessageBox("你选中了新的菜单项");
    return CFrameWnd::OnCommand(wParam, lParam);
}
```

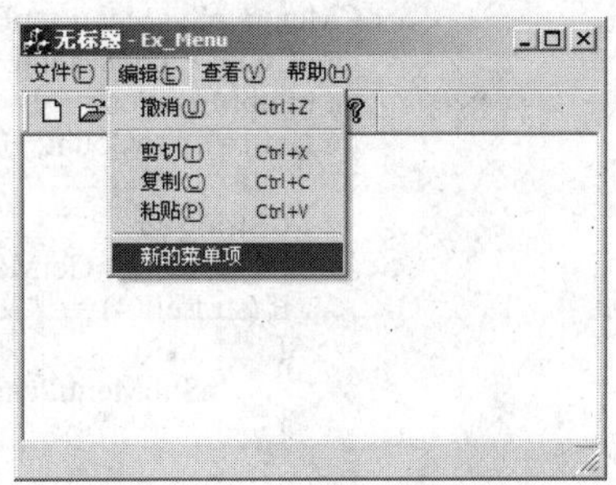

图 4-15　程序添加的菜单项

（7）编译运行并测试。这时当选择菜单“编辑”→“新的菜单项”命令后，就会弹出一个对话框，显示“你选中了新的菜单项”消息。

4.1.5　使用快捷菜单

快捷菜单是一种浮动的弹出式菜单，它是一种较新的用户界面设计风格。当用户按下鼠标右键时，就会相应地弹出一个浮动菜单，提供几个与当前选择内容相关的菜单选项。

使用资源编辑器和 MFC 库的 CMenu::TrackPopupMenu 函数可以很容易地创建这样的菜单，CMenu::TrackPopupMenu 函数原型如下：

BOOL TrackPopupMenu(UINT *nFlags*, **int** *x*, **int** *y*, **CWnd*** *pWnd*, **LPCRECT** *lpRect* **= NULL);**

该函数用来显示一个浮动的弹出式菜单，其位置由各参数决定。其中，nFlags 表示菜单在屏幕显示的位置以及鼠标按钮标志，如表 4-4 所示。*x* 和 *y* 表示菜单的水平坐标和菜单的顶端的垂直坐标。pWnd 表示弹出菜单的窗口，此窗口将收到菜单全部的 WM_COMMAND 消息。lpRect 是一个 RECT 结构或 CRect 类指针，它表示一个矩形区域，用户单击这个区域时，弹出菜单不消失。而当 lpRect 为 NULL 时，若用户单击在菜单外面时，菜单立刻消失。

表 4-4　　nFlags 的值及其对其他参数的影响

nFlags 值	含　义
TPM_CENTERALIGN	屏幕位置标志，表示菜单的水平中心位置由 *x* 坐标确定
TPM_LEFTALIGN	屏幕位置标志，表示菜单的左边位置由 *x* 坐标确定
TPM_RIGHTALIGN	屏幕位置标志，表示菜单的右边位置由 *x* 坐标确定
TPM_LEFTBUTTON	鼠标按钮标志，表示当用户单击鼠标左键时弹出菜单
TPM_RIGHTBUTTON	鼠标按钮标志，表示用户单击鼠标右键时弹出菜单

下面来看一个示例，由于右击鼠标时会向系统发送 WM_CONTEXTMENU 通知消息，因此通过该通知消息，并在映射函数中添加快捷菜单的相关代码。

 例 Ex_ContextMenu　使用快捷菜单。

（1）创建一个默认的单文档应用程序 Ex_ContextMenu。

（2）用 MFC ClassWizard 在 CEx_ContextMenuView 类中添加 WM_CONTEXTMENU 消息映射，并在映射函数中添加下列代码：

```
void CEx_ContextMenuView::OnContextMenu(CWnd* pWnd, CPoint point)
{
    CMainFrame* pFrame=(CMainFrame*)AfxGetApp( )->m_pMainWnd; // 获得主窗口指针
```

```
    CMenu* pSysMenu = pFrame->GetMenu( );                 // 获得程序窗口菜单指针
    int nCount = pSysMenu->GetMenuItemCount( );           // 获得顶层菜单个数
    int nSubMenuPos = -1;
    for (int i=0; i<nCount; i++)
    {                                                     // 查找“文件”菜单
        CString str;
        pSysMenu->GetMenuString(i, str, MF_BYPOSITION);
        if (str.Left(4) == "文件")
        {
            nSubMenuPos = i;          break;
        }
    }
    if (nSubMenuPos<0) return;                            // 没有找到，返回
    pSysMenu->GetSubMenu( nSubMenuPos)
        ->TrackPopupMenu(TPM_LEFTALIGN|TPM_RIGHTBUTTON, point.x, point.y, this);
}
```

由于菜单、工具栏、状态栏是由主框架类 CMainFrame 来控制的，虽在视图类可以添加快捷菜单消息映射，但若要在视图类中访问应用程序的主框架窗口的系统菜单，则必须通过 AfxGetApp 来获取主框架类对象指针后才能获取相应的菜单。AfxGetApp 是 CWinApp 类的一个成员函数，该函数可在应用程序项目中的任何类中使用，用来获取应用程序中的 CWinApp 类对象指针。

（3）在 Ex_ContextMenuView.cpp 文件的前面添加 CMainFrame 类的文件，代码如下：

```
#include "Ex_ContextMenuView.h"
#include "MainFrm.h"
```

（4）运行并测试。当用户在应用程序窗口的客户区中右击鼠标，会弹出如图 4-16 所示的快捷菜单。

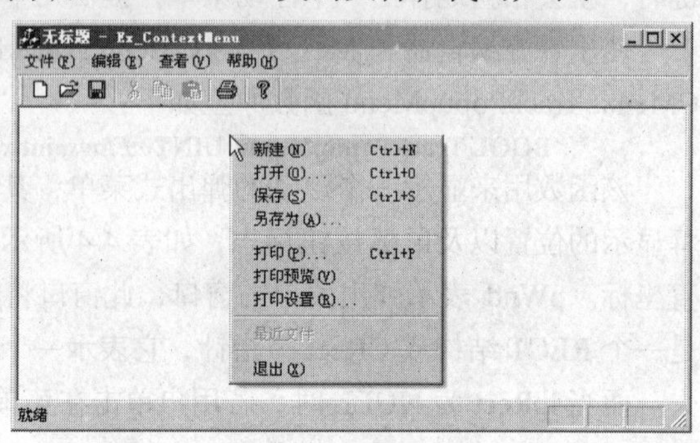

图 4-16　快捷菜单

需要说明的是，当在应用程序窗口的工具栏、菜单栏和状态栏等非客户区右击鼠标时，快捷菜单是不会弹出的，这是因为视图类控制的窗口区域是客户区，客户区外是由主框架窗口类控制。若上述 WM_CONTEXTMENU 消息映射及其映射代码是添加在 CMainFrame 类中时，则无论在什么区域右击鼠标都会弹出快捷菜单。

4.2　工　具　栏

工具栏是一系列工具按钮的组合，借助它们可以提高用户的工作效率。Visual C++ 6.0 系统保存了每个工具栏相应的位图，其中包括所有按钮的图像，而所有的按钮图像具有相同的尺寸（15 像素高，16 像素宽），它们在位图中的排列次序与屏幕上按钮在工具栏上的次序相同。

4.2.1　使用工具栏编辑器

选择菜单“文件”→“打开工作空间（区）”，将前面的单文档应用程序 Ex_SDI 调入。在项目工作区窗口中选择“ResourceView”页面，双击“Toolbar”项中的 IDR_MAINFRAME，则在主界面的右边出现工具栏编辑器，如图 4-17 所示。

现在可以用它对工具栏进行操作了。默认情况下，工具栏在最初创建时，其右端有一个空按钮，在进行编辑之前，该按钮可以移动到工具栏中其他位置。当创建一个新的按钮后，在工具栏右端又会自动出现一个新的空按钮（有时，新的空按钮会紧挨着刚创建的按钮出现）。当保存此

工具栏资源时，空按钮不会被保存。下面就工具栏按钮的一般操作进行说明。

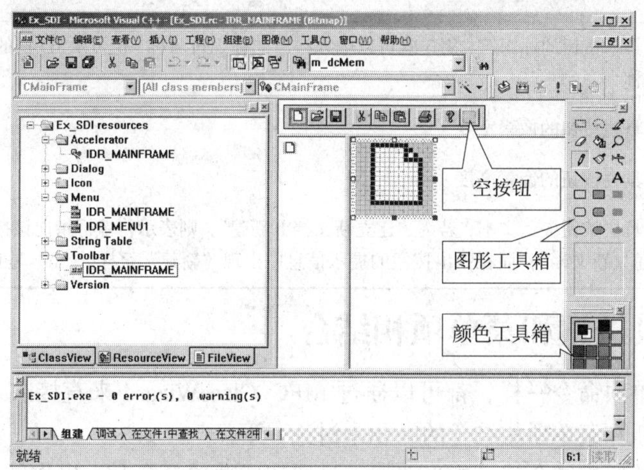

图 4-17　工具栏编辑器窗口

1. 创建一个新的工具栏按钮

在新建的工具栏中，最右端总有一个空按钮，双击该按钮弹出其属性对话框，在 ID 框中输入其标识符名称，则在其右端又出现一个新的空按钮。单击该按钮，在资源编辑器的工具按钮设计窗口内进行编辑，这个编辑就是绘制一个工具按钮的位图，它同一般图形编辑器操作相同（如 Windows 系统中的“画图”附件）。

2. 移动一个按钮

在工具栏中移动一个按钮，用鼠标左键点中它并拖动至相应位置即可。若拖动它离开工具栏位置，则此按钮从工具栏中消失。若在移动一个按钮的同时，按下 Ctrl 键，则在新位置复制一个按钮，新位置可以是同一个工具栏中的其他位置，也可以在不同的工具栏中。

3. 删除一个按钮

前面已提到过，将选中的按钮拖离工具栏，则该按钮就消失了。但若选中按钮后，按 Delete 键并不能删除一个按钮，只是将按钮中的图形全部以背景色填充。

4. 在工具栏中插入空格

在工具栏中插入空格有以下几种情况。

- 如果按钮前没有任何空格，拖动该按钮向右移动并当覆盖相邻按钮的一半以上时，释放鼠标键，则此按钮前出现空格。
- 如果按钮前有空格而按钮后没有空格，拖动该按钮向左移动并当按钮的左边界接触到前面按钮时，释放鼠标键，则此按钮后将出现空格。
- 如果按钮前后均有空格，拖动该按钮向右移动并当接触到相邻按钮时，则此按钮前的空格保留，按钮后的空格消失。相反，拖动该按钮向左移动并当接触到前一个相邻按钮时，则此按钮前面的空格消失，后面的空格保留。

5. 工具栏按钮属性的设置

双击某按钮弹出其属性对话框，如图 4-18 所示。属性对话框中的各项说明如表 4-5 所示。

图 4-18　“工具栏按钮 属性”对话框

表 4-5　“工具栏按钮 属性”对话框的各项含义

项　目	含　义
ID	工具栏按钮的标识符，用户既可以输入自己的标识符名称，也可从 ID 框的下拉列表中选取标识符名称
宽度（Width）	工具栏按钮的像素宽度
高度（Height）	工具栏按钮的像素高度
提示（Prompt）	工具栏按钮提示文本；若为“建立新文档\n 新建”，则表示将鼠标指向该按钮时，在状态栏中显示“建立新文档”，而在弹出按钮的提示信息中出现“新建”字样。“\n”是它们的分隔转义符

4.2.2　工具按钮和菜单项相结合

由于按钮与菜单项命令一样，都可以通过 MFC ClassWizard 来直接映射，因此这里不再重复。这里就工具按钮和菜单项相结合的问题来讨论一下。

工具按钮和菜单项相结合就是指当选择工具按钮或菜单命令时，操作结果是一样的。实现的具体方法是在工具按钮的属性对话框中将按钮的 ID 号设置为相关联的菜单项 ID。例如，下面的示例过程。

例 Ex_TM　工具按钮和菜单项相结合。

（1）创建一个默认的单文档应用程序 Ex_TM。

（2）在项目工作区窗口中选择“ResourceView”页面，展开结点，双击资源“Menu”项中的 IDR_MAINFRAME，利用菜单编辑器在“编辑”菜单的子菜单最后添加一个水平分隔符和一个“测试（&T）”菜单项（ID_EDIT_TEST）。

为以后叙述方便，凡**“XXXX”**菜单项（**ID_YY_YY**）表示的菜单项是通过该菜单项属性对话框来设置的，且标题为 XXXX，ID 号为 ID_YY_YY。本书作此约定！

（3）双击资源“Toolbar”项中的 IDR_MAINFRAME，打开工具栏资源编辑器，为其添加并设计一个按钮，其位置和内容如图 4-19 所示。

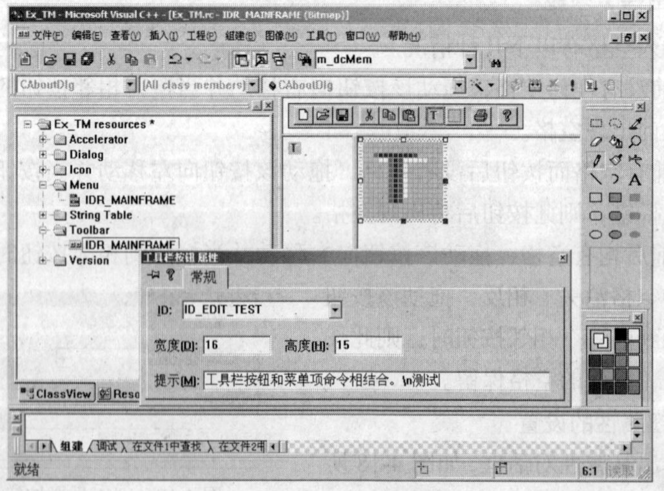

图 4-19　设计的工具栏按钮

（4）双击刚才设计的第一个工具按钮，弹出该工具按钮的属性对话框，将该工具按钮的 ID 号设为 ID_EDIT_TEST，在提示框内键入“工具栏按钮和菜单项命令相结合。\n 测试”。

（5）编译运行并测试。当程序运行后，将鼠标移至刚才设计的工具按钮处，这时在状态栏上显示出“工具栏按钮和菜单项命令相结合。”信息，若稍等片刻后，还会弹出提示小窗口，显示出“测试”字样。但此时的“测试”按钮和“测试”菜单项都是灰显，暂时无法操作它，这是因为程序中还没有任何与 ID_EDIT_TEST 命令相映射的消息处理函数。

（6）用 MFC ClassWizard 在 CMainFrame 添加 ID_EDIT_TEST 的 COMMAND 消息映射，保留默认的消息处理函数名，添加下列代码：

```
void CMainFrame::OnEditTest( )
{
    MessageBox("测试命令已执行！");
}
```

（7）再次编译运行并测试。

4.2.3　多个工具栏的使用

在用 MFC AppWizard 创建的文档应用程序中往往只有一个工具栏，但在实际应用中，常常需要多个工具栏。这里以一个实例的形式来讨论多个工具栏的创建、显示和隐藏等操作。

例 Ex_MultiBar　多个工具栏的使用。

（1）创建一个默认的单文档应用程序 Ex_MultiBar。

（2）将项目工作区切换到“ResourceView”页面，展开“Toolbar”（工具栏）资源，用鼠标单击 IDR_MAINFRAME 不松开，然后按下 Ctrl 键，移动鼠标将 IDR_MAINFRAME 拖到 Toolbar 资源名称上，这样就复制了工具栏默认资源 IDR_MAINFRAME，复制后的资源标识系统自动设为 IDR_MAINFRAME1。

（3）右击工具栏资源 IDR_MAINFRAME1，从弹出的快捷菜单中选择 Properties 命令，如图 4-20 所示，将 ID 设为 IDR_TOOLBAR1。

图 4-20　“工具栏属性”对话框

（4）双击 IDR_TOOLBAR1，打开工具栏资源，删除几个“编辑”相关的工具按钮（目的是让 IDR_TOOLBAR1 工具栏与 IDR_MAINFRAME 有明显区别）。

（5）在 CMainFrame 类中添加一个成员变量 m_wndTestBar，变量类型为 CToolBar（CToolBar 类封装了工具栏的操作）。

```
protected:  // control bar embedded members
    CStatusBar   m_wndStatusBar;
    CToolBar     m_wndToolBar;
    CToolBar     m_wndTestBar;
```

（6）在 CMainFrame::OnCreate 函数中添加下面的工具栏创建代码：

```
int CMainFrame::OnCreate(LPCREATESTRUCT lpCreateStruct)
{
    if (CFrameWnd::OnCreate(lpCreateStruct) == -1)     return -1;
    int nRes = m_wndTestBar.CreateEx(this, TBSTYLE_FLAT,
        WS_CHILD | WS_VISIBLE | CBRS_TOP | CBRS_GRIPPER |
        CBRS_TOOLTIPS | CBRS_FLYBY | CBRS_SIZE_DYNAMIC,
        CRect(0,0,0,0),      AFX_IDW_TOOLBAR + 10);
    if (!nRes || !m_wndTestBar.LoadToolBar(IDR_TOOLBAR1))
    {
        TRACE0("Failed to create toolbar\n");
```

```
            return -1;                          // fail to create
        }
        …
        m_wndToolBar.EnableDocking(CBRS_ALIGN_ANY);
        m_wndTestBar.EnableDocking(CBRS_ALIGN_ANY);
        EnableDocking(CBRS_ALIGN_ANY);
        DockControlBar(&m_wndToolBar);
        DockControlBar(&m_wndTestBar);
        …
        return 0;
    }
```

分析和说明

- 代码中，CreateEx 是 CToolBar 类的成员函数，用来创建一个工具栏对象。该函数的第 1 个参数是用来指定工具栏所在的父窗口指针，this 表示当前的 CMainFrame 类窗口指针。第 2 个参数用来指定工具按钮的风格，当为 TBSTYLE_FLAT 时表示工具按钮是“平面”的。第 3 个参数用来指定工具栏的风格。由于这里的工具栏是 CMainFrame 的子窗口，因此需要指定 WS_CHILD | WS_VISIBLE。CBRS_TOP 表示工具栏放置在父窗口的顶部，CBRS_GRIPPER 表示工具栏前面有一个“把手”，CBRS_TOOLTIPS 表示允许有工具提示，CBRS_FLYBY 表示在状态栏显示工具提示文本，CBRS_SIZE_DYNAMIC 表示工具栏在浮动时，其大小是可以动态改变的。第 4 个参数是用来指定工具栏四周的边框大小，一般都为 0。最后一个参数是用来指定工具栏这个子窗口的标识 ID（与工具栏资源标识不同）。
- if 语句中的 LoadToolBar 函数是用来装载工具栏资源。若 CreateEx 或 LoadToolBar 的返回值为 0，即调用不成功，则显示诊断信息“Failed to create toolbar”。TRACE0 是一个用于程序调试的跟踪宏。OnCreate 函数返回-1 时，主框架窗口被清除。
- 应用程序中的工具栏一般具有停靠或浮动特性，m_wndTestBar.EnableDocking 使得 m_wndTestBar 对象可以停靠，CBRS_ALIGN_ANY 表示可以停靠在窗口的任意一边。EnableDocking（CBRS_ALIGN_ANY）调用的是 CFrameWnd 类的成员函数，用来让工具栏或其他控制条在主框架窗口可以进行停靠操作。DockControlBar 也是 CFrameWnd 类的成员函数，用来将指定的工具栏或其他控制条进行停靠。
- AFX_IDW_TOOLBAR 是系统内部的工具栏子窗口标识，并将 AFX_IDW_TOOLBAR+1 的值表示默认的状态栏子窗口标识。如果在创建新的工具栏时没有指定相应的子窗口标识，则会使用默认的 AFX_IDW_TOOLBAR。这样，当打开“查看”菜单时，单击“工具栏”菜单时，显示或隐藏的工具栏不是原来的工具栏而是新添加的工具栏。因此，需要重新指定工具栏子窗口的标识，并使其值等于 AFX_IDW_TOOLBAR + 10。

图 4-21　多个工具栏第一次运行的结果

（7）编译运行，结果如图 4-21 所示。

（8）事实上多个工具栏的程序重点不是在于工具栏的显示，而是如何控制其显示。CFrameWnd::ShowControlBar 函数就是起到这样的作用，有三个参数，第一个参数用来指定要操作的工具栏或状态栏指针，第二个参数是一个布尔型，其值为 TRUE 时表示显示，否则表示隐藏，第三个参数用来表示是否延迟显示或隐藏，其值为 FALSE 时表示立即显示或隐藏。

（9）打开菜单资源 IDR_MAINFRAME，在“查看”菜单下添加一个“新的工具栏（&N）”

菜单命令（ID_VIEW_NEWBAR）。

（10）用 MFC ClassWizard 在 CmainFrame 中添加 ID_VIEW_NEWBAR 的 COMMAND 消息映射，保留默认的消息处理函数名，添加下列代码：

```
void CMainFrame::OnViewNewbar( )
{
    int bShow = m_wndTestBar.IsWindowVisible( );
    ShowControlBar( &m_wndTestBar, !bShow, FALSE);
}
```

代码中，IsWindowVisible 函数用来判断窗口（对象）是否可见。若为可见，则下句的 ShowControlBar 函数调用就使其隐藏，反之就显示。

（11）编译运行并测试。

事实上，当 ID_VIEW_NEWBAR 工具栏显示时，还应使菜单“新的工具栏（&N）”文本前面能有一个显示✔，此时需跟踪交互对象的更新消息方可实现，后面会讨论这个问题。

4.3　状　态　栏

应用程序往往需要把当前的状态信息或提示信息告诉用户，虽然其他窗口（如窗口的标题栏上、提示窗口等）也可显示文本，但它们的功能比较有限，而状态栏可以很好地满足应用程序显示信息的需求。

状态栏是一条水平长条，位于应用程序的主窗口的底部。它可以分割成几个窗格，用来显示多组信息。

4.3.1　状态栏的定义

用 MFC AppWizard（.exe）创建的 SDI 或 MDI 应用程序框架中，有一个静态的 indicator 数组，它是在 MainFrm.cpp 文件中指定的，被 MFC 用作状态栏的定义。

这个数组中的元素是一些标识常量或是字符串资源的 ID 号。默认的 indicator 数组包含了四个元素，它们是 ID_SEPARATOR、ID_INDICATOR_CAPS、ID_INDICATOR_NUM 和 ID_INDICATOR_SCRL；其中 ID_SEPARATOR 是用来标识信息行窗格的，菜单项或工具按钮的许多信息都在这个信息行窗格中显示，而其余三个元素是用来标识指示器窗格，分别显示出 CapsLock、NumLock 和 ScrollLock 这三个键的状态。图 4-22 所示为 indicators 数组元素与标准状态栏窗格的关系。

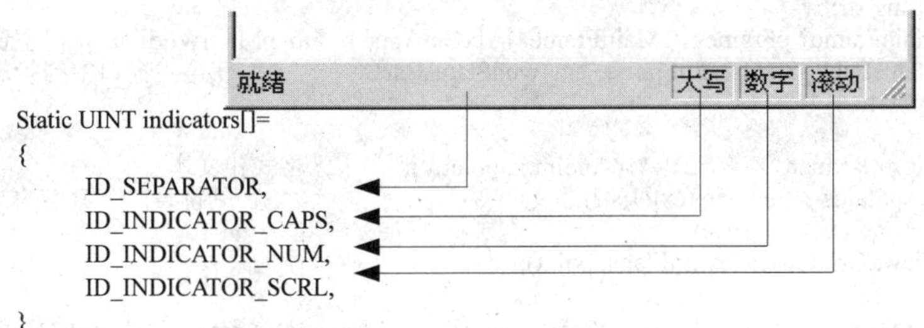

图 4-22　indicators 数组的定义

4.3.2　状态栏的常用操作

Visual C++ 6.0 中可以方便地对状态栏进行操作，如增减窗格、在状态栏中显示文本、改变状态栏的风格和大小等，并且 MFC 的 CStatusBar 类封装了状态栏的大部分操作。

1. 增加和减少窗格

状态栏中的窗格可以分为信息行窗格和指示器窗格两类。若在状态栏中增加一个信息行窗格，则只需在 indicators 数组中的适当位置中增加一个 ID_SEPARATOR 标识即可；若在状态栏中增加一个用户指示器窗格，则在 indicators 数组中的适当位置增加一个在字符串表中定义过的资源 ID，其字符串的长度表示用户指示器窗格的大小。若状态栏减少一个窗格，其操作与增加相类似，只需减少 indicators 数组元素即可。

2. 在状态栏上显示文本

调用 CStatusBar::SetPaneText 函数可以更新任何窗格（包括信息行窗格）中的文本，其函数原型描述如下：

BOOL SetPaneText(int *nIndex*, **LPCTSTR** *lpszNewText*, **BOOL** *bUpdate* = **TRUE);**

其中，lpszNewText 表示要显示的字符串。nIndex 表示设置的窗格索引（第一个窗格的索引为 0）。若 bUpdate 为 TRUE，则系统自动更新显示的结果。

3. 示例

本示例用来将鼠标在窗口客户区的位置显示在状态栏上。

例 Ex_SDIMouse　在状态栏上显示鼠标位置。

（1）创建一个默认的单文档应用程序 Ex_SDIMouse。

（2）将项目工作区切换到“ClassView”页面，展开 CMainFrame 所有项，双击构造函数 CMainFrame，在文档窗口中出现该函数的定义，在它的前面就是状态栏数组的定义。

（3）将状态栏 indicators 数组的定义改为以下代码形式：

```
static UINT indicators[] =
{
    ID_SEPARATOR,
    ID_SEPARATOR,
};
```

（4）由于鼠标移动消息 WM_MOUSEMOVE 在 CMainFrame 类映射后不起作用，因此只能映射到 CEx_SDIMouseView 类中。但是，这样一来，就需要更多的代码，因为状态栏对象 m_wndStatusBar 是在 CMainFrame 类定义的成员变量，因而需要在 CEx_SDIMouseView 类中添加访问 CMainFrame 类的代码。CEx_SDIMouseView::OnMouseMove 函数代码如下：

```
void CEx_SDIMouseView::OnMouseMove(UINT nFlags, CPoint point)
{
    CString str;
    CMainFrame* pFrame=(CMainFrame*)AfxGetApp( )->m_pMainWnd; // 获得主窗口指针
    CStatusBar* pStatus=&pFrame->m_wndStatusBar;          // 获得主窗口中的状态栏指针
    if (pStatus)
    {
        str.Format("X=%d, Y=%d",point.x, point.y);       // 格式化文本
        pStatus->SetPaneText(1,str);                      // 更新第二个窗格的文本
    }
    CView::OnMouseMove(nFlags, point);
}
```

代码中，AfxGetApp 是 CWinApp 类的一个成员函数，该函数可在应用程序项目中的任何类中使用，用来获取应用程序中的 CWinApp 类对象指针。

（5）将 MainFrm.h 文件中的受保护变量 m_ wndStatusBar 变成公共变量。

（6）在 Ex_SDIMouseView.cpp 文件的开始处增加以下语句：

```
#include "Ex_SDIMouseView.h"
```

```
#include "MainFrm.h"
```

（7）编译并运行，结果如图 4-23 所示。

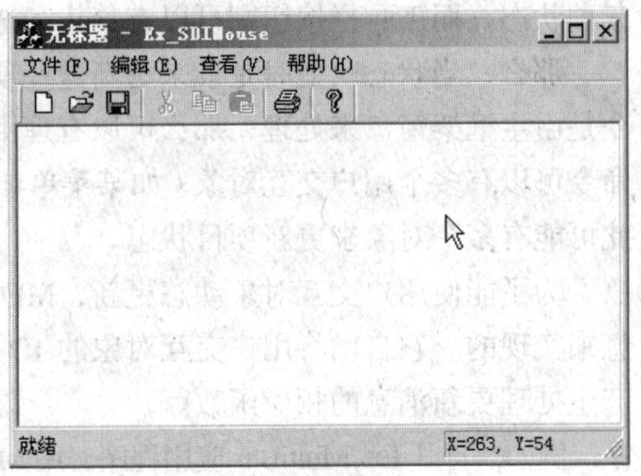

图 4-23　鼠标的位置显示在状态栏上

4.3.3　改变状态栏的风格

在 MFC 的 CStatusBar 类中，有两个成员函数可以改变状态栏风格，如下：

void SetPaneInfo(int *nIndex*, UINT *nID*, UINT *nStyle*, int *cxWidth*);

void SetPaneStyle(int *nIndex*, UINT *nStyle*);

其中，参数 nIndex 表示要设置的状态栏窗格的索引，nID 用来为状态栏窗格指定新的 ID，cxWidth 表示窗格的像素宽度，nStyle 表示窗格的风格类型，用来指定窗格的外观，例如，SBPS_POPOUT 表示窗格是凸起来的，具体如表 4-6 所示。

表 4-6　状态栏窗格的风格类型

风格类型	含义
SBPS_NOBORDERS	窗格周围没有 3D 边框
SBPS_POPOUT	反显边界以使文字“凸出来”
SBPS_DISABLED	禁用窗格，不显示文本
SBPS_STRETCH	拉伸窗格，并填充窗格不用的空白空间。但状态栏只能有一个窗格具有这种风格
SBPS_NORMAL	普通风格，它没有“拉伸”，“3D 边框”或“凸出来”等特性

例如，在前面的示例中，将 OnMouseMove 函数修改为以下代码形式，则结果如图 4-24 所示。

```
Void CEx_SDIMouseView::OnMouseMove(UINT nFlags, CPoint point)
{
    CString str;
    CMainFrame* pFrame=(CMainFrame*)AfxGetApp() -> m_pMainWnd;  // 获得主窗口指针
    CStatusBar* pStatus=&pFrame->m_wndStatusBar;
        // 获得主窗口中的状态栏指针
    if (pStatus)
    {
        pStatus->SetPaneStyle(1, SBPS_POPOUT);
        str.Format("X=%d, Y=%d",point.x, point.y);
        // 格式化文本
        pStatus->SetPaneText(1,str);
        // 更新第二个窗格的文本
    }
    CView::OnMouseMove(nFlags, point);
}
```

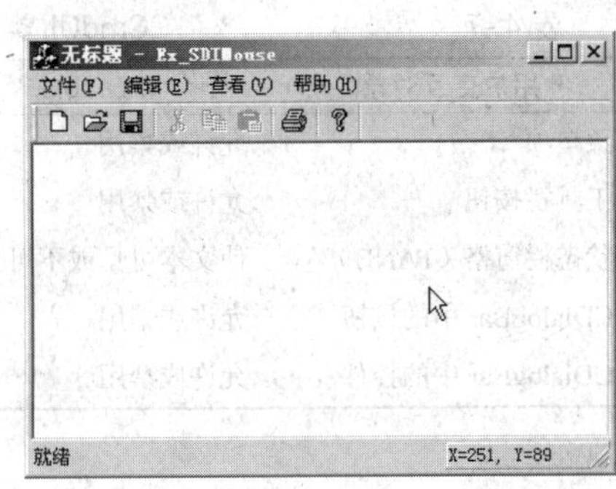

图 4-24　设置状态栏的风格

4.4　交互对象的动态更新

用户交互对象是指可由用户的操作而产生命令消息的对象，如菜单项、工具栏中的工具按钮和加速键等。每个用户交互对象都有一个唯一的 ID 标识符，在发送消息时，该 ID 标识符被包含在 WM_COMMAND 消息中。

注意，菜单项和工具栏按钮都有一种或几种状态。例如，菜单项可以有灰显、选中和未选中三种状态。而工具栏按钮则可以有禁止和选中状态等。

那么，当状态改变时是谁来更新这些项目的状态呢？从逻辑上来说，如果某菜单项产生的命令是由主框架窗口来处理，那么可以有理由说是由主框架窗口来更新该菜单项。但事实上，一个命令可以有多个用户交互对象（如某菜单项和相应的工具栏按钮），且它们有相似的处理函数，因此可能有多个对象来更新项目状态。

为了能使用户交互对象动态更新，MFC 是通过 ClassWizard 直接映射交互对象的更新命令消息来实现的。它自动将用户交互对象的 ID 标识符与 ON_UPDATE_COMMAND_UI 宏相连接并产生处理更新消息的相应函数。

例如，打开 Ex_MultiBar 应用程序，用 MFC ClassWizard 在 CMainFrame 类中添加菜单 ID_VIEW_NEWBAR 的 UPDATE_COMMAND_UI 消息映射，保留其默认的映射函数名，并添加以下代码：

```
void CMainFrame::OnUpdateViewNewbar(CCmdUI* pCmdUI)
{
    int bShow = m_wndTestBar.IsWindowVisible( );
    pCmdUI->SetCheck( bShow );
}
```

代码中，OnUpdateViewNewbar 是 ID_VIEW_NEWBAR 的更新命令消息的消息映射函数。该函数只有一个参数，它是指向 CCmdUI 对象的指针。CCmdUI 类仅用于 ON_UPDATE_ COMMAND_UI 消息映射函数，它的成员函数将对菜单项、工具按钮等用户交互对象起作用，具体如表 4-7 所示。编译运行并测试。打开“查看”菜单，可以看到“新的工具栏（&N）”菜单前面有一个“✔”，再次选择“新的工具栏（&N）”菜单，则新创建的工具栏不见了，“新的工具栏（&N）”菜单前面没有任何标记。若将代码中的 SetCheck 改为 SetRadio，则“✔”变成了“●”，这就是交互对象的更新效果。

表 4-7　　CCmdUI 类的成员函数对用户交互对象的作用

用户交互对象	Enable	SetCheck	SetRadio	SetText
菜单项	允许或禁用	选中（✔）或未选中	选中用点（●）	设置菜单文本
工具栏按钮	允许或禁用	选定、未选定或不确定	同 SetCheck	无效
状态栏窗格（PANE）	使文本可见或不可见	边框外凸或正常	同 SetCheck	设置窗格文本
CDialogBar 中的按钮	允许或禁用	选中或未选中	同 SetCheck	设置按钮文本
CDialogBar 中的控件	允许或禁用	无效	无效	设置窗口文本

4.5　综合应用

为了能对学生成绩记录进行管理，常见的操作包括：添加、删除和查找等。这些操作在文档应用程序中实现时可以有多种界面方法，具体如下。

（1）构造单独的“操作”工具栏，包含上述操作的工具按钮。

（2）在文档应用程序的主菜单中的“查看”菜单下添加一个“操作工具栏（&O）”菜单命令，用来控制“操作”工具栏的显示。

（3）当“操作”工具栏显示时，“操作工具栏（&O）”菜单命令前面有一个“✔”，且在“帮助”菜单项前面出现“操作（&O）”菜单项，包含用于添加、删除和查找的各个子菜单项。

（4）当“操作”工具栏隐藏时，“操作（&O）”菜单项消失，且“操作工具栏（&O）”菜单命令前面没有任何标记。使用快捷键 Ctrl+1 关联“操作工具栏（&O）”菜单命令。

（5）单击操作工具栏的“添加”按钮或选择“操作”菜单中的“添加”命令，弹出“学生成绩”对话框，单击“确定”按钮，学生成绩记录显示在状态栏上，结果如图 4-25 所示。

具体实现步骤如下（分四步阐述：设计学生成绩对话框、设计“操作”工具栏和菜单、添加联动代码、修改状态栏完善代码）。

例 Ex_A4　第 4 章综合应用

第一步，设计学生成绩对话框。

（1）用 MFC AppWizard（exe）创建一个默认的单文档应用程序 Ex_A4。

（2）添加一个新的对话框资源，通过其属性对话框，将 ID 标识符改为 IDD_SCORE，标题为“学生成绩”，将对话框字体改为“宋体，9 号”。

（3）显示对话框网格，调整对话框的大小，向对话框添加如表 4-8 所示的控件，调整控件的位置，结果如图 4-26 所示。

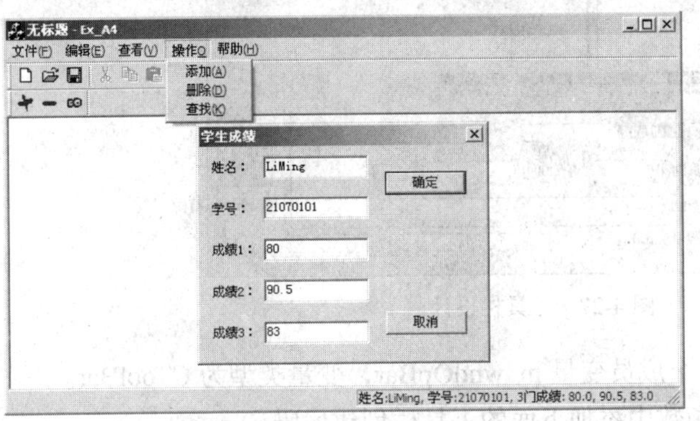

图 4-25　综合应用题图

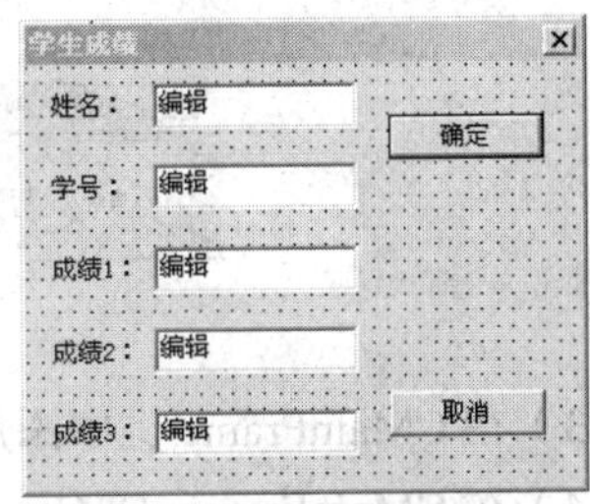

图 4-26　设计的学生成绩对话框

表 4-8　学生成绩对话框添加的控件

添加的控件	ID 标识符	标　题	其 他 属 性
编辑框	IDC_EDIT_NAME	—	默认
编辑框	IDC_EDIT_NO	—	默认
编辑框	IDC_EDIT_S1	—	默认
编辑框	IDC_EDIT_S2	—	默认
编辑框	IDC_EDIT_S3	—	默认

（4）双击对话框模板空白处，为该对话框模板创建一个对话框类 CScoreDlg。

（5）在 MFC ClassWizard 的“Member Variables”页面中，确定“Class name”列表中是否已选择了 CScoreDlg，选中所需的控件 ID 标识符，双击鼠标或单击“Add Variables”按钮，依次为表 4-9 所示的控件增加成员变量。

表 4-9　控件变量

控件 ID 标识符	变 量 类 别	变 量 类 型	变　量　名	范围和大小
IDC_EDIT_NAME	Value	CString	m_strName	20
IDC_EDIT_NO	Value	CString	m_strNO	20
IDC_EDIT_S1	Value	float	m_fScore1	0.0 ~ 100.0
IDC_EDIT_S2	Value	float	m_fScore2	0.0 ~ 100.0
IDC_EDIT_S3	Value	float	m_fScore3	0.0 ~ 100.0

第二步，设计“操作”工具栏和菜单。

（1）按 Ctrl+R 快捷键，在“插入资源”对话框中，选中“Toolbar”类型，单击“新建”按钮，这样就会为应用程序添加一个工具栏资源，并自动打开相应的编辑器，且第一次添加的默认 ID 为 IDR_TOOLBAR1。

（2）如图 4-27 所示，用工具栏资源编辑器为 IDR_TOOLBAR1 添加三个按钮，其 ID 号依次设为：ID_OP_ADD、ID_OP_DEL 和 ID_OP_SEEK。

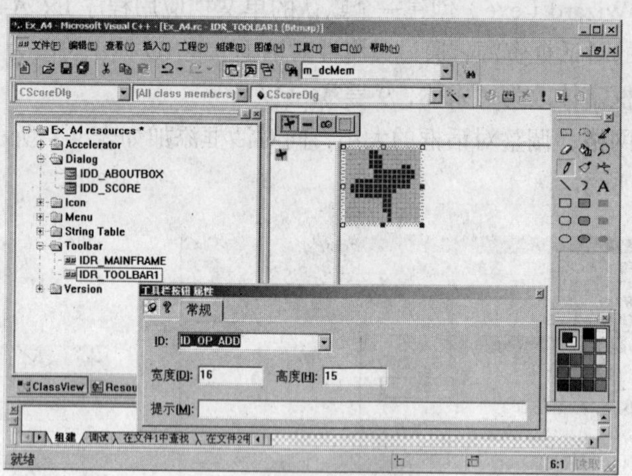

图 4-27　工具栏设计

（3）在 CMainFrame 类中添加一个成员变量 m_wndOpBar，变量类型为 CToolBar。

（4）在 CMainFrame::OnCreate 函数中添加下面的工具栏创建代码：

```
int CMainFrame::OnCreate(LPCREATESTRUCT lpCreateStruct)
{
	if (CFrameWnd::OnCreate(lpCreateStruct) == -1)		return -1;
	int nRes = m_wndOpBar.CreateEx(this, TBSTYLE_FLAT,
		WS_CHILD | WS_VISIBLE | CBRS_TOP | CBRS_GRIPPER |
		CBRS_TOOLTIPS | CBRS_FLYBY | CBRS_SIZE_DYNAMIC,
		CRect(0,0,0,0),	AFX_IDW_TOOLBAR + 10);
	if (!nRes || !m_wndOpBar.LoadToolBar(IDR_TOOLBAR1))
	{
		TRACE0("Failed to create toolbar\n");
		return -1;		// fail to create
	}
	…
	m_wndToolBar.EnableDocking(CBRS_ALIGN_ANY);
	m_wndOpBar.EnableDocking(CBRS_ALIGN_ANY);
	EnableDocking(CBRS_ALIGN_ANY);
	DockControlBar(&m_wndToolBar);
	DockControlBar(&m_wndOpBar);
	m_wndOpBar.SetWindowText("操作");			// 设定工具栏的标题
	…
	return 0;
}
```

（5）按 Ctrl+R 快捷键，在“插入资源”对话框中，选中“Menu”类型，单击“新建”按钮，这样就会为应用程序添加一个菜单资源，并自动打开相应的编辑器，且第一次添加的默认 ID 为 IDR_MENU1。

（6）添加“操作”顶层下拉菜单，其子菜单依次为“添加（&A）”（ID_OP_ADD）、“删除（&D）”（ID_OP_DEL）和“查找（&K）”（ID_OP_SEEK）。

（7）在“ResourceView”页面中，双击资源“Menu”中的 IDR_MAINFRAME，在“查看”

菜单的最后添加一个菜单命令项“操作工具栏（&O）\tCtrl+1”（ID_VIEW_OP）。

第三步，添加联动代码。

（1）在项目工作区窗口的“ResourceView”（资源视图）页面中，展开 Accelerator（加速键）的资源项，双击 IDR_MAINFRAME。在右侧窗口中出现如图 4-7 所示的加速键资源列表。

（2）双击加速键列表的最下端的空行，在弹出的“Accel 属性”（Accel Properties）对话框中将 ID 号选为 ID_VIEW_OP，然后单击“下一键”按钮，并按下 Ctrl+1 作为此加速键的键值。关闭“Accel 属性”对话框。

（3）为 CMainFrame 类添加一个 CMenu 类的成员变量 m_popMenu，以及一个成员函数 UpdateOpMenu，代码如下：

```
void CMainFrame::UpdateOpMenu( BOOL bIsAdd )
{
    CMenu* pSysMenu = GetMenu( );          // 获得程序菜单指针
    UINT nItemCount = pSysMenu->GetMenuItemCount( );
    // “操作”工具栏显示，且还没有添加“操作”菜单时，添加
    if (( nItemCount <= 4 ) &&   ( bIsAdd ) )
    {
        pSysMenu->InsertMenu( 3, MF_POPUP | MF_BYPOSITION,
            (UINT)m_popMenu.GetSubMenu(0) ->m_hMenu, "操作&O" );
        DrawMenuBar( );
    }
    if (( nItemCount > 4 ) &&   ( !bIsAdd ) )  // 删除
    {
        pSysMenu->RemoveMenu( 3, MF_BYPOSITION );
        DrawMenuBar( );
    }
}
```

（4）按 Ctrl+W 键打开“MFC ClassWizard”对话框，切换到 Message Maps 页面，在 CMainFrame 类中添加 ID_VIEW_OP 命令的 COMMAND 和 UPDATE_COMMAND_UI 消息映射，保留默认的映射函数名，添加下列代码：

```
void CMainFrame::OnViewOp( )
{
    int bShow = m_wndOpBar.IsWindowVisible( );
    ShowControlBar( &m_wndOpBar, !bShow, FALSE);
    UpdateOpMenu( !bShow );
}
void CMainFrame::OnUpdateViewOp(CCmdUI* pCmdUI)
{
    int bShow = m_wndOpBar.IsWindowVisible( );
    pCmdUI ->SetCheck( bShow );
}
```

（5）修改 CMainFrame::OnCreate 中的后面代码：

```
int CMainFrame::OnCreate(LPCREATESTRUCT lpCreateStruct)
{
    …
    m_wndOpBar.SetWindowText("操作");
    m_popMenu.LoadMenu( IDR_MENU1 );
    UpdateOpMenu( TRUE );
    return 0;
}
```

（6）编译运行并测试。此时会发现工具栏、菜单项和快捷键的联动功能已实现，但“操作”菜单项和工具按钮都是灰显的，这是因为还没有对这些命令进行映射。

第四步，修改状态栏，完善代码。

（1）将项目工作区切换到 ClassView 页面，展开 CMainFrame 所有项，双击构造函数 CMainFrame，在文档窗口中出现该函数的定义，在它的前面就是状态栏数组的定义。

（2）将状态栏 indicators 数组的定义改为以下代码形式：

```
static UINT indicators[] =
{
	ID_SEPARATOR,
	ID_SEPARATOR,
};
```

（3）按 Ctrl+W 键打开“MFC ClassWizard”对话框，切换到 Message Maps 页面，在 CMainFrame 类中分别添加 ID_OP_ADD、ID_OP_DEL 和 ID_OP_SEEK 的 COMMAND 消息映射，保留默认的映射函数名。其中，仅对 OnOpAdd 添加下列代码（因为其他两个命令的映射仅使相应的菜单命令项和工具按钮有效）：

```
void CMainFrame::OnOpAdd( )
{
	CScoreDlg dlg;
	if (IDOK == dlg.DoModal( ) )
	{
		// 当输入记录有效后，获取相关记录，然后在状态栏上显示出来
		CString strRes;
		strRes.Format( "姓名:%s, 学号:%s, 3 门成绩: %.1f, %0.1f, %.1f",
			dlg.m_strName, dlg.m_strNO, dlg.m_fScore1, dlg.m_fScore2, dlg.m_fScore3 );
		m_wndStatusBar.SetPaneText( 1, strRes );
	} else
		m_wndStatusBar.SetPaneText( 1, "无有效的学生成绩记录！" );
}
```

（4）在 MainFrm.cpp 文件的前面添加 CScoreDlg 类的头文件，代码如下：

```
#include "MainFrm.h"
#include "ScoreDlg.h"
```

（5）编译运行并测试。

总之，菜单命令（包括快捷菜单）、工具栏上的按钮以及快捷键是构成文档应用程序框架最基本的命令系统，而提示文本、交互对象更新状态和状态栏等是构成文档应用程序框架最基本的信息系统，这些都是属于文档应用程序框架的界面问题。事实上，文档应用程序的界面设计中还有图标、光标以及框架窗口的样式设置等一系列问题，下一章就来讨论。

习　题

1. 菜单有哪些常见的规则？什么是助记符？它是如何在菜单中定义的？

2. 菜单项的消息有哪些？若对同一个菜单用 ClassWizard 分别在视图类和主框架窗口类 CMainFrame 都处理其 COMMAND 消息，并在它们的函数中添加相同的代码，则当用户选择该菜单后，会有什么样的结果？为什么？

3. 如何对已有的菜单中添加一个菜单项、一个弹出菜单？

4. 什么是键盘快捷键？它是如何定义的？

5. 什么是快捷菜单？快捷菜单能否通过映射右击鼠标消息来实现，为什么？

6. 如何使一个工具按钮和某菜单项命令相结合？如何显示和隐藏一个工具栏？如何设置工具栏的标题？

7. 状态栏的作用是什么？状态栏的窗格分为几类？如何添加和减少相应的窗格？

8. 若状态栏只有一个用户定义的指示器窗格（其 ID 号为 ID_TEXT_PANE），应如何定义？若当用户在客户区双击鼠标时，在该窗格中显示“双击鼠标”字样，则应如何编程？

9. 什么是命令更新消息？它的作用是什么？

第 5 章 图标、光标和窗口框架

在 Windows 图形用户界面环境中，图标的身影几乎是随处可见的。各种类型的文件、资源以及应用程序往往配有各色图标，使用户一望即知。此外，图标作为一种图形资源，还用于其他场合。例如，在消息对话框中配上适当的图标，往往更能形象地表达信息；或是用来点缀界面。当然，窗口本身还可以有一些样式，用来决定窗口的外观及功能，由于这些样式一般都是由系统内部定义的，因而可以方便地通过设置窗口的样式来达到增加或减少窗口所包含功能的目的，且省去大量的编程代码。

5.1 图像编辑器

在 Visual C++ 6.0 中，图像编辑器可以创建和编辑任何位图格式的图像资源，除以前的工具栏按钮外，它还用于位图、图标和光标。它的功能很多，如提供一套完整的绘图工具来绘制 256 色的图像，进行位图的移动和复制以及含有若干个编辑工具等。由于图像编辑器的使用和 Windows 中的“绘图”工具相似，因此它的具体绘制操作在这里不再重复。这里仅讨论一些常用操作：创建新的图标和光标、选用或定制显示设备和设置光标“热点”（**热点**就是指光标的位置点）等。

1. 创建一个新的图标或光标

在 Visual C++ 6.0 中，创建一个应用程序后，当按快捷键 Ctrl+R 就可打开“插入资源”对话框，从中选择 Cursor（光标）或 Icon（图标）资源类型，单击“新建”按钮后，系统为程序添加一个新的图标或光标资源，同时在开发环境右侧出现图像编辑器。图 5-1 所示为添加一个新的图标资源后出现的图像编辑器。

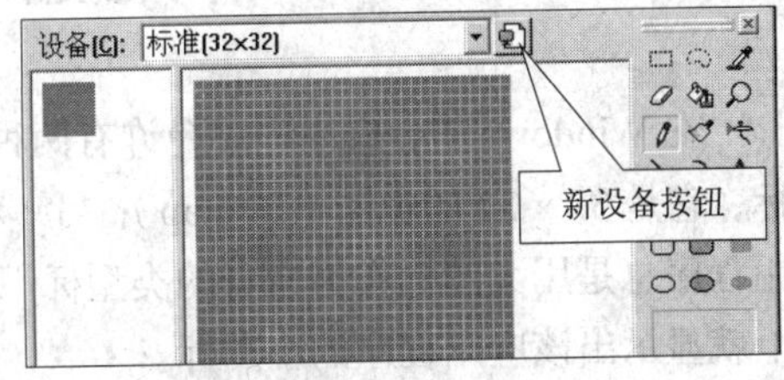

图 5-1　添加图标后的图像编辑器

在创建新图标或光标的时候，图像编辑器首先创建一个适合于 VGA 环境中的图像，开始的时候它以屏幕色（透明方式）来填充。对于创建的新光标，其“热点”被初始化为左上角的点，坐标为（0，0）。默认情况下，图像编辑器所支持的显示设备如表 5-1 所示。

表 5-1　创建图标或光标时可选用的显示设备

设　备	颜色数目	宽　度	高　度
单显模式（Monochrome）	2	32	32
小设备模式（Small）	16	16	16
标准模式（Standard）	16	32	32
大模式（Large）	256	48	48

由于同一个图标或光标在不同的显示环境中包含不同的图像，因此，在创建图标或光标前必须事先指定好目标显示设备。这样，在打开所创建的图形资源时，与当前设备最相吻合的图像被打开。

2. 选用和定制显示设备

在图像编辑器工作窗口的控制条上，有一个“新设备图像”（New Device Image）按钮，单击此按钮后，系统弹出相应的新设备列表，可以从中选取需要的显示设备，如图 5-2 所示。

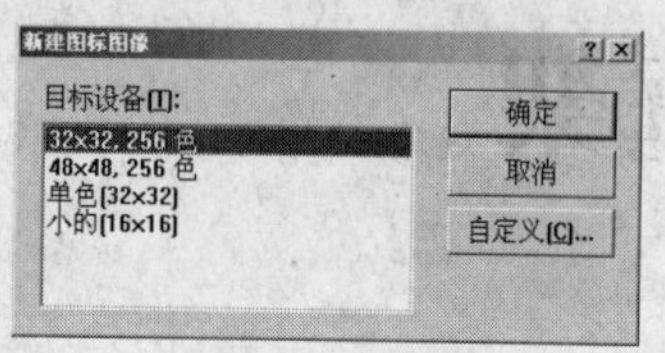

图 5-2 “新建图标图像”对话框

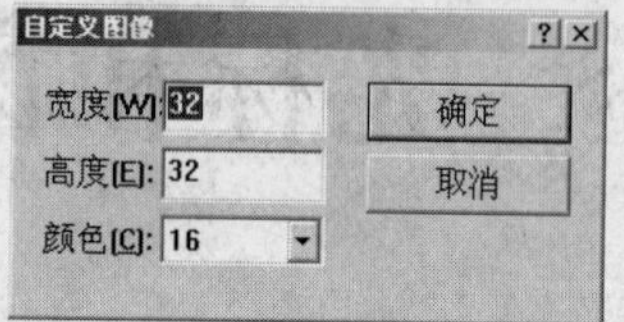

图 5-3 “自定义图像”对话框

除了对话框列表框显示的设备外，还可以单击“自定义”按钮，在弹出的对话框中定制新的显示设备，如图 5-3 所示，在这里可指定新设备图像的大小和颜色。

3. 设置光标热点

Windows 系统借助光标“热点”来确定光标实际所处的位置。在图像编辑器的控制条上或光标属性对话框中都可以看到当前的光标“热点”位置。图 5-4 所示为添加一个新的光标资源后出现的图像编辑器。

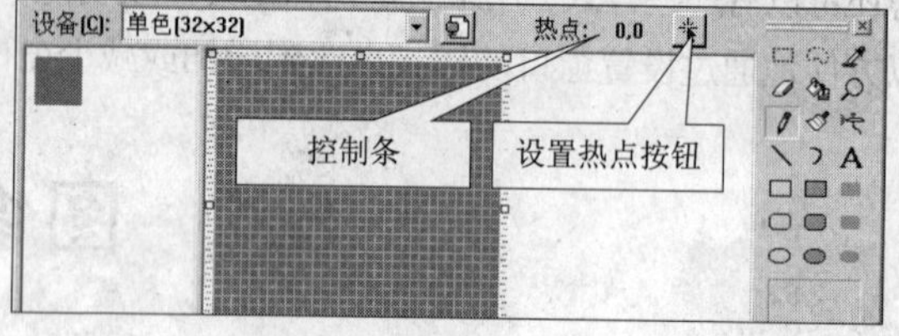

图 5-4 添加光标后的图像编辑器

默认时，光标热点是图像左上角（0，0）的点，这个热点位置是可以重新指定的，单击“热点”（Hot Spot）按钮后，在光标图像上单击要指定的像素点，此时会看到在控制条上自动显示所点中的像素点的坐标。

5.2 图 标

在 Windows 中，应用程序允许有两种尺寸的图标来标明自己：一种是普通图标，也称为**大图标**，它是 32×32 的位图（Bitmap）；另一种是**小图标**，它是大小为 16×16 的位图。在桌面上，应用程序总是用大图标作为自身的类型标识，而一旦启动后，其窗口的左上角和任务栏的程序按钮上就显示出该应用程序的小图标。

5.2.1 图标的调入、清除和显示

1. 图标的调入

在 MFC 中，当在应用程序中添加一个图标资源后，就可以使用 CWinApp::LoadIcon 函数可将其调入并返回一个图标句柄，函数原型如下：

```
HICON LoadIcon( LPCTSTR lpszResourceName ) const;
HICON LoadIcon( UINT nIDResource ) const;
```

其中，lpszResourceName 和 nIDResource 分别表示图标资源的字符串名和标识。函数返回一个图标句柄。

如果不想使用新的图标资源，也可使用系统中预定义好的标准图标，这时需调用 CWinApp::LoadStandardIcon 函数，其原型如下：

```
HICON LoadStandardIcon( LPCTSTR lpszIconName ) const;
```

其中，lpszIconName 可以是下列值之一：

IDI_APPLICATION	默认的应用程序图标
IDI_HAND	手形图标（用于严重警告）
IDI_QUESTION	问号图标（用于提示消息）
IDI_EXCLAMATION	警告消息图标（惊叹号）
IDI_ASTERISK	消息图标

2．图标的消除

图标装载后，可使用全局函数 DestroyIcon 来删除图标，并释放为图标分配的内存，其函数原型如下：

```
BOOL DestroyIcon( HICON hIcon );
```

其中，hIcon 用来指定要删除的图标句柄。

3．图标的显示

图标的显示一般有两种方法：一是通过静态图片控件来显示，或在其他（如按钮）控件设置显示；二是通过函数 CDC::DrawIcon 将一个图标绘制在指定设备的位置处（这一方法以后再讨论）。

4．图标示例

下面来看一个示例，如图 5-5 所示，单击“开始”按钮，三个图标就会每隔 100ms 随机显示，且此时“开始”按钮变成“停止”。单击“停止”按钮，图标停止更新，按钮的名称变成“开始”，如果三个图标的图案都是一样的，则弹出消息对话框，显示“恭喜你!”，否则显示“失败!”。

分析和思考

（1）从图 5-5 中可以看出，该示例是一个对话框应用程序。

（2）需要创建三个图标资源，且通过三个静态图片控件来显示。为了能在程序中动态地改变静态控件显示的图标，还需为控件添加 CStatic 类变量，然后通过 CStatic:: SetIcon 来指定，该函数原型如下：

```
HICON SetIcon( HICON hIcon );
```

其中，hIcon 用来指定要显示的图标句柄。函数成功调用后，将返回上一次图标的句柄。

（3）由于每隔 100ms 随机显示这些图标，因而需要启动计时器，并在 WM_TIMER 消息映射函数中添加相关代码，且还需用 rand 函数来产生随机序列。另外，为了避免每次所产生的随机序列相同，在产生随机数之前使用 srand 库函数来重新指定随机种子。

示例步骤如下。

例 Ex_RandIcon　图标使用。

（1）创建一个默认的基于对话框应用程序 Ex_RandIcon。

（2）按 Ctrl+R 键，弹出“插入资源”对话框，选择“Icon”类型，单击“新建”按钮。这样，就为程序添加一个新的图标资源 IDI_ICON1。保留默认的 ID 号和设备类型，再按此法添加两个图标资源，相应的默认 ID 号分别为 IDI_ICON2 和 IDI_ICON3。

（3）如图 5-6 所示，依次打开图标资源 IDI_ICON1、IDI_ICON2 和 IDI_ICON3，在图像编辑器中分别将它们设计成红色带圈的 A、绿色带圈的 B、蓝色带圈的 C。

图 5-5　图标示例

图 5-6　添加并设计的图标

（4）在“ResourceView”页面中，双击“Dialog”下的 IDD_EX_RANDICON_DIALOG，打开对话框资源模板。将对话框的标题设为“图标使用”。删除“TODO: 在这里设置对话控制。”静态文本控件和“取消”按钮，将“确定”按钮标题改为“退出”。

（5）打开对话框网格，参照图 5-5 所示，调整对话框大小，分别依次添加三个静态图片控件，ID 号分别设置为 IDC_STATIC_1、IDC_STATIC_2 和 IDC_STATIC_3，类型选择为“图标”，图像依次选择为 IDI_ICON1、IDI_ICON2 和 IDI_ICON3，在样式属性中，分别选中“图像居中”。

（6）添加一个按钮控件，ID 号为 IDC_BUTTON_START，标题为“开始”。

（7）按 Ctrl+W 键，打开 MFC ClassWizard 的“Member Variables”页面，依次为 IDC_STATIC_1、IDC_STATIC_2 和 IDC_STATIC_3 设置 CStatic 类的 Control 变量 m_wndIcon1、m_wndIcon2 和 m_wndIcon3。

（8）切换到“Messsage Maps”页面，为按钮 IDC_BUTTON_START 添加 BN_CLICKED 消息映射，保留默认的映射函数名，添加下列代码：

```
void CEx_RandIconDlg::OnButtonStart( )
{
    staticbool bStart = FALSE;
    bStart          = !bStart;
    CWnd *pBtn      = GetDlgItem( IDC_BUTTON_START );
    if ( bStart )                       // 开始
    {
        pBtn->SetWindowText( "停止" );
        SetTimer( 1, 100, NULL );
    } else
    {
        pBtn->SetWindowText( "开始" );
        KillTimer( 1 );
        HICON     hAicon      = m_wndIcon1.GetIcon( );
        HICON     hBicon      = m_wndIcon2.GetIcon( );
        HICON     hCicon      = m_wndIcon3.GetIcon( );
        if (( hAicon == hBicon ) && ( hAicon == hCicon ))
            MessageBox( "恭喜你！" );
        else
            MessageBox( "失败！" );
    }
}
```

（9）再次打开 MFC ClassWizard 的“Messsage Maps”页面，为 CEx_RandIconDlg 类添加 WM_TIMER 消息映射，并在映射函数中添加下列代码：

```
void CEx_RandIconDlg::OnTimer(UINT nIDEvent)
{
    UINT nIDs[] = { IDI_ICON1, IDI_ICON2, IDI_ICON3 };
    srand((unsigned)time( NULL ));      // 启动随机种子
    // 获取小于 3 的随机数
    int nAindex = rand( ) % 3;
    int nBindex = rand( ) % 3;
    int nCindex = rand( ) % 3;
    HICON     hAicon      = AfxGetApp( ) ->LoadIcon( nIDs[nAindex] );
    HICON     hBicon      = AfxGetApp( ) ->LoadIcon( nIDs[nBindex] );
    HICON     hCicon      = AfxGetApp( ) ->LoadIcon( nIDs[nCindex] );
    HICON     hAtemp      = m_wndIcon1.SetIcon( hAicon );
    ::DestroyIcon( hAtemp );
    hAtemp      = m_wndIcon2.SetIcon( hBicon );
    ::DestroyIcon( hAtemp );
    hAtemp      = m_wndIcon3.SetIcon( hCicon );
    ::DestroyIcon( hAtemp );
    CDialog::OnTimer(nIDEvent);
}
```

（10）编译运行并测试。

5.2.2 应用程序图标的改变

在用 MFC AppWizard 创建的应用程序中，图标资源 IDR_MAINFRAME 用来表示应用程序窗口的图标，通过图像编辑器可将其内容直接修改。实际上，程序中还可使用 GetClassLong 和 SetClassLong 函数重新指定应用程序窗口的图标，函数原型如下：

DWORD SetClassLong(HWND *hWnd*, **int** *nIndex*, **LONG** *dwNewLong*);
DWORD GetClassLong(HWND *hWnd*, **int** *nIndex*);

其中，hWnd 用来指定窗口类句柄，dwNewLong 用来指定新的 32 位值。nIndex 用来指定与 WNDCLASSEX 结构相关的索引，它可以是下列值之一：

GCL_HBRBACKGROUND	窗口类的背景画刷句柄
GCL_HCURSOR	窗口类的光标句柄
GCL_HICON	窗口类的图标句柄
GCL_MENUNAME	窗口类的菜单资源名称

下面来看一个示例，它是将应用程序的图标按一定的序列来显示，使其看起来具有动画效果。

 例 Ex_Icon 图标使用示例。

（1）创建一个默认的单文档应用程序 Ex_Icon。

（2）添加四个图标资源，单击“新建设备图像”按钮，选择“小的（16×16）”作为图标的设备类型，保留图标资源默认的 ID 号：IDI_ICON1~ IDI_ICON4，制作如图 5-7 所示的图标。

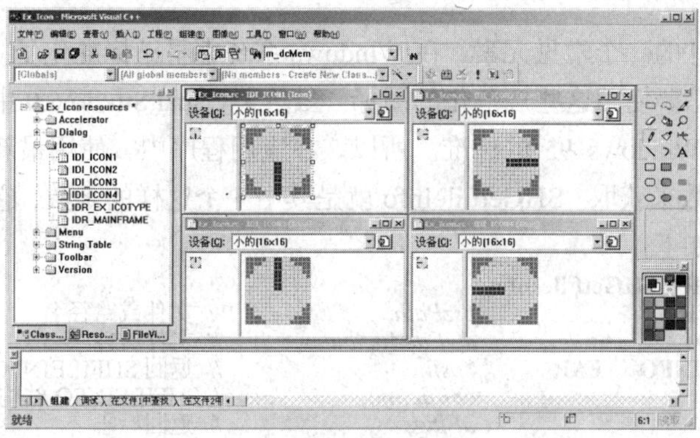

图 5-7 创建的四个图标

（3）为 CMainFrame 类添加一个成员函数 ChangeIcon，用来切换应用程序的图标。该函数的代码如下：

```
void CMainFrame::ChangeIcon(UINT nIconID)
{
    HICON hIconNew = AfxGetApp( ) ->LoadIcon(nIconID);
    HICON hIconOld = (HICON)GetClassLong(m_hWnd, GCL_HICON);
    if (hIconNew != hIconOld)
    {
        DestroyIcon(hIconOld);
        SetClassLong(m_hWnd, GCL_HICON, (long)hIconNew);
        RedrawWindow( );        //   重绘窗口
    }
}
```

（4）在 CMainFrame::OnCreate 函数的最后添加计时器，设置如下代码：

```
int CMainFrame::OnCreate(LPCREATESTRUCT lpCreateStruct)
{
    if (CFrameWnd::OnCreate(lpCreateStruct) == -1)      return -1;
    ...
```

```
        SetTimer(1, 500, NULL);
        return 0;
    }
```

（5）用 MFC ClassWizard 为 CMainFrame 类添加 WM_TIMER 的消息映射函数，并增加下列代码：

```
void CMainFrame::OnTimer(UINT nIDEvent)
{
    static int icons[] = { IDI_ICON1, IDI_ICON2, IDI_ICON3, IDI_ICON4};
    static int index = 0;
    ChangeIcon(icons[index]);
    index++;
    if (index>3) index = 0;
    CFrameWnd::OnTimer(nIDEvent);
}
```

（6）用 MFC ClassWizard 为 CMainFrame 类添加 WM_DESTROY 的消息映射函数，并增加下列代码：

```
void CMainFrame::OnDestroy( )
{
    CFrameWnd::OnDestroy( );
    KillTimer(1);
}
```

（7）编译并运行。可以看到任务栏上的按钮以及应用程序的标题栏上四个图标循环显示的动态效果，显示速度为每秒两帧。

5.2.3 获取系统文件图标

图标作为界面设计的一个常见元素，在 Windows 系统中早已标准化了。在应用程序中，常常为了界面的一致性，总要使用这些规范化的图标。虽然，Visual Studio 6.0 中的安装光盘已有一些常用的图标，但都是 Windows 95 的标准。所以，在应用程序中，使用最新标准的图标，仍然需要通过相应的 API 函数来获取。SHGetFileInfo 就是其中一个这样的函数，它用来获取指定文件或文件的图标，其原型如下：

```
DWORD_PTR  SHGetFileInfo(
    LPCTSTR                 pszPath,             // 文件或路径名
    DWORD                   dwFileAttributes,    // 文件属性
    SHFILEINFO    FAR       *psfi,               // 返回 SHFILEINFO 结构数据的地址
    UINT                    cbFileInfo,          // SHFILEINFO 结构大小
    UINT                    uFlags               // 返回标志
);
```

其中，uFlags 用来指定返回内容的一些标志，如：SHGFI_DISPLAYNAME（返回文件的显示名称，保存在 psfi 中的 szDisplayName 成员）、SHGFI_ICON（返回文件图标的句柄或索引号，保存在 psfi 中的 hIcon 成员或 iIcon 成员）、SHGFI_ICON | SHGFI_LARGEICON（返回文件的大图标）、SHGFI_ICON | SHGFI_OPENICON（返回文件打开时的图标）、SHGFI_ICON | SHGFI_SELECTED（返回文件打开时的图标）、SHGFI_ICON | SHGFI_SMALLICON（返回文件的小图标）、SHGFI_TYPENAME（返回文件的类型名称，保存在 psfi 中的 szTypeName 成员）。

下面来看一个示例，它分别显示当前系统下的文件夹图标、文件夹打开时的图标、资源管理器的图标、记事本的图标，如图 5-8 所示。

图 5-8　获取文件图标

例 Ex_FileIcon　获取文件图标。

（1）创建一个默认的基于对话框应用程序 Ex_FileIcon。

（2）将对话框的标题设为"文件图标"。删除"TODO: 在这里设置对话控制。"静态文本控件和"取消"按钮，将"确定"按钮标题改为"退出"。

（3）打开对话框网格，参照图 5-8 所示，调整对话框大小，分别依次添加四个静态图片控件，ID 号分别设置为 IDC_STATIC_1、IDC_STATIC_2、IDC_STATIC_3 和 IDC_STATIC_4，类型选择为"图标"，在样式属性中，分别选中"图像居中"。

（4）按 Ctrl+W 键，打开 MFC ClassWizard 的"Member Variables"页面，依次为 IDC_STATIC_1、IDC_STATIC_2、IDC_STATIC_3 和 IDC_STATIC_4 设置 CStatic 类的 Control 变量 m_wndIcon1、m_wndIcon2、m_wndIcon3 和 m_wndIcon4。

（5）在 CEx_FileIconDlg::OnInitDialog 函数中的"return true ;"语句之前添加下列代码：

```
BOOL CEx_FileIconDlg::OnInitDialog( )
{
    …
    SHFILEINFO fi;
    SHGetFileInfo("C:\\windows",0,&fi,sizeof(SHFILEINFO),SHGFI_ICON );
    m_wndIcon1.SetIcon( fi.hIcon );
    SHGetFileInfo("C:\\windows",0,&fi,sizeof(fi),SHGFI_ICON | SHGFI_OPENICON );
    m_wndIcon2.SetIcon( fi.hIcon );
    SHGetFileInfo("C:\\windows\\explorer.exe",0,&fi,sizeof(SHFILEINFO),SHGFI_ICON );
    m_wndIcon3.SetIcon( fi.hIcon );
    SHGetFileInfo("C:\\windows\\notepad.exe",0,&fi,sizeof(SHFILEINFO),SHGFI_ICON );
    m_wndIcon4.SetIcon( fi.hIcon );
    return TRUE;    // return TRUE    unless you set the focus to a control
}
```

（6）编译运行。

5.2.4　托盘图标操作

在 Windows 桌面的默认底部有一个**任务栏**。它通常含有"开始"菜单、工具按钮以及一个状态区域（又称**托盘**，它在任务栏的最右边）。在"托盘"中，不仅可以添加或删除一个应用程序的图标，而且还可以在应用程序中处理托盘中的鼠标消息，并赋予相应的操作命令。例如，当鼠标停留在图标上时将出现提示窗口，显示出该应用程序和名称或功能，而当鼠标右击图标时将弹出一个快捷菜单，单击图标时将显示出相应的应用程序窗口等。

1. 添加或删除图标

Windows 提供了任务栏相应的应用程序接口，从而通过 Shell_NotifyIcon 函数很容易地向任务栏的托盘添加或删除图标。Shell_NotifyIcon 的原型如下：

```
WINSHELLAPI BOOL WINAPI Shell_NotifyIcon(
    DWORD               dwMessage,    // 发送的消息，它可以是：
                                      //     NIM_ADD       向托盘添加图标
                                      //     NIM_DELETE    删除托盘中的图标
                                      //     NIM_MODIFY    修改托盘中的图标
    PNOTIFYICONDATA     pnid          // 指向 NOTIFYICONDATA 的结构指针
);
```

其中的 NOTIFYICONDATA 结构如下：

```
typedef struct _NOTIFYICONDATA {
DWORD     cbSize;                     // 结构的字节大小
HWND      hWnd;                       // 接收通知消息的窗口句柄
UINT      uID;                        // 自定义的图标 ID 号
UINT      uFlags;                     // 成员变量标志，当为
                                      //     NIF_ICON       表示 hIcon 成员变量有效
                                      //     NIF_MESSAGE    表示 uCallbackMessage 有效
                                      //     NIF_TIP        表示 szTip 成员变量有效
UINT      uCallbackMessage;           // 自定义的通知消息标识号
HICON     hIcon;                      // 要删除、添加或修改的图标句柄
```

```
        char        szTip[64];              // 图标的提示文本
    } NOTIFYICONDATA, *PNOTIFYICONDATA;
```

这样，当向托盘添加图标时就可以有代码过程（AddTaskBarIcon 函数）：

```
// 成功时返回 TRUE，否则返回 FALSE
// 参数 hwnd 表示接收消息的窗口句柄，uID 表示图标的标识，hicon 表示要添加的图标句柄
//   lpszTip 表示提示文本
BOOL AddTaskBarIcon(HWND hwnd, UINT uID, HICON hicon, LPSTR lpszTip)
{
    BOOL res;
    NOTIFYICONDATA tnid;
    tnid.cbSize  = sizeof(NOTIFYICONDATA);
    tnid.hWnd    = hwnd;
    tnid.uID     = uID;
    tnid.uFlags  = NIF_MESSAGE | NIF_ICON | NIF_TIP;
    tnid.uCallbackMessage = WM_ICON_NOTIFY;
    tnid.hIcon = hicon;
    if (lpszTip)
        lstrcpyn(tnid.szTip, lpszTip, sizeof(tnid.szTip));
    else
        tnid.szTip[0] = '\0';
    res = Shell_NotifyIcon(NIM_ADD, &tnid);
    if (hicon) DestroyIcon(hicon);
    return res;
}
```

而若要删除托盘的图标，则可有下列代码过程：

```
// 成功时返回 TRUE，否则返回 FALSE
// 参数 hwnd 表示窗口的句柄，uID 表示要删除图标的标识
BOOL DeleteTaskBarIcon(HWND hwnd, UINT uID)
{
    BOOL res;
    NOTIFYICONDATA tnid;
    tnid.cbSize  = sizeof(NOTIFYICONDATA);
    tnid.hWnd    = hwnd;
    tnid.uID     = uID;
    res = Shell_NotifyIcon(NIM_DELETE, &tnid);
    return res;
}
```

2. 处理鼠标消息

当用户在图标所在的区域中进行鼠标操作时，都会向窗口发送相应消息（该消息由添加托盘时在 NOTIFYICONDATA 结构的 uCallbackMessage 指定）。应用程序通过对这些消息的处理，便可执行相应的动作。

下面来看一个示例：在这个示例中，首先创建一个默认的基于对话框应用程序。当用户单击对话框的“最小化”按钮时，对话框消失，在任务栏的托盘上显示出应用程序的图标。若单击图标将恢复显示对话框，此时应用程序的图标从托盘中消失。

 **例 Ex_Tray　托盘图标操作示例。**

（1）创建一个默认的基于对话框应用程序 Ex_Tray。

（2）将对话框的标题设为“托盘图标使用”，选中“样式”页面中的“最小化框”选项。删除“TODO: ...”静态文本控件和“取消”按钮，将“确定”按钮标题改为“退出”。

（3）向 CEx_TrayDlg 类中添加前面已列出的 AddTaskBarIcon 和 DeleteTaskBarIcon 两个成员函数。

（4）用 MFC ClassWizard 为 CEx_TrayDlg 类添加 WM_SIZE 的消息映射，保留默认的映射函数名，增加下列代码：

```
void CEx_TrayDlg::OnSize(UINT nType, int cx, int cy)
```

```
{
    CDialog::OnSize(nType, cx, cy);
    if (nType==SIZE_MINIMIZED)
    {
        AddTaskBarIcon( m_hWnd, IDR_MAINFRAME, m_hIcon, "托盘图标操作示例");
        ShowWindow(SW_HIDE);            // 后面会讨论这个函数的用法
    } else
    {
        DeleteTaskBarIcon(m_hWnd, IDR_MAINFRAME);
    }
}
```

（5）用 MFC ClassWizard 为 CEx_TrayDlg 类添加 WM_DESTROY 的消息映射，保留默认的映射函数名，增加下列代码：

```
void CEx_TrayDlg::OnDestroy( )
{
    CDialog::OnDestroy( );
    DeleteTaskBarIcon( m_hWnd, IDR_MAINFRAME );
}
```

（6）由于在 AddTaskBarIcon 成员函数中指定了用于托盘图标通知消息的 ID 号：“tnid. uCallbackMessage = WM_ICON_NOTIFY;”，因而为了能捕捉到 WM_ICON_NOTIFY 消息，还有必要定义它并手动按 MFC 消息映射机制来添加该消息的消息映射。

（7）打开 Ex_TrayDlg.h 文件，在类声明语句“class CEx_TrayDlg : public CDialog”之前添加 WM_ICON_NOTIFY 的宏定义：

```
#define   WM_ICON_NOTIFY            (WM_USER+500)
```

（8）在 Ex_TrayDlg.h 文件的 DECLARE_MESSAGE_MAP 前，添加 WM_ICON_NOTIFY 的消息映射函数的声明：

```
//{{AFX_MSG(CEx_TrayDlg)
    …
//}}AFX_MSG
void OnTrayNotify(WPARAM wParam, LPARAM lParam);
DECLARE_MESSAGE_MAP( )
```

（9）打开 Ex_TrayDlg.cpp 文件，在 CEx_TrayDlg 类的消息入口定义中添加消息宏指定，即将消息 WM_ICON_NOTIFY 与前面声明的消息函数 OnTrayNotify 相映射：

```
BEGIN_MESSAGE_MAP(CEx_TrayDlg, CDialog)
//{{AFX_MSG_MAP(CEx_TrayDlg)
ON_WM_SYSCOMMAND( )
…
ON_WM_DESTROY( )
//}}AFX_MSG_MAP
ON_MESSAGE(WM_ICON_NOTIFY, OnTrayNotify)
END_MESSAGE_MAP( )
```

（10）在 Ex_TrayDlg.cpp 文件中，添加 CEx_TrayDlg 类的消息函数 OnTrayNotify 的实现代码：

```
void CEx_TrayDlg::OnTrayNotify(WPARAM wParam, LPARAM lParam)
{
    UINT uID            = (UINT) wParam;
    UINT uMouseMsg      = (UINT) lParam;
    if (uID == IDR_MAINFRAME)
    {
        if (uMouseMsg == WM_LBUTTONDOWN)
        {
            ShowWindow(SW_SHOWNORMAL);
            return;
        }
    }
}
```

（11）编译运行并测试。

5.3 光 标

光标（又称为鼠标指针）在 Windows 程序中起着非常重要的作用，它不仅能反映鼠标的运动位置，而且还可以表示程序执行的状态，引导用户的操作，使程序更加生动。例如，沙漏光标表示“正在执行，请等待”，IE 中手形光标表示“可以跳转”，另外，还有一些有趣的动画光标。

1. 使用系统光标

Windows 预定义了一些经常使用的标准光标，这些光标均可以使用函数 CWinApp::LoadStandardCursor 加载到程序中，其函数原型如下：

HCURSOR LoadStandardCursor(LPCTSTR *lpszCursorName* **) const;**

其中，lpszCursorName 用来指定一个标准光标名，它可以是下列宏定义：

IDC_ARROW	标准箭头光标
IDC_IBEAM	标准文本输入光标
IDC_WAIT	漏斗型计时等待光标
IDC_CROSS	十字形光标
IDC_UPARROW	垂直箭头光标
IDC_SIZEALL	四向箭头光标
IDC_SIZENWSE	向下双向箭头光标
IDC_SIZENESW	向上双向箭头光标
IDC_SIZEWE	左右双向箭头光标
IDC_SIZENS	上下双向箭头光标

例如，加载一个垂直箭头光标 IDC_UPARROW 的代码如下：

```
HCURSOR hCursor;
hCursor = AfxGetApp( )->LoadStandardCursor(IDC_UPARROW);
```

2. 使用光标资源

用编辑器创建或从外部调入的光标资源，可通过函数 CWinApp::LoadCursor 进行加载，其原型如下：

HCURSOR LoadCursor(LPCTSTR *lpszResourceName* **) const;**
HCURSOR LoadCursor(UINT *nIDResource* **) const;**

其中，lpszResourceName 和 nIDResource 分别用来指定光标资源的名称或 ID 号。例如，当光标资源为 IDC_CURSOR1 时，则可使用下列代码：

```
HCURSOR hCursor;
hCursor = AfxGetApp( ) ->LoadCursor(IDC_CURSOR1);
```

需要说明的是，也可直接用全局函数 LoadCursorFromFile 加载一个外部光标文件，例如：

```
HCURSOR hCursor;
hCursor = LoadCursorFromFile("c:\\windows\\cursors\\globe.ani");
```

3. 更改程序中的光标

更改应用程序中的光标除了可以使用 GetClassLong 和 SetClassLong 函数外，最简单的方法是用 MFC ClassWizard 映射 WM_SETCURSOR 消息，该消息是当光标移动到一个窗口内并且还没有捕捉到鼠标时产生的。CWnd 为此消息的映射函数定义原型如下：

afx_msg BOOL OnSetCursor(CWnd* *pWnd*, **UINT** *nHitTest*, **UINT** *message* **);**

其中，pWnd 表示拥有光标的窗口指针，nHitTest 用来表示光标所处的位置，例如，当为 HTCLIENT 时表示光标在窗口的客户区中，而为 HTCAPTION 时表示光标在窗口的标题栏处，为 HTMENU 时表示光标在窗口的菜单栏区域等。message 用来表示鼠标消息。

在 OnSetCursor 函数调用 SetCursor 来设置相应的光标，并将 OnSetCursor 函数返回 TRUE，就可改变当前的光标了。

例如，可根据当前鼠标所在的位置确定单文档应用程序光标的类型，当处在标题栏时为一个动画光标，当处在客户区时为一个自定义光标。

例 Ex_Cursor　改变应用程序光标示例。

（1）创建一个默认的单文档应用程序 Ex_Cursor。

（2）按快捷键 Ctrl+R，打开“插入资源”对话框，选择“Cursor”类型后，单击“新建”按钮。

（3）在图像编辑器工作窗口的控制条上，单击“新建设备图像”按钮，从弹出的“新建设备图像”对话框中，单击“自定义”按钮。

（4）在弹出的“自定义图像”对话框中，保留默认的大小和颜色数，单击“确定”按钮。回到“新建设备图像”对话框。这样，“32×32，16 颜色”设备类型就被添加上了，单击“确定”按钮。

（5）在图像编辑器的“设备”组合框中，选择“单色‘32×32’”，打开“图像”（Image）菜单，选择“删除设备图像”（Delete Device Image）命令，这样，就删除“单色‘32×32’”设备类型。如果不这样做，加载后的光标不会采用“32×32，16 颜色”设备类型。

（6）保留默认的 ID 号 IDC_CURSOR1，用图像编辑器绘制光标图形，指定光标热点位置为（15，15），结果如图 5-9 所示。

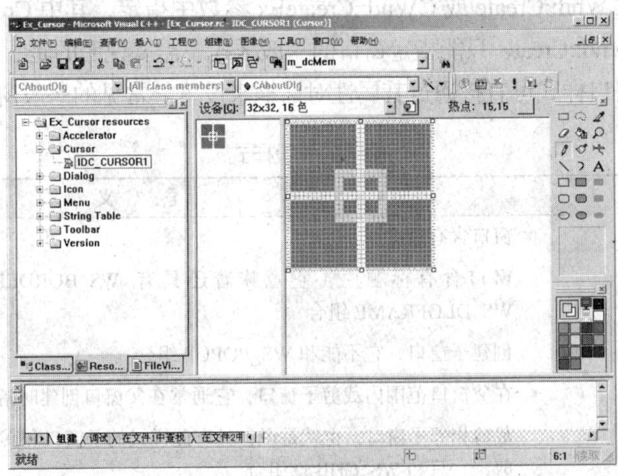

图 5-9　创建的光标

（7）为 CMainFrame 类添加一个成员变量 m_hCursor，变量类型为光标句柄 HCURSOR。

（8）用 MFC ClassWizard 为 CMainFrame 类添加 WM_SETCURSOR 的消息映射函数，并增加下列代码：

```
BOOL CMainFrame::OnSetCursor(CWnd* pWnd, UINT nHitTest, UINT message)
{
    BOOL bRes = CFrameWnd::OnSetCursor(pWnd, nHitTest, message);
    if (nHitTest == HTCAPTION )
    {
        m_hCursor = LoadCursorFromFile("c:\\windows\\cursors\\hand.ani");
        SetCursor(m_hCursor);
        bRes = TRUE;
    }else if (nHitTest == HTCLIENT )
    {
        m_hCursor = AfxGetApp( ) ->LoadCursor(IDC_CURSOR1);
        SetCursor(m_hCursor);
        bRes = TRUE;
    }
```

```
        return bRes;
    }
```

（9）编译运行并测试。当鼠标移动到标题栏时，光标变成了 hand.ani 的动画光标，而当移动到客户区时，光标变成了 IDC_CURSOR1 定义的形状。

需要说明的是，Visual C++ 6.0 还提供 BeginWaitCursor 和 EndWaitCursor 函数来启动和终止动画沙漏光标。

5.4 窗口样式和状态

在 Visual C++中，图标、光标是窗口的界面元素，这些还可通过窗口的样式重新指定。窗口的样式常常决定了窗口的外观及功能，用户通过样式的设置增加或减少窗口中所包含的功能，这些功能一般都是由系统内部定义的，不需要用户去编程实现。

5.4.1 窗口样式

窗口样式通常有一般（以 WS_为前缀）和扩展（以 WS_EX_为前缀）两种形式，这两种形式的窗口样式可在函数 CWnd::Create 或 CWnd::CreateEx 参数中指定，其中 CreateEx 函数可同时支持以上两种样式，而 CWnd::Create 只能指定窗口的一般样式。需要说明的是，对于控件和对话框这样的窗口来说，它们的窗口样式可直接通过其属性对话框来设置。常见的一般窗口样式如表 5-2 所示。

表 5-2　　窗口的一般样式

风　格	含　义
WS_BORDER	窗口含有边框
WS_CAPTION	窗口含有标题栏（它意味着还具有 WS_BORDER 样式），但它不能和 WS_DLGFRAME 组合
WS_CHILD	创建子窗口，它不能和 WS_POPUP 组合
WS_CLIPCHILDREN	在父窗口范围内裁剪子窗口，它通常在父窗口创建时指定
WS_CLIPSIBLINGS	裁剪相邻子窗口，也就是说，具有此样式的子窗口和其他子窗口重叠的部分被裁剪，它只和 WS_CHILD 组合
WS_DISABLED	窗口最初时是禁用的
WS_DLGFRAME	窗口含有双边框，但没有标题
WS_GROUP	此样式被控件组中第一个控件窗口指定。用户可在控件组的第一个和最后一个控件中用方向键来回选择
WS_HSCROLL	窗口含有水平滚动条
WS_MAXIMIZE	窗口最初时处于最大化
WS_MAXIMIZEBOX	在窗口的标题栏上含有“最大化”按钮
WS_MINIMIZE	窗口最初时处于最小化，它只和 WS_OVERLAPPED 组合
WS_MINIMIZEBOX	在窗口的标题栏上含有“最小化”按钮
WS_OVERLAPPED	创建覆盖窗口，一个覆盖窗口通常有一个标题和边框
WS_OVERLAPPEDWINDOW	创建一含有 WS_OVERLAPPED、WS_CAPTION、WS_SYSMENU、WS_THICKFRAME、WS_MINIMIZEBOX 和 WS_MAXIMIZEBOX 样式的覆盖窗口
WS_POPUP	创建一弹出窗口，它不能和 WS_CHILD 组合。**只能用 CreateEx 函数指定**

续表

风　格	含　义
WS_POPUPWINDOW	创建一含有 WS_BORDER、WS_POPUP 和 WS_SYSMENU 样式的弹出窗口。当 WS_CAPTION 和 WS_POPUPWINDOW 样式组合时才能使系统菜单可见
WS_SYSMENU	窗口的标题栏上含有系统菜单框，它仅用于含有标题栏的窗口
WS_TABSTOP	用户可以用 Tab 键选择控件组中的下一个控件
WS_THICKFRAME	窗口含有边框，并可调整窗口的大小
WS_VISIBLE	窗口最初是可见的
WS_VSCROLL	窗口含有垂直滚动条

需要说明的是，除了上述样式外，框架窗口还有以下三个自己的样式。它们都可以在 PreCreateWindow 重载函数中指定。

（1）FWS_ADDTOTITLE：该样式指定一个文档名添加到框架窗口标题中，例如，“Ex_MDI-Ex_MDI1”中，Ex_MDI1 是文档名。对于单文档应用程序来说，默认的文档名是“无标题”。

（2）FWS_PREFIXTITLE：该样式使得框架窗口标题中的文档名显示在应用程序名之前。例如，若未指定该样式时的窗口标题为“Ex_MDI-Ex_MDI1”，当指定该样式后就变成了“Ex_MDI1-Ex_MDI”。

（3）FWS_SNAPTOBARS：该样式用来调整窗口的大小，使它刚好包含了框架窗口中的控制栏（如工具栏）。

5.4.2　窗口样式设置

窗口样式既可以通过 MFC AppWizard 来设置，也可以在主窗口或文档窗口类的 PreCreateWindow 函数中修改 CREATESTRUCT 结构，或是可以调用 CWnd 类的成员函数 ModifyStyle 和 ModifyStyleEx 来更改。

1．在 MFC AppWizard 中设置

MFC AppWizard 有一个“高级”按钮（在创建单文档或多文档应用程序过程的第四步中），允许用户指定有关 SDI 和 MDI 框架窗口的属性，图 5-10 所示为单文档应用程序创建时的“高级选项”（Advanced Options）对话框的“窗口样式”（Window Styles）页面，其中的选项含义如表 5-3 所示。但在该对话框中，用户只能设定少数几种窗口样式。

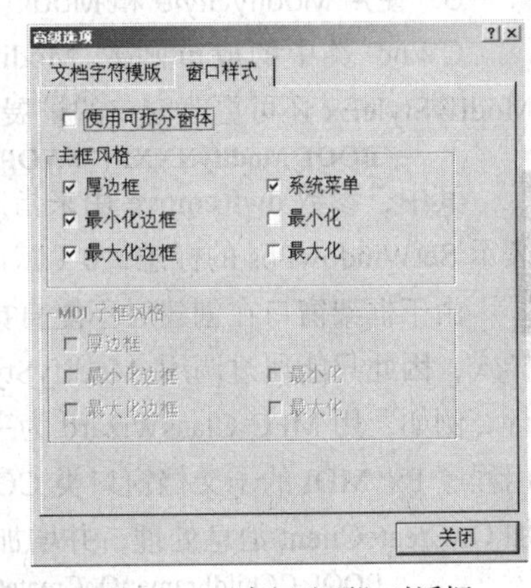

图 5-10　“高级选项”对话框

表 5-3　高级选项对话框窗口样式的各项含义

选　项	含　义
使用可拆分窗口（Use split window）	选中时，将程序的文档窗口创建成“切分”（或称拆分）窗口
厚边框（Thick frame）	选中时，设置窗口样式 WS_THICKFRAME
最小化边框（Minimize box）	选中时，设置窗口样式 WS_MINIMIZEBOX，标题右侧含有最小化按钮
最大化边框（Maximize box）	选中时，设置窗口样式 WS_MAXIMIZEBOX，标题右侧含有最大化按钮
系统菜单（System menu）	选中时，设置窗口样式 WS_SYSMENU，标题左侧有系统菜单
最小化（Minimized）	选中时，设置窗口样式 WS_MINIMIZE
最大化（Maximized）	选中时，设置窗口样式 WS_MAXIMIZE

2. 修改 CREATESTRUCT 结构

当窗口创建之前，系统自动调用 PreCreateWindow 虚函数。在用 MFC AppWizard 创建文档应用程序结构时，MFC 已为主窗口或文档窗口类自动重载了该虚函数。用户可以在此函数中通过修改 CREATESTRUCT 结构来设置窗口的绝大多数样式。

例如，在单文档应用程序中，框架窗口默认的样式是 WS_OVERLAPPEDWINDOW 和 FWS_ADDTOTITLE 的组合，更改其样式可如下列的代码：

```
BOOL CMainFrame::PreCreateWindow(CREATESTRUCT& cs)
{
    // 新窗口不带有[最大化]按钮
    cs.style &= ~WS_MAXIMIZEBOX;
    // 将窗口的大小设为 1/3 屏幕并居中
    cs.cy = ::GetSystemMetrics(SM_CYSCREEN) / 3;
    cs.cx = ::GetSystemMetrics(SM_CXSCREEN) / 3;
    cs.y = ((cs.cy * 3) – cs.cy) / 2;        cs.x = ((cs.cx * 3) – cs.cx) / 2;
    return CFrameWnd::PreCreateWindow(cs);
}
```

代码中，前面有“::”作用域符号的函数是指全局函数，一般都是一些 API 函数。“cs.style &=~WS_MAXIMIZEBOX;”中的“~”是按位取“反”运算符，它将 WS_MAXIMIZEBOX 的值按位取反后，再和 cs.style 值按位“与”，其结果是将 cs.style 值中的 WS_MAXIMIZEBOX 标志位清零。

再如，对于多文档应用程序，文档窗口的样式可用下列的代码更改：

```
BOOL CChildFrame::PreCreateWindow(CREATESTRUCT& cs)
{
    cs.style &= ~WS_MAXIMIZEBOX;       // 创建不含有[最大化]按钮的子窗口
    return CMDIChildWnd::PreCreateWindow(cs);
}
```

3. 使用 ModifyStyle 和 ModifyStyleEx

CWnd 类中的成员函数 ModifyStyle 和 ModifyStyleEx 也可用来更改窗口的样式，其中 ModifyStyleEx 还可更改窗口的扩展样式，这两个函数具有相同的参数，其含义如下。

BOOL ModifyXXXX(DWORD *dwRemove*, **DWORD** *dwAdd*, **UINT** *nFlags* **= 0);**

其中，参数 dwRemove 用来指定需要删除的样式，dwAdd 用来指定需要增加的样式，nFlags 表示 SetWindowPos 的标志，0（默认）表示更改样式的同时不调用 SetWindowPos 函数。

由于框架窗口在创建时不能直接设定其扩展样式，因此只能通过调用 ModifyStyle 函数来进行。例如，用 MFC ClassWizard 为一个多文档应用程序 Ex_MDI 的子文档窗口类 CChildFrame 添加 OnCreateClient 消息处理，并增加下列代码：

```
BOOL CChildFrame::OnCreateClient
(LPCREATESTRUCT lpcs, CCreateContext* pContext)
{
    ModifyStyle(0, WS_VSCROLL, 0);
    return CMDIChildWnd::OnCreateClient
(lpcs, pContext);
}
```

这样，当窗口创建客户区时就会调用虚函数 OnCreateClient，运行结果如图 5-11 所示。

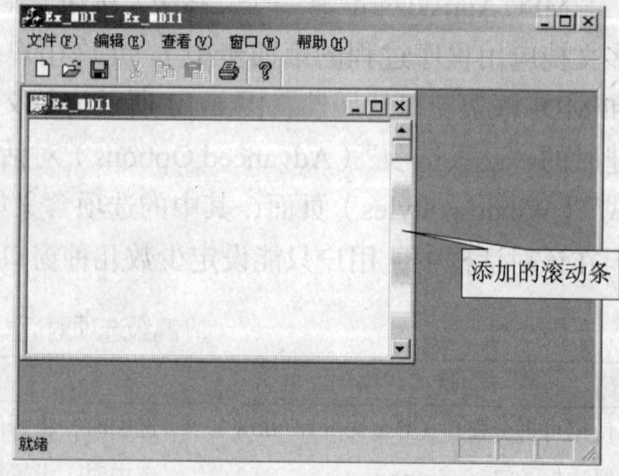

图 5-11　为文档子窗口添加垂直滚动条

5.4.3　窗口状态改变

MFC AppWizard 为每个窗口设置了相应的大小和位置，但默认的窗口状态有时并不那么令人满意，这时就需要对窗口状态进行适当的改变。

1. 用 ShowWindow 改变窗口的显示状态

当应用程序运行时，Windows 会自动调用应用程序框架内部的 WinMain 函数，并自动查找该应用程序类的全局变量 theApp，然后自动调用用户应用程序类的虚函数 InitInstance，该函数会进一步调用相应的函数来完成主窗口的构造和显示工作，示例代码如下（以单文档应用程序项目 Ex_SDI 为例）：

```
BOOL CEx_SDIApp::InitInstance( )
{   …
    m_pMainWnd->ShowWindow(SW_SHOW);         // 显示窗口
    m_pMainWnd->UpdateWindow( );             // 更新窗口
    return TRUE;
}
```

代码中，m_pMainWnd 是主框架窗口指针变量，ShowWindow 是 CWnd 类的成员函数，用来按指定的参数显示窗口，该参数的值如表 5-4 所示。

表 5-4　ShowWindow 函数的参数值

参　数　值	含　义
SW_HIDE	隐藏此窗口并将激活状态移交给其他窗口
SW_MINIMIZE	将窗口最小化并激活系统中的顶层窗口
SW_RESTORE	激活并显示窗口。若窗口是最小或最大状态时，则恢复到原来的大小和位置
SW_SHOW	用当前的大小和位置激活并显示窗口
SW_SHOWMAXIMIZED	激活窗口并使之最大化
SW_SHOWMINIMIZED	激活窗口并使之最小化
SW_SHOWMINNOACTIVE	窗口显示成为一个图标并保留其激活状态（即原来是激活的，仍然是激活）
SW_SHOWNA	用当前状态显示窗口
SW_SHOWNOACTIVATE	用最近的大小和位置状态显示窗口并保留其激活状态
SW_SHOWNORMAL	激活并显示窗口

通过指定 ShowWindow 函数的参数值可以改变改变窗口显示状态。例如下面的代码是将窗口的初始状态设置为“最小化”：

```
BOOL CEx_SDIApp::InitInstance( )
{
    …
    m_pMainWnd->ShowWindow(SW_SHOWMINIMIZED);
    m_pMainWnd->UpdateWindow( );
    return TRUE;
}
```

需要说明的是，由于用户应用程序类继承了基类 CWinApp 的特性，因此也可在用户应用程序类中使用公有（public）成员变量 m_nCmdShow，通过对其进行赋值，同样能达到效果。例如，上述代码可改写如下：

```
BOOL CEx_SDIApp::InitInstance( )
{
    …
    m_nCmdShow = SW_SHOWMINIMIZED;
    m_pMainWnd->ShowWindow(m_nCmdShow);
    m_pMainWnd->UpdateWindow( );
    return TRUE;
}
```

2. 用 SetWindowPos 或 MoveWindow 改变窗口的大小和位置

CWnd 中的 SetWindowPos 是一个非常有用的函数；它不仅可以改变窗口的大小、位置，而且还可以改变所有窗口在堆栈排列的次序（Z 次序），这个次序是根据它们在屏幕出现的先后来确定的。

```
BOOL SetWindowPos( const CWnd* pWndInsertAfter, int x, int y, int cx, int cy, UINT nFlags );
```

其中，参数 pWndInsertAfter 表示窗口对象指针，它可以预定义窗口对象的地址：

wndBottom	将窗口放置在 Z 次序中的底层
wndTop	将窗口放置在 Z 次序中的顶层
wndTopMost	设置最顶窗口
wndNoTopMost	将窗口放置在所有最顶层的后面，若此窗口不是最顶窗口，则此标志无效

x 和 *y* 表示窗口新的左上角坐标，*cx* 和 *cy* 分别表示窗口新的宽度和高度，nFlags 表示窗口新的大小和位置方式，如表 5-5 所示。

表 5-5　常用 nFlags 值及其含义

nFlags 值	含　义
SWP_HIDEWINDOW	隐藏窗口
SWP_NOACTIVATE	不激活窗口。如该标志没有被指定，则依赖 pWndInsertAfter 参数
SWP_NOMOVE	不改变当前的窗口位置（忽略 *x* 和 *y* 参数）
SWP_NOOWNERZORDER	不改变父窗口的 Z 次序
SWP_NOREDRAW	不重新绘制窗口
SWP_NOSIZE	不改变当前的窗口大小（忽略 *cx* 和 *cy* 参数）
SWP_NOZORDER	不改变当前的窗口 Z 次序（忽略 pWndInsertAfter 参数）
SWP_SHOWWINDOW	显示窗口

函数 CWnd::MoveWindow 也可用来改变窗口的大小和位置，与 SetWindowPos 函数不同的是，用户必须在 MoveWindow 函数中指定窗口的大小。

```
void MoveWindow( int x, int y, int nWidth, int nHeight, BOOL bRepaint = TRUE );
void MoveWindow( LPCRECT lpRect, BOOL bRepaint = TRUE );
```

其中，参数 *x* 和 *y* 表示窗口新的左上角坐标，nWidth 和 nHeight 表示窗口新的宽度和高度，bRepaint 用于指定窗口是否重绘，lpRect 表示窗口新的大小和位置。

作为示例，这里将使用上述两个函数把主窗口移动到屏幕的（100，100）处（代码添在 CEx_SDIApp::InitInstance 中 return TRUE 语句之前）。

```
// 使用 SetWindowPos 函数的示例
m_pMainWnd->SetWindowPos(NULL,100,100,0,0,SWP_NOSIZE|SWP_NOZORDER);
// 使用 MoveWindow 函数的示例
CRect rcWindow;
m_pMainWnd->GetWindowRect(rcWindow);
m_pMainWnd->MoveWindow(100,100,rcWindow.Width( ),rcWindow.Height( ),TRUE);
```

当然，改变窗口的大小和位置的 CWnd 成员函数还不止以上两个。例如，CenterWindow 函数是使窗口居于父窗口中间，示例代码如下：

```
CenterWindow(CWnd::GetDesktopWindow( ));        // 将窗口置于屏幕中央
AfxGetMainWnd( ) ->CenterWindow( );             // 将主框架窗口居中
```

5.5　综合应用

创建一个默认的单文档应用程序 Ex_A5，去除应用程序标题栏的“无标题”显示以及最大和最小框按钮，将框架窗口标题设置为“第 5 章综合应用”。程序开始运行时，使其显示大小指定为

400×300，且在屏幕中居中显示，如图 5-12 所示。双击应用程序窗口的客户区，窗口消失，在系统托盘中显示一个空心圆圈图标，并每隔 500ms 在与 MFC 应用程序默认图标进行切换，单击托盘的图标，窗口恢复显示，托盘中的图标消失。

例 Ex_A5　第 5 章综合应用。

（1）创建一个默认的单文档应用程序 Ex_A5。

（2）在 CMainFrame::OnCreate 中添加下列代码（用来设置框架窗口标题）：

```
int CMainFrame::OnCreate(LPCREATESTRUCT lpCreateStruct)
{    ...
     this->SetWindowText( "第 5 章综合应用" );
     return 0;
}
```

（3）在 CMainFrame::PreCreateWindow 中修改 cs 风格，如下所示：

```
BOOL CMainFrame::PreCreateWindow(CREATESTRUCT& cs)
{
     if( !CFrameWnd::PreCreateWindow(cs) )
          return FALSE;
     cs.style &= ~FWS_ADDTOTITLE;
     cs.style &= ~WS_MINIMIZEBOX;
     cs.style &= ~WS_MAXIMIZEBOX;
     return TRUE;
}
```

（4）在 CEx_A5App::InitInstance 中添加下列代码：

```
BOOL CEx_A5App::InitInstance( )
{    …
     m_pMainWnd->ShowWindow(SW_SHOW);
     m_pMainWnd->UpdateWindow( );
     m_pMainWnd->SetWindowPos( NULL,0,0,400,300, SWP_NOZORDER );
     m_pMainWnd->CenterWindow( );
     return TRUE;
}
```

（5）编译运行。

（6）添加一个图标资源，打开“图像”（Image）菜单，选择“删除设备图像”（Delete Device Image）命令，这样，就删除“标准‘32×32’”设备类型。

（7）单击“新建设备图像”按钮，选择“小的（16×16）”作为图标的设备类型，保留图标资源默认的 ID 号 IDI_ICON1，制作如图 5-13 所示的空心圆圈图标。

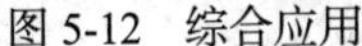
图 5-12　综合应用

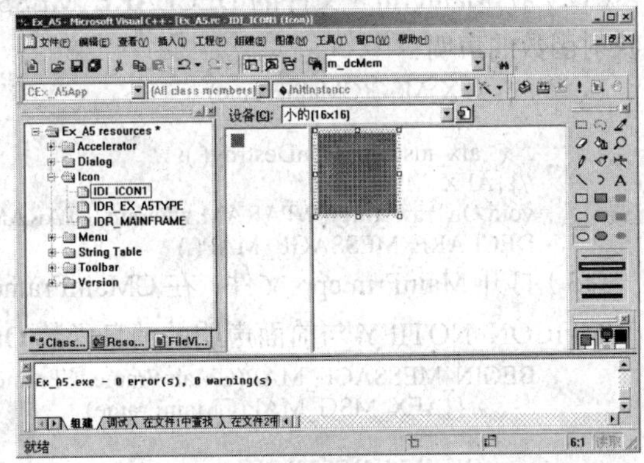

图 5-13　设计的图标

（8）由于框架窗口包含菜单、工具栏和状态栏等，用 MFC ClassWizard 为 CMainFrame 类添加 WM_LBUTTONDBLCLK（双击鼠标消息）的消息映射是不会执行的（已被其菜单、工具栏和状态栏等子类对象获取）。因此，必须为 CMainFrame 类添加 PreTranslateMessage 重载来拦截 WM_LBUTTONDBLCLK 消息，代码如下：

```
BOOL CMainFrame::PreTranslateMessage(MSG* pMsg)
{
    if (pMsg->message == WM_LBUTTONDBLCLK)
    {
        // 隐藏窗口
        ShowWindow(SW_HIDE);
        // 向托盘中添加图标
        NOTIFYICONDATA tnid;
        tnid.cbSize = sizeof(NOTIFYICONDATA);
        tnid.hWnd = m_hWnd;
        tnid.uFlags = NIF_MESSAGE | NIF_ICON | NIF_TIP;
        tnid.uCallbackMessage = WM_ICON_NOTIFY;
        tnid.hIcon = AfxGetApp( ) ->LoadIcon( IDR_MAINFRAME ) ;
        lstrcpyn(tnid.szTip, "综合应用", sizeof(tnid.szTip));
        Shell_NotifyIcon(NIM_ADD, &tnid);
        // 启动计时器
        SetTimer( 1, 500, NULL );
    }
    return CFrameWnd::PreTranslateMessage(pMsg);
}
```

（9）向 CMainFrame 类添加 DeleteTaskBarIcon 成员函数，其代码如下：

```
BOOL CMainFrame::DeleteTaskBarIcon(HWND hwnd, UINT uID)
{
    NOTIFYICONDATA tnid;
    tnid.cbSize = sizeof(NOTIFYICONDATA);
    tnid.hWnd = hwnd;
    return Shell_NotifyIcon(NIM_DELETE, &tnid);
}
```

（10）用 MFC ClassWizard 为 CMainFrame 类添加 WM_DESTROY 消息映射，并添加下列代码：

```
void CMainFrame::OnDestroy( )
{
    CFrameWnd::OnDestroy( );
    KillTimer( 1 );
    DeleteTaskBarIcon( m_hWnd, IDR_MAINFRAME );
}
```

（11）打开 MainFrm.h 文件，在类声明语句“class CMainFrame : public CFrameWnd”之前添加 WM_ICON_NOTIFY 的宏定义：

```
#define   WM_ICON_NOTIFY          (WM_USER+500)
class CMainFrame : public CFrameWnd
```

（12）在 MainFrm.h 文件的 DECLARE_MESSAGE_MAP 前，添加 WM_ICON_NOTIFY 的消息映射函数的声明：

```
//{{AFX_MSG(CMainFrame)
    …
    afx_msg void OnDestroy( );
//}}AFX_MSG
void OnTrayNotify(WPARAM wParam, LPARAM lParam);
DECLARE_MESSAGE_MAP( )
```

（13）打开 MainFrm.cpp 文件，在 CMainFrame 类的消息入口定义中添加消息宏指定，即将消息 WM_ICON_NOTIFY 与前面声明的消息函数 OnTrayNotify 相映射：

```
BEGIN_MESSAGE_MAP(CMainFrame, CFrameWnd)
    //{{AFX_MSG_MAP(CMainFrame)
    …
    ON_WM_DESTROY( )
    //}}AFX_MSG_MAP
    ON_MESSAGE(WM_ICON_NOTIFY, OnTrayNotify)
END_MESSAGE_MAP( )
```

（14）在 MainFrm.cpp 文件中，添加 CMainFrame 类的消息函数 OnTrayNotify 的实现代码：

```
void CMainFrame::OnTrayNotify(WPARAM wParam, LPARAM lParam)
{
    UINT uMouseMsg              = (UINT) lParam;
    if (uMouseMsg == WM_LBUTTONDOWN)
    {
        ShowWindow(SW_SHOWNORMAL);
        DeleteTaskBarIcon( m_hWnd );
        return;
    }
}
```

（15）用 MFC ClassWizard 为 CMainFrame 类添加 WM_TIMER 消息映射，并添加下列代码用来动态修改托盘图标：

```
void CMainFrame::OnTimer(UINT nIDEvent)
{
    static UINT nIDs[] = { IDI_ICON1, IDR_MAINFRAME };
    static int nIndex = 0;
    NOTIFYICONDATA tnid;
    tnid.cbSize = sizeof(NOTIFYICONDATA);
    tnid.hWnd = m_hWnd;
    tnid.uFlags = NIF_ICON;
    tnid.hIcon = AfxGetApp( ) ->LoadIcon( nIDs[nIndex] ) ;
    Shell_NotifyIcon(NIM_MODIFY, &tnid);
    nIndex++;
    if (nIndex > 1) nIndex = 0;
    CFrameWnd::OnTimer(nIDEvent);
}
```

（16）编译运行并测试。

总之，菜单、工具栏、状态栏、图标、光标、托盘图标以及窗口样式是应用程序开发中所必需要考虑并实现的界面内容。同时，应用程序处理的数据和文档也是一个十分重要的方面，下一章就来讨论。

习　题

1. 如何改变应用程序的图标和光标？一个图标或一个光标能否同时存在多个设备图像类型？为什么？

2. 使用托盘图标的一般步骤是什么？说说手动添加一个消息映射的步骤是什么？

3. 窗口的风格分为哪两类？各举一例。

4. 改变窗口风格的方法有哪些？窗口状态的改变方法有哪些？

5. 若将主窗口的大小设置为屏幕的 1/4 大小，并移动到屏幕的右上角，应如何实现？

6. 若将多文档的文档窗口的大小设置为主窗口客户区的 1/4 大小，并移动到主窗口客户区的右上角，应如何实现？

7. 比较 Ex_Tray 和 Ex_A5 在托盘图标的添加或删除操作中有什么不同？

8. 在 Ex_A5 基础上添加这样的功能：若单击托盘图标时，还弹出一个快捷菜单，显示出“恢复”和“退出”命令，单击“恢复”菜单命令，应用程序窗口显示，托盘图标消息，若单击“退出”菜单命令，则应用程序退出，托盘图标都消失。

想要应用程序退出，可向程序发生 WM_CLOSE 消息，即调用 PostMessage（WM_CLOSE）。

第 6 章 数据和文档

以前曾介绍过，在 Windows 应用程序开发平台中，为了满足数据定义的需要，Visual C++添加了一些新的数据类型，这些数据类型大体包括了字符型、整型、浮点型、布尔型、指针型以及 Windows 应用程序所特有的句柄型。除了这些数据类型外，在 MFC 中还提供了一些如 CString 类、集合类来解决数据在内存中处理和储存。当然，数据还应有共享机制以及能持久地存储在指定的磁盘文件中。这时，就需要理解文档应用程序框架中类对象之间的访问方式，以及使用 MFC 独特的文档 Serialize（序列化）机制来操作数据。

6.1 CString 类

MFC 的 CString 类是对 C++语言的一个很重要的扩充，它有许多非常有用的运算符和成员函数用于字符串的操作。由于 CString 类对象能自动进行内存的动态开辟和释放，因而实际使用时，根本不用担心 CString 对象的容量大小（它最大可使用 2 147 483 64 个字符）。下面来讨论它的一些典型用法和技巧。

6.1.1 BSTR、const char*、LPCTSTR 和 CString

在 Visual C++的所有编程方式中，常常要用到这样的一些基本字符串类型，如 BSTR、LPSTR 和 LPWSTR 等。之所以出现类似上述的这些数据类型，是因为不同编程语言之间的数据交换以及对 ANSI、双字节字符集（Unicode）和多字节字符集（MBCS）的支持。

那么什么是 BSTR、LPSTR 以及 LPWSTR 呢？

BSTR（**B**asic **STR**ing，Basic 字符串）是一个 OLE CHAR*类型的 Unicode 字符串，它被描述成一个与自动化相兼容的类型。由于操作系统提供相应的 API 函数（如 SysAllocString）来管理它以及一些默认的调度代码，因此 BSTR 实际上就是一个 COM 字符串，但它却在自动化技术以外的多种场合下也得到了较为广泛的使用。

LPSTR 和 LPWSTR 是 Win32 和 Visual C++所使用的一种字符串数据类型。LPSTR 被定义成是一个指向以 NULL（'\0'）结尾的 8 位 ANSI 字符数组指针，而 LPWSTR 是一个指向以 NULL 结尾的 16 位双字节字符数组指针。在 Visual C++中，还有类似的字符串类型，如 LPTSTR、LPCTSTR 等，它们的含义如图 6-1 所示。

图 6-1 字符串类型表示的含义

例如，LPCTSTR 是指“long pointer to a constant generic string”，表示“一个指向一般字符串常量的长指针类型”，与 C/C++的 const char*相映射，而 LPTSTR 映射为 char*。

一般地，Visual C++中还有下列类型定义：

```
#ifdef    UNICODE
typedef   LPWSTR  LPTSTR;
typedef   LPCWSTR     LPCTSTR;
#else
typedef   LPSTR       LPTSTR;
typedef   LPCSTR      LPCTSTR;
#endif
```

CString 类支持字符串类型，并可通过 CString 类构造函数和一些运算符进行构造。CString 类构造函数原型如下：

```
CString( );
CString( const CString& stringSrc );
CString( TCHAR ch, int nRepeat = 1 );
CString( LPCTSTR lpch, int nLength );
CString( const unsigned char* psz );
CString( LPCWSTR lpsz );
CString( LPCSTR lpsz );
```

例如：

```
CString s1;                              // 创建一个空字符串
CString s2( "cat" );                     // 从 C 语言样式的字符串来创建 s2
CString s3 = s2;                         // 使用拷贝构造函数，将 s2 作为 s3 的初值
CString s4( s2 + " " + s3 );             // 从一个字符串表达式来创建 s4
CString s5( 'x' );                       // 使 s5 = "x"
CString s6( 'x', 6 );                    // 使 s6 = "xxxxxx"
CString s7((LPCSTR)ID_FILE_NEW);         // 从资源 ID_FILE_NEW 的字符串值创建 s7
// 等同于：
// CString s7 ;
// s7. LoadString( ID_FILE_NEW ) ;
CString city = "Philadelphia";           // 从 C 语言样式的字符串来创建 city
```

当然，也可使用 CString 类的 Format 成员函数将任意数据类型转换成 CString 字符串。Format 成员函数使用 C 语言的 printf 的格式样式进行创建，例如：

```
CString str;
str.Format( "Floating point: %.2f\n", 12345.12345);
str.Format( "Left-justified integer: %.6d\n", 35);
```

若将一个 CString 字符串向上述字符串类型进行转换，则可使用 CString 类提供了的 const char*、LPCTSTR 运算符以及 AllocSysString 和 SetSysString 成员函数等。例如：

```
// 将 CString 向 LPTSTR 转换的方法一
CString theString( "This is a test" );
LPTSTR lpsz = new TCHAR[theString.GetLength( )+1];
// TCHAR 在 Unicode 平台中等同于 WCHAR(16 位 Unicode 字符)，在 ANSI 中等价于 char
_tcscpy( lpsz,   theString);
// 将 CString 向 LPTSTR 转换的方法二
CString theString( "This is a test" );
LPTSTR lpsz = (LPTSTR)(LPCTSTR)theString;
// 将 CString 向 BSTR 转换
CString str("This is a test");
BSTR bstrText = str.AllocSysString( );
…
SysFreeString(bstrText);                 // 用完释放
```

6.1.2 字符串的字符访问

在 CString 类中，可以用 SetAt 和 GetAt 来设置或获取指定字符串中的字符，也可以使用运算符“[ ]”来直接操作，它们的函数原型描述如下：

```
void SetAt( int nIndex, TCHAR ch );
```

其中，参数 nIndex 用来指 CString 对象中的某个字符的索引（从零开始），它的值必须大于或等于 0，且应小于由 GetLength 的返回的值。ch 用来指定要插入的字符。这样，就可将一个 CString 对象看作是一个字符数组，SetAt 成员函数用来改写指定索引的字符。

TCHAR GetAt(int *nIndex*) const;

该函数用来返回由 nIndex 指定索引位置（从零开始）的 TCHAR 字符。例如：

```
CString str( "abcdef" );
ASSERT( str.GetAt(2) == 'c' );
// 断言返回的字符与'c'相等。在 MFC 中，断言机制常用于调试，当断言失败后，程序在此中断
// 然后弹出对话框，询问是否进入调试或选择其他操作
```

TCHAR operator [](int nIndex) const;

这是一个运算符重载函数，即将一个 CString 对象看作是一个字符数组，使用下标运算符“[]”，通过指定下标值 nIndex 来获取相应的字符。例如：

```
CString str( "abc" );
ASSERT( str[1] == 'b' );
```

6.1.3 清空及字符串长度

清空 CString 对象可用 Empty 函数，判断 CString 对象是否为空用函数 IsEmpty，获取 CString 对象的字符串长度用函数 GetLength，它们的原型如下：

void Empty( );

该函数强迫 CString 对象为空（字符串长度为 0）并释放相应的内存。

BOOL IsEmpty( ) const;

该函数用来判断 CString 对象是否为空（字符串长度为 0），“是”为 TRUE，“否”为 FALSE。

int GetLength( ) const;

该函数用来获取 CString 对象的字符串长度（字符个数），这个长度不包括字符串结尾的结束符。例如：

```
CString s( "abcdef" );
ASSERT( s.GetLength( ) == 6 );
```

6.1.4 提取和大小写转换

CString 类提供许多用来从一个字符串中提取部分字符串的操作函数，也提供了大小写转换函数。下面分别说明。

CString Left(int *nCount*) const;

该函数用来从 CString 对象中提取最前面的 nCount 个字符作为要提取的子字符串（简称**子串**）。如果 nCount 超过了字符串的长度，则整个字符串都被抽取。

CString Mid(int *nFirst*) const;
CString Mid(int *nFirst*, int *nCount*) const;

该函数用来从 CString 对象中提取一个从 nFirst（从零开始的索引）指定的位置开始的 nCount 个字符的子串。若 nCount 不指定，则提取的子串是从 nFirst 开始直到字符串结束。

CString Right(int *nCount*) const;

该函数用来从 CString 对象中提取最后面的 nCount 个字符作为要提取的子字符串。如果 nCount 超过了字符串的长度，则整个字符串都被抽取。

void MakeLower( );

该函数用来将 CString 对象的所有字符转换成小写字符。

void MakeUpper( );

该函数用来将 CString 对象的所有字符转换成大写字符。

void TrimLeft( );
void CString::TrimLeft(TCHAR *chTarget*);
void CString::TrimLeft(LPCTSTR *lpszTargets*);

该函数用来将 CString 对象最左边的空格、空格和 Tab 字符或 chTarget 指定的字符或 lpszTargets

指定的子串删除。

```
void TrimRight( );
void CString::TrimRight( TCHAR chTarget );
void CString::TrimRight( LPCTSTR lpszTargets );
```

该函数用来将CString对象最右边的空格、空格和Tab字符或chTarget指定的字符或lpszTargets指定的子串删除。

例如：

```
CString strBefore;
CString strAfter;
strBefore = "Hockey is Best!!!!" ;
strAfter = strBefore;
strAfter.TrimRight('!' );
// strAfter 中的字符串“Hockey is Best!!!!”变成了“Hockey is Best”
strBefore ="Hockey is Best?!?!?!?!" ;
strAfter = strBefore;
strAfter.TrimRight("?!?");
// strAfter 中的字符串“Hockey is Best?!?!?!?!”变成了“Hockey is Best”
```

6.2 使用简单数组集合类

集合类也是 MFC 提供的类，它常常用于装载一组对象，组织文档中的数据，也常用作数据的容器。集合类的使用有利于优化数据结构，简化数据的序列化，保证数据类型的安全性。从集合类的表现形式上看，MFC 提供的集合类可分为三类：链表集合类（List）、数组集合类（Array）和映射集合类（Map）。

限于篇幅，这里仅讨论简单数组集合类，它包括 CObArray（对象数组集合类）、CByteArray（BYTE 数组集合类）、CDWordArray（DWORD 数组集合类）、CPtrArray（指针数组集合类）、CStringArray（字符串数组集合类）、CUIntArray（UINT 数组集合类）和 CWordArray（WORD 数组集合类）。

简单数组集合类是一个大小动态可变的数组，数组中的元素可用下标运算符“[ ]”来访问（从 0 开始）、设置或获取元素数据。若要设置超过数组当前个数的元素的值，可以指定是否使数组自动扩展。当数组不需扩展时，访问数组集合类的速度与访问标准 C++中的数组的速度同样快。以下的基本操作对所有的简单数组集合类都适用。

1. 简单数组集合类的构造及元素的添加

对简单数组集合类构造的方法都是一样的，均是使用各自的构造函数，它们的原型如下：

```
CByteArray        CByteArray();
CDWordArray       CDWordArray( );
CObArray          CObArray( );
CPtrArray         CPtrArray( );
CStringArray      CStringArray( );
CUIntArray        CUIntArray( );
CWordArray        CWordArray( );
```

下面的代码说明了简单数组集合类的两种构造方法：

```
CObArray array;                          // 使用默认的内存块大小
CObArray* pArray = new CObArray;         // 使用堆内存中的默认的内存块大小
```

为了有效使用内存，在使用简单数组集合类之前最好调用成员函数 SetSize 设置此数组的大小，与其对应的函数是 GetSize，用来返回数组的大小，它们的原型如下：

```
void SetSize( int nNewSize, int nGrowBy = -1 );
int GetSize( ) const;
```

其中，参数 nNewSize 用来指定新的元素的数目（必须大于或等于 0）。nGrowBy 表示当数组需要扩展时允许可添加的最少元素数目，默认时为自动扩展。

向简单数组集合类添加一个元素，可使用成员函数 Add 和 Append，它们的原型如下：

```
int Add( CObject* newElement );
int Append( const CObArray& src );
```

其中，Add 函数是向数组的末尾添加一个新元素，且数组自动增 1。如果调用的函数 SetSize 的参数 nGrowBy 的值大于 1，那么扩展内存将被分配。此函数返回被添加的元素序号，元素序号就是数组下标。参数 newElement 表示要添加的相应类型的数据元素。而 Append 函数是向数组的末尾添加由 src 指定的另一个数组的内容。函数返回加入的第一个元素的序号。

2. 访问简单数组集合类的元素

在 MFC 中，一个简单数组集合类元素的访问既可以使用 GetAt 函数，也可使用“[]”操作符，例如：

```
//   CObArray::operator []示例
CObArray array;
CAge* pa;                                    // CAge 是一个用户类
array.Add( new CAge( 21 ) );                 // 添加一个元素
array.Add( new CAge( 40 ) );                 // 再添加一个元素
pa = (CAge*)array[0];                        // 获取元素 0
array[0] = new CAge( 30 );                   // 替换元素 0
//   CObArray::GetAt 示例
CObArray array;
array.Add( new CAge( 21 ) );                 // 元素 0
array.Add( new CAge( 40 ) );                 // 元素 1
```

3. 删除简单数组集合类的元素

删除简单数组集合类中的元素一般需要以下几个步骤。

（1）使用函数 GetSize 和整数下标值访问简单数组集合类中的元素。

（2）若对象元素是在堆内存中创建的，则使用 Delete 操作符删除每一个对象元素。

（3）调用函数 RemoveAll 删除简单数组集合类中的所有元素。

例如，下面代码是一个 CObArray 的删除示例：

```
CObArray array;
CAge* pa1;
CAge* pa2;
array.Add( pa1 = new CAge( 21 ) );
array.Add( pa2 = new CAge( 40 ) );
ASSERT( array.GetSize( ) == 2 );
for (int i=0;i<array.GetSize( );i++)
    delete array.GetAt(i);
array.RemoveAll( );
```

需要说明的是，函数 RemoveAll 可以删除数组中的所有元素，而函数 RemoveAt（int nIndex, int nCount = 1）则表示要删除数组中从序号为 nIndex 元素开始的，数目为 nCount 的元素。

6.3 使用 CFile 类

在 MFC 中，CFile 类是一个文件 I/O 的基类，它直接支持非缓冲、二进制的磁盘文件的输入输出，也可以使用其派生类处理文本文件（CStdioFile）和内存文件（CMemFile）。CFile 类的读写功能类似于 C 语言中的 fread 和 fwrite，而 CStdioFile 类的读写功能类似于 C 语言中的 fgets 和 fputs。使用 CFile 类可以打开或关闭一个磁盘文件、向一个文件读或写数据等。

6.3.1 文件的打开和关闭

在 MFC 中，使用 CFile 打开一个文件通常使用下列两个步骤。

（1）构造一个不带任何参数的 CFile 对象。

（2）调用成员函数 Open 并指定文件路径以及文件标志。

CFile 类的 Open 函数原型如下：

BOOL Open(LPCTSTR *lpszFileName*, **UINT** *nOpenFlags*, **CFileException*** *pError* **= NULL);**

其中，lpszFileName 用来指定一个要打开的文件路径，该路径可以是相对的、绝对的或是一个网络文件名（UNC）。nOpenFlags 用来指定文件打开的标志，它的值如表 6-1 所示。pError 用来表示操作失败产生的 CFileException 指针，CFileException 是一个与文件操作有关的异常处理类。函数 Open 操作成功时返回 TRUE，否则为 FALSE。

表 6-1　CFile 类的文件访问方式

方　式	含　义
CFile::modeCreate	表示创建一个新文件，若该文件已存在，则将文件原有内容清除
CFile::modeNoTruncate	与 CFile::modeCreate 组合。若文件已存在，不会将文件原有内容清除
CFile::modeRead	打开文件只读
CFile::modeReadWrite	打开文件读与写
CFile::modeWrite	打开文件只写
CFile::modeNoInherit	防止子线程继承该文件
CFile::shareDenyNone	共享文件的读和写，若其他线程用相关方式打开过此文件，则创建失败
CFile::shareDenyRead	禁止其他线程读此共享文件，若其他线程用相关方式打开过此文件，则创建失败
CFile::shareDenyWrite	禁止其他线程写此共享文件，若其他线程用相关方式打开过此文件，则创建失败
CFile::shareExclusive	禁止其他线程读写此共享文件，若其他线程用相关方式打开过此文件，即使是当前线程也会使创建失败

例如，下面的代码将显示如何用读写方式创建一个新文件：

```
char* pszFileName = "c:\\test\\myfile.dat";
CFile myFile;
CFileException fileException;
if ( !myFile.Open( pszFileName, CFile::modeCreate | CFile::modeReadWrite ), &fileException )
{
    TRACE( "Can't open file %s, error = %u\n", pszFileName, fileException.m_cause );
}
```

代码中，若文件创建打开有任何问题，Open 函数将在它的最后一个参数中返回 CFileException（文件异常类）对象，TRACE 宏将显示出文件名和表示失败原因的代码。使用 AfxThrowFileException 函数将获得更详细的有关错误的报告。

与文件“打开”相反的操作是“关闭”，可以使用 Close 函数来关闭一个文件对象，若该对象是在堆内存中创建的，还需调用 Delete 来删除它（不是删除物理文件）。

6.3.2　文件的读写和定位

CFile 类支持文件的读、写和定位操作，它们相关函数的原型如下：

UINT Read(void* *lpBuf*, **UINT** *nCount* **);**

此函数将文件中指定大小的数据读入指定的缓冲区，并返回向缓冲区传输的字节数。需要说明的是，这个返回值可能小于 nCount，这是因为可能到达了文件的结尾。

void Write(const void* *lpBuf*, **UINT** *nCount* **);**

此函数将缓冲区的数据写到文件中。参数 lpBuf 用来指定要写到文件中的数据缓冲区的指针，nCount 表示从数据缓冲区传送的字节数。对于文本文件，每行的换行符也被计算在内。

LONG Seek(LONG *lOff*, **UINT** *nFrom* **);**

此函数用来定位文件指针的位置，若要定位的位置是有效的，则此函数将返回从文件开始的偏移量。否则，返回值是不定的且激活一个 CFileException 对象。参数 lOff 用来指定文件指针移动的字节数，nFrom 表示指针移动方式，它可以是 CFile::begin（从文件的开始位置）、CFile::current（从文件的当前位置）或 CFile::end（从文件的最后位置，但 lOff 必须为负值才能在文件中定位，否则将超出文件）等。需要说明的是，文件刚打开时，默认的文件指针位置为 0，即文件的开始位置。

另外，函数 void SeekToBegin( )和 DWORD SeekToEnd( )分别将文件指针移动到文件开始和结尾位置，对于后者还将返回文件的大小。

6.3.3 获取文件的有关信息

CFile 还支持获取文件状态，包括文件是否存在、创建与修改的日期和时间、逻辑大小和路径等。

BOOL GetStatus(CFileStatus& *rStatus* **) const;**
static BOOL PASCAL GetStatus(LPCTSTR *lpszFileName*, **CFileStatus&** *rStatus* **);**

若指定文件的状态信息成功获得，该函数返回 TRUE，否则返回 FALSE。其中，参数 lpszFileName 用来指定一个文件路径，这个路径可以是相对的或是绝对的，但不能是网络文件名。rStatus 用来存放文件状态信息，它是一个 CFileStatus 结构类型，该结构具有下列成员：

CTime	m_ctime	文件创建日期和时间
CTime	m_mtime	文件最后一次修改日期和时间
CTime	m_atime	文件最后一次访问日期和时间
LONG	m_size	文件大小的字节数
BYTE	m_attribute	文件属性
char	m_szFullName[_MAX_PATH]	文件名

需要说明的是，static 形式的 GetStatus 函数将获得指定文件名的文件状态，并将文件名复制至 m_szFullName 中。该函数仅获取文件状态，并没有真正打开文件，这对于测试一个文件的存在性是非常有用的。示例代码如下：

```
CFile theFile;
char* szFileName = "c:\\test\\myfile.dat";
BOOL bOpenOK;
CFileStatus status;
if( CFile::GetStatus( szFileName, status ) )      // 该文件已存在，直接打开
{
    bOpenOK = theFile.Open( szFileName, CFile::modeWrite );
}
else                                              // 该文件不存在，需要使用 modeWrite 方式创建它
{
    bOpenOK = theFile.Open( szFileName, CFile::modeCreate | CFile::modeWrite );
}
```

6.3.4 CFile 示例

如图 6-2 所示，单击“浏览“按钮，将弹出文件“打开”对话框，从中选择一个文件时，编辑框

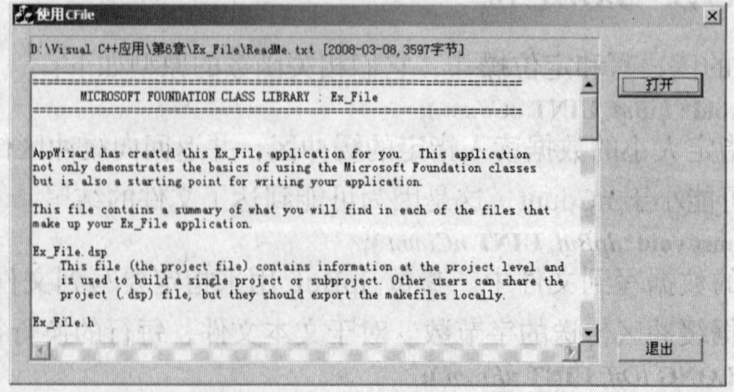

图 6-2 CFile 示例运行结果

上方显示出该文件的路径名、创建时间和文件大小，并在编辑框中显示出该文件的内容。

例 Ex_File　使用 Cfile 示例。

（1）创建一个默认的对话框应用程序 Ex_File。

（2）将对话框的标题设为“使用 CFile”。删除“TODO: 在这里设置对话控制。”静态文本控件和“取消”按钮，将“确定”按钮标题改为“退出”。

（3）打开对话框网格，参看图 6-2 所示的控件布局，添加静态文件控件 IDC_STATIC_TITLE（选中“垂直居中”和“凹陷”选项）、一个编辑框 IDC_EDIT1（选中“多行”、“水平滚动”、“垂直滚动”和“自动垂直滚动”选项）和一个“打开”按钮 IDC_BUTTON_OPEN。

（4）打开 MFC ClassWizard 的“Member Variables”页面，为 IDC_STATIC_TITLE 控件添加 Value 类型变量 m_strTitle，为 IDC_EDIT1 控件添加 Value 类型变量 m_strContent。

（5）再次打开 MFC ClassWizard，切换到“Messsage Maps”页面，为 CEx_FileDlg 类添加按钮 IDC_BUTTON_OPEN 的 BN_CLICKED 消息映射，保留默认的映射函数名，并添加下列代码：

```
void CEx_FileDlg::OnButtonOpen( )
{
    CString filter;
    filter = "文本文件(*.txt)|*.txt|C++文件(*.h,*.cpp)|*.h;*.cpp||";
    CFileDialog dlg (TRUE, NULL, NULL, OFN_HIDEREADONLY, filter);
    if (dlg.DoModal ( ) != IDOK) return;
    CString strFileName = dlg.GetPathName( );
    CFileStatus status;
    if( !CFile::GetStatus( strFileName, status ) )
    {
        MessageBox("该文件不存在！");          return;
    }
    m_strTitle.Format( "%s [%s,%ld 字节]", strFileName,
        status.m_ctime.Format( "%Y-%m-%d" ), status.m_size );
    UpdateData( FALSE );
    // 打开文件，并读取数据
    m_strContent.Empty( );
    CFile theFile;
    if (!theFile.Open(   strFileName, CFile::modeRead ))
    {
        MessageBox("该文件无法打开！");         return;
    }
    char        szBuffer[80];
    UINT        nActual = 0;
    while ( nActual = theFile.Read( szBuffer, sizeof( szBuffer ) ) )
    {
        CString str( szBuffer,   nActual );
        m_strContent = m_strContent + str;
    }
    theFile.Close( );
    UpdateData( FALSE );
}
```

（6）编译运行并测试。

6.4　文档序列化

用户处理的数据往往需要存盘作永久备份。将文档类中的数据成员变量的值保存在磁盘文件中，或者将存储的文档文件中的数据读取到相应的成员变量中，这个过程称为**序列化**（Serialize）。

6.4.1 文档模板和字串资源

1. 文档模板

文档应用程序框架是在程序运行时就开始构造的，在单文档应用程序（设为 Ex_SDI）的应用程序类 InitInstance 函数中，可以看到这样的代码：

```
BOOL CEx_SDIApp::InitInstance( )
{
    …
    CSingleDocTemplate* pDocTemplate;
    pDocTemplate = new CSingleDocTemplate(
        IDR_MAINFRAME,                          // 资源 ID
        RUNTIME_CLASS(CEx_SDIDoc),              // 文档类
        RUNTIME_CLASS(CMainFrame),              // 主框架窗口类
        RUNTIME_CLASS(CEx_SDIView));            // 视图类
    AddDocTemplate(pDocTemplate);
    …
    return TRUE;
}
```

代码中，pDocTemplate 是类 CSingleDocTemplate 的指针对象。CSingleDocTemplate 是一个**单文档模板类**，它的构造函数中有四个参数，分别表示菜单和加速键等的资源 ID 号以及三个由宏 RUNTIME_CLASS 指定的运行时类对象。AddDocTemplate 是类 CWinApp 的一个成员函数，当调用了该函数后，就建立了应用程序类、文档类、视图类以及主框架类之间的相互联系。

类似的，多文档模板类 CMultiDocTemplate 的构造函数也有相同的定义。示例代码如下（设为 Ex_MDI）：

```
BOOL CEx_MDIApp::InitInstance( )
{
    …
    CMultiDocTemplate* pDocTemplate;
    pDocTemplate = new CMultiDocTemplate(
        IDR_EX_MDITYPE,                         // 资源 ID
        RUNTIME_CLASS(CEx_MDIDoc),              // 文档类
        RUNTIME_CLASS(CChildFrame),             // MDI 文档窗口类
        RUNTIME_CLASS(CEx_MDIView));            // 视图类
    AddDocTemplate(pDocTemplate);
    // 创建主框架窗口
    CMainFrame* pMainFrame = new CMainFrame;
    if (!pMainFrame->LoadFrame(IDR_MAINFRAME))
        return FALSE;
    m_pMainWnd = pMainFrame;
    …
    return TRUE;
}
```

由于多文档模板可以用来建立资源、文档类、视图类和子框架窗口（文档窗口）类之间的关联，因而多文档的主框架窗口需要额外的代码来创建。代码中，LoadFrame 是 CFrameWnd 类成员函数，用来加载与主框架窗口相关的菜单、加速键、图标等资源。需要说明的是，多文档主框架窗口的创建应在多文档模板创建后进行，以便 MFC 程序框架将多文档模板和多文档主框架窗口建立联系。

2. 文档模板字串资源

从前面的单文档模板类可以看出，为了能将菜单、加速键、图标等资源加载到应用程序框架中，这些资源的标识符都设为 IDR_MAINFRAME。事实上，在 MFC 文档序列化流程（后面会讨论到）中，文档标题和通用文件“打开”和“保存”对话框的过滤器中文件类型还必须能够在相关的资源给予指定，这个资源就是**文档模板字串资源**，它是 String Table（字符串）资源列表中的 IDR_MAINFRAME 项，其内容如下（以单文档应用程序 Ex_SDI 为例）：

Ex_SDI\n\nEx_SDI\n\n\nExSDI.Document\nEx_SDI Document

可以看出，IDR_MAINFRAME 所标识的字符串被分成了一些以“\n”结尾的子串，这些子串共有七段，每段都有特定的用途，其含义如表 6-2 所示。

表 6-2　文档模板字符串的含义

IDR_MAINFRAME 的子串	串　号	用　途
Ex_SDI\n	0	应用程序窗口标题
\n	1	文档根名。对多文档应用程序来说，若在文档窗口标题上显示“Sheet1”，则其中的 Sheet 就是文档根名。若该子串为空，则文档名为默认的“无标题”
Ex_SDI\n	2	新建文档的类型名。若有多个文档类型，则这个名称将出现在“新建”对话框中
\n	3	通用对话框的文件过滤器正文
\n	4	通用对话框的文件扩展名
ExSDI.Document\n	5	在注册表中登记的文档类型标识
Ex_SDI Document	6	在注册表中登记的文档类型名称

但对于 MDI 来说，上述的字串分别由 IDR_MAINFRAME 和 IDR_EX_MDITYPE（若项目名为 Ex_MDI）组成；其中，IDR_MAINFRAME 表示窗口标题，而 IDR_EX_MDITYPE 表示后六项内容。它们的内容如下：

IDR_MAINFRAME：Ex_MDI
IDR_EX_MDITYPE：\nEx_MDI\nEx_MDI\n\n\nExMDI.Document\nEx_MDI Document

实际上，文档模板字串资源内容既可直接通过上述字串资源编辑器进行修改，也可以在文档应用程序创建向导的第四步中，单击“高级”按钮，通过“高级选项（Advanced Options）”对话框中的“文档字符模板（Document Template Strings）”页面来指定，如图 6-3 所示（以单文档应用程序 Ex_SDI 为例）。图中的数字表示该项的含义与表 6-3 中对应串号的含义相同。

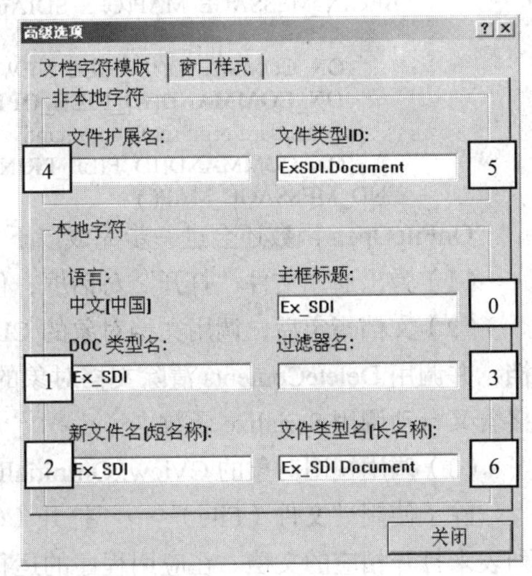

图 6-3　Advanced Options 对话框

6.4.2　文档序列化过程

MFC 文档序列化过程包括：创建空文档、打开文档、保存文档和关闭文档操作，下面来阐述它们的具体运行过程。

1. 创建空文档

应用程序类的 InitInstance 函数在调用了 AddDocTemplate 函数之后，会通过 CWinApp::ProcessShellCommand 间接调用 CWinApp 的另一个非常有用的成员函数 OnFileNew，并依次完成下列工作。

（1）构造文档对象，但并不从磁盘中读数据。

（2）构造主框架类 CMainFame 的对象，并创建该主框架窗口，但不显示。

（3）构造视图对象，并创建视图窗口，也不显示。

（4）通过内部机制，使文档、主框架和视图“对象”之间“真正”建立联系。注意与

AddDocTemplate 函数的区别，AddDocTemplate 函数建立的是“类”之间的联系。

（5）调用文档对象的 CDocument::OnNewDocument 虚函数，并调用 CDocument:: DeleteContents 虚函数来清除文档对象的内容。

（6）调用视图对象的 CView::OnInitialUpdate 虚函数对视图进行初始化操作。

（7）调用框架对象的 CFrameWnd::ActiveFrame 虚函数，以便显示出带有菜单、工具栏、状态栏以及视图窗口的主框架窗口。

在单文档应用程序中，文档、主框架以及视图对象仅被创建一次，并且这些对象在整个运行过程中都有效。CWinApp::OnFileNew 函数被 InitInstance 函数所调用，但当用户选择“文件（File）”菜单中的“新建（New）”时，CWinApp::OnFileNew 也会被调用，但与 InitInstance 不同的是，这种情况下不再创建文档、主框架以及视图对象，但上述过程的最后三个步骤仍然会被执行。

2. 打开文档

当 MFC AppWizard 创建应用程序时，它会自动将“文件（File）”菜单中的“打开（Open）”命令（ID 号为 ID_FILE_OPEN）映射到 CWinApp 的 OnFileOpen 成员函数。这一结果可以从应用类（.cpp）的消息入口处得到验证：

```
BEGIN_MESSAGE_MAP(CEx_SDIApp, CWinApp)
        ……
        ON_COMMAND(ID_FILE_NEW, CWinApp::OnFileNew)
        ON_COMMAND(ID_FILE_OPEN, CWinApp::OnFileOpen)
        // Standard print setup command
        ON_COMMAND(ID_FILE_PRINT_SETUP, CWinApp::OnFilePrintSetup)
END_MESSAGE_MAP( )
```

OnFileOpen 函数还会进一步完成以下工作。

（1）弹出通用文件“打开”对话框，供用户选择一个文档。

（2）文档指定后，调用文档对象的 CDocument:: OnOpenDocument 虚函数，该函数将打开文档，并调用 DeleteContents 清除文档对象的内容，然后创建一个 CArchive 对象用于数据的读取，接着又自动调用 Serialize 函数。

（3）调用视图对象的 CView::OnInitialUpdate 虚函数。

除了使用“文件（File）”→“打开（Open）”菜单项外，用户也可以选择最近使用过的文件列表来打开相应的文档。在应用程序的运行过程中，系统会记录下四个默认最近使用过的文件，并将文件名保存在 Windows 的注册表中。当每次启动应用程序时，应用程序都会把最近使用过的文件名称显示在“文件（File）”菜单中。

3. 保存文档

当 MFC AppWizard 创建应用程序时，它会自动将“文件（File）”菜单中的“保存（Save）”命令与文档类 CDocument 的 OnFileSave 函数在内部关联起来，但用户在程序框架中看不到相应的代码。OnFileSave 函数还会进一步完成以下工作。

（1）弹出通用文件“保存”对话框，让用户提供一个文件名。

（2）调用文档对象的 CDocument::OnSaveDocument 虚函数，接着又自动调用 Serialize 函数，将 CArchive 对象的内容保存在文档中。

说明

- 只有在保存文档之前还没有存过盘（亦即没有文件名）或读取的文档是“只读”的，OnFileSave 函数才会弹出通用“保存”对话框。否则，只执行第二步。
- “文件（File）”菜单中还有一个“另存为（Save As）”命令，它是与文档类 CDocument 的

OnFileSaveAs 函数相关联。不管文档有没有保存过，OnFileSaveAs 都会执行上述两个步骤。

- 上述文档存盘的必要操作都是由系统自动完成的。

4. 关闭文档

当用户试图关闭文档（或退出应用程序）时，应用程序会根据用户对文档的修改与否来进一步完成以下任务。

（1）若文档内容已被修改，则弹出一个消息对话框，询问用户是否需要将文档保存。当用户选择“是”，则应用程序执行 OnFileSave 过程。

（2）调用 CDocument::OnCloseDocument 虚函数，关闭所有与该文档相关联的文档窗口及相应的视图，调用文档类 CDocument 的 DeleteContents 清除文档数据。

需要说明的是，MFC 应用程序通过 CDocument 的 protected 类型成员变量 m_bModified 的逻辑值来判断用户是否对文档进行修改，如果 m_bModified 为“真”，则表示文档被修改。对于用户来说，可以通过 CDocument 的 SetModifiedFlag 成员函数来设置或通过 IsModified 成员函数来访问 m_bModified 的逻辑值。当文档创建、从磁盘中读出以及文档存盘时，文档的这个标记就被置为 FALSE（假）；而当文档数据被修改时，用户必须使用 SetModifiedFlag 函数将该标记置为 TRUE（真）。这样，当关闭文档时，应用程序就会弹出消息对话框，询问是否保存已修改的文档。

由于多文档应用程序序列化过程基本上和单文档相似，因此这里无需重复。

6.4.3 CArchive 类和序列化操作

从上述的单文档序列化过程可以看出：打开和保存文档时，系统都会自动调用 Serialize 函数。事实上，MFC AppWizard 在创建文档应用程序框架时已在文档类中重载了 Serialize 函数，通过在该函数中添加代码可达到实现数据序列化的目的。例如，在 Ex_SDI 单文档应用程序的文档类中有以下默认代码：

```
void CEx_SDIDoc::Serialize(CArchive& ar)
{
    if (ar.IsStoring( ))                        // 当文档数据需要存盘时
    {
        // TODO: add storing code here
    }
    else                                        // 当文档数据需要读取时
    {   // TODO: add loading code here
    }
}
```

代码中，Serialize 函数的参数 ar 是一个 CArchive 类引用变量。通过判断 ar.IsStoring 的结果是“真”还是“假”就可决定向文档写或读数据。

CArchive（归档）类提供对文件数据进行缓存，它同时还保存一个内部标记，用来标识文档是存入（写盘）还是载入（读盘）。每次只能有一个活动的存档与 ar 相连。通过 CArchive 类可以简化文件操作，它提供“<<”和“>>”运算符，用于向文件写入简单的数据类型以及从文件中读取它们，表 6-3 所示为 CArchive 所支持的常用数据类型。

表 6-3　　　ar 中可以使用<<和>>运算符的数据类型

类　型	描　述	类　型	描　述
BYTE	8 位无符号整型	WORD	16 位无符号整型
LONG	32 位带符号整型	DWORD	32 位无符号整型
float	单精度浮点	double	双精度浮点
int	带符号整型	short	带符号短整型
char	字符型	unsigned	无符号整型

除了“<<”和“>>”运算符外，CArchive 类还提供成员函数 ReadString 和 WriteString 用来从文件对象中读写一行文本，它们的原型如下：

```
Bool ReadString(CString& rString );
LPTSTR ReadString( LPTSTR lpsz, UINT nMax );
void WriteString( LPCTSTR lpsz );
```

其中，lpsz 用来指定读或写的文本内容，nMax 用来指定可以读出的最大字符个数。需要说明的是，当向一个文件写一行字符串时，字符 ‘\0’和‘\n’都不会写到文件中，在使用时要特别注意。

下面举一个简单的示例来说明 Serialize 函数和 CArchive 类的文档序列化操作方法。

 例 Ex_SDIArchive　一个简单的文档序列化示例。

（1）创建一个默认的单文档应用程序 Ex_SDIArchive。

（2）打开 String Table 资源，将文档模板字串资源 IDR_MAINFRAME 内容修改如下：

```
文档序列化操作\n\n\n 自定义文件(*.my)\n.my\nExSDIArchive.Document\nEx_SDI Document
```

（3）为 CEx_SDIArchiveDoc 类添加以下成员变量：

```
public:
    char        m_chArchive[100];           // 读写数据时使用
    CString     m_strArchive;               // 读写数据时使用
    BOOL        m_bIsMyDoc;                 // 用于判断文档
```

（4）在 CEx_SDIArchiveDoc 类构造函数中添加以下代码：

```
CEx_SDIArchiveDoc::CEx_SDIArchiveDoc( )
{
    m_bIsMyDoc = FALSE;
}
```

（5）在 CEx_SDIArchiveDoc::OnNewDocument 函数中添加以下代码：

```
BOOL CEx_SDIArchiveDoc::OnNewDocument( )
{
    if (!CDocument::OnNewDocument( ))
        return FALSE;
    strcpy(m_chArchive, "&这是一个用于测试文档的内容！");
    m_strArchive = "这是一行文本！";
    m_bIsMyDoc = TRUE;
    return TRUE;
}
```

（6）在 CEx_SDIArchiveDoc::Serialize 函数中添加以下代码：

```
void CEx_SDIArchiveDoc::Serialize(CArchive& ar)
{
    if (ar.IsStoring( ))
    {
        if (m_bIsMyDoc)                         // 是自己的文档
        {
            for (int i=0; i<sizeof(m_chArchive); i++)
                ar<<m_chArchive[i];
            ar.WriteString( m_strArchive );
        } else
            AfxMessageBox("数据无法保存！");
    }else
    {
        ar>>m_chArchive[0];                     // 读取文档首字符
        if (m_chArchive[0] == '&')              // 是自己的文档
        {
            for (int i=1; i<sizeof(m_chArchive); i++)
                ar>>m_chArchive[i];
            ar.ReadString( m_strArchive );
            CString str;
            str.Format("%s%s",m_chArchive,m_strArchive);
            AfxMessageBox(str);
            m_bIsMyDoc = TRUE;
```

```
            }else                              // 不是自己的文档
            {
                m_bIsMyDoc = FALSE;
                AfxMessageBox("打开的文档无效！");
            }
        }
    }
```

（7）编译运行并测试。程序运行后，选择“文件”→“另存为”菜单，指定一个文档名 1.my，然后选择“文件”→“新建”菜单，再打开该文档，结果就会弹出对话框，显示该文档的内容，如图 6-4 所示。

图 6-4 显示文档内容

说明，Serialize 函数对操作的文档均有效，为了避免对其他文档误操作，这里在文档中加入“&”字符来作为自定义文档的标识，以与其他文档相区别。

6.4.4 CArchive 类和 CFile 类关联

事实上，文档应用程序框架就是将一个外部磁盘文件和一个 CArchive 对象关联起来。当然，这种关联还可直接通过 CFile 来进行。例如：

```
CFile theFile;
theFile.Open(..., CFile::modeWrite);
CArchive archive(&theFile, CArchive::store);
```

其中，CArchive 构造函数的原型如下：

CArchive(CFile* *pFile*, **UINT** *nMode*, **int** *nBufSize* **= 4096, void*** *lpBuf* **= NULL);**

参数 pFile 用来指定与之关联的文件指针。nBufSize 表示内部文件的缓冲区大小，默认值为 4 096 字节。lpBuf 表示自定义的缓冲区指针，若为 NULL，则表示缓冲区建立在堆内存中，当对象清除时，缓冲区内存也被释放；若指明用户缓冲区，对象消除时，缓冲区内存不会被释放。nMode 用来指定文档是用于存入还是读取，它可以是 CArchive::load（读取数据）、CArchive::store（存入数据）或 CArchive::bNoFlushOnDelete（当析构函数被调用时，避免文档自动调用 Flush，若设置这个标志，则必须在析构函数被调用之前调用 Close，否则文件数据将被破坏）。

也可将一个 CArchive 对象与 CFile 类指针相关联，示例代码如下（ar 是 CArchive 对象）：

```
const CFile* fp = ar.GetFile( );
```

6.5 综合应用

在用文件来存取数据时，最大的难度是要保证读取数据的正确性。若有一个记录结构，包括学生的姓名（字符串）、学号（字符串）以及三门课程成绩，则如何保证在文件读写的正确性呢？一种办法是将记录定义成 C 结构体类型，使用 CFile 来操作，这是避开 MFC 文档序列化机制而进行的方法，虽有效但缺少对 MFC 机制和类的应用，因为在 C++中，C 结构体被看作是类的一种简单形式。另一种方法，是将记录声明成一个类，并使该类具有可序列化特性。一个可序列化的类的对象可以在 Serialize 函数使用 CArchive 对象通过“<<”和“>>”来正确地向文件进行写入和读取操作。

下面来看一个综合应用，如图 6-5 所示。首先通过对话框来输入一个学生记录，记录包括学生的姓名、学号和三门课程成绩，用类 CStudent 来描述，并使其可序列化。然后将记录内容保存到一个对象数组集合类对象中，最后通过文档序列化将记录保存到一个文件中。当添加记录或打开一个记录文件，还会将数据显示在文档窗口（即视图）中。

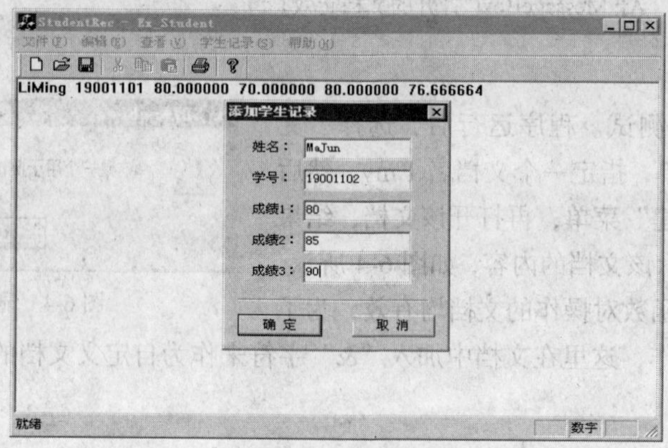

图 6-5　Ex_Student 运行结果

例 Ex_Student　文档序列化示例。

第一步，添加用于学生记录输入的对话框。

（1）创建一个默认的单文档应用程序 Ex_Student。

（2）向应用程序中添加一个对话框资源，打开属性对话框将其字体设置为“宋体，9”，标题改为“添加学生记录”，取默认的 ID 号 IDD_DIALOG1，将 OK 和 Cancel 按钮的标题分别改为“确定”和“取消”。

（3）参看图 6-5 所示的控件布局，用编辑器为对话框添加如表 6-4 所示的一些控件。

表 6-4　添加的控件

控　件	ID 号	标　题	属　性
静态文本	默认	姓名：	默认
静态文本	默认	学号：	默认
静态文本	默认	成绩 1：	默认
静态文本	默认	成绩 2：	默认
静态文本	默认	成绩 3：	默认
编辑框	IDC_EDIT1	—	默认
编辑框	IDC_EDIT2	—	默认
编辑框	IDC_EDIT3	—	默认
编辑框	IDC_EDIT4	—	默认
编辑框	IDC_EDIT5	—	默认
静态图片	默认	—	Frame，Etched，其余默认

（4）双击对话框模板或按 Ctrl+W 快捷键，为对话框资源 IDD_DIALOG1 创建一个对话框类 CInputDlg。

（5）打开 ClassWizard 的“Member Variables”标签，在“Class name”列表中选择 CInputDlg，选中所需的控件 ID 标识符，双击鼠标或单击“Add Variables”按钮，依次为表 6-5 所示的控件增加成员变量。

表 6-5　　　控件变量

控件 ID 号	变 量 类 型	变 量 名	范围和大小
IDC_EDIT1	CString	m_strName	20
IDC_EDIT2	CString	m_strID	20
IDC_EDIT3	float	m_fScore1	0 ~ 100
IDC_EDIT4	float	m_fScore2	0 ~ 100
IDC_EDIT5	float	m_fScore3	0 ~ 100

第二步，添加一个 CStudent 类并使该类可序列化。

一个可序列化的类必须是 CObject 的一个派生类，且在类声明中，需要包含 DECLARE_SERIAL 宏调用，而在类的实现文件中包含 IMPLEMENT_SERIAL 宏调用，这个宏有三个参数：前两个参数分别表示类名和基类名，第三个参数表示应用程序的版本号。最后还需要重载 Serialize 函数，使该类的数据成员进行相关序列化操作。

由于使用 ClassWizard 无法添加一个 CObject 派生类，因此必须手动进行。为了简化类文件的复杂性，这里创建的这个 CStudent 类的声明和实现代码是直接添加在 Ex_StudentDoc.h 和 Ex_StudentDoc.cpp 文件中的，具体如下：

```
// 在 Ex_StudentDoc.h 文件中的 class CEx_StudentDoc 前添加的
class CStudent : public CObject
{
	CString strName;                    // 姓名
	CString strID;                      // 学号
	float fScore1, fScore2, fScore3;    // 三门成绩
	float fAverage;                     // 平均成绩
	DECLARE_SERIAL(CStudent)
public:
	CStudent( ) {};
	CStudent(CString name, CString id, float f1, float f2, float f3);
	void Serialize(CArchive &ar);
	void Display(int y, CDC *pDC);      // 在坐标为(0,y)处显示数据
};
// 在 Ex_StudentDoc.cpp 文件中添加的 CStudent 实现代码
CStudent::CStudent(CString name, CString id, float f1, float f2, float f3)
{
	strName = name;
	strID = id;
	fScore1 = f1;
	fScore2 = f2;
	fScore3 = f3;
	fAverage = (float)((f1 + f2 + f3)/3.0);
}
void CStudent::Display(int y, CDC *pDC)
{
	CString str;
	str.Format("%s   %s   %f   %f   %f   %f", strName, strID,
		fScore1, fScore2, fScore3, fAverage);
	pDC->TextOut(0, y, str);
}
IMPLEMENT_SERIAL(CStudent, CObject, 1)
void CStudent::Serialize(CArchive &ar)
{
	if (ar.IsStoring( ))
```

```
            ar<<strName<<strID<<fScore1<<fScore2<<fScore3<<fAverage;
        else
            ar>>strName>>strID>>fScore1>>fScore2>>fScore3>>fAverage;
    }
```

第三步，添加并处理菜单项。

（1）在菜单资源的主菜单中增加顶层菜单项“学生记录（&S）”，在该顶层菜单项中增加子菜单“添加（&A）”（ID_STUREC_ADD）。

（2）用 ClassWizard 为 CEx_StudentDoc 类添加 ID_STUREC_ADD 的 COMMAND 消息映射，并在映射函数中添加下列代码：

```
void CEx_StudentDoc::OnSturecAdd( )
{
    CInputDlg dlg;
    if (IDOK == dlg.DoModal( ))
    {
        // 添加记录
        CStudent *pStudent = new CStudent(dlg.m_strName,
            dlg.m_strID, dlg.m_fScore1, dlg.m_fScore2, dlg.m_fScore3);
        m_stuObArray.Add(pStudent);
        SetModifiedFlag( );                    // 设置文档更改标志
        UpdateAllViews(NULL);                  // 更新视图
    }
}
```

（3）在 Ex_StudentDoc.cpp 文件的开始处，增加包含 CAddDlg 的头文件，如下：

```
#include "Ex_StudentDoc.h"
#include "InputDlg.h"
```

第四步，完善代码。

（1）在 Ex_StudentDoc.h 文件中，为 CEx_StudentDoc 类添加下列成员变量和成员函数：

```
public:
    CObArray m_stuObArray;
    int GetAllRecNum(void);
    CStudent * GetStudentAt(int nIndex);
```

（2）在 Ex_StudentDoc.cpp 文件中，添加函数的实现代码：

```
CStudent * CEx_StudentDoc::GetStudentAt(int nIndex)
{
    if ((nIndex < 0) || nIndex > m_stuObArray.GetUpperBound( ))
        return 0;                              // 超界处理
    return (CStudent *)m_stuObArray.GetAt(nIndex);
}
int CEx_StudentDoc::GetAllRecNum( )
{
    return m_stuObArray.GetSize( );
}
```

（3）在 CEx_StudentDoc 析构函数中添加以下代码：

```
CEx_StudentDoc::~CEx_StudentDoc( )
{
    int nIndex = GetAllRecNum( );
    while (nIndex--)
        delete m_stuObArray.GetAt(nIndex);
    m_stuObArray.RemoveAll( );
}
```

（4）在 Serialize 函数中添加以下代码：

```
void CEx_StudentDoc::Serialize(CArchive& ar)
{
    if (ar.IsStoring( ))
    {
        m_stuObArray.Serialize(ar);
```

```
        } else
        {
                m_stuObArray.Serialize(ar);
        }
}
```

需要说明的是，m_stuObArray 是一个对象数组集合类 CObArray 的对象，当读取数据时调用 Serialize 成员函数时，它实际上是调用集合类对象中的元素的 Serialize 成员函数，并将对象添加到 m_stuObArray 中。那么它又是如何知道元素是调用 CStudent 类的 Serialize 成员函数呢？这是因为当添加学生成绩记录后，一旦保存到文件中，就会将 CStudent 类名同时存到文件中，当读取时，就会自动使用 CStudent 类，这是 CObArray 序列化的一个内部机制。

（5）在 CEx_StudentView::OnDraw 函数中添加以下代码：

```
void CEx_StudentView::OnDraw(CDC* pDC)
{
        CEx_StudentDoc* pDoc = GetDocument( );
        ASSERT_VALID(pDoc);
        int y = 0;
        for (int nIndex = 0; nIndex < pDoc->GetAllRecNum( ); nIndex++)
        {
                pDoc->GetStudentAt(nIndex)->Display(y, pDC);
                y += 16;
        }
}
```

（6）打开文档的字串资源 IDR_MAINFRAME，将其内容修改如下：

```
Ex_Student\nStudentRec\nEx_Stu\n 记录文件(*.rec)\n.rec\nExStudent.Document\nEx_Stu Document
```

（7）编译运行并测试，结果如图 6-5 所示。

总之，MFC 文档序列化机制包括文档的创建、打开、保存和关闭等一系列文档操作过程，并将外部磁盘文件（文档）同内部 CArchive 对象相关联，使得数据的读写更为简捷。文档序列化机制同时还要求用来描述多数据的类必须是从 CObject 类派生的可序列化类。另外，MFC 还提供了自动内存的简单集合类和 CString 类操作，使数据处理更为高效。值得一提的是，由于在同一个应用程序的任何对象中，可通过全局函数 AfxGetApp 来获得指向应用程序对象的指针，因此在应用程序类定义的公有数据成员可以为程序各个对象所共享，这是数据共享的经常方法。但数据有时常需要图形化（可视化）处理，这使得文档和视图的机制在一些场合下显得更为重要起来。第 7 章就来讨论数据的图形化问题。

习　题

1. 试举例说明 MFC 简单数组集合类的查找和修改方法。

2. 文档字串资源有哪些含义？如何编辑字串资源？

3. 若想通过对文档字串资源的更改，使应用程序的“打开”或“保存”对话框中的文件类型显示为“C 源文件（*.c,*.cpp）”，则应如何实现？

4. 什么是文档的序列化？其过程是怎样的？

5. 有一个学生记录，包括学生的姓名（字符串）、学号（字符串）和三门成绩。若将它的记录数据转换成 CString 字符串，则如何转换？

6. 若有非空的 CString 字符串，能否在文档类中的 Serialize 函数里使用 CArchive& ar 对象的“<<”和“>>”来将字符串写入文档或从文档读取？为什么？

7. 上机练习最后的综合应用实例 Ex_Student。

第7章 图形、文本和位图

第 6 章曾将学生记录数据显示在文档应用程序的视图中，实际上任何从 CWnd 派生而来的对话框、控件和视图等都可以作为绘图设备环境，从而可以调用 MFC 设备环境类 CDC 所封装的绘图函数进行画点、线、多边形、位图以及文本输出等操作。一般地，这些绘图操作代码还应添加到 OnPaint 或 OnDraw 虚函数中，因为当窗口或视图无效（如被其他窗口覆盖）时，就会调用 OnPaint 或 OnDraw 虚函数中的代码来自动更新。

7.1 概　述

Visual C++的 CDC（Device Context，设备环境）类是 MFC 中最重要的类之一，它封装了绘图所需要的所有函数，是用户编写图形和文字处理程序必不可少的。当然，绘制图形和文字时还必须指定相应的设备环境。设备环境是由 Windows 保存的一个数据结构，该结构包含应用程序向设备输出时所需要的信息。

7.1.1 设备环境类

设备环境类 CDC 提供了绘制和打印的全部函数。为了能让用户使用一些特殊的设备环境，CDC 还派生了 CPaintDC、CClientDC、CWindowDC 和 CMetaFileDC 类。

（1）**CPaintDC** 比较特殊，它的构造函数和析构函数都是针对 OnPaint 进行的，但用户一旦获得相关的 CDC 指针，就可以将它当成任何设备环境（包括屏幕、打印机）指针来使用。CPaintDC 类的构造函数会自动调用 BeginPaint，而它的析构函数则会自动调用 EndPaint。

（2）**CClientDC** 只能在窗口的客户区（不包括边框、标题栏、菜单栏以及状态栏）中进行绘图，点（0,0）通常指客户区的左上角。而 **CWindowDC** 允许在窗口的任意位置中进行绘图，点（0,0）指整个窗口的左上角。CWindowDC 和 CClientDC 构造函数分别调用 GetWindowDC 和 GetDC，但它们的析构函数都是调用 ReleaseDC 函数。

（3）**CMetaFileDC** 封装了在一个 Windows 图元文件中绘图的方法。图元文件是一系列与设备无关的图片的集合，由于它对图像的保存比像素更精确，因而往往在要求较高的场合下使用，例如，AutoCAD 的图像保存等。目前的 Windows 已使用增强格式（enhanced-format）的 32 位图元文件来进行操作。

7.1.2 坐标映射

在讨论坐标映射之前，先来看看下列语句：

```
pDC->Rectangle(CRect(0,0,200,200));
```

它是在某设备环境中绘制出一个高为 200 像素，宽也为 200 像素的方块。由于默认的映射模式是 MM_TEXT，其逻辑坐标（在映射模式下的坐标）和设备坐标（显示设备或打印设备坐标系下的坐标）相等。因此这个方块在 1024×768 的显示器上看起来要比在 640 × 480 的显示器上显得小一些，而且若将它打印在 600dpi 精度的激光打印机上，这个方块就会显得更小了。为了能保证打印的结果不受设备的影响，Windows 定义了一些映射模式，这些映射模式决定了设备坐标和逻辑坐标之间的关系，如表 7-1 所示。

表 7–1　　映射模式

映 射 模 式	含　义
MM_TEXT	每个逻辑单位等于一个设备像素，*x* 向右为正，*y* 向下为正
MM_HIENGLISH	每个逻辑单位为 0.001in，*x* 向右为正，*y* 向上为正
MM_LOENGLISH	每个逻辑单位为 0.01in，*x* 向右为正，*y* 向上为正
MM_HIMETRIC	每个逻辑单位为 0.01mm，*x* 向右为正，*y* 向上为正
MM_LOMETRIC	每个逻辑单位为 0.1mm，*x* 向右为正，*y* 向上为正
MM_TWIPS	每个逻辑单位为一个点的 1/20（一个点是 1/72in），*x* 向右为正，*y* 向上为正
MM_ANISOTROPIC	*x*，*y* 可变比例
MM_ISOTROPIC	*x*，*y* 等比例

这样，就可以通过调用 CDC::SetMapMode（int nMapMode）来设置相应的映射模式。例如，若将映射模式设置为 MM_LOMETRIC，那么不管在什么设备中调用上述语句，都将显示出 20 × 20mm 的方块。

需要说明的是，在 MM_ISOTROPIC 映射模式下，纵横比总是 1∶1，换句话说，无论比例因子如何变化，圆总是圆的；但在 MM_ANISOTROPIC 映射模式下，*x* 和 *y* 的比例因子可以独立地变化，即圆可以被拉扁成椭圆形状。

在映射模式 MM_ANISOTROPIC 和 MM_ISOTROPIC 中，常常可以调用 CDC::SetWindowExt（设置窗口大小）和 CDC::SetViewportExt（设置视口大小）函数来设置所需要的比例因子。这里的“窗口”和“视口”的概念往往不易理解。“窗口”可以理解成是一种逻辑坐标下的窗口，而“视口”是实际看到的那个窗口，也就是设备坐标下的窗口。根据“窗口”和“视口”的大小就可以确定 *x* 和 *y* 的比例因子，它们的关系如下：

x 比例因子 ＝ 视口 *x* 大小　/ 窗口 *x* 大小
y 比例因子 ＝ 视口 *y* 大小　/ 窗口 *y* 大小

例 Ex_Draw　通过设置窗口和视口大小来改变显示的比例。

（1）创建一个默认的单文档应用程序 Ex_Draw。

（2）在 CEx_DrawView::OnDraw 函数中添加以下代码：

```
void CEx_DrawView::OnDraw(CDC* pDC)
{
    CEx_DrawDoc* pDoc = GetDocument( );
        ASSERT_VALID(pDoc);
    CRect rectClient;
    GetClientRect(rectClient);                                  // 获得当前窗口的客户区大小
    pDC->SetMapMode(MM_ANISOTROPIC);                            //设置MM_ANISOTROPIC映射模式
    pDC->SetWindowExt(1000,1000);                               // 设置窗口范围
    pDC->SetViewportExt(rectClient.right,-rectClient.bottom);   // 设置视口范围
    pDC->SetViewportOrg(rectClient.right/2,rectClient.bottom/2); // 设置视口原点
    pDC->Ellipse(CRect(-500, -500,500,500));
}
```

上述添加的代码是将一个椭圆绘制在视图中央，且当视图的大小发生改变时，椭圆的形状也会随之改变。

（3）编译运行，结果如图 7-1 所示。

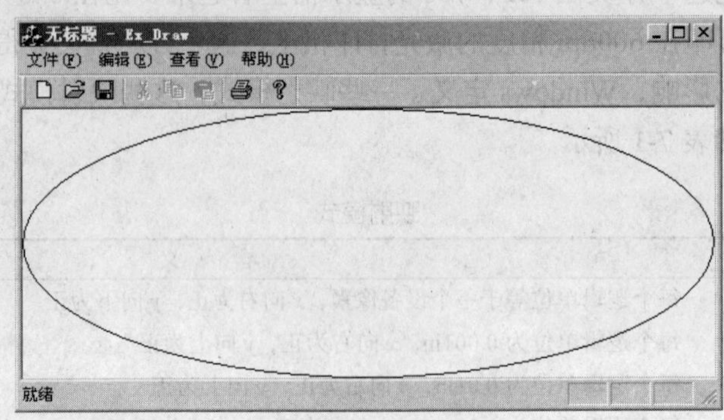

图 7-1　改变显示比例

7.1.3　CPoint、CSize 和 CRect

在图形绘制操作中，常常需要使用 MFC 中的 CPoint、CSize 和 CRect 等简单数据类。由于 CPoint（点）、CSize（大小）和 CRect（矩形）是对 Windows 的 POINT、SIZE 和 RECT 结构的封装，因此它们可以直接使用各自结构的数据成员，如下所示：

```
typedef struct tagPOINT
{
    LONG x;                     // 点的 x 坐标
    LONG y;                     // 点的 y 坐标
} POINT;
typedef struct tagSIZE
{
    int cx;                     // 水平大小
    int cy;                     // 垂直大小
} SIZE;
typedef struct tagRECT
{
    LONG left;                  // 矩形左上角点的 x 坐标
    LONG top;                   // 矩形左上角点的 y 坐标
    LONG right;                 // 矩形右下角点的 x 坐标
    LONG bottom;                // 矩形右下角点的 y 坐标
} RECT;
```

1. CPoint、CSize 和 CRect 类的构造函数

CPoint 类带参数的常用构造函数原型如下：

```
CPoint( int initX, int initY );
CPoint( POINT initPt );
```

其中，initX 和 initY 分别用来指定 CPoint 的成员 *x* 和 *y* 的值。initPt 用来指定一个 POINT 结构或 CPoint 对象来初始化 CPoint 的成员。

CSize 类带参数的常用构造函数原型如下：

```
CSize( int initCX, int initCY );
CSize( SIZE initSize );
```

其中，initCX 和 initCY 用来分别设置 CSize 的 cx 和 cy 成员。initSize 用来指定一个 SIZE 结构或 CSize 对象来初始化 CSize 的成员。

CRect 类带参数的常用构造函数原型如下：

```
CRect( int l, int t, int r, int b );
CRect( const RECT& srcRect );
```

```
CRect( LPCRECT lpSrcRect );
CRect( POINT point, SIZE size );
CRect( POINT topLeft, POINT bottomRight );
```

其中，l、t、r、b 分别用来指定 CRect 的 left、top、right 和 bottom 成员的值。srcRect 和 lpSrcRect 分别用一个 RECT 结构或指针来初始化 CRect 的成员。point 用来指定矩形的左上角位置。size 用来指定矩形的长度和宽度。topLeft 和 bottomRight 分别用来指定 CRect 的左上角和右下角的位置。

2. CRect 类的常用操作

由于一个 CRect 类对象包含用于定义矩形的左上角和右下角点的成员变量，因此在传递 LPRECT、LPCRECT 或 RECT 结构作为参数的任何地方，都可以使用 CRect 对象来代替。

需要说明的是，当构造一个 CRect 时，要使它符合规范。也就是说，使其 left 小于 right，top 小于 bottom。例如，倘若左上角为（20, 20），而右下角为（10, 10），那么定义的这个矩形就不符合规范。一个不符合规范的矩形，CRect 的许多成员函数都不会有正确的结果。基于此种原因，常常使用 CRect::NormalizeRect 函数使一个不符合规范的矩形合乎规范。

CRect 类的操作函数有很多，这里只介绍矩形的扩大、缩小以及两个矩形的“并”和“交”操作，更多的常用操作如表 7-2 所示。

表 7-2　　CRect 类常用的成员函数

成员函数	功能说明
int Width( ) const;	返回矩形的宽度
int Height( ) const;	返回矩形的高度
CSize Size( ) const;	返回矩形的大小，CSize 中的 cx 和 cy 成员分别表示矩形的宽度和高度
CPoint& TopLeft( );	返回矩形左下角的点坐标
CPoint& BottomRight( );	返回矩形右下角的点坐标
CPoint CenterPoint( ) const;	返回 CRect 的中点坐标
BOOL IsRectEmpty( ) const;	如果一个矩形的宽度或高度是 0 或负值，则称这个矩形为空，返回 TRUE
BOOL IsRectNull( ) const;	如果一个矩形的上、左、下和右边的值都等于 0，则返回 TRUE
BOOL PtInRect(POINT point) const;	如果点 point 位于矩形中（包括点在矩形的边上），则返回 TRUE
void SetRect(int x1, int y1, int x2, int y2);	将矩形的各边设为指定的值，左上角点为（x1, y1），右下角点为（x2, y2）
void SetRectEmpty( );	将矩形的所有坐标设置为零
void NormalizeRect( );	使矩形符合规范

void OffsetRect(int x, int y);
void OffsetRect(POINT point);
void OffsetRect(SIZE size);
	移动矩形，水平和垂直移动量分别由 x、y 或 point、size 的两个成员来指定

成员函数 InflateRect 和 DeflateRect 用来扩大和缩小一个矩形。由于它们的操作是相互的，也就是说，若指定 InflateRect 函数的参数为负值，那么操作的结果是缩小矩形，因此下面只给出 InflateRect 函数的原型：

```
void InflateRect( int x, int y );
void InflateRect( SIZE size );
void InflateRect( LPCRECT lpRect );
void InflateRect( int l, int t, int r, int b );
```

其中，x 用来指定扩大 CRect 左、右边的数值。y 用来指定扩大 CRect 上、下边的数值。size 中的 cx 成员指定扩大左、右边的数值，cy 指定扩大上、下边的数值。lpRect 的各个成员用来指定扩大每一边的数值。l、t、r 和 b 分别用来指定扩大 CRect 左、上、右和下边的数值。

需要注意的是，由于 InflateRect 是通过将 CRect 的边向远离其中心的方向移动来扩大的，因此对于前两个重载函数来说，CRect 的总宽度被增加了两倍的 x 或 cx，总高度被增加了两倍的 y 或 cy。

成员函数 IntersectRect 和 UnionRect 分别用来将两个矩形进行相交和合并，当结果为空时返回 FALSE，否则返回 TRUE，它们的原型如下：

```
BOOL IntersectRect( LPCRECT lpRect1, LPCRECT lpRect2 );
BOOL UnionRect( LPCRECT lpRect1, LPCRECT lpRect2 );
```

其中，lpRect1 和 lpRect2 用来指定操作的两个矩形。例如：

```
CRect rectOne(125,    0,     150,        200);
CRect rectTwo(  0,   75,     350,         95);
CRect rectInter;
rectInter.IntersectRect(rectOne, rectTwo);     // 结果为(125, 75, 150, 95)
ASSERT(rectInter == CRect(125, 75, 150, 95));
rectInter.UnionRect (rectOne, rectTwo);        // 结果为(0, 0, 350, 200)
ASSERT(rectInter == CRect(0, 0, 350, 200));
```

7.1.4 颜色和颜色对话框

在 MFC 中，CDC 使用的是 RGB 颜色空间，即选用红（R）、绿（G）、蓝（B）三种基色分量，通过对这三种基色不同比例的混合，可以得到不同的彩色效果。并且，MFC 使用 COLORREF 数据类型来表示一个 32 位的 RGB 颜色，它也可以用十六进制表示，如下：

```
0x00bbggrr
```

此形式的 rr、gg、bb 分别表示红、绿、蓝三个颜色分量的十六进制值，最大为 0xff。在具体操作 RGB 颜色时，还可使用下列的宏操作：

GetBValue	获得 32 位 RGB 颜色值中的蓝色分量
GetGValue	获得 32 位 RGB 颜色值中的绿色分量
GetRValue	获得 32 位 RGB 颜色值中的红色分量
RGB	将指定的 R、G、B 分量值转换成一个 32 位的 RGB 颜色值

MFC 的 CColorDialog 类为应用程序提供了颜色选择通用对话框，如图 7-2 所示。

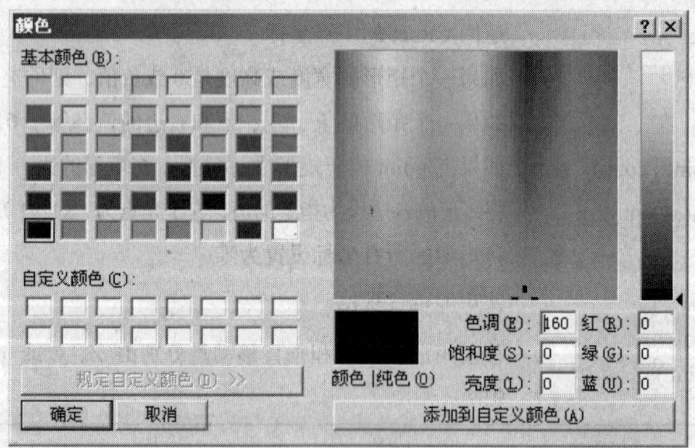

图 7-2 颜色对话框

CColorDialog 类具有以下构造函数：

```
CColorDialog( COLORREF clrInit = 0, DWORD dwFlags = 0, CWnd* pParentWnd = NULL );
```

其中，clrInit 用来指定选择的默认颜色值，若此值没指定，则为 RGB（0,0,0）（黑色）。pParentWnd 用来指定对话框的父窗口指针。dwFlags 用来表示定制对话框外观和功能的系列标志参数。它可以是下列值之一或“|”组合：

CC_ANYCOLOR	在基本颜色单元中列出所有可得到的颜色
CC_FULLOPEN	显示所有的颜色对话框界面。若此标志没有被设定，则用户单击“规定自定义颜色”按钮才能显示出定制颜色的界面
CC_PREVENTFULLOPEN	禁用“规定自定义颜色”按钮
CC_SHOWHELP	在对话框中显示“帮助”按钮
CC_SOLIDCOLOR	在基本颜色单元中只列出所得到的纯色

当对话框“OK”退出（即 DoModal 返回 IDOK）时，可调用下列成员获得相应的颜色。

```
COLORREF GetColor( ) const;                        // 返回用户选择的颜色。
void SetCurrentColor( COLORREF clr );              // 强制使用 clr 作为当前选择的颜色
static COLORREF * GetSavedCustomColors( );         // 返回用户自己定义颜色
```

7.2　图形设备接口

Windows 为设备环境提供了各种各样的绘图工具，例如，用于画线的“画笔”、填充区域的“画刷”以及用于绘制文本的“字体”。MFC 封装了这些工具，并提供相应的类来作为应用程序的图形设备接口 GDI，这些类有一个共同的抽象基类 CGdiObject，具体如表 7-3 所示。

表 7-3　　MFC 的 GDI 类

类　名	说　明
CBitmap	“位图”是一种位矩阵，每一个显示像素都对应于其中的一个或多个位。用户可以利用位图来表示图像，也可以利用它来创建画刷
CBrush	“画刷”定义了一种位图形式的像素，利用它可对区域内部填充颜色或样式
CFont	“字体”是一种具有某种风格和尺寸的所有字符的完整集合，它常常被当作资源存于磁盘中，其中有一些还依赖于某种设备
CPalette	“调色板”是一种颜色映射接口，它允许应用程序在不干扰其他应用程序的前提下，可以充分利用输出设备的颜色描绘能力
CPen	“画笔”是一种用来画线及绘制有形边框的工具，用户可以指定它的颜色及宽度，并且可以指定它画实线、点线或虚线等
CRgn	“区域”是由多边形、椭圆或二者组合形成的一种范围，可以利用它来进行填充、裁剪以及鼠标点中测试等

7.2.1　使用 GDI 对象

在选择 GDI 对象进行绘图时，往往遵循以下步骤。

（1）在堆栈中定义一个 GDI 对象（如 CPen、CBrush 对象），然后用相应的函数（如 CreatePen、CreateSolidBrush）创建此 GDI 对象。但要注意，有些 GDI 派生类的构造函数允许用户提供足够的信息，从而一步即可完成对象的创建任务，这些类有 CPen、CBrush。

（2）将构造的 GDI 对象选入当前设备环境中，但不要忘记将原来的 GDI 对象保存起来。

（3）绘图结束后，恢复当前设备环境中原来的 GDI 对象。

（4）由于 GDI 对象是在堆栈中创建，当程序结束后，会自动删除程序创建的 GDI 对象。

具体操作如以下代码过程：

```
void CMyView::OnDraw( CDC* pDC )
{
    CPen penBlack;                                  // 定义一个画笔变量
    penBlack.CreatePen( PS_SOLID, 2, RGB(0,0,0));   // 创建画笔
    // 将此画笔选入当前设备环境并保存原来的画笔
    CPen* pOldPen = pDC->SelectObject( &penBlack );
    // 用此画笔绘图
    pDC->MoveTo(...);
    pDC->LineTo(...);
    // … 其他绘图函数
    pDC->SelectObject( pOldPen );                   // 恢复设备环境中原来的画笔
}
```

除了自定义的 GDI 对象外，Windows 还包含了一些预定义的库存 GDI 对象。由于它们是 Windows 系统的一部分，因此用户无需删除它们。CDC 的成员函数 SelectStockObject 可以把一个库存对象选入当前设备环境中，并返回原先被选中的对象指针，同时使原先被选中的对象从设备环境中分离出来。示例代码如下：

```
void CEx_SDIView::OnDraw( CDC* pDC )
{
    CPen newPen( PS_SOLID, 2, RGB(0,0,0) ) )
    pDC->SelectObject( &newPen );
    pDC->MoveTo(...);
    pDC->LineTo(...);
    // ... 其他绘图函数
    pDC->SelectStockObject( BLACK_PEN );        // newPen 被分离出来
}
```

函数 SelectStockObject 可选用的库存 GDI 对象类型可以是下列值之一：

BLACK_BRUSH	黑色画刷
DKGRAY_BRUSH	深灰色画刷
GRAY_BRUSH	灰色画刷
HOLLOW_BRUSH	中空画刷
LTGRAY_BRUSH	浅灰色画刷
NULL_BRUSH	空画刷
WHITE_BRUSH	白色画刷
BLACK_PEN	黑色画笔
NULL_PEN	空画笔
WHITE_PEN	白色画笔
DEVICE_DEFAULT_FONT	设备默认字体
SYSTEM_FONT	系统字体

7.2.2 画笔

画笔是 Windows 应用程序中用来绘制各种直线和曲线的一种图形工具，它可分为修饰画笔和几何画笔两种类型。在这两种类型中，几何画笔的定义最复杂，它不但有修饰画笔的属性，而且还跟画刷的样式、阴影线类型有关，通常用在对绘图有较高要求的场合。而修饰画笔只有简单的几种属性，通常用在简单的直线和曲线等场合。

一个修饰画笔通常具有宽度、风格和颜色三种属性。画笔的宽度用来确定所画线条的宽度，它是用设备单位表示的。默认的画笔宽度是一个像素单位。画笔的颜色确定了所画线条的颜色。画笔的风格确定了所绘图形的线型，它通常有实线、虚线、点线、点划线、双点划线、不可见线和内框线七种风格。这些风格在 Windows 中都是以 PS_为前缀的预定义的标识，如表 7-4 所示。

表 7-4　修饰画笔的风格

风　格	含　义	图　例
PS_SOLID	实线	________________
PS_DASH	虚线	----------------
PS_DOT	点线	....
PS_DASHDOT	点划线	-.-.-.-.-.-.-.-
PS_DASHDOTDOT	双点划线	-..-..-..-..-..
PS_NULL	不可见线	
PS_INSIDEFRAME	内框线	________________

创建一个修饰画笔，可以使用 CPen 类的 CreatePen 函数，其原型如下：

```
BOOL CreatePen( int nPenStyle, int nWidth, COLORREF crColor );
```

其中，参数 nPenStyle、nWidth、crColor 分别用来指定画笔的风格、宽度和颜色。此外，还有一个 CreatePenIndirect 函数也可用来创建画笔对象，它的作用与 CreatePen 函数是完全一样的，只是画笔的三个属性不是直接出现在函数参数中，而是通过一个 LOGPEN 结构间接地给出。

BOOL CreatePenIndirect(LPLOGPEN *lpLogPen*);

此函数用由 LOGPEN 结构指针指定的相关参数创建画笔，LOGPEN 结构如下：

```
typedef struct tagLOGPEN {                  /* lgpn */
    UINT        lopnStyle;                  // 画笔风格，同上
    POINT       lopnWidth;                  // POINT 结构的 y 不起作用，而用 x 表示画笔宽度
    COLORREF        lopnColor;              // 画笔颜色
} LOGPEN;
```

注意

- 当修饰画笔的宽度大于 1 个像素时，画笔的风格只能取 PS_NULL、PS_SOLID 或 PS_INSIDEFRAME，定义为其他风格不会起作用。
- 画笔的创建工作也可在画笔的构造函数中进行，它的原型如下：

CPen(int *nPenStyle*, int *nWidth*, COLORREF *crColor*);

7.2.3　画刷

画刷用于指定填充的特性，许多窗口、控件以及其他区域都需要用画刷进行填充绘制，它比画笔的内容更加丰富。

画刷的属性通常包括填充色、填充图案和填充样式三种。画刷的填充色和画笔颜色一样，都是使用 COLORREF 颜色类型，画刷的填充图案通常是用户定义的 8×8 位图，而填充样式往往是 CDC 内部定义的一些特性，它们都是以 HS_为前缀的标识，如图 7-3 所示。

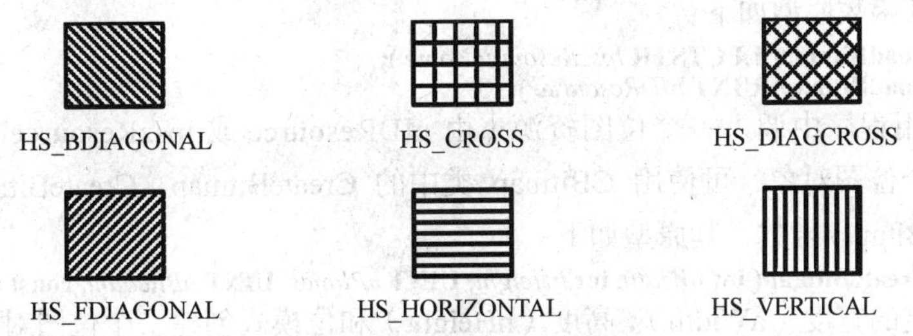

图 7-3　画刷的填充样式

CBrush 类根据画刷属性提供了相应的创建函数，例如，创建填充色画刷和填充样式画刷的函数为 CreateSolidBrush 和 CreateHatchBrush，它们的原型如下：

```
BOOL CreateSolidBrush( COLORREF crColor );                      // 创建填充色画刷
BOOL CreateHatchBrush( int nIndex, COLORREF crColor );          // 创建填充样式画刷
```

其中，nIndex 用来指定画刷的内部填充样式，而 crColor 表示画刷的填充色。

与画笔相类似，也有一个 LOGBRUSH 逻辑结构用于画刷属性的定义，并通过 CBrush 的成员函数 CreateBrushIndirect 来创建，其原型如下：

BOOL CreateBrushIndirect(const LOGBRUSH* *lpLogBrush*);

其中，LOGBRUSH 逻辑结构定义如下：

```
typedef struct tagLOGBRUSH
{                                   // lb
    UINT            lbStyle;        // 风格
    COLORREF        lbColor;        // 填充色
    LONG            lbHatch;        // 填充样式
} LOGBRUSH;
```

注意

- 画刷的创建工作也可在其构造函数中进行，它的原型如下：

CBrush(COLORREF *crColor*);

```
CBrush( int nIndex, COLORREF crColor );
CBrush( CBitmap* pBitmap );
```

- 画刷也可用位图来指定其填充图案，但该位图应该是 8×8 像素，若位图太大，Windows 则只使用其左上角的 8×8 的像素。
- 画刷仅对绘图函数 Chord、Ellipse、FillRect、FrameRect、InvertRect、Pie、Polygon、PolyPolygon、Rectangle、RoundRect 有效。

7.2.4 位图

Windows 的位图有两种类型：一种称之为 **GDI 位图**，另一种是 **DIB 位图**。

GDI 位图是由 MFC 中的 CBitmap 类来表示的，在 CBitmap 类的对象中，包含了一种和 Windows 的 GDI 模块有关的 Windows 数据结构，该数据结构是与设备有关的，故此位图又称为 **DDB 位图**（device-dependent bitmap，设备相关位图）。当用户的程序取得位图数据信息时，其位图显示方式视显卡而定。由于 GDI 位图的这种设备依赖性，当位图通过网络传送到另一台 PC 时，可能就会出现问题。

DIB（device-independent bitmap，设备无关位图）是设备无关位图，它比 GDI 位图有很多编程优势，例如，它自带颜色信息，从而使调色板管理更加容易，且任何运行 Windows 的机器都可以处理 DIB，并通常以后缀为 BMP 的文件形式被保存在磁盘中或作为资源存在于程序的 EXE 或 DLL 文件中。

1. CBitmap 类

CBitmap 类封装了 Windows 的 GDI 位图操作所需的大部分函数。其中，LoadBitmap 是位图的初始化函数，其函数原型如下：

```
BOOL LoadBitmap( LPCTSTR lpszResourceName );
BOOL LoadBitmap( UINT nIDResource );
```

该函数从应用程序中调入一个位图资源（由 nIDResource 或 lpszResourceName 指定）。若用户直接创建一个位图对象，可使用 CBitmap 类中的 CreateBitmap、CreateBitmapIndirect 以及 CreateCompatibleBitmap 函数，其原型如下：

```
BOOL CreateBitmap( int nWidth, int nHeight, UINT nPlanes, UINT nBitcount, const void* lpBits );
```

该函数用指定的宽度（nWidth）、高度（nHeight）和位模式创建一个位图对象。其中，参数 nPlanes 表示位图的颜色位面的数目，nBitcount 表示每个像素的颜色位个数，lpBits 表示包含位值的短整型数组；若此数组为 NULL，则位图对象还未初始化。

```
BOOL CreateBitmapIndirect( LPBITMAP lpBitmap );
```

该函数直接用 BITMAP 结构来创建一个位图对象。

```
BOOL CreateCompatibleBitmap( CDC* pDC, int nWidth, int nHeight );
```

该函数为某设备环境创建一个指定的宽度（nWidth）和高度（nHeight）的位图对象。

2. GDI 位图的显示

由于位图不能直接显示在实际设备中，因此对于 GDI 位图的显示则必须遵循以下步骤：

（1）调用 CBitmap 类的 CreateBitmap、CreateCompatibleBitmap 以及 CreateBitmapIndirect 函数创建一个适当的位图对象。

（2）调用 CDC::CreateCompatibleDC 函数创建一个内存设备环境，以便位图在内存中保存下来，并与指定设备（窗口设备）环境相兼容。

（3）调用 CDC::SelectObject 函数将位图对象选入内存设备环境中。

（4）调用 CDC::BitBlt 或 CDC::StretchBlt 函数将位图复制到实际设备环境中。

（5）使用之后，恢复原来的内存设备环境。

例如，下面的示例过程就是调用一个位图并在视图中显示。

例 Ex_BMP　在视图中显示位图。

（1）创建一个默认的单文档应用程序 Ex_BMP。

（2）按快捷键 Ctrl+R，弹出“插入资源”对话框，选择 Bitmap 资源类型。

（3）单击“导入”按钮，出现“导入资源”对话框，将文件类型选择为“所有文件（*.*）”，从外部文件中选定一个位图文件，然后单击“引入”按钮，该位图就被调入应用程序中。保留默认的位图资源标识 IDB_BITMAP1。

（4）在 CEx_BMPView::OnDraw 函数中添加以下代码：

```
void CEx_BMPView::OnDraw(CDC* pDC)
{
    CEx_BMPDoc* pDoc = GetDocument( );
    ASSERT_VALID(pDoc);
    CBitmap m_bmp;
    m_bmp.LoadBitmap(IDB_BITMAP1);                    // 调入位图资源
    BITMAP bm;                                        // 定义一个 BITMAP 结构变量
    m_bmp.GetObject(sizeof(BITMAP),&bm);
    CDC dcMem;                                        // 定义并创建一个内存设备环境
    dcMem.CreateCompatibleDC(pDC);
    CBitmap *pOldbmp = dcMem.SelectObject(&m_bmp);    // 将位图选入内存设备环境中
    pDC->BitBlt(0,0,bm.bmWidth,bm.bmHeight,&dcMem,0,0,SRCCOPY);
                                                      // 将位图复制到实际的设备环境中
    dcMem.SelectObject(pOldbmp);                      // 恢复原来的内存设备环境
}
```

（5）编译运行，结果如图 7-4 所示。

图 7-4　Ex_BMP 运行结果

通过上述代码过程可以看出：位图的最终显示是通过调用 CDC::BitBlt 函数来完成的。除此之外，也可以使用 CDC::StretchBlt 函数。这两个函数的区别在于：StretchBlt 函数可以对位图进行缩小或放大，而 BitBlt 则不能，但 BitBlt 的显示更新速度较快，它们的原型如下：

```
BOOL BitBlt( int x, int y, int nWidth, int nHeight, CDC* pSrcDC,
                              int xSrc, int ySrc, DWORD dwRop );
BOOL StretchBlt( int x, int y, int nWidth, int nHeight, CDC* pSrcDC, int xSrc,
                              int ySrc, int nSrcWidth, int nSrcHeight, DWORD dwRop );
```

其中，参数 *x*、*y* 表示位图目标矩形左上角的 *x*、*y* 逻辑坐标值，nWidth、nHeight 表示位图目标矩形的逻辑宽度和高度，pSrcDC 表示源设备 CDC 指针，xSrc、ySrc 表示位图源矩形的左上角的 *x*、*y* 逻辑坐标值，dwRop 表示显示位图的光栅操作方式。光栅操作方式有很多种，但经常使用的是 SRCCOPY，用来直接将位图复制到目标环境中。StretchBlt 函数还比 BitBlt 参数多两个：nSrcWidth、nSrcHeight，它们是用来表示源矩形的逻辑宽度和高度。

说明　事实上，位图显示的最令人注意的地方是先将位图装入内存设备中，然后再显示。根据这一现象，可以将要显示的图形先在内存设备中绘制，然后再显示，可以起到快速显示的作用。若有多个内存设备进行交替使用，则还可实现图形的动态显示，后面会讨论。

7.3　图 形 绘 制

图形的绘制通常需要先创建画笔和画刷，然后调用 CDC 类中的绘图函数，这些绘图函数包括画点、线、矩形、多边形、圆弧、椭圆、扇形以及 Bézier 曲线等。下面来分别说明，并在本节的最后给出一个实例。

7.3.1 画点、线

如果绘图函数中没有画点和画线的功能，很难想象其他图形是怎样构成的，因为点和线是一切图形的基础。

1. 点

画点是最基本的绘图操作之一，它是通过调用 CDC::SetPixel 或 CDC::SetPixelV 函数来实现的，这两个函数都是用来在指定的坐标上设置指定的颜色，只不过 SetPixelV 函数不需要返回实际像素点的 RGB 值；正是因为这一点，函数 SetPixelV 要比 SetPixel 快得多。

```
COLORREF SetPixel( int x, int y, COLORREF crColor );
COLORREF SetPixel( POINT point, COLORREF crColor );
BOOL SetPixelV(int x, int y, COLORREF crColor);
BOOL SetPixelV( POINT point, COLORREF crColor );
```

实际显示像素的颜色未必等同于 crColor 所指定的颜色值，因为有时受设备限制，不能显示 crColor 所指定的颜色值，而只能取其近似值。

与上述函数相对应的 GetPixel 函数是用来获取指定点的颜色。

```
COLORREF GetPixel( int x, int y ) const;
COLORREF GetPixel( POINT point ) const;
```

2. 画线

画线也是特别常用的绘图操作之一。CDC 的 LineTo 和 MoveTo 函数就是用来实现画线功能的两个函数，通过这两个函数的配合使用，可完成任何直线和折线的绘制操作。

这里，首先值得一提的是在画直线时，总存在一个称为“当前位置”的特殊位置。每次画直线都是以此当前位置为起始点，画线操作结束之后，直线的结束点位置又成为了当前位置。有了当前位置的自动更新，就可避免了每次画线时都要给出两点的坐标。当然，这个当前位置还可用函数 CDC::GetCurrentPosition 来获得，其原型如下：

```
CPoint GetCurrentPosition( ) const;
```

LineTo 函数正是经当前位置所在点为直线起始点，另指定直线终点，画出一段直线的。其原型如下：

```
BOOL LineTo( int x, int y );
BOOL LineTo( POINT point );
```

如果当前要画的直线并不与上一条直线的终点相接，那么应该调用 MoveTo 函数来调整当前位置，此函数不但可以用来更新当前位置，而且还可用来返回更新前的当前位置，其函数原型如下：

```
CPoint MoveTo( int x, int y );
CPoint MoveTo( POINT point );
```

3. 折线

除了 LineTo 函数可用来画线之外，CDC 中还提供了一系列用于画各种折线的函数。它们主要是 Polyline、PolyPolyline 和 PolylineTo。这三个函数中，Polyline 和 PolyPolyline 既不使用当前位置，也不更新当前位置；而 PolylineTo 总是把当前位置作为起始点，并且在折线画完之后，还把折线终点所在位置设为新的当前位置。

```
BOOL Polyline( LPPOINT lpPoints, int nCount );
BOOL PolylineTo( const POINT* lpPoints, int nCount );
```

这两个函数用来画一系列连续的折线。参数 lpPoints 是 POINT 或 CPoint 的顶点数组；nCount 表示数组中顶点的个数，它至少为 2。

```
BOOL PolyPolyline( const POINT* lpPoints, const DWORD* lpPolyPoints, int nCount );
```

此函数可用来绘制多条折线。其中 lpPoints 同前定义，lpPolyPoints 表示各条折线所需的顶点数，nCount 表示折线的数目。

7.3.2　矩形和多边形

虽然利用前面的直线、折线也可画出矩形和多边形来，但 CDC 中提供的相关函数使其更胜一筹。

1．矩形和圆角矩形

CDC 提供的 Rectangle 和 RoundRect 函数分别用于矩形和圆角矩形的绘制，它们的原型如下：

```
BOOL Rectangle( int x1, int y1, int x2, int y2 );
BOOL Rectangle( LPCRECT lpRect );
BOOL RoundRect( int x1, int y1, int x2, int y2, int x3, int y3 );
BOOL RoundRect( LPCRECT lpRect, POINT point );
```

参数 lpRect 的成员 left，top，right，bottom 分别表示 x1，y1，x2，y2，point 的成员 x，y 分别表示 x3，y3；而 x1，y1 表示矩形的左上角坐标，x2，y2 表示矩形的右上角坐标，x3，y3 表示绘制圆角的椭圆大小，如图 7-5 所示。

2．设置多边形填充模式

多边形填充模式决定了图形填充时寻找填充区域的方法，有两种选择：ALTERNATE 和 WINDING。ALTERNATE 模式是寻找相邻的奇偶边作为填充区域，而 WINDING 是按顺时针或逆时针进行寻找；一般情况，这两种模式的填充效果是相同的，但对于像五角星这样的图形，填充的结果大不一样，例如，下面的代码，其结果如图 7-6 所示。

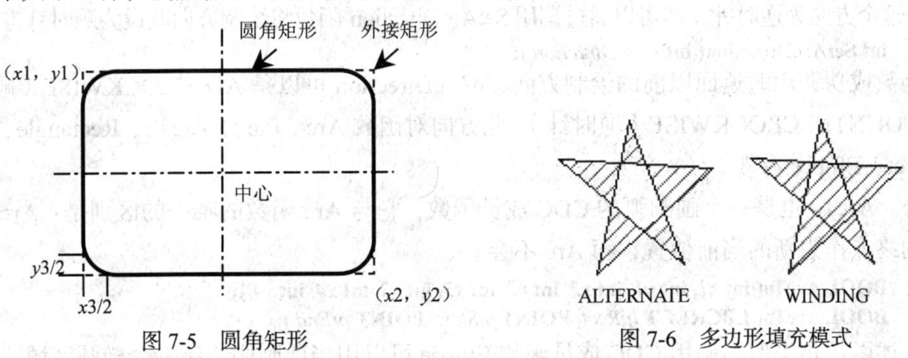

图 7-5　圆角矩形　　图 7-6　多边形填充模式

```
...
POINT     pt[5]={{247,10},{230,90},{290,35},{210,30},{275,85}};
CBrush    brush(HS_FDIAGONAL,RGB(255,0,0));
CBrush* oldbrush=pDC->SelectObject(&brush);
pDC->SetPolyFillMode(ALTERNATE);
pDC->Polygon(pt,5);
for(int i=0;i<5;i++)     pt[i].x+=80;
pDC->SetPolyFillMode(WINDING);
pDC->Polygon(pt,5);
pDC->SelectObject(oldbrush);
brush.DeleteObject( );
```

代码中，SetPolyFillMode 是 CDC 类的一个成员函数，用来设置填充模式，它的参数可以是 ALTERNATE 和 WINDING。

3．多边形

前面已经介绍过折线的画法，而多边形可以说就是由首尾相接的封闭折线所围成的图形。画多边形的函数 Polygon 原型如下：

```
BOOL Polygon( LPPOINT lpPoints, int nCount );
```

可以看出，Polygon 函数的参数形式与 Polyline 函数是相同的，但也稍有差异。例如，要画一个三角形，使用 Polyline 函数，顶点数组中就得给出四个顶点（尽管始点和终点重复出现），而用 Polygon 函数则只需给出三个顶点。

与 PolyPolyline 可画多条折线一样，使用 PolyPolygon 函数，一次可画出多个多边形，这两个函数的参数形式和含义也一样。

```
BOOL PolyPolygon( LPPOINT lpPoints, LPINT lpPolyCounts, int nCount );
```

7.3.3 曲线

同点、直线一样，圆弧也是图形的基本元素。CDC 提供的圆弧及曲线成员函数可以方便地生成各种非规则形状的图形。

1. 圆弧和椭圆

通过调用 CDC 的 Arc 函数可以画一条椭圆弧线或者整个椭圆，这个椭圆的大小是由其外接矩形（本身并不可见）所决定的。Arc 函数的原型如下：

```
BOOL Arc( int x1, int y1, int x2, int y2, int x3, int y3, int x4, int y4 );
BOOL Arc( LPCRECT lpRect, POINT ptStart, POINT ptEnd );
```

这里，x1、y1、x2、y2 或 lpRect 用来指定外接矩形的位置和大小，而椭圆中心与点（x3，y3）或 ptStart 所构成的射线与椭圆的交点就成为椭圆弧线的起始点，椭圆中心与点（x4，y4）或 ptEnd 所构成的射线与椭圆的交点就成为椭圆弧线的终点。椭圆上弧线始点到终点的部分是要绘制的椭圆弧（见图 7-7）。

需要说明，要唯一地确定一条椭圆弧线，除了上述参数外，还有一个重要参数，即弧线绘制的方向。默认时，这个方向为逆时针，但可以通过调用 SetArcDirection 函数将绘制方向改设为顺时针方向。

```
int SetArcDirection( int nArcDirection );
```

该函数成功调用时返回以前的绘制方向，nArcDirection 可以是 AD_CLOCKWISE（顺时针）或 AD_COUNTERCLOCKWISE（逆时针），此方向对函数 Arc、Pie 、ArcTo、Rectangle、Chord、RoundRect、Ellipse 有效。

另外，ArcTo 也是一个画圆弧的 CDC 成员函数，它与 Arc 函数的唯一的区别是：ArcTo 函数将圆弧的终点作为新的当前位置，而 Arc 不会。

```
BOOL ArcTo( int x1, int y1, int x2, int y2, int x3, int y3, int x4, int y4 );
BOOL ArcTo( LPCRECT lpRect, POINT ptStart, POINT ptEnd );
```

与上述函数相类似，调用 CDC 成员函数 Ellipse 可以用当前画刷绘制一个椭圆区域。

```
BOOL Ellipse( int x1, int y1, int x2, int y2 );
BOOL Ellipse( LPCRECT lpRect );
```

参数 x1、y1、x2、y2 或 lpRect 表示椭圆外接矩形的大小的位置。

2. 弦形和扇形

CDC 函数 Chord 和 Pie 是用来绘制弦形（见图 7-8）和扇形（见图 7-9），它们具有和 Arc 一样的参数。

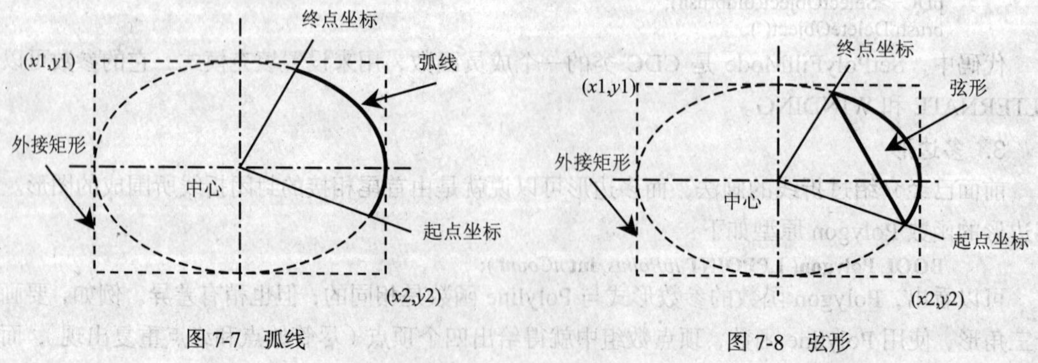

图 7-7 弧线　　图 7-8 弦形

```
BOOL Chord( int x1, int y1, int x2, int y2, int x3, int y3, int x4, int y4 );
BOOL Chord( LPCRECT lpRect, POINT ptStart, POINT ptEnd );
```

```
BOOL Pie( int x1, int y1, int x2, int y2, int x3, int y3, int x4, int y4 );
BOOL Pie( LPCRECT lpRect, POINT ptStart, POINT ptEnd );
```

3. Bézier 曲线

Bézier 曲线是最常见的非规则曲线之一，它的形状不仅便于控制，而且更主要的是它具有几何不变性（即它的形状不随坐标的变换而改变），因此在许多场合往往采用这种曲线。Bézier 曲线属于三次曲线，只需给定四个点（第一和第四个点是端点，另两个是控制点），就可唯一确定其形状，如图 7-10 所示。

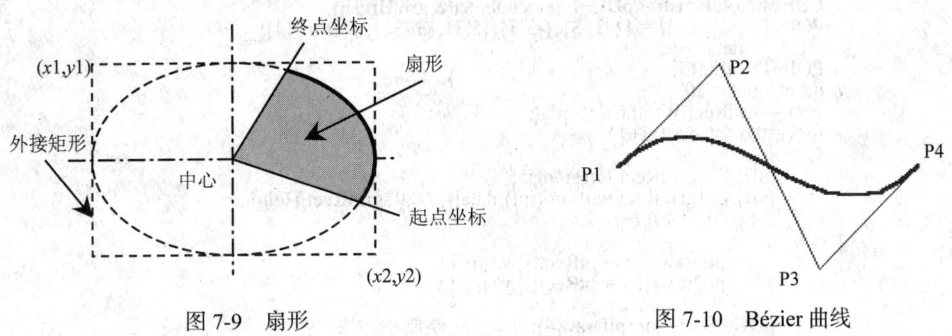

图 7-9　扇形　　　　图 7-10　Bézier 曲线

函数 PolyBezier 是用来画出一条或多条 Bézier 曲线的，其函数原型如下：

```
BOOL PolyBezier( const POINT* lpPoints, int nCount );
```

其中 lpPoints 是曲线端点和控制点所组成的数组，nCount 表示 lpPoints 数组中的点数。如果 lpPoints 用于画多条 Bézier 曲线，那么除了第一条曲线要用到四个点之外，后面的曲线只需用三个点，因为后面的曲线总是把前一条曲线的终点作为自己的起始端点。

函数 PolyBezier 不使用也不更新当前位置。如果需要使用当前位置，那么就应该使用 PolyBezierTo 函数。

```
BOOL PolyBezierTo( const POINT* lpPoints, int nCount );
```

7.3.4　图形绘制示例

商务中常常要求用图形显示一些销售数字、金融信息、股票价格波动和其他各种形式的数据量，这种显示要求的理由很简单：首先，一个图形显示较一列数字更容易让人明白；其次，图形较数字本身更容易进行对趋势、不规则性和波动的比较；最后，图形显示比字符或数字显示更有感染力。

例 Ex_GDI　绘制线图示例。

（1）创建一个默认的单文档应用程序 Ex_GDI。

（2）在 CEx_GDIView::OnDraw 函数中添加下列代码：

```
void CEx_GDIView::OnDraw(CDC* pDC)
{
	CEx_GDIDoc* pDoc = GetDocument( );
	ASSERT_VALID(pDoc);
	int data[20] = {19,21,32,40,41,39,42,35,33,23,21,20,24,11,9,19,22,32,40,42};
	CRect	rc;
	GetClientRect(rc);							// 获得客户区的大小
	rc.DeflateRect(50,50);						// 将矩形大小沿 x 和 y 方向各减小 50
	int gridXnums = 10, gridYnums = 8;
	int dx = rc.Width( )/gridXnums;
	int dy = rc.Height( )/gridYnums;
	CRect gridRect(rc.left,rc.top,		rc.left+dx*gridXnums,rc.top+dy*gridYnums); // 调整矩形大小
	CPen		gridPen(0,0,RGB(0,100,200));
	CPen*	oldPen = pDC->SelectObject(&gridPen);
	for (int i=0; i<=gridXnums; i++)				// 绘制垂直线
	{
		pDC->MoveTo(gridRect.left+i*dx,gridRect.bottom);
```

```
            pDC->LineTo(gridRect.left+i*dx,gridRect.top);
        }
        for (int j=0; j<=gridYnums; j++)          // 绘制水平线
        {
            pDC->MoveTo(gridRect.left,gridRect.top+j*dy);
            pDC->LineTo(gridRect.right,gridRect.top+j*dy);
        }
        pDC->SelectObject(oldPen);                // 恢复原来画笔
        gridPen.Detach( );                        // 将画笔对象与其构造的内容分离，以便能再次构造画笔
        gridPen.CreatePen(0,0,RGB(0,0,200)); // 重新创建画笔
        pDC->SelectObject(&gridPen);
        CBrush gridBrush(RGB(255,0,0));           // 创建画刷
        CBrush* oldBrush = pDC->SelectObject(&gridBrush);
        POINT   ptRect[4] = {{-3,-3},{-3,3},{3,3},{3,-3}}, ptDraw[4];
        int     deta;
        POINT   pt[256];
        int nCount = 20;
        deta = gridRect.Width( )/nCount;
        for (i=0; i<nCount; i++)
        {
            pt[i].x = gridRect.left+i*deta;
            pt[i].y = gridRect.bottom-(int)(data[i]/60.0*gridRect.Height( ));
            for (j=0; j<4; j++)
            {
                ptDraw[j].x = ptRect[j].x+pt[i].x;
                ptDraw[j].y = ptRect[j].y+pt[i].y;
            }
            pDC->Polygon(ptDraw,4);               // 绘制小方块
        }
        pDC->Polyline(pt,nCount);                 // 绘制折线
        // 恢复原来绘图属性
        pDC->SelectObject(oldPen);
        pDC->SelectObject(oldBrush);
    }
```

（3）编译运行，结果如图 7-11 所示。

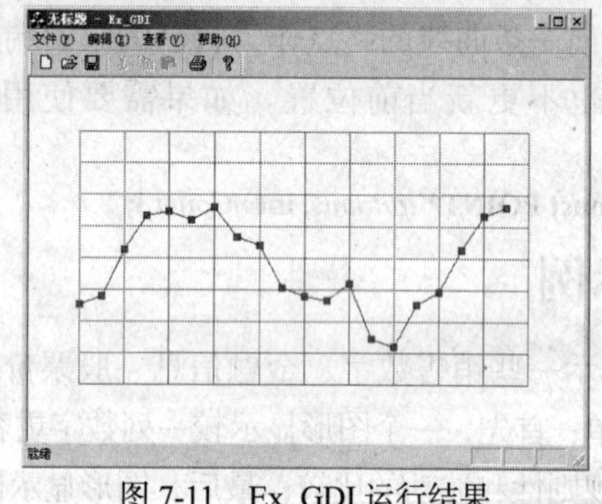

图 7-11　Ex_GDI 运行结果

需要说明的是，若对同一个 GDI 对象重新构造，则必须调用 Detach 函数把该对象从 GDI 中分离出来。

7.4　字体与文字处理

字体是文字显示和打印的外观形式，它包括了文字的字样、风格和尺寸等多方面的属性。适当地选用不同的字体，可以大大地丰富文字的外在表现力。例如，把文字中某些重要的字句用较粗的字体显示，能够体现出突出、强调的意图。

7.4.1　字体和字体对话框

根据字体的构造技术，可以把字体分为四种基本类型：光栅字体、矢量字体、TrueType 字体和 OpenType 字体。光栅字体也往往称为点阵字体，其每一个字符的原型都是以固定的位图形式存储在字库中。矢量字体则是把字符分解为一系列直线段而存储起来的。TrueType 和 OpenType

字体的字符原型是一系列直线和曲线绘制命令的集合。光栅字体依赖于特定的设备分辨率，是与设备相关的字体。矢量字体、TrueType 和 OpenType 字体都是与设备无关的，可以任意缩放。OpenType 不但可以定义 TrueType 字形，还可以定义手写体字形。

1．字体的属性和创建

字体的属性有很多，但其主要属性有字样、风格和尺寸三个。字样是字符书写和显示时表现出的特定模式，例如，对于汉字，通常有宋体、楷体、仿宋、黑体、隶书以及幼圆等多种字样。字体风格主要表现为字体的粗细和是否倾斜等特点。字体尺寸是用来指定字符所占区域的大小，通常用字符高度来描述。字体尺寸可以取毫米或英寸作为单位，但为了直观起见，也常常采用“点”的单位，一点约折合为 1/72 英寸。

为了方便用户创建字体，系统定义一种“逻辑字体”，它是应用程序对于理想字体的一种描述方式。在使用逻辑字体绘制文字时，系统会采用一种特定的算法把逻辑字体映射为最匹配的物理字体（实际安装在操作系统中的字体）。逻辑字体的具体属性可由 LOGFONT 结构来描述，这里仅列最常用到的结构成员。

```
typedef struct tagLOGFONT
{
    LONG     lfHeight;                   // 字体的逻辑高度
    LONG     lfWidth;                    // 字符的平均逻辑宽度
    LONG     lfEscapement;               // 倾角
    LONG     lfOrientation;              // 书写方向
    LONG     lfWeight;                   // 字体的粗细程度
    BYTE     lfItalic;                   // 斜体标志
    BYTE     lfUnderline;                // 下划线标志
    BYTE     lfStrikeOut;                // 删除线标志
    BYTE     lfCharSet;                  // 字符集，汉字必须为 GB2312_CHARSET
    TCHAR    lfFaceName[LF_FACESIZE];    // 字样名称
    // …
} LOGFONT;
```

在结构成员中，lfHeight 表示字符的逻辑高度，这里的高度是字符的纯高度，当此值>0 时，系统将此值映射为实际字体单元格的高度；当此值=0 时，系统将使用默认的值；当此值<0 时，系统将此值映射为实际的字符高度。

lfEscapement 表示字体的倾斜矢量与设备的 x 轴之间的夹角（以 1/10 度为计量单位），该倾斜矢量与文本的书写方向是平行的。lfOrientation 表示字符基准线与设备的 x 轴之间的夹角（以 1/10 度为计量单位）。lfWeight 表示字体的粗细程度，取值范围是从 0 ~ 1000（字符笔划从细到粗）。例如，400 为常规情况，700 为粗体。

根据定义的逻辑字体，用户就可以调用 CFont 类的 CreateFontIndirect 函数创建文本输出所需要的字体，示例代码如下：

```
LOGFONT     lf;                                  // 定义逻辑字体的结构变量
memset(&lf, 0, sizeof(LOGFONT));                 // 将 lf 中的所有成员置 0
lf.lfHeight = -13;
lf.lfCharSet = GB2312_CHARSET;
strcpy((LPSTR)&(lf.lfFaceName), "黑体");
// 用逻辑字体结构创建字体
CFont       cf;
cf.CreateFontIndirect(&lf);
// 在设备环境中使用字体
CFont* oldfont = pDC->SelectObject(&cf);
pDC->TextOut(100,100,"Hello");
pDC->SelectObject(oldfont);                      // 恢复设备环境原来的属性
cf.DeleteObject( );                              // 删除字体对象
```

2．使用字体对话框

CFontDialog 类提供了字体及其文本颜色选择的通用对话框，如图 7-12 所示，它的构造函数如下：

CFontDialog(LPLOGFONT *lplfInitial* = NULL, DWORD *dwFlags* = CF_EFFECTS | CF_SCREENFONTS, CDC* *pdcPrinter* = NULL, CWnd* *pParentWnd* = NULL);

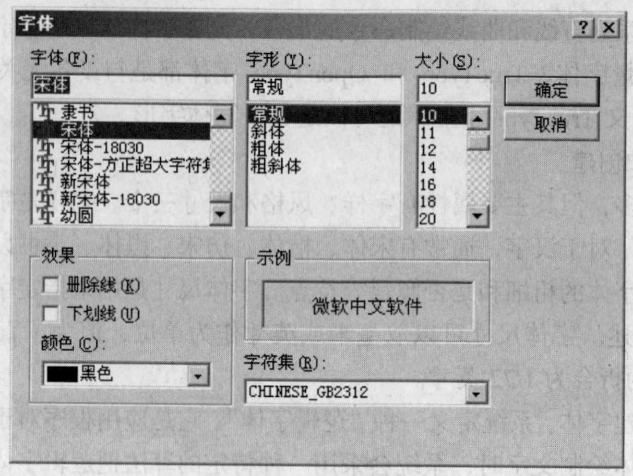

图 7-12 "字体"对话框

其中，参数 lplfInitial 是一个 LOGFONT 结构指针，用来设置对话框最初的字体特性。dwFlags 指定选择字体的标志。pdcPrinter 用来表示打印设备环境指针。pParentWnd 表示对话框的父窗口指针。

当"字体"对话框 DoModal 返回 IDOK 后，可使用下列的成员函数：

```
void        GetCurrentFont( LPLOGFONT lplf );     // 返回用户选择的 LOGFONT 字体
CString     GetFaceName( ) const;                 // 返回用户选择的字体名称
CString     GetStyleName( ) const;                // 返回用户选择的字体样式名称
int         GetSize( ) const;                     // 返回用户选择的字体大小
COLORREF    GetColor( ) const;                    // 返回用户选择的文本颜色
int         GetWeight( ) const;                   // 返回用户选择的字体粗细程度
BOOL        IsStrikeOut( ) const;                 // 判断是否有删除线
BOOL        IsUnderline( ) const;                 // 判断是否有下划线
BOOL        IsBold( ) const;                      // 判断是否是粗体
BOOL        IsItalic( ) const;                    // 判断是否是斜体
```

通过"字体"对话框可以创建一个字体，示例代码如下：

```
LOGFONT lf;
CFont     cf;
memset(&lf, 0, sizeof(LOGFONT));                  // 将 lf 中的所有成员置 0
CFontDialog dlg(&lf);
if (dlg.DoModal( )==IDOK)
{
    dlg.GetCurrentFont(&lf);
    pDC->SetTextColor(dlg.GetColor( ));
    cf.CreateFontIndirect(&lf);
    ...
}
```

7.4.2 常用文本输出函数

文本的最终输出不仅依赖于文本的字体，而且还跟文本的颜色、对齐方式等有很大关系。CDC 类提供了四个输出文本的成员函数：TextOut、ExtTextOut、TabbedTextOut 和 DrawText。

对于这四个函数，用户应根据具体情况来选用。例如，如果想要绘制的文本是一个多列的列表形式，那么采用 TabbedTextOut 函数，启用制表位，可以使绘制出来的文本效果更佳；如果要在一个矩形区域内绘制多行文本，那么采用 DrawText 函数，会更富于效率；如果文本和图形结合紧密，字符间隔不等，并要求有背景颜色或矩形裁剪特性，那么 ExtTextOut 函数将是最好的选择。如果没有什么特殊要求，那使用 TextOut 函数就显得简练多了。下面介绍 TextOut、TabbedTextOut 和 DrawText 函数。

```
virtual BOOL TextOut( int x, int y, LPCTSTR lpszString, int nCount );
```

BOOL TextOut(int *x*, int *y*, const CString& *str*);

TextOut 函数是用当前字体在指定位置 (x,y) 处显示一个文本。参数中 lpszString 和 str 指定即将显示的文本，nCount 表示文本的字节长度。若输出成功，函数返回 TRUE，否则返回 FALSE。

virtual CSize TabbedTextOut(int *x*, int *y*, LPCTSTR *lpszString*, int *nCount*, int *nTabPositions*, LPINT *lpnTabStopPositions*, int *nTabOrigin*);

CSize TabbedTextOut(int *x*, int *y*, const CString& *str*, int *nTabPositions*, LPINT *lpnTabStopPositions*, int *nTabOrigin*);

TabbedTextOut 也是用当前字体在指定位置处显示一个文本，但它还根据指定的制表位（Tab）设置相应字符位置，函数成功时返回输出文本的大小。参数中，nTabPositions 表示 lpnTabStopPositions 数组的大小，lpnTabStopPositions 表示多个递增的制表位（逻辑坐标）的数组，nTabOrigin 表示制表位 *x* 方向的起始点（逻辑坐标）。如果 nTabPositions 为 0，且 lpnTabStopPositions 为 NULL，则使用默认的制表位，即一个 Tab 相当于 8 个字符。

virtual int DrawText(LPCTSTR *lpszString*, int *nCount*, LPRECT *lpRect*, UINT *nFormat*);

int DrawText(const CString& *str*, LPRECT *lpRect*, UINT *nFormat*);

DrawText 函数是当前字体在指定矩形中对文本进行格式化绘制。参数中，lpRect 用来指定文本绘制时的参考矩形，它本身并不显示；nFormat 表示文本的格式，它可以是下列的常用值之一或“|”组合：

DT_BOTTOM	下对齐文本，该值还必须与 DT_SINGLELINE 组合
DT_CENTER	水平居中
DT_END_ELLIPSIS	使用省略号取代文本末尾的字符
DT_PATH_ELLIPSIS	使用省略号取代文本中间的字符
DT_EXPANDTABS	使用制表位，缺省的制表长度为 8 个字符
DT_LEFT	左对齐
DT_MODIFYSTRING	将文本调整为可以显示的字串
DT_NOCLIP	不裁剪
DT_NOPREFIX	不支持“&”字符转义
DT_RIGHT	右对齐
DT_SINGLELINE	指定文本的基准线为参考点，单行文本
DT_TABSTOP	设置停止位。nFormat 的高位字节是每个制表位的数目
DT_TOP	上对齐
DT_VCENTER	垂直居中
DT_WORDBREAK	自动换行

注意，DT_TABSTOP 与上述 DT_CALCRECT、DT_EXTERNALLEADING、DT_NOCLIP 及 DT_NOPREFIX 不能组合。

需要说明的是，默认时，上述文本输出函数既不使用也不更新“当前位置”。若要使用和更新“当前位置”，则必须调用 SetTextAlign，并将参数 nFlags 设置为 TA_UPDATECP。使用时，最好在文本输出前用 MoveTo 将当前位置移动至指定位置后，再调用文本输出函数；这样，文本输出函数参数中 *x*，*y* 或矩形的左边才会被忽略。

例 Ex_DrawText　绘制文本的简单示例。

（1）创建一个默认的单文档应用程序 Ex_DrawText。

（2）在 CEx_DrawTextView::OnDraw 中添加下列代码：

```
void CEx_DrawTextView::OnDraw(CDC* pDC)
{
    CEx_DrawTextDoc* pDoc = GetDocument( );
    ASSERT_VALID(pDoc);
    CRect rc(10, 10, 200, 140);
    pDC->Rectangle( rc );
    pDC->DrawText( "单行文本居中", rc, DT_CENTER | DT_VCENTER | DT_SINGLELINE);
    rc.OffsetRect( 200, 0 );        // 将矩形向右偏移 200
```

```
        pDC->Rectangle( rc );
        int nTab = 40;                    // 将一个 Tab 位的值指定为 40 个逻辑单位
        pDC->TabbedTextOut( rc.left, rc.top, "绘制\tTab\t 文本\t 示例",
              1, &nTab, rc.left);         // 使用自定义的停止位(Tab)
        nTab = 80;                    // 将一个 Tab 位的值指定为 80 个逻辑单位
        pDC->TabbedTextOut( rc.left, rc.top+20, "绘制\tTab\t 文本\t 示例",
              1, &nTab, rc.left);         // 使用自定义的停止位(Tab)
        pDC->TabbedTextOut( rc.left, rc.top+40, "绘制\tTab\t 文本\t 示例",
              0, NULL, 0);                // 使用默认的停止位
}
```

（3）编译运行，结果如图 7-13 所示。

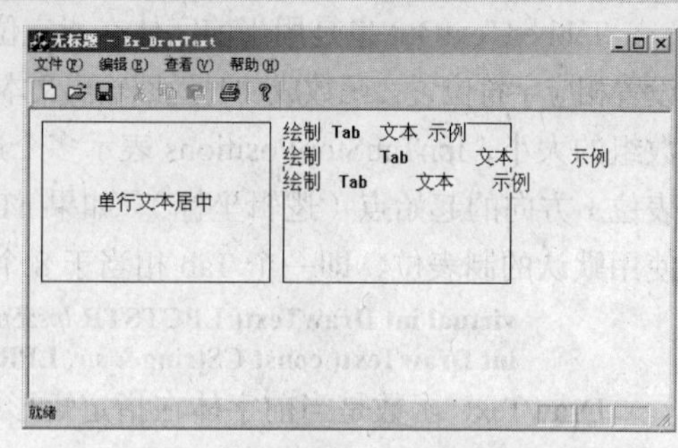

图 7-13　Ex_DrawText 运行结果

7.4.3　文本格式化属性

文本的格式属性通常包括文本颜色、对齐方式、字符间隔以及文本调整等。在绘图设备环境中，默认的文本颜色是黑色，而文本背景色为白色，且默认的背景模式是不透明方式（OPAQUE）。在 CDC 类中，SetTextColor、SetBkColor 和 SetBkMode 函数就是分别用来设置文本颜色、文本背景色和背景模式，而与之相对应的 GetTextColor、GetBkcolor 和 GetBkMode 函数则是分别获取这三项属性的，它们的原型如下：

```
virtual COLORREF SetTextColor( COLORREF crColor );
COLORREF GetTextColor( ) const;
virtual COLORREF SetBkColor( COLORREF crColor );
COLORREF GetBkColor( ) const;
int SetBkMode( int nBkMode );
int GetBkMode( ) const;
```

其中，nBkMode 用来指定文本背景模式，它可以是 OPAQUE 或 TRANSPARENT（透明）。

文本对齐方式的设置和获取是由 CDC 函数 SetTextAlign 和 GetTextAlign 决定的，它们的原型如下：

```
UINT SetTextAlign( UINT nFlags );
UINT GetTextAlign( ) const;
```

上述两个函数中所用到的文本对齐标志如表 7-5 所示，这些标志可以分为三组：TA_LEFT、TA_CENTER 和 TA_RIGHT 确定水平方向的对齐方式，TA_BASELINE、TA_BOTTOM 和 TA_TOP 确定上下方向的对齐方式，TA_NOUPDATECP 和 TA_UPDATECP 确定当前位置的更新标志。这三组标志中，组与组之间的标志可使用“|”操作符。

表 7-5　文本对齐标志

对齐标志	含义
TA_BASELINE	以字体的基准线作为上下对齐方式
TA_BOTTOM	以文本外框矩形的底边作为上下对齐方式
TA_CENTER	以文本外框矩形的中点作为左右对齐方式
TA_LEFT	以文本外框矩形的左边作为左右对齐方式
TA_NOUPDATECP	不更新当前位置
TA_RIGHT	以文本外框矩形的右边作为左右对齐方式
TA_TOP	以文本外框矩形的顶边作为上下对齐方式
TA_UPDATECP	更新当前位置

7.4.4　计算字符的几何尺寸

在打印和显示某段文本时，只有了解字符的高度计算及字符的测量方式，才能更好地控制文本输出效果。在 CDC 类中，GetTextMetrics（LPTEXTMETRIC lpMetrics）可以用来获得指定映射模式下相关设备环境的字符几何尺寸及其他属性的，其 TEXTMETRIC 结构描述如下（这里仅列出最常用的结构成员）：

```
typedef struct tagTEXTMETRIC
{                                           // tm
    int   tmHeight;                         // 字符的高度 (ascent + descent)
    int   tmAscent;                         // 高于基准线部分的值
    int   tmDescent;                        // 低于基准线部分的值
    int   tmInternalLeading;                // 字符内标高
    int   tmExternalLeading;                // 字符外标高
    int   tmAveCharWidth;                   // 字体中字符平均宽度
    int   tmMaxCharWidth;                   // 字符的最大宽度
    // …
} TEXTMETRIC;
```

通常，字符的总高度是用 tmHeight 和 tmExternalLeading 的总和来表示的。但对于字符宽度的测量除了上述参数 tmAveCharWidth 和 tmMaxCharWidth 外，还有 CDC 中的相关成员函数 GetCharWidth、GetOutputCharWidth、GetCharABCWidths。

在 CDC 类中，计算字符串的宽度和高度的函数主要两个：GetTextExtent 函数和 GetTabbedTextExtent 函数。前者适用于字符串没有制表符的情况，而后者适用于含有制表符的字符串，它们的原型如下：

```
CSize GetTextExtent( LPCTSTR lpszString, int nCount ) const;
CSize GetTextExtent( const CString& str ) const;
CSize GetTabbedTextExtent( LPCTSTR lpszString, int nCount,
                        int nTabPositions, LPINT lpnTabStopPositions ) const;
CSize GetTabbedTextExtent( const CString& str,
                        int nTabPositions, LPINT lpnTabStopPositions ) const;
```

其中，参数 lpszString 和 str 表示要计算的字符串，nCount 表示字符串的字节长度，nTabPositions 表示 lpnTabStopPositions 数组的大小，lpnTabStopPositions 表示多个递增的制表位（逻辑坐标）的数组。函数返回当前设备环境下的一行字符串的宽度（CSize 的 cx）和高度（CSize 的 cy）。

7.4.5　文档内容显示及其字体改变

这里用示例的形式来说明如何在视图类中通过文本绘图的方法来显示文档的文本内容以及改变显示的字体。

例 Ex_Text　显示文档内容并改变显示的字体。

（1）创建一个单文档应用程序 Ex_Text，在创建的第六步将视图的基类选择为 CScrollView。由于视图客户区往往显示不了文档的全部内容，因此需要视图支持滚动操作。

（2）为 CEx_TextDoc 类添加 CStringArray 类型的成员变量 m_strContents，用来将读取的文档内容保存。

（3）在 CEx_TextDoc::Serialize 函数中添加以下读取文档内容的代码：

```
void CEx_TextDoc::Serialize(CArchive& ar)
{
    if (ar.IsStoring( )) {…}
    else
    {
        CString str;
```

```
        m_strContents.RemoveAll( );
        while (ar.ReadString(str)) m_strContents.Add(str);
    }
}
```

（4）为 CEx_TextView 类添加 LOGFONT 类型的成员变量 m_lfText，用来保存当前所使用的逻辑字体。

（5）在 CEx_TextView 类构造函数中添加 m_lfText 的初始化代码：

```
CEx_TextView::CEx_TextView( )
{
    memset(&m_lfText, 0, sizeof(LOGFONT));
    m_lfText.lfHeight = -12;
    m_lfText.lfCharSet = GB2312_CHARSET;
    strcpy(m_lfText.lfFaceName, "宋体");
}
```

（6）用 MFC ClassWizard 为 CEx_TextView 类添加 WM_LBUTTONDBLCLK（双击鼠标）的消息映射函数，并增加下列代码：

```
void CEx_TextView::OnLButtonDblClk(UINT nFlags, CPoint point)
{
    CFontDialog dlg(&m_lfText);
    if (dlg.DoModal( ) == IDOK)
    {
        dlg.GetCurrentFont(&m_lfText);
        Invalidate( );
    }
        CScrollView::OnLButtonDblClk(nFlags, point);
}
```

这样，当双击鼠标左键后，就会弹出“字体”对话框，从中可改变字体的属性，单击“确定”按钮后，执行 CEx_TextView::OnDraw 中的代码。

（7）在 CEx_TextView::OnDraw 中添加下列代码：

```
void CEx_TextView::OnDraw(CDC* pDC)
{
    CEx_TextDoc* pDoc = GetDocument( );
    ASSERT_VALID(pDoc);
    // 创建字体
    CFont cf;
    cf.CreateFontIndirect(&m_lfText);
    CFont* oldFont = pDC->SelectObject(&cf);
    // 计算每行高度
    TEXTMETRIC tm;
    pDC->GetTextMetrics(&tm);
    int lineHeight = tm.tmHeight + tm.tmExternalLeading;
    int y = 0;
    int tab = tm.tmAveCharWidth * 4;            // 为一个 Tab 设置 4 个字符
    // 输出并计算行的最大长度
    int lineMaxWidth = 0;
    CString str;
    CSize lineSize(0,0);
    for (int i=0; i<pDoc->m_strContents.GetSize( ); i++)
    {
        str = pDoc->m_strContents.GetAt(i);
        pDC->TabbedTextOut(0, y, str, 1, &tab, 0);
        str = str + "A";                        // 多计算一个字符宽度
        lineSize = pDC->GetTabbedTextExtent(str, 1, &tab);
        if ( lineMaxWidth < lineSize.cx )
            lineMaxWidth = lineSize.cx;
        y += lineHeight;
    }
    pDC->SelectObject(oldFont);
    // 多算一行，以滚动窗口能全部显示文档内容
    int nLines =    pDoc->m_strContents.GetSize( ) + 1;
```

```
        CSize sizeTotal;
        sizeTotal.cx = lineMaxWidth; sizeTotal.cy = lineHeight * nLines;
        SetScrollSizes(MM_TEXT, sizeTotal);                    // 设置滚动逻辑窗口的大小
    }
```

（8）编译运行并测试，打开任意一个文本文件，结果如图 7-14 所示。

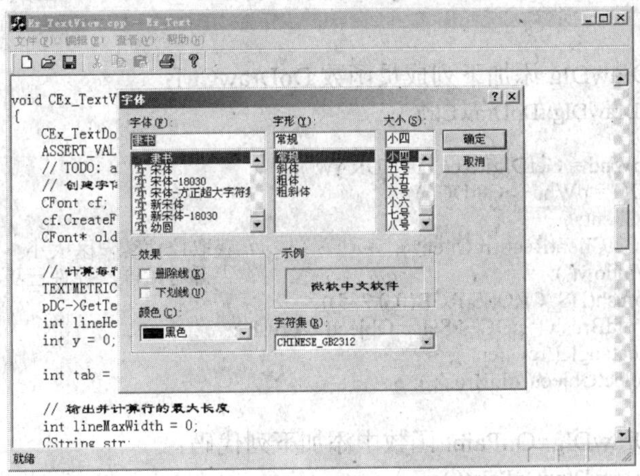

图 7-14　Ex_Text 运行结果

7.5　在对话框及控件中绘图

以前示例的绘图代码都是在视图中绘制，实际上 CDC 类中的 GDI 绘图函数可在任何从 CWnd 派生出的窗口中进行绘制，包括对话框以及对话框中的控件。

与视图中的 OnDraw 函数不同，对于对话框而言，当需要更新或重新绘制窗口的外观时，系统就会发送 WM_PAINT 消息，当用 MFC ClassWizard 映射对话框 WM_PAINT 消息时，其消息映射函数是 OnPaint。

像所有的窗口一样，如果对话框中的任何部分变为无效（即需要更新）时，对话框的 OnPaint 函数都会自动调用。当然，也可以通过调用 Invalidate 函数来通知系统此时的窗口状态已变为无效，强制系统调用 WM_PAINT 消息函数 OnPaint 重新绘制。

通过在 OnPaint 函数中添加绘图代码可以实现绘制图形的目的。但在应用时，为了防止 Windows 用系统默认的 GDI 参数向对话框进行重复绘制，还需要调用 UpdateWindow（更新窗口）函数。UpdateWindow 是 CWnd 的一个无参数的成员函数，其目的是绕过系统的消息列队，而直接发送或停止发送 WM_PAINT 消息，当窗口没有需要更新的区域时，就停止发送。这样，当用户绘制完图形时，由于没有 WM_PAINT 消息的发送，系统也就不会用默认的 GDI 参数对窗口进行重复绘制。

下面来看一个示例，该例是在对话框中和静态文本控件分别绘制一个交叉线填充和十字填充的矩形区域，如图 7-15 所示。

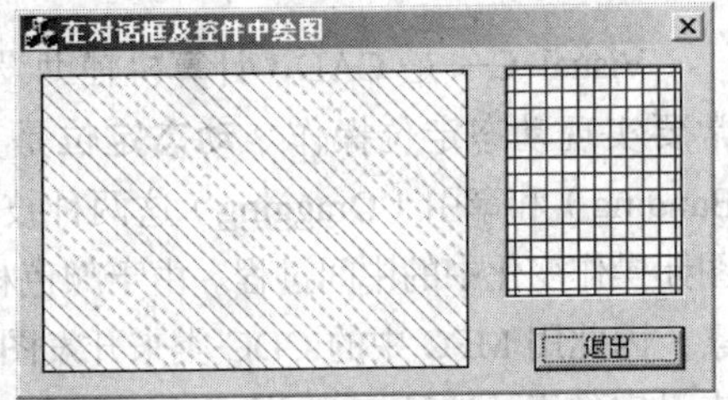

图 7-15　在对话框及控件中绘图

例 Ex_DlgDraw　在对话框及控件中绘图。

（1）创建一个基于对话框应用程序项目 Ex_DlgDraw。

（2）将对话框标题设为“在对话框及控件中绘图”，删除“取消”按钮和“TODO:...”静态文本控件，将“确定”按钮标题改为“退出”调整对话框大小，打开对话框网格，如图 7-15 所示，调整对话框大小。

（3）在对话框右侧靠上部位添加一个静态文本控件 IDC_DRAW，在其“样式”属性中，选中“凹陷”选项。

（4）为 CEx_DlgDrawDlg 添加下列成员函数 DoDrawCtrl：

```
void CEx_DlgDrawDlg::DoDrawCtrl( )
{
    CWnd *pWnd = GetDlgItem( IDC_DRAW );
    CDC* pDC = pWnd->GetDC( );
    CRect rcClient;
    pWnd->GetClientRect( rcClient );            // 获取控件客户区大小
    UpdateWindow( );                            // 告诉对话框，控件已更新过
    CBrush brush(HS_CROSS,RGB(0,0,255));
    CBrush *oldBrush = pDC->SelectObject( &brush );
    pDC->Rectangle( rcClient );
    pDC->SelectObject( oldBrush );
}
```

（5）在 CEx_DlgDrawDlg::OnPaint 函数中添加下列代码：

```
void CEx_DlgDrawDlg::OnPaint( )
{
    if (IsIconic( ))
    {...   } else
    {
        CDialog::OnPaint( );
        UpdateWindow( );                        // 告诉系统对话框已更新过
        CDC* pDC = GetDC( );
        CRect rcClient;
        GetClientRect( rcClient );              // 获取对话框客户区大小
        CRect rcDraw;
        rcDraw.SetRect( 10, 10, rcClient.right - 120, rcClient.bottom - 10 );
        CBrush brush(HS_FDIAGONAL,RGB(0,255,0));
        CBrush *oldBrush = pDC->SelectObject( &brush );
        pDC->Rectangle( rcDraw );
        pDC->SelectObject( oldBrush );
        DoDrawCtrl( );                          // 调用在控件中绘图的自定义函数
    }
}
```

（6）编译运行。

7.6 综合应用

Visual C++是 CAD（计算机辅助设计）软件开发难得的优秀工具之一。在 CAD 中，图形常常要实现动态定位操作。**动态定位**是交互式图形系统中最基本的操作，它有橡皮条（Rubber Banding）和牵引（Dragging）这两种技术。它们在实现方法上十分相似，都必须动态实时地绘出图元操作变化中的中间过程。由于颜色相同的前景像素的两次 XOR 操作可以还原成原有的背景像素，因此用 MFC 中的 CDC 类来开发图形系统时常使用 SetROP2 方法，并通过指定 R2_XORPEN 来设定像素的这种 XOR 技术来擦除和重现中间过程的图元。

下面来举一个应用实例，它是用来实现画线的动态定位操作，如图 7-16 所示。当鼠标在视图客户区移动时，会出一个大大的光标（由水平线和垂直线组成），光标的右上角的小窗口显示出当前的鼠标位置，当单击鼠标左键时，在屏幕上出现由小十字点标志，此时再移动鼠标，从当前

鼠标位置到前面一个点将绘制一条直线，且该直线随鼠标位置移动而变化，就像一根橡皮条一样，且光标右上角的小窗口显示出这条直线的长度和角度，再单击鼠标左键一条直线被绘制出来……，直到按 ESC 键结束，一条折线就绘制出来了。为了保证在视图需要更新时，这些线条仍然存在，需要将这些点保存下来，然后再重新绘出。

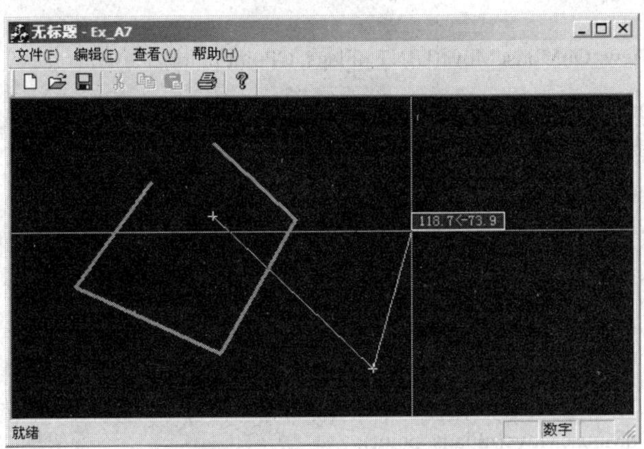

图 7-16　Ex_A7 运行结果

下面按光标生成和实现、动态小窗口的实现和直线动态过程实现三部分来阐述。

例 Ex_A7　综合应用。

第一步，光标生成和实现。

（1）创建一个默认的单文档应用程序 Ex_A7。

（2）在 Ex_A7View.h 文件的类声明中添加下列成员变量：

```
class CEx_A7View : public CView
{
public:
        BOOL            m_bCursorFirst;                 // 光标第一次显示标志
        CPoint          m_ptPrevPos;                    // 上一个点的坐标
        CPoint          m_ptCurPos;                     // 当前点的坐标
```

（3）在 CEx_A7View::OnDraw 中先添加一些清屏代码，并将 m_bCursorFirst 设为 TRUE:

```
void CEx_A7View::OnDraw(CDC* pDC)
{
        CEx_A7Doc* pDoc = GetDocument( );
        ASSERT_VALID(pDoc);
        CRect rcClient;
        GetClientRect( rcClient );                      // 获取客户区大小
        pDC->FillSolidRect( rcClient, RGB( 0,0,0 ) );   // 将客户区清为黑色
        m_bCursorFirst   = TRUE;
        pDC->SetBkMode( TRANSPARENT );                  // 设置透明背景模式
}
```

（4）为 CEx_A7View 类添加绘制光标函数的成员函数 DrawCursor：

```
void CEx_A7View::DrawCursor(CDC *pDC, CPoint pt)
{
        CRect       rcClip;
        pDC->GetClipBox( rcClip );                      // 当前裁剪区大小
        CPen pen( PS_SOLID, 1, RGB( 128, 128, 128 ) );  // 灰色画笔
        CPen *oldPen = pDC->SelectObject( &pen );       // 选入画笔
        // 设置 XOR 光栅操作模式
        int nOldROP       = pDC->SetROP2( R2_XORPEN );
        // 绘制水平线
        pDC->MoveTo( rcClip.left, pt.y );  pDC->LineTo( rcClip.right, pt.y );
        //绘制垂直线
```

```
        pDC->MoveTo( pt.x, rcClip.top );   pDC->LineTo( pt.x, rcClip.bottom );
        // 恢复原来的光栅模式
        pDC->SetROP2( nOldROP );
        // 恢复原来的画笔
    }
```

（5）用 MFC ClassWizard 为 CEx_A7View 类添加 WM_MOUSEMOVE 消息映射，并在映射函数中添加下列代码：

```
    void CEx_A7View::OnMouseMove(UINT nFlags, CPoint point)
    {
        CDC* pDC= this->GetDC( );
        if ( m_bCursorFirst )
        {
            m_bCursorFirst    = FALSE;
            m_ptCurPos        = point;
            DrawCursor( pDC, m_ptCurPos );
        } else
        {
            DrawCursor( pDC, m_ptCurPos );
            m_ptCurPos        = point;
            DrawCursor( pDC, m_ptCurPos );
        }
        CView::OnMouseMove(nFlags, point);
    }
```

（6）用 MFC ClassWizard 为 CEx_A7View 类添加 WM_SETCURSOR 的消息映射函数，并增加下列代码，用来关闭在视图客户区的光标：

```
    BOOL CEx_A7View::OnSetCursor(CWnd* pWnd, UINT nHitTest, UINT message)
    {
        SetCursor( NULL );
        return TRUE;//CView::OnSetCursor(pWnd, nHitTest, message);
    }
```

（7）编译运行并测试。看看是否在视图客户区中有一个可以移动的大大的光标。

第二步，动态小窗口的实现。

动态小窗口的实现是通过将内存中相对应的区域填充到原来的小窗口，然后重新绘制小窗口，具体过程如下。

（1）在 Ex_A7View.h 文件的类声明中添加下列成员变量：

```
    public:
        BOOL        m_bCursorFirst;        // 光标第一次显示标志
        CPoint      m_ptPrevPos;           // 上一个点的坐标
        CPoint      m_ptCurPos;            // 当前点的坐标
        CDC         m_dcMem;               // 定义用于内存环境的设备变量
        CBitmap     *m_oldBmp;             // 用于内存的位图指针
```

（2）在构造函数 CEx_A7View::CEx_A7View 中设置 m_oldBmp 为 NULL：

```
    CEx_A7View::CEx_A7View( )
    {
        m_oldBmp = NULL;
    }
```

（3）在 CEx_A7View::OnDraw 中添加并修改成下列代码形式：

```
    void CEx_A7View::OnDraw(CDC* pDC)
    {
        CEx_A7Doc* pDoc = GetDocument( );
        ASSERT_VALID(pDoc);
        CRect rcClient;
        GetClientRect( rcClient );                                // 获取客户区大小
        // 清除内存
        if (m_oldBmp) m_dcMem.SelectObject( m_oldBmp );          // 恢复原来位图
        m_dcMem.DeleteDC( );
        m_dcMem.CreateCompatibleDC( pDC );                       // 用视图设备参数重建内存环境
        CBitmap bmp;
```

```
		bmp.CreateCompatibleBitmap( pDC,   rcClient.Width( ), rcClient.Height( ) );
		m_oldBmp = m_dcMem.SelectObject( &bmp );              // 通过选入位图构造实际内存环境
		bmp.DeleteObject( );
		m_dcMem.FillSolidRect( rcClient, RGB(0,0,0) );
		int nBkMode = m_dcMem.SetBkMode( TRANSPARENT ); // 设置透明背景模式
		// 这里还要添加代码
		pDC->BitBlt( 0, 0, rcClient.Width( ), rcClient.Height( ),   &m_dcMem, 0, 0, SRCCOPY );
		m_dcMem.SetBkMode( nBkMode );
		m_bCursorFirst   = TRUE;
	}
```

（4）在 CEx_A7View 类添加成员函数 DrawInfoWnd，用来绘制小窗口：

```
	void CEx_A7View::DrawInfoWnd(CDC *pDC, CPoint pt, CString strInfo)
	{
		CRect rcWnd( pt.x, pt.y – 15, pt.x + 80, pt.y );
		pDC->FillSolidRect( rcWnd, RGB( 0, 0, 128 ) );
		pDC->Draw3dRect( rcWnd, RGB(255,255,255), RGB(255,255,255) );
		// 定义并设置文本字体
		LOGFONT lfText;
		memset(&lfText, 0, sizeof(LOGFONT));
		lfText.lfHeight     = –12;
		lfText.lfCharSet    = GB2312_CHARSET;
		strcpy(lfText.lfFaceName, "宋体");
		CFont               cf;
		cf.CreateFontIndirect(&lfText);
		CFont *oldFont    = pDC->SelectObject( &cf );
		pDC->SetBkColor( RGB( 0, 0, 128 ) );
		pDC->SetTextColor( RGB( 192, 192, 0 ) );
		pDC->DrawText( strInfo, rcWnd, DT_CENTER | DT_VCENTER | DT_SINGLELINE );
		pDC->SelectObject( oldFont );
		cf.DeleteObject( );                                      // 删除字体对象
	}
```

（5）修改 CEx_A7View::OnMouseMove 中的代码如下：

```
	void CEx_A7View::OnMouseMove(UINT nFlags, CPoint point)
	{
		CDC* pDC= this->GetDC( );
		CString             strPos;
		strPos.Format( "%d, %d", point.x, point.y );
		if ( m_bCursorFirst )
		{
			m_bCursorFirst    = FALSE;
			m_ptCurPos         = point;
			DrawCursor( pDC, m_ptCurPos );
			DrawInfoWnd( pDC, m_ptCurPos, strPos );
		} else
		{
			DrawCursor( pDC, m_ptCurPos );
			if ( m_dcMem.m_hDC )
			{
				pDC->BitBlt( m_ptCurPos.x, m_ptCurPos.y – 15, 80, 15,
					&m_dcMem, m_ptCurPos.x, m_ptCurPos.y – 15, SRCCOPY );
			}
			m_ptCurPos= point;
			DrawCursor( pDC, m_ptCurPos );
			DrawInfoWnd( pDC, m_ptCurPos, strPos );
		}
		CView::OnMouseMove(nFlags, point);
	}
```

（6）编译运行并测试。

第三步，直线动态过程实现。

（1）在 Ex_A7View.h 文件的类声明中添加下列成员变量：

```
	public:
		…
```

```
CBitmap          *m_oldBmp;                              // 用于内存的位图指针
BOOL             m_bLineStart;                           // 用来判断画线是否开始
CStringArray     m_strCmdArray;                          // 用于保存当前绘图命令
```

（2）为 CEx_A7View 类添加成员函数 DrawPointFlag，用来绘制点标志：

```
void CEx_A7View::DrawPointFlag(CDC *pDC, CPoint pt)
{
// 选入白色系统画笔
    CPen *oldPen = (CPen *)pDC->SelectStockObject( WHITE_PEN );
    // 绘制水平线
    pDC->MoveTo( pt.x - 4, pt.y );      pDC->LineTo( pt.x + 4, pt.y );
    //绘制垂直线
    pDC->MoveTo( pt.x, pt.y - 4 );      pDC->LineTo( pt.x, pt.y + 4 );
    // 恢复原来的画笔
    pDC->SelectObject( oldPen );
}
```

（3）为 CEx_A7View 类添加成员函数 DrawXORLine，用来绘制 XOR 直线：

```
void CEx_A7View::DrawXORLine(CDC *pDC, CPoint pt1, CPoint pt2)
{
    CPen pen( PS_SOLID, 1, RGB( 192, 192, 128 ) );         // 淡黄色画笔
    CPen *oldPen = pDC->SelectObject( &pen );              // 选入画笔
    int nOldROP      = pDC->SetROP2( R2_XORPEN );
    pDC->MoveTo( pt1 );  pDC->LineTo( pt2 );
    pDC->SetROP2( nOldROP );
    pDC->SelectObject( oldPen );
}
```

（4）用 MFC ClassWizard 为 CEx_A7View 类添加 OnInitialUpdate 消息（文档创建或打开新文档时，视图会自动调用此函数，一般与文档和视图共同相关的初始化代码添加到此映射函数中）的映射，并添加下列代码：

```
void CEx_A7View::OnInitialUpdate( )
{
    CView::OnInitialUpdate( );
    m_strCmdArray.RemoveAll( );                            // 清空命令
    m_bLineStart= FALSE;
}
```

（5）用 MFC ClassWizard 为 CEx_A7View 类添加 WM_LBUTTONDOWN 消息映射，并在映射函数中添加下列代码：

```
void CEx_A7View::OnLButtonDown(UINT nFlags, CPoint point)
{
    m_ptPrevPos = point;
    if ( !m_bLineStart )
    {
        m_bLineStart = TRUE;
        // 创建并添加命令
        CString          strCmd;
        strCmd.Format( "MOVETO,%d,%d", point.x, point.y );
        m_strCmdArray.Add( strCmd );
    } else
    {
        CString          strCmd;
        strCmd.Format( "LINETO,%d,%d", point.x, point.y );
        m_strCmdArray.Add( strCmd );
    }
    DrawCursor( GetDC( ), point );
    DrawPointFlag( GetDC( ), point );
    DrawCursor( GetDC( ), point );
    DrawPointFlag( &m_dcMem, point );
    CView::OnLButtonDown(nFlags, point);
}
```

（6）用 MFC ClassWizard 为 CEx_A7View 类添加 WM_KEYDOWN 消息映射，并在映射函数中添加下列代码：

```
void CEx_A7View::OnKeyDown(UINT nChar, UINT nRepCnt, UINT nFlags)
{
    if ( nChar == VK_ESCAPE )
    {
        if ( m_bLineStart )
    {
        m_bLineStart= FALSE;
        Invalidate( );                                  // 强制更新视图
        }
    }
    CView::OnKeyDown(nChar, nRepCnt, nFlags);
}
```

（7）修改 CEx_A7View::OnMouseMove 中的代码：

```
void CEx_A7View::OnMouseMove(UINT nFlags, CPoint point)
{
    CDC* pDC = this->GetDC( );
    CString          strPos;
    if (m_bLineStart )
    {
        // 计算长度和角度
        int dx = point.x - m_ptPrevPos.x;
        int dy = point.y - m_ptPrevPos.y;
        double length= sqrt( dx * dx + dy * dy );
        double angle;
        if (dx == 0 )            angle = 90.0;
        else if ( dy == 0 ) angle = 0.0;
        else                     angle = 180.0 * atan( (double)dy / (double)dx ) / 3.14159265;
        strPos.Format( "%.1f<%.1f", length, angle );
    } else
        strPos.Format( "%d, %d", point.x, point.y );
    if ( m_bCursorFirst )
    {
        m_bCursorFirst   = FALSE;
        m_ptCurPos       = point;
        DrawCursor( pDC, m_ptCurPos );
        DrawInfoWnd( pDC, m_ptCurPos, strPos );
    } else
    {
        DrawCursor( pDC, m_ptCurPos );
        if (m_bLineStart )                              // 绘制 XOR 直线
            DrawXORLine( pDC, m_ptPrevPos, m_ptCurPos );
        if ( m_dcMem.m_hDC )
        {
            pDC->BitBlt( m_ptCurPos.x, m_ptCurPos.y - 15, 80, 15,
                &m_dcMem, m_ptCurPos.x, m_ptCurPos.y - 15, SRCCOPY );
        }
        m_ptCurPos= point;
        if (m_bLineStart )                              // 绘制 XOR 直线
            DrawXORLine( pDC, m_ptPrevPos, m_ptCurPos );
        DrawCursor( pDC, m_ptCurPos );
        DrawInfoWnd( pDC, m_ptCurPos, strPos );
    }
    CView::OnMouseMove(nFlags, point);
}
```

（8）在 Ex_A7View.cpp 文件前面添加 math.h 头文件，包含如下代码：

```
#include "Ex_A7Doc.h"
#include "Ex_A7View.h"
#include "math.h"
```

（9）在 CEx_A7View::OnDraw 中的“这里还要添加代码”中添加下列代码：

```
void CEx_A7View::OnDraw(CDC* pDC)
{   …
    int nBkMode = m_dcMem.SetBkMode( TRANSPARENT );     // 设置透明背景模式
    CPen pen( PS_SOLID, 3, RGB( 0, 192, 0 ) );
    CPen *oldPen = m_dcMem.SelectObject( &pen );
```

```
        for ( int i = 0; i < m_strCmdArray.GetSize( ); i++ )
        {
            CString str = (CString)m_strCmdArray[i];
            // 解析命令
            CString     strCmd;
            int nIndex   = str.Find(",");
            strCmd       = str.Left( nIndex    );
            strCmd.TrimLeft( );      strCmd.TrimRight( );
            CString strData = str.Mid( nIndex + 1 );
            int x,y;
            nIndex= strData.Find(",");
            x        = atol( strData.Left( nIndex ) );
            y        = atol( strData.Mid( nIndex + 1 ) );
            if ( strCmd == "MOVETO" )   m_dcMem.MoveTo( x, y );
            if ( strCmd == "LINETO" )   m_dcMem.LineTo( x, y );
        }
        m_dcMem.SelectObject( oldPen );
        pDC->BitBlt( 0, 0, rcClient.Width( ), rcClient.Height( ),     &m_dcMem, 0, 0, SRCCOPY );
        m_dcMem.SetBkMode( nBkMode );
        m_bCursorFirst   = TRUE;
    }
```

（10）编译运行并测试。

总之，使用 CDC 类所提供的方法不仅可以实现 CAD 中的绝大多数图形交互技术，而且通过 CDC 类的路径（Path）操作还可以提取文字或其他图形的轮廓，以便进行更复杂的后续处理，达到令人叹为观止的 3D 画面（限于篇幅，这里不作讨论）。当然，在学习 Visual C++中，学员更应该关注应用程序框架的本质，从而在解决实际问题能正确地选择这些框架。视图及与文档之间本身还存在着许多关联，且 MFC 还根据不同的应用场合提供了相应的视图类，它们都是从 CView 派生而来的，第 8 章就来讨论。

习 题

1. 什么是设备环境（DC）？MFC 提供的设备环境类有哪些？有何不同？
2. 为什么需要坐标映射模式？坐标映射模式有哪些？它们有什么不同？
3. 什么是 GDI？MFC 提供哪些 GDI 类？如何使用它们？
4. 什么是字体？如何构造或定义字体？
5. CDC 中文本绘制的函数有哪些？它们有何不同？
6. 文本的格式化属性有哪些？如何设置？
7. 若在一个应用项目的文档窗口中，居中显示出红色、黑体、120 点的“您好！”文本，应如何实现？
8. 什么是位图？如何将项目中的位图资源在应用程序中显示出来？
9. 在综合应用程序 Ex_A7 中，WM_LBUTTONDOWN 消息映射函数中有下列代码，其目的是在当前鼠标点处绘制一个点标志图形，为什么需要 4 句代码？各句代码的作用是什么？

```
DrawCursor( GetDC( ), point );
DrawPointFlag( GetDC( ), point );
DrawCursor( GetDC( ), point );
DrawPointFlag( &m_dcMem, point );
```

10. 在 MSDN 文档中查找 CDC 成员函数 FillSolidRect 和 Draw3dRect 的作用和用法？若需要绘制一个大小为 80 × 20 的三维凸起按钮外观，则如何编写代码？

第8章 视图应用框架

文档视图结构是 MFC 应用程序框架构造的主要内容，此时的视图便成了与文档紧密相联的框架窗口的子窗口，是用户与文档之间的交互接口。视图不仅可以响应各种类型的输入，例如，键盘输入、鼠标输入或拖放输入、菜单、工具条和滚动条产生的命令输入等，而且还与文档或控件一起构成了视图应用框架，如列表视图、树视图以及切分窗口等。

8.1 文档与视图的相互作用

多数情况下，MFC 文档应用程序会使用一种编程模式使程序中数据与它的显示形式和用户交互分离开来，这种模式就是文档视图结构。

文档视图结构为用户编程提供便利，可以方便地实现文档和视图的相互操作。一旦在用 MFC AppWizard 创建文档应用程序的第一步中选中了“文档/视图体系结构支持”复选框，就可使用文档和视图相互操作的下列五个重要成员函数。

1. CView::GetDocument 函数

视图对象只有一个与之相联系的文档对象，它所包含的 GetDocument 函数允许应用程序由视图得到与之相联系的文档。假设视图对象接收到了一条消息，表示用户输入了新的数据，此时，视图就必须通知文档对象对其内部数据进行相应的更新。GetDocument 函数返回指向文档的指针，利用它用户就可以对文档类成员函数及公共数据成员进行访问。

当 MFC AppWizard 产生应用程序 CView 类时，它同时也创建一个安全类型的 GetDocument 函数，它返回指向用户派生文档类的指针。该函数是一个内联（inline）函数，示例代码如下：

```
CEx_SDIDoc* CEx_SDIView::GetDocument( ) // non-debug version is inline
{
    ASSERT(m_pDocument->IsKindOf(RUNTIME_CLASS(CEx_SDIDoc)));
    // “断言”m_pDocument 指针所指向的 CEx_SDIDoc 类是一个 RUNTIME_CLASS 类型
    return (CEx_SDIDoc*)m_pDocument;
}
```

2. CDocument::UpdateAllViews 函数

如果文档中的数据发生了改变，那么与文档相关联的所有的视图都必须被通知到，以便它们能够对所显示的数据进行相应的更新。UpdateAllViews 函数就起到这样的作用，它的原型如下：

```
void UpdateAllViews( CView* pSender, LPARAM lHint = 0L, CObject* pHint = NULL );
```

其中，参数 pSender 表示视图指针，若在应用程序文档类的成员函数中调用该函数，则此参数应为 NULL，若该函数被应用程序视图类中的成员函数调用，则此参数应为 this。lHint 通常表示更新视图时发送信息的提示标识值，pHint 表示存储信息的对象指针。

当 UpdateAllViews 函数被调用时，如果参数 pSender 指向某个特定的视图对象，那么除了该指定的视图之外，文档的所有其他视图的 OnUpdate 函数都会被调用。

3. CView::OnUpdate 函数

CView::OnUpdate 函数是一个虚函数。当应用程序调用了 CDocument::UpdateAllViews 函数时，视图应用框架就会相应地调用该函数。

virtual void OnUpdate(CView* ***pSender*****, LPARAM** ***lHint*****, CObject*** ***pHint*** **);**

其中，参数 pSender 表示文档被更改的所在视图类指针，当为 NULL 时表示所有的视图需要更新。

默认的 OnUpdate 函数（lHint=0，pHint=NULL）使得整个窗口矩形无效。如果用户想要视图的某部分无效，那么用户就要定义相关的提示（Hint）参数给出准确的无效区域；lHint 和 pHint 含义同 UpdateAllViews。

事实上，hint 机制主要用来在视图中根据提示标识值来获取文档或其他视图传递来的数据，例如，将文档的 CPoint 数据传给所有的视图类，则有下列语句：

```
GetDocument( )->UpdateAllViews(NULL, 1, (CObject *)&m_ptDraw);
```

4. CView::OnInitialUpdate 函数

当应用程序被启动时（或当用户从“文件”菜单中选择了“新建”或“打开”时），该 CView 虚函数都会被自动调用。该函数除了调用无提示参数（lHint=0，pHint=NULL）的 OnUpdate 函数之外，没做其他任何事情。

但用户可以在视图类中重载此函数，然后对文档所需信息进行初始化操作。例如，如果用户应用程序中的文档大小是固定的，那么用户就可以在此重载函数中根据文档大小设置视图滚动范围；如果应用程序中的文档大小是动态的，那么用户就可在文档每次改变时调用 OnUpdate 来更新视图的滚动范围。

5. CDocument::OnNewDocument 函数

在文档应用程序中，当用户从“文件”菜单中选择“新建”命令时，框架将首先构造一个文档对象，然后调用该虚函数，这里是设置文档数据成员初始值的好地方。当然，文档数据成员初始化处理还有其他的一些方法。例如，对于文档应用程序来说，用户还可在文档构造函数中添加初始化代码。

MFC AppWizard 为用户的派生文档类自动产生了重载的 OnNewDocument 函数，示例代码如下：

```
BOOL CMyDoc::OnNewDocument( )
{
        if (!CDocument::OnNewDocument( ))      //注意一定要保证对基类函数的调用
            return FALSE;
        // 在这里初始化新建文档
        return TRUE;
}
```

8.2 一般视图框架

MFC 中的 CView 类及其他的派生类封装了视图的各种不同的应用功能，它们为用户实现最新的 Windows 应用程序特性提供了很大的便利，这些视图类如表 8-1 所示。它们都可以作为文档应用程序中视图类的基类，其设置的方法是在 MFC AppWizard（.exe）创建 SDI/MDI 的第六步中进行用户视图类的基类的选择。

表 8-1　　　　CView 的派生类及其功能描述

类　名	功 能 描 述
CScrollView	提供自动滚动或缩放功能
CFormView	提供可滚动的视图应用框架，它由对话框模板创建，并具有和对话框一样的设计方法
CRecordView	提供表单视图直接与 ODBC 记录集对象关联；和所有的表单视图一样，CRecordView 也是基于对话框模板设计的
CDaoRecordView	提供表单视图直接与 DAO 记录集对象关联；其他同 CRecordView。
CCtrlView	是 CEditView、CListView、CTreeView 和 CRichEditView 的基类，它们提供的文档视图结构也适用于 Windows 中的新控件
CEditView	提供包含编辑控件的视图应用框架；支持文本的编辑、查找、替换以及滚动功能
CRichEditView	提供包含复合编辑控件的视图应用框架；它除了 CEditView 功能外还支持字体、颜色、图表及 OLE 对象的嵌入等
CListView	提供包含列表控件的视图应用框架；它类似于 Windows 资源管理器的右侧窗口
CTreeView	提供包含树状控件的视图应用框架；它类似于 Windows 资源管理器的左侧窗口

8.2.1 CEditView 和 CRichEditView

CEditView 是一种像 CEdit 类一样的视图框架，它也提供窗口编辑控制功能，可以用来执行简单文本操作，如打印、查找、替换、剪贴板的剪切、复制和粘贴等。由于 CEditView 类自动封装上述功能的映射函数，因此只要在文档模板中使用 CEditView 类，那么应用程序的“编辑”菜单和“文件”菜单里的菜单项都可自动激活。

CRichEditView 类要比 CEditView 类功能强大得多，由于它使用了复文本编辑控件，因而它支持混合字体格式和更大数据量的文本。CRichEditView 类被设计成与 CRichEditDoc 和 CRichEditCntrItem 类一起使用，用以实现一个完整的 ActiveX 包容器应用程序。

下面来看使用 CEditView 视图应用框架实例，使其能像记事本那样自动进行文档的显示、修改、打开和保存等操作。

例 Ex_Edit　创建 CEditView 视图应用程序。

（1）选择“文件”→“新建”菜单，在弹出的“新建”对话框中选择“工程”标签，选择 MFC AppWizard（exe）的项目类型，指定项目工作文件夹位置，输入项目名 Ex_Edit，单击“确定”按钮。

（2）在向导的第一步中，将应用程序类型选为“单文档”（SDI）。

（3）保留默认选项，单击“下一步”按钮，直到出现向导的第六步，将 CEx_EditView 的基类选为 CEditView，如图 8-1 所示。

（4）单击“完成”按钮，编译运行，打开一个文档，结果如图 8-2 所示。

图 8-1　更改 CEx_EditView 的基类

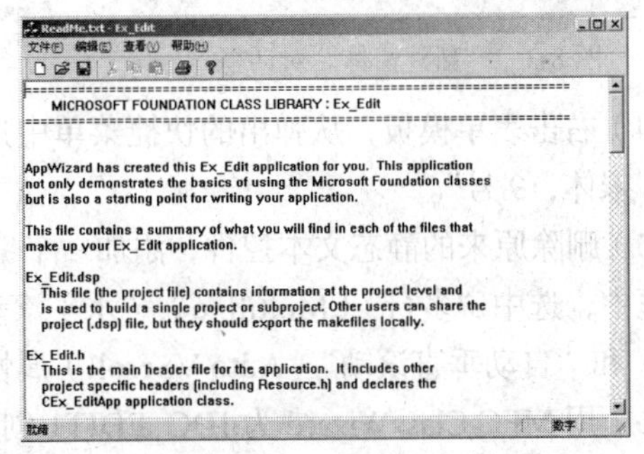

图 8-2　Ex_Edit 运行结果

需要说明的是，尽管 CEditView 类具有编辑框控件的功能，但它却不具有所见即所得的编辑功能，而且只能将文本作单一字体的显示，不支持特殊格式的字符。

8.2.2 CFormView

CFormView 是一个非常有用的视图应用框架，它具有许多无模式对话框的特点。像 CDialog 的派生类一样，CFormView 的派生类也和相应的对话框资源相联系，它也支持对话框数据交换和数据校验（DDX 和 DDV）。CFormView 还是所有表单视图类（如 CRecordView、CDaoRecordView、CHtmlView 等）的基类。

下面来看一个示例，它在一个单文档应用程序 Ex_Form 中添加表单后，将文档内容显示在表单视图的编辑框控件中。

例 Ex_Form　添加表单视图应用框架。

（1）用 MFC AppWizard 创建一个默认的单文档应用程序 Ex_Form。

（2）将项目工作区切换到“ClassView”页面，在顶层项名称 **Ex_Form classes** 上右击鼠标按钮。从弹出的快捷菜单中选择“New Form”命令，或者直接在主菜单中选择“插入”→“窗体”菜单命令，弹出“新建窗体”（New Form）对话框，在名称（Name）框中输入 CTextView，结果如图 8-3 所示。

需要说明的是，在上述操作中，系统会自动为 CTextView 配置一个文档类 CEx_FormDoc，当然也可单击“新建”（New）按钮重新指定要创建的文档类，以及单击“更改”（Change）按钮来更改相应的文档模板字串资源。

（3）单击“确定”按钮，这样，一个表单视图派生类的程序框架就被添加到用户程序中，此时的界面如图 8-4 所示，右边是表单资源编辑器，它与对话框编辑器是一样的。

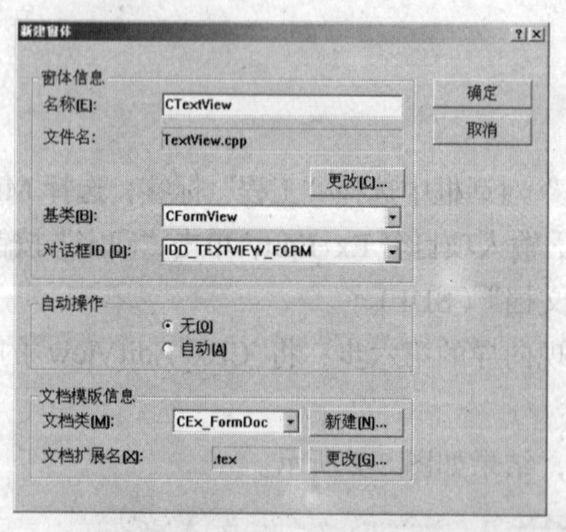

图 8-3　“新建窗体”对话框

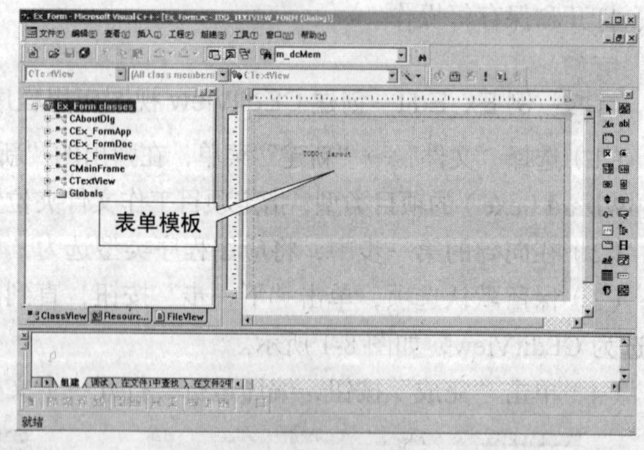

图 8-4　添加表单后的开发环境

（4）右击表单模板，从弹出的快捷菜单中选择“属性”命令，在表单属性对话框将其字体设置为“宋体，9 号”。

（5）删除原来的静态文本控件，添加一个编辑框（用于文档内容的显示），在其“样式”属性对话框中，选中“多行”（Multiline）、“水平滚动条”（Horizontal scroll）、“垂直滚动条”（Vertical scroll）和“自动垂直滚动”（Auto VScroll）属性。保留默认编辑框的标识不变（IDC_EDIT1）。

（6）用 MFC ClassWizard 为 IDC_EDIT1 创建一个 CString 控件变量 m_strText。

（7）为 CEx_FormDoc 类添加一个成员变量 CString m_strContent。

（8）在 CEx_FormDoc::Serialize 函数中添加下列代码：

```
void CEx_FormDoc::Serialize(CArchive& ar)
{
    if (ar.IsStoring( )) {}
    else
    {
        CString str;
        m_strContent.Empty( );                          // 清空字符串变量内容
        while (ar.ReadString(str))
        {
            m_strContent = m_strContent + str;
            m_strContent = m_strContent + "\r\n";       // 在每行文本末尾添加回车换行
        }
    }
}
```

（9）用 MFC ClassWizard 为 CTextView 类添加 OnUpdate 函数的重载映射，当文档更新后，会自动通知其关联的视图类，并自动调用 OnUpdate 函数。在 OnUpdate 函数中添加下列代码：

```
void CTextView::OnUpdate(CView* pSender, LPARAM lHint, CObject* pHint)
{
    CEx_FormDoc* pDoc = (CEx_FormDoc*)GetDocument( );
    m_strText = pDoc->m_strContent;
    UpdateData(FALSE);
}
```

（10）在 TextView.cpp 文件前面添加 CEx_FormDoc 类头文件，如下：

```
#include "Ex_Form.h"
#include "TextView.h"
#include "Ex_FormDoc.h"
```

（11）由于表单添加后，MFC 会自动在 CEx_FormApp::InitInstance 函数中添加一个单文档模板代码，这样该单文档应用程序就有两个文档类型。事实上，在本例中只需要一个文档模板类型，故将 InitInstance 函数修改如下：

```
BOOL CEx_FormApp::InitInstance( )
{
    {   // BLOCK: doc template registration
        // Register the document template.  Document templates serve
        // as the connection between documents, frame windows and views.
        // Attach this form to another document or frame window by changing
    ...
        AddDocTemplate(pNewDocTemplate);
    }
    // 前面的这段文档模板代码删除
    AfxEnableControlContainer( );
    …
    pDocTemplate = new CSingleDocTemplate(
        IDR_MAINFRAME,
        RUNTIME_CLASS(CEx_FormDoc),
        RUNTIME_CLASS(CMainFrame),
        RUNTIME_CLASS(CTextView));                      // 修改成添加的表单视图类
    AddDocTemplate(pDocTemplate);
    …
    return TRUE;
}
```

（12）编译运行并测试，结果如图 8-5 所示。

（13）在实际应用中，图 8-5 的运行结果是有缺陷的，因为总希望显示文档内容的编辑框控件大小能和表单视图大小一样大。为此需要用 MFC ClassWizard 为 CTextView 类添加 WM_SIZE（当窗口大小发生改变时产生）的消息映射，并添加下列代码：

```
void CTextView::OnSize(UINT nType, int cx, int cy)
{
    CFormView::OnSize(nType, cx, cy);
    CWnd* pWnd = GetDlgItem(IDC_EDIT1);                 // 获取编辑框窗口指针
```

```
        if (pWnd)          // 若窗口指针有效
            pWnd->SetWindowPos( NULL,0,0,cx,cy,SWP_NOZORDER);
    }
```

（14）再次编译运行并测试，结果如图 8-6 所示。

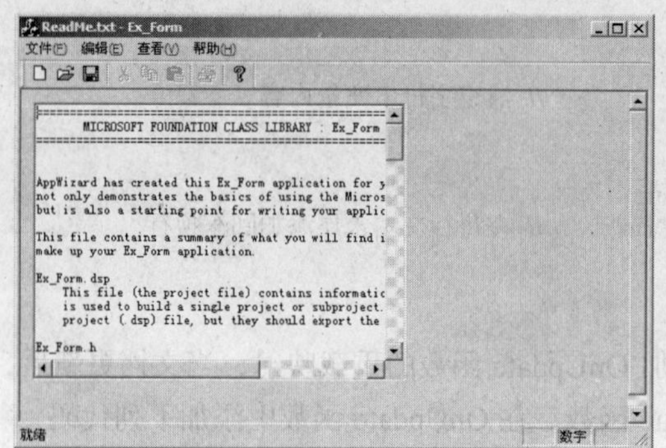

图 8-5　Ex_Form 第一次运行结果

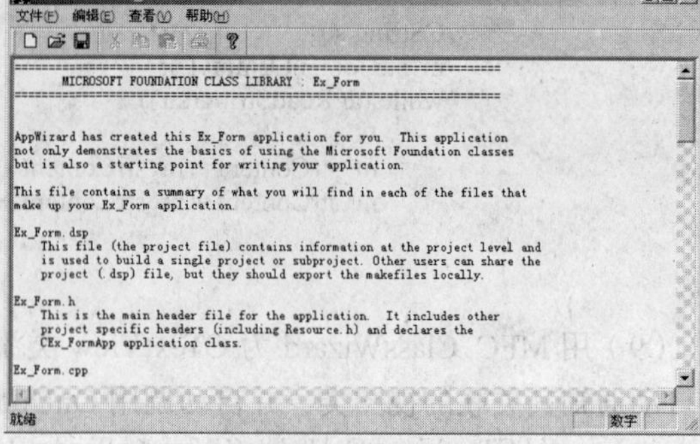

图 8-6　Ex_Form 运行结果

在 Ex_Form 创建的第六步，也可直接将 CEx_FormView 类的基础由 CView 改为 CFormView，则上述过程更为简单。需要注意的是，添加一个表单，就是添加一个视图框架，它包括新的文档模板资源、菜单栏以及新的单文档模板的创建等。

8.2.3　CHtmlView

CHtmlView 框架是将 WebBrowser 控件嵌入到文档视图结构中所形成的视图框架。WebBrowser 控件可以浏览网址，也可以作为本地文件和网络文件系统的窗口，它支持超级链接、统一资源定位（URL）导航器并维护历史列表等。

例如，用 MFC AppWizard 创建一个单文档应用程序 Ex_Html，在向导的第六步将 CEx_HtmlView 的基类由 CView 改为 CHtmlView。编译运行后，程序会自动打开网址 http://www.microsoft.com/visualc/，结果如图 8-7 所示。

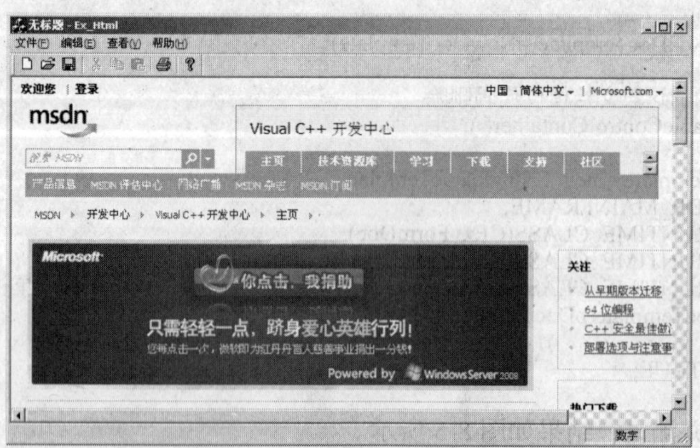

图 8-7　Ex_Html 运行结果

上述网址自动打开的代码是写在 CEx_HtmlView::OnInitialUpdate 函数中的，代码如下：

```
void CEx_HtmlView::OnInitialUpdate( )
{
    CHtmlView::OnInitialUpdate( );
    // TODO: This code navigates to a popular spot on the web.
    //    change the code to go where you'd like.
```

```
        Navigate2(_T("http://www.microsoft.com/visualc/"),NULL,NULL);
    }
```

其中，函数 CHtmlView:: Navigate2 用来浏览指定的文件、网页或网址。

8.2.4　CScrollView

CScrollView 框架不仅能直接支持视图的滚动操作，而且还能管理视口的大小和映射模式，并能响应滚动条消息、键盘消息以及鼠标滚轮消息。

需要说明的是，当滚动视图应用程序框架创建（即在向导的第六步将视图基类改为 CScrollView）后，MFC AppWizard 会自动重载 CView:: OnInitialUpdate，并在该函数调用 CScrollView 成员函数 SetScrollSizes 来设置相关参数，如映射模式、滚动逻辑窗口的大小、水平或垂直方向的滚动量等。如果仅需要视图具有自动缩放功能（而不具有滚动特性），则调用 CScrollView::SetScaleToFitSize 函数代替 MFC AppWizar 添加的 SetScrollSizes 函数调用代码，它们的原型如下：

```
void SetScaleToFitSize( SIZE sizeTotal );
void SetScrollSizes( int nMapMode, SIZE sizeTotal,
                     const SIZE& sizePage = sizeDefault,
                     const SIZE& sizeLine = sizeDefault );
```

其中，sizeTotal 用来指定要显示的文档或图片等内容的大小（长和高），nMapMode 用来指定设备环境的坐标映射模式，默认为 MM_TEXT。sizePage 和 sizeLine 用来指定鼠标点击滚动条中的页面滚动（空白页面）和行滚动（箭头）时的水平滚动和垂直滚动大小。

若当前视图的大小不能全部显示由 SetScrollSizes 中指定的当前的文档或图片等内容的大小（sizeTotal）时，相应的滚动条将自动激活，通过滚动条浏览显示的内容。若当前视图的大小不能全部显示由 SetScaleToFitSize 指定的大小时，则会自动缩小显示以匹配全部的文档窗口（视图）大小，否则就放大到全部文档窗口大小。

8.3　列表视图框架

CListView 框架是将列表控件（CListCtrl）嵌入到文档视图结构中所形成的视图框架。由于它又是从 CCtrlView 中派生的，因此它既可以调用 CCtrlView 的基类 CView 类的成员函数，又可以使用 CListCtrl 功能。当使用 CListCtrl 功能时，必须先要得到 CListView 封装的内嵌可引用的 CListCtrl 对象，这时可调用 CListView 的成员函数 GetListCtrl，示例代码如下：

```
CListCtrl& listCtrl = GetListCtrl( );        // listCtrl 必须定义成引用
```

8.3.1　列表视图类型和样式

由于 CListView 框架是以列表控件 CListCtrl 为内建对象，因而它的类型和样式也就是列表控件的类型和样式。

1．列表控件的类型

列表控件是一种极为有用的控件之一，它可以用“大图标”、“小图标”、“列表视图”或“报表视图”等四种不同的方式来显示一组信息，如图 8-8 所示。

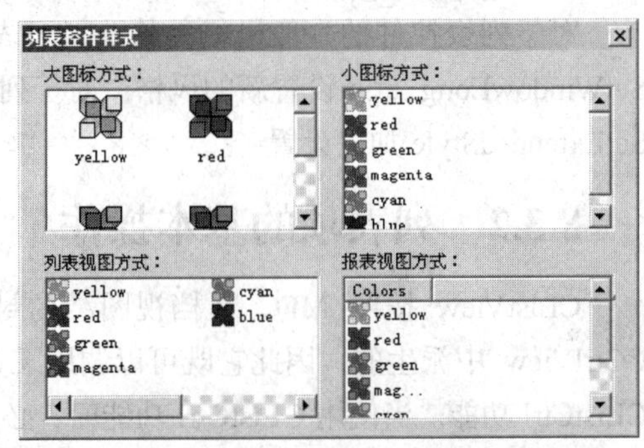

图 8-8　列表控件样式

大图标方式是指列表中的所有项的上方均以

大图标（32×32）形式出现，用户可将其拖动到列表视图窗口的任意位置。**小图标**方式是指列表中的所有项的左方均以小图标（16×16）形式出现，用户可将其拖动到列表视图窗口的任意位置。**列表视图**方式与图标方式不同，列表项被安排在某一列中，用户不能拖动它们。报表视图方式是指列表项出现在各自的行上，而相关的信息出现在右边，最左边的列可以是标签或图标，接下来的列则是程序指定的列表项内容。**报表视图**方式中最引人注目的是它可以有标题头。

2. 列表控件的样式及其修改

列表控件的样式有两类，一类是一般样式，如表 8-2 所示。

表 8-2　　列表控件的一般风格

风　格	含　义
LVS_ALIGNLEFT	在“大图标”或“小图标”显示方式中，所有列表项左对齐
LVS_ALIGNTOP	在“大图标”或“小图标”显示方式中，所有列表项被安排在控件的顶部
LVS_AUTOARRANGE	在“大图标”或“小图标”显示方式中，图标自动排列
LVS_EDITLABELS	允许用户编辑项目文本，但父窗口必须处理 LVN_ENDLABELEDIT 通知消息
LVS_ICON	“大图标”显示方式
LVS_LIST	“列表视图”显示方式
LVS_NOCOLUMNHEADER	在“报表视图”显示方式中，不显示其标题头
LVS_NOLABELWRAP	在“大图标”显示方式中，项目文本占满一行
LVS_NOSCROLL	禁用滚动条
LVS_NOSORTHEADER	当用户单击标题头时，不产生任何操作
LVS_OWNERDRAWFIXED	指明控件的拥有者，而不是 Windows 负责绘制该控件
LVS_REPORT	“报表视图”显示方式
LVS_SHAREIMAGELISTS	共享图像列表
LVS_SHOWSELALWAYS	一直显示被选择的部分
LVS_SINGLESEL	只允许单项选择，默认时是多项选择
LVS_SMALLICON	“小图标”显示方式
LVS_SORTASCENDING	按升序排列
LVS_SORTDESCENDING	按降序排列

另一类是 Visual C++在原有的基础上添加的扩展样式，如 LVS_EX_FULLROWSELECT，表示整行选择，但它仅用于“报表视图”显示方式中。类似常用的还有如下形式：

LVS_EX_BORDERSELECT　　用边框选择方式代替高亮显示列表项
LVS_EX_GRIDLINES　　列表项各行显示线条（仅用于“报表视图”）

对于列表控件的一般风格的修改，可先调用 GetWindowLong 来获取当前风格，然后调用 SetWindowLong 重新设置新的风格。对于列表控件的扩展风格，可直接调用成员函数 CListCtrl:: SetExtendedStyle 加以设置。

8.3.2　列表项的基本操作

CListView 按照 MFC 文档视图结构封装了列表控件 CListCtrl 类的功能。由于它又是从 CCtrlView 中派生的，因此它既可以调用 CCtrlView 的基类 CView 类的成员函数，又可以使用 CListCtrl 功能。当使用 CListCtrl 功能时，必须先要得到 CListView 封装的内嵌可引用的 CListCtrl 对象，这时可调用 CListView 的成员函数 GetListCtrl，示例代码如下：

```
CListCtrl& listCtrl = GetListCtrl( );      // listCtrl 必须定义成引用
```

列表控件类 CListCtrl 提供了许多用于列表项操作的成员函数，如列表项与列的添加和删除等，下面分别介绍。

（1）函数 SetImageList 用来为列表控件设置一个关联的图像列表，其原型如下：

```
CImageList* SetImageList( CImageList* pImageList, int nImageList );
```

其中，nImageList 用来指定图像列表的类型，它可以是 LVSIL_NORMAL（大图标）、LVSIL_SMALL（小图标）和 LVSIL_STATE（表示状态的图像列表）。

需要说明的是，CImageList 类用来创建、显示或管理图像，其最常见的操作有创建和添加，相应的函数原型如下：

```
BOOL CImageList::Create( int cx, int cy, UINT nFlags, int nInitial, int nGrow );
```

其中，cx 和 cy 用来指定图像的像素大小；nFlags 表示要创建的图像类型，一般取其 ILC_COLOR 和 ILC_MASK（指定屏蔽图像）的组合，默认的 ILC_COLOR 为 ILC_COLOR4（16 色），当然也可以是 ILC_COLOR8（256 色）、ILC_COLOR16（16 位色）等；nInitial 用来指定图像列表中最初的图像数目；nGrow 表示当图像列表的大小发生改变时图像可以增加的数目。

```
int CImageList::Add( CBitmap* pbmImage, CBitmap* pbmMask );
int CImageList::Add( CBitmap* pbmImage, COLORREF crMask );
int CImageList::Add( HICON hIcon );
```

此函数用来向一个图像列表添加一个图标或多个位图。成功时返回第一个新图像的索引号，否则返回–1，参数 pbmImage 表示包含图像的位图指针，pbmMask 表示包含屏蔽的位图指针，crMask 表示屏蔽色，hIcon 表示图标句柄。

（2）函数 InsertItem 用来向列表控件中插入一个列表项。该函数成功时返回新列表项的索引号，否则返回–1，函数原型如下：

```
int InsertItem( const LVITEM* pItem );
int InsertItem( int nItem, LPCTSTR lpszItem );
int InsertItem( int nItem, LPCTSTR lpszItem, int nImage );
```

其中，nItem 用来指定要插入的列表项的索引号，lpszItem 表示列表项的文本标签，nImage 表示列表项图标在图像列表中的索引号；而 pItem 用来指定一个指向 LVITEM 结构的指针，其结构描述如下：

```
typedef struct _LVITEM
{
    UINT      mask;          // 指明哪些参数有效
    int       iItem;         // 列表项索引
    int       iSubItem;      // 子项索引
    UINT      state;         // 列表项状态
    UINT      stateMask;     // 指明 state 哪些位是有效的，-1 全部有效
    LPTSTR    pszText;       // 列表项文本标签
    int       cchTextMax;    // 文本大小
    int       iImage;        // 在图像列表中列表项图标的索引号
    LPARAM    lParam;        // 32 位值
    int       iIndent;       // 项目缩进数量，1 个数量等于 1 个图标的像素宽度
} LVITEM, FAR *LPLVITEM;
```

结构中，mask 最常用的值可以是如下形式：

LVIF_TEXT	pszText 有效或必须赋值
LVIF_IMAGE	iImage 有效或必须赋值
LVIF_INDENT	iIndent 有效或必须赋值

（3）函数 DeleteItem 和 DeleteAllItems 分别用来删除指定的列表项和全部列表项，函数原型如下：

```
BOOL DeleteItem( int nItem );
BOOL DeleteAllItems( );
```

（4）函数 FindItem 用来查寻列表项，函数成功查找时返回列表项的索引号，否则返回–1。其原型如下：

```
int FindItem( LVFINDINFO* pFindInfo, int nStart = -1 ) const;
```

其中，nStart 表示开始查找的索引号，-1 表示从头开始。pFindInfo 表示要查找的信息，其结构描述如下：

```
typedef struct tagLVFINDINFO
{
    UINT        flags;          // 查找方式
    LPCTSTR     psz;            // 匹配的文本
    LPARAM      lParam;         // 匹配的值
    POINT       pt;             // 查找开始的位置坐标
    UINT        vkDirection;    // 查找方向，用虚拟方向健值表示
} LVFINDINFO, FAR* LPFINDINFO;
```

结构中，flags 可以是下列值之一或组合：

LVFI_PARAM	查找内容由 lParam 指定
LVFI_PARTIAL	查找内容由 psz 指定，不精确查找
LVFI_STRING	查找内容由 psz 指定，精确查找
LVFI_WRAP	若没有匹配，再从头开始
LVFI_NEARESTXY	靠近 pt 位置查找，查找方向由 vkDirection 确定

（5）函数 Arrange 用来按指定方式重新排列列表项，其原型如下：

```
BOOL Arrange( UINT nCode );
```

其中，nCode 用来指定排列方式，它可以是下列值之一：

LVA_ALIGNLEFT	左对齐
LVA_ALIGNTOP	上对齐
LVA_DEFAULT	默认方式
LVA_SNAPTOGRID	使所有的图标安排在最接近的网格位置处

（6）函数 InsertColumn 用来向列表控件插入新的一列，函数成功调用后返回新的列的索引，否则返回-1，其原型如下：

```
int InsertColumn( int nCol, const LVCOLUMN* pColumn );
int InsertColumn( int nCol, LPCTSTR lpszColumnHeading, int nFormat = LVCFMT_LEFT,
                  int nWidth = -1, int nSubItem = -1 );
```

其中，nCol 用来指定新列的索引，lpszColumnHeading 用来指定列的标题文本，nFormat 用来指定列排列的方式，它可以是 LVCFMT_LEFT（左对齐）、LVCFMT_RIGHT（右对齐）和 LVCFMT_CENTER（居中对齐）；nWidth 用来指定列的像素宽度，-1 时表示宽度没有设置；nSubItem 表示与列相关的子项索引，-1 时表示没有子项。pColumn 表示包含新列信息的 LVCOLUMN 结构地址，其结构描述如下：

```
typedef struct _LVCOLUMN
{
    UINT      mask;         // 指明哪些参数有效
    int       fmt;          // 列的标题或子项文本格式
    int       cx;           // 列的像素宽度
    LPTSTR    pszText;      // 列的标题文本
    int       cchTextMax;   // 列的标题文本大小
    int       iSubItem;     // 和列相关的子项索引
    int       iImage;       // 图像列表中的图像索引
    int       iOrder;       // 列的序号，最左边的列为 0
} LVCOLUMN, FAR *LPLVCOLUMN;
```

结构中，mask 可以是 0 或下列值之一或组合：

LVCF_FMT	fmt 参数有效
LVCF_IMAGE	iImage 参数有效
LVCF_ORDER	iOrder 参数有效
LVCF_SUBITEM	iSubItem 参数有效
LVCF_TEXT	pszText 参数有效
LVCF_WIDTH	cx 参数有效

fmt 可以是下列值之一：

LVCFMT_BITMAP_ON_RIGHT	位图出现在文本的右边，对于从图像列表中选取的图像无效
LVCFMT_CENTER	文本居中
LVCFMT_COL_HAS_IMAGES	列表头的图像是在图像列表中
LVCFMT_IMAGE	从图像列表中显示一个图像
LVCFMT_LEFT	文本左对齐
LVCFMT_RIGHT	文本右对齐

（7）函数 DeleteColumn 用来从列表控件中删除一个指定的列，其原型如下：

```
BOOL DeleteColumn( int nCol );
```

除了上述操作外，还有一些函数是用来设置或获取列表控件的相关属性的。例如，SetColumnWidth 用来设置指定列的像素宽度，GetItemCount 用来返回列表控件中的列表项个数等，它们的原型如下：

```
BOOL SetColumnWidth( int nCol, int cx );
int GetItemCount( );
```

其中，nCol 用来指定要设置的列的索引号，cx 用来指定列的像素宽度，它可以是 LVSCW_AUTOSIZE，表示自动调整宽度。

8.3.3　列表控件的消息

在列表视图中，可以用 MFC ClassWizard 映射的控件消息有公共控件消息（如 NM_DBLCLK）、标题头控件消息以及列表控件消息。常用的列表控件消息如下：

LVN_BEGINDRAG	用户按左鼠拖动列表列表项
LVN_BEGINLABELEDIT	用户对某列表项标签进行编辑
LVN_COLUMNCLICK	某列被按击
LVN_ENDLABELEDIT	用户对某列表项标签结束编辑
LVN_ITEMACTIVATE	用户激活某列表项
LVN_ITEMCHANGED	当前列表项已被改变
LVN_ITEMCHANGING	当前列表项即将改变
LVN_KEYDOWN	某键被按下

需要说明的是，在用 ClassWizard 处理上述这些消息时，其消息处理函数参数中往往会出现 NM_LISTVIEW 结构，其定义如下：

```
typedef struct tagNMLISTVIEW
{
    NMHDR       hdr;          // 包含通知消息的结构
    int         iItem;        // 列表项索引，没有为–1
    int         iSubItem;     // 子项索引，没有为 0
    UINT        uNewState;    // 新的项目状态
    UINT        uOldState;    // 原来的项目状态
    UINT        uChanged;     // 项目属性更改标志
    POINT       ptAction;     // 事件发生的地点
    LPARAM  lParam;           // 用户定义的 32 位值
} NMLISTVIEW, FAR *LPNMLISTVIEW;
```

但对于 LVN_ITEMACTIVATE 来说，上述结构变成了 NMITEMACTIVATE，它在结构 NM_LISTVIEW 基础上增加了一个成员“UINT uKeyFlags”，用来表示 Alt、Ctrl 和 Shift 键的按下状态，它的值可以是 LVKF_ALT、LVKF_CONTROL 和 LVKF_SHIFT。

8.3.4　列表视图应用示例

本节的示例用来将当前文件夹中的文件用“大图标”、“小图标”、“列表视图”以及“报表视图”四种不同方式在列表视图中显示出来。当双击某个列表项时，还将该项的文本标签内容用消息对话框的形式显示出来。

实现这个示例存在两个关键问题，一个是如何获取当前文件夹中的所有文件，另一个是如何获取各个文件的图标以便添加到与列表控件相关联的图像列表中。第一个问题可能通过 MFC 类 CFileFind 来解决，而对于第二问题，则需要使用 API 函数 SHGetFileInfo。需要说明的是，为了使添加到图像列表中的图标不重复，本例还使用了一个字符串数组集合类对象来保存图标的类型，每次添加图标时都先来验证该图标是否已经添加过。

 **例 Ex_List　列表显示当前的文件。**

（1）用 MFC AppWizard 创建一个默认的**单文档**应用程序 Ex_List，在创建的第六步将视图的基类选择为 CListView。

（2）为 CEx_ListView 类添加下列成员函数和成员函数：

```
class CEx_ListView : public CListView
{
public:
	CImageList	m_ImageList;
	CImageList	m_ImageListSmall;
	CStringArray	m_strArray;
	void SetCtrlStyle(HWND hWnd, DWORD dwNewStyle)
	{
		DWORD	dwOldStyle;
		dwOldStyle = GetWindowLong(hWnd, GWL_STYLE);		// 获取当前风格
		if ((dwOldStyle&LVS_TYPEMASK) != dwNewStyle)
		{
			dwOldStyle &= ～LVS_TYPEMASK;
			dwNewStyle |= dwOldStyle;
			SetWindowLong(hWnd, GWL_STYLE, dwNewStyle);		// 设置新风格
		}
	}
	…
```

其中，成员函数 SetCtrlStyle 用来设置列表控件的一般风格。

（3）在工作区窗口的“ResourceView”页面中，将 Accelerator 节点下的 IDR_MAINFRAME 资源打开，为其添加一个键盘加速键 Ctrl+G，其 ID 号为 ID_VIEW_CHANGE。

（4）用 ClassWizard 为 CEx_ListView 类添加 ID_VIEW_CHANGE 的 COMMAND 消息映射函数，并增加下列代码：

```
void CEx_ListView::OnViewChange( )
{
	static int nStyleIndex = 1;
	DWORD style[4] = {LVS_REPORT, LVS_ICON, LVS_SMALLICON, LVS_LIST };
	CListCtrl& m_ListCtrl = GetListCtrl( );
	SetCtrlStyle(m_ListCtrl.GetSafeHwnd( ), style[nStyleIndex]);
	nStyleIndex++;
	if (nStyleIndex>3) nStyleIndex = 0;
}
```

这样，当程序运行后同时按下 Ctrl 和 G 键就会切换列表控件的显示方式。

（5）用 ClassWizard 为 CEx_ListView 类添加=NM_DBLCLK（双击列表项）消息映射函数，并增加下列代码：

```
void CEx_ListView::OnDblclk(NMHDR* pNMHDR, LRESULT* pResult)
{
	LPNMITEMACTIVATE lpItem = (LPNMITEMACTIVATE)pNMHDR;
	int nIndex = lpItem->iItem;
	if (nIndex >= 0)
	{
		CListCtrl& m_ListCtrl = GetListCtrl( );
		CString str = m_ListCtrl.GetItemText(nIndex, 0);
		MessageBox(str);
	}
	*pResult = 0;
}
```

这样，当双击某个列表项时，就会弹出一个消息对话框，显示该列表项的文本内容。

（6）在 CEx_ListView::OnInitialUpdate 中添加下列代码：

```
void CEx_ListView::OnInitialUpdate( )
{
	CListView::OnInitialUpdate( );
	// 创建图像列表
	m_ImageList.Create(32,32,ILC_COLOR8|ILC_MASK,1,1);
	m_ImageListSmall.Create(16,16,ILC_COLOR8|ILC_MASK,1,1);
	CListCtrl& m_ListCtrl = GetListCtrl( );
	m_ListCtrl.SetImageList(&m_ImageList,LVSIL_NORMAL);
	m_ListCtrl.SetImageList(&m_ImageListSmall,LVSIL_SMALL);
	LV_COLUMN listCol;
	char* arCols[4]={"文件名", "大小", "类型", "修改日期"};
	listCol.mask = LVCF_FMT|LVCF_WIDTH|LVCF_TEXT|LVCF_SUBITEM;
	// 添加列表头
	for (int nCol=0; nCol<4; nCol++)
	{
		listCol.iSubItem = nCol;
		listCol.pszText = arCols[nCol];
		if (nCol == 1)
			listCol.fmt = LVCFMT_RIGHT;
		else
			listCol.fmt = LVCFMT_LEFT;
		m_ListCtrl.InsertColumn(nCol,&listCol);
	}
	// 查找当前目录下的文件
	CFileFind finder;
	BOOL bWorking = finder.FindFile("*.*");
	int nItem = 0, nIndex, nImage;
	CTime m_time;
	CString str, strTypeName;
	while (bWorking)
	{
		bWorking = finder.FindNextFile( );
		if (finder.IsArchived( ))
		{
			str = finder.GetFilePath( );
			SHFILEINFO fi;
			// 获取文件关联的图标和文件类型名
			SHGetFileInfo(str,0,&fi,sizeof(SHFILEINFO),
					SHGFI_ICON|SHGFI_LARGEICON|SHGFI_TYPENAME);
			strTypeName = fi.szTypeName;
			nImage = -1;
			for (int i=0; i<m_strArray.GetSize( ); i++)
			{
				if (m_strArray[i] == strTypeName)
				{
					nImage = i;		break;
				}
			}
			if (nImage<0)
			{	// 添加图标
				nImage = m_ImageList.Add(fi.hIcon);
				SHGetFileInfo(str,0,&fi,sizeof(SHFILEINFO),
						SHGFI_ICON|SHGFI_SMALLICON );
				m_ImageListSmall.Add(fi.hIcon);
				m_strArray.Add(strTypeName);
			}
			// 添加列表项
			nIndex = m_ListCtrl.InsertItem(nItem,finder.GetFileName( ),nImage);
			DWORD dwSize = finder.GetLength( );
			if (dwSize> 1024)
				str.Format("%dK", dwSize/1024);
			else
```

```
                str.Format("%d", dwSize);
            m_ListCtrl.SetItemText(nIndex, 1, str);
            m_ListCtrl.SetItemText(nIndex, 2, strTypeName);
            finder.GetLastWriteTime(m_time) ;
            m_ListCtrl.SetItemText(nIndex, 3, m_time.Format("%Y-%m-%d"));
            nItem++;
        }
    }
    SetCtrlStyle(m_ListCtrl.GetSafeHwnd( ), LVS_REPORT);  // 设置为报表方式
    // 设置扩展风格，使得列表项一行全项选择且显示出网格线
    m_ListCtrl.SetExtendedStyle(LVS_EX_FULLROWSELECT|LVS_EX_GRIDLINES);
    m_ListCtrl.SetColumnWidth(0, LVSCW_AUTOSIZE);      // 设置列宽
    m_ListCtrl.SetColumnWidth(1, 100);
    m_ListCtrl.SetColumnWidth(2, LVSCW_AUTOSIZE);
    m_ListCtrl.SetColumnWidth(3, 200);
}
```

（7）编译并运行，结果如图 8-9 所示。

无标题 - Ex_List

文件(F) 编辑(E) 查看(V) 帮助(H)

文件名	大小	类型	修改日期
Ex_List.aps	42K	APS 文件	2006-05-06
Ex_List.clw	2K	CLW 文件	2006-05-06
Ex_List.cpp	4K	C++ Source	2006-05-06
Ex_List.dsp	4K	VC++ 6 Project	2006-05-06
Ex_List.dsw	539	VC++ 6 Workspace	2006-05-06
Ex_List.h	1K	C/C++ Header	2006-05-06
Ex_List.ncb	33K	Visual C++ IntelliSense Database	2006-05-06
Ex_List.plg	731	HTML 文档	2006-05-06
Ex_List.rc	11K	Resource Script	2006-05-06
Ex_ListDoc.cpp	1K	C++ Source	2006-05-06
Ex_ListDoc.h	1K	C/C++ Header	2006-05-06
Ex_ListView.cpp	5K	C++ Source	2006-05-06
Ex_ListView.h	2K	C/C++ Header	2006-05-06
MainFrm.cpp	2K	C++ Source	2006-05-06
MainFrm.h	1K	C/C++ Header	2006-05-06
ReadMe.txt	4K	文本文档	2006-05-06
resource.h	641	C/C++ Header	2006-05-06
StdAfx.cpp	209	C++ Source	2006-05-06
StdAfx.h	1K	C/C++ Header	2006-05-06

就绪

图 8-9　Ex_List 运行结果

8.4　树视图框架

与列表控件不同的是，在树控件的初始状态下只显示少量的顶层信息，这样有利于用户决定树的哪一部分需要展开，且可看到节点之间的层次关系。每一个节点都可由一个文本和一个可选的位图图像组成，单击节点可展开或收缩该节点下的子节点。

树控件由父节点和子节点组成。位于某一节点之下的节点称为**子**节点，位于子节点之上的节点称为该节点的**父**节点。位于树的顶层或根部的节点称为**根**节点。

同 CListView 相类似，CTreeView 按照 MFC 文档视图结构封装了树控件 CTreeCtrl 类的功能。使用时可用以下代码来获取 CTreeView 中内嵌的树控件：

```
CTreeCtrl& treeCtrl = GetTreeCtrl( );          // treeCtrl 必须定义成引用
```

8.4.1　树视图的样式和操作

由于 CTreeView 框架是以树控件 CTreeCtrl 为内建对象，因而它的样式也就是控件的样式。如表 8-3 所示，其修改方法与列表控件一般样式的修改方法相同。

表 8-3　　树控件的一般样式

风　格	含　义
TVS_HASLINES	子节点与它们的父节点之间用线连接
TVS_LINESATROOT	用线连接子节点和根节点
TVS_HASBUTTONS	在每一个父节点的左边添加一个按钮“+”和“-”
TVS_EDITLABELS	用户可以编辑节点的标签文本内容
TVS_SHOWSELALWAYS	当控件失去焦点时，被选择的节点仍然保持被选择
TVS_DISABLEDRAGDROP	该控件被禁止发送 TVN_BEGINDRAG 通知消息
TVS_NOTOOLTIPS	控件禁用工具提示
TVS_SINGLEEXPAND	当使用这个风格时，节点可展开收缩
TVS_CHECKBOXES	在每一节点的最左边有一个复选框
TVS_FULLROWSELECT	多行选择，不能用于 TVS_HASLINES 风格
TVS_INFOTIP	控件得到工具提示时发送 TVN_GETINFOTIP 通知消息
TVS_NONEVENHEIGHT	节点的高度值不一样。默认节点高度是一样
TVS_NOSCROLL	不使用水平或垂直滚动条
TVS_TRACKSELECT	使用热点跟踪

树控件类 CTreeCtrl 类提供了许多关于树控件操作的成员函数，如节点的添加和删除等。下面分别说明。

（1）函数 InsertItem 用来向树控件插入一个新节点，操作成功后，函数返回新节点的句柄，否则返回 NULL，函数原型如下：

```
HTREEITEM InsertItem( UINT nMask, LPCTSTR lpszItem,int nImage, int nSelectedImage,
                      UINT nState, UINT nStateMask, LPARAM lParam,
                      HTREEITEM hParent,    HTREEITEM hInsertAfter );
HTREEITEM InsertItem( LPCTSTR lpszItem, HTREEITEM hParent = TVI_ROOT,
                      HTREEITEM hInsertAfter = TVI_LAST );
HTREEITEM InsertItem( LPCTSTR lpszItem, int nImage, int nSelectedImage,
        HTREEITEM hParent = TVI_ROOT, HTREEITEM hInsertAfter = TVI_LAST );
```

其中，nMask 用来指定要设置的属性，lpszItem 用来指定节点的文本标签内容，nImage 用来指定该节点图标在图像列表中的索引号，nSelectedImage 表示该节点被选定时，其图标图像列表中的索引号，nState 表示该节点的当前状态，它可以是 TVIS_BOLD（加粗）、TVIS_EXPANDED（展开）和 TVIS_SELECTED（选中）等，nStateMask 用来指定哪些状态参数有效或必须设置，lParam 表示与该节点关联的一个 32 位值，hParent 用来指定要插入节点的父节点的句柄，hInsertAfter 用来指定新节点添加的位置，它可以是以下形式：

TVI_FIRST	插到开始位置
TVI_LAST	插到最后
TVI_SORT	插入后按字母重新排序

（2）函数 DeleteItem 和 DeleteAllItems 分别用来删除指定的节点和全部的节点，它们的原型如下：

```
BOOL DeleteAllItems( );
BOOL DeleteItem( HTREEITEM hItem );
```

其中，hItem 用来指定要删除的节点的句柄。如果 hItem 的值是 TVI_ROOT，则所有的节点都被从此控件中删除。

（3）函数 Expand 用来展开或收缩指定父节点的所有子节点，其原型如下：

```
BOOL Expand( HTREEETEM hItem, UINT nCode );
```

其中，hItem 指定要被展开或收缩的节点的句柄，nCode 用来指定动作标志，它可以是如下形式：

TVE_COLLAPSE	收缩所有子节点
TVE_COLLAPSERESET	收缩并删除所有子节点
TVE_EXPAND	展开所有子节点
TVE_TOGGLE	如果当前是展开的则收缩，反之则展开

（4）函数 GetNextItem 用来获取下一个节点的句柄，它的原型如下：

HTREEITEM GetNextItem(HTREEITEM *hItem*, UINT *nCode*);

其中，hItem 指定参考节点的句柄，nCode 用来指定与 hItem 的关系标志，常见的标志如下：

TVGN_CARET	返回当前选择节点的句柄
TVGN_CHILD	返回第一个子节点句柄，hItem 必须为 NULL
TVGN_NEXT	返回下一个兄弟节点（同一个树支上的节点）句柄
TVGN_PARENT	返回指定节点的父节点句柄
TVGN_PREVIOUS	返回上一个兄弟节点句柄
TVGN_ROOT	返回 hItem 父节点的第一个子节点句柄

（5）函数 HitTest 用来测试鼠标当前操作的位置位于哪一个节点中，并返回该节点句柄，它的原型如下：

HTREEITEM HitTest(CPoint *pt*, UINT* *pFlags*);

其中 pFlags 包含当前鼠标所在的位置标志，常用定义如下：

TVHT_ONITEM	在节点上
TVHT_ONITEMBUTTON	在节点前面的按钮上
TVHT_ONITEMICON	在节点文本前面的图标上
TVHT_ONITEMLABEL	在节点文本上

除了上述操作外，还有其他常见操作，如表 8-4 所示。

表 8-4　　CTreeCtrl 类其他常见操作

成员函数	说　明
UINT GetCount( );	获取树中节点的数目，若没有返回-1
BOOL ItemHasChildren(HTREEITEM hItem);	判断一个节点是否有子节点
HTREEITEM GetChildItem(HTREEITEM hItem);	获取由 hItem 指定的节点的子节点句柄
HTREEITEM GetParentItem(HTREEITEM hItem);	获取由 hItem 指定的节点的父节点句柄
HTREEITEM GetSelectedItem( );	获取当前被选择的节点
HTREEITEM GetRootItem( );	获取根节点句柄
CString GetItemText(HTREEITEM hItem) const;	返回由 hItem 指定的节点的文本
BOOL SetItemText(HTREEITEM hItem, LPCTSTR lpszItem);	设置由 hItem 指定的节点的文本
DWORD GetItemData(HTREEITEM hItem) const;	返回与指定节点关联的 32 位值
BOOL SetItemData(HTREEITEM hItem, DWORD dwData);	设置与指定节点关联的 32 位值
COLORREF SetBkColor(COLORREF clr);	设置控件的背景颜色
COLORREF SetTextColor (COLORREF clr);	设置控件的文本颜色
BOOL SelectItem(HTREEITEM hItem);	选中指定节点
BOOL SortChildren(HTREEITEM hItem);	用来将指定节点的所有子节点排序

8.4.2　树视图控件的消息

同列表视图相类似，树视图也可以用 ClassWizard 映射公共控件消息和树控件消息。其中，常用的树控件消息如下：

TVN_BEGINDRAG	开始拖放操作
TVN_BEGINLABELEDIT	开始编辑文本
TVN_BEGINRDRAG	鼠标右键开始拖放操作

TVN_ENDLABELEDIT	文本编辑结束
TVN_ITEMEXPANDED	含有子节点的父节点已展开或收缩
TVN_ITEMEXPANDING	含有子节点的父节点将要展开或收缩
TVN_SELCHANGED	当前选择节点发生改变
TVN_SELCHANGING	当前选择节点将要发生改变

需要说明的是，在用 ClassWizard 处理上述这些消息时，其消息处理函数参数中往往会出现 NM_TREEVIEW 结构，其定义如下：

```
typedef struct tagNMTREEVIEW
{
    NMHDR       hdr;        // 含有通知代码的信息结构
    UINT        action;     // 通知方式标志
    TVITEM      itemOld;    // 原有节点的信息
    TVITEM      itemNew;    // 现在节点的信息
    POINT       ptDrag;     // 事件产生时，鼠标的位置
} NMTREEVIEW, FAR *LPNMTREEVIEW;
```

8.4.3　树视图应用示例

树视图应用示例用来遍历本地磁盘所有的文件夹。需要说明的是，为了能获取本地机器中有效的驱动器，可使用 GetLogicalDrives（获取逻辑驱动器）和 GetDriveType（获取驱动器）函数，但本例使用 SHGetFileInfo 函数来进行。

 例 Ex_Tree　遍历本地磁盘所有的文件夹。

（1）用 MFC AppWizard 创建一个默认的单文档应用程序 Ex_Tree，在创建的第六步将视图的基类选择为 CTreeView。

（2）为 CEx_TreeView 类添加下列成员变量：

```
class CEx_TreeView : public CTreeView
{
public:
    CImageList      m_ImageList;
    CString         m_strPath;      // 文件夹路径
```

（3）为 CEx_TreeView 类添加成员函数 InsertFoldItem，其代码如下：

```
void CEx_TreeView::InsertFoldItem(HTREEITEM hItem, CString strPath)
{
    CTreeCtrl& treeCtrl = GetTreeCtrl( );
    if (treeCtrl.ItemHasChildren(hItem)) return;
    CFileFind finder;
    BOOL bWorking = finder.FindFile(strPath);
    while (bWorking)
    {
        bWorking = finder.FindNextFile( );
        if (finder.IsDirectory( ) && !finder.IsHidden( ) && !finder.IsDots( ))
            treeCtrl.InsertItem(finder.GetFileTitle( ), 0, 1, hItem, TVI_SORT);
    }
}
```

（4）为 CEx_TreeView 类添加成员函数 GetFoldItemPath，其代码如下：

```
CString CEx_TreeView::GetFoldItemPath(HTREEITEM hItem)
{
    CString strPath, str;
    strPath.Empty( );
    CTreeCtrl& treeCtrl = GetTreeCtrl( );
    HTREEITEM folderItem = hItem;
    while (folderItem)
    {
        int data = (int)treeCtrl.GetItemData( folderItem );
        if (data == 0)
            str = treeCtrl.GetItemText( folderItem );
```

```
            else
                str.Format( "%c:\\", data );
            strPath = str + "\\" + strPath;
            folderItem = treeCtrl.GetParentItem( folderItem );
        }
        strPath = strPath + "*.*";
        return strPath;
    }
```

（5）用 ClassWizard 为 CEx_TreeView 类添加 TVN_SELCHANGED（当前选择的节点改变后）消息处理，并增加下列代码：

```
    void CEx_TreeView::OnSelchanged(NMHDR* pNMHDR, LRESULT* pResult)
    {
        NM_TREEVIEW* pNMTreeView = (NM_TREEVIEW*)pNMHDR;
        HTREEITEM hSelItem = pNMTreeView->itemNew.hItem; // 获取当前选择的节点
        CTreeCtrl& treeCtrl = GetTreeCtrl( );
        CString strPath = GetFoldItemPath( hSelItem );
        if (!strPath.IsEmpty( ))
        {
            InsertFoldItem(hSelItem, strPath);
            treeCtrl.Expand(hSelItem,TVE_EXPAND);
        }
        *pResult = 0;
    }
```

（6）在 CEx_TreeView::PreCreateWindow 函数中添加设置树控件风格代码如下：

```
    BOOL CEx_TreeView::PreCreateWindow(CREATESTRUCT& cs)
    {
        cs.style |= TVS_HASLINES|TVS_LINESATROOT|TVS_HASBUTTONS;
        return CTreeView::PreCreateWindow(cs);
    }
```

（7）在 CEx_TreeView::OnInitialUpdate 函数中添加下列代码：

```
    void CEx_TreeView::OnInitialUpdate( )
    {
        CTreeView::OnInitialUpdate( );
        CTreeCtrl& treeCtrl = GetTreeCtrl( );
        m_ImageList.Create(16, 16, ILC_COLOR8|ILC_MASK, 2, 1);
        m_ImageList.SetBkColor( RGB( 255,255,255 ));          // 消除图标黑色背景
        treeCtrl.SetImageList(&m_ImageList,TVSIL_NORMAL);
        // 获取 Windows 文件夹路径以便获取其文件夹图标
        CString strPath;
        GetWindowsDirectory((LPTSTR)(LPCTSTR)strPath, MAX_PATH+1);
        // 获取文件夹及其打开时的图标，并添加到图像列表中
        SHFILEINFO fi;
        SHGetFileInfo( strPath, 0, &fi, sizeof(SHFILEINFO),
            SHGFI_ICON | SHGFI_SMALLICON );
        m_ImageList.Add( fi.hIcon );
        SHGetFileInfo( strPath, 0, &fi, sizeof(SHFILEINFO),
            SHGFI_ICON | SHGFI_SMALLICON | SHGFI_OPENICON );
        m_ImageList.Add( fi.hIcon );
        // 获取已有的驱动器图标和名称
        CString str;
        for( int i = 0; i < 32; i++ )
        {
            str.Format( "%c:\\", 'A'+i );
            SHGetFileInfo( str, 0, &fi, sizeof(SHFILEINFO),
                SHGFI_ICON | SHGFI_SMALLICON | SHGFI_DISPLAYNAME);
            if (fi.hIcon)
            {
                int nImage = m_ImageList.Add( fi.hIcon );
                HTREEITEM hItem = treeCtrl.InsertItem( fi.szDisplayName, nImage, nImage );
                treeCtrl.SetItemData( hItem, (DWORD)('A'+i));
            }
        }
    }
```

（8）编译并运行，结果如图 8-10 所示。

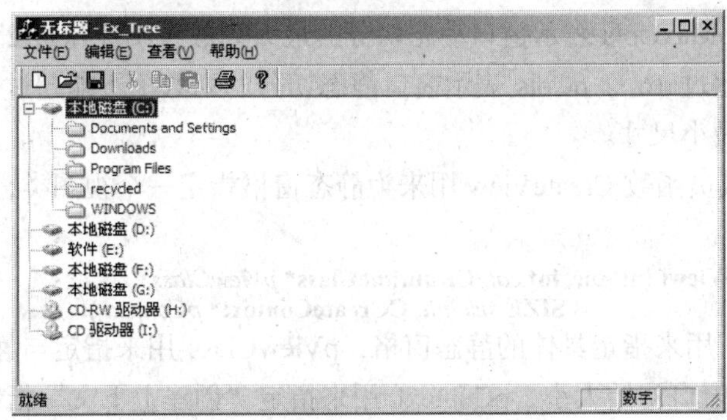

图 8-10 Ex_Tree 运行结果

8.5 切分视图框架

切分视图（又称**切分窗口**）是一种“特殊”的文档窗口，它是将整个文档窗口划分成许多窗格（pane），且每个窗格又可作为视图或窗口，这种切分视图框架在“一档多视”、“多界面”等场合下得到了广泛应用。

8.5.1 切分类型

切分视图可分为**静态切分**和**动态切分**两种类型。

对于“静态切分”来说，当文档窗口（视图）第一次被创建时，窗格就已经被切分好了，窗格的次序和数目不能再被改变，但用户可以移动切分条来调整窗格的大小。每个窗格通常代表着不同视图类的对象。

对于“动态切分”来说，它允许用户在任何时候对文档窗口（视图）进行切分，用户既可以通过选择菜单项来对窗口进行切分，也可以通过拖动滚动条中的切分块对窗口进行切分。动态切分窗口中的窗格通常使用的是同一个视图类对象。当切分窗口被创建时，左上窗格通常被初始化成一个特殊的视图。当视图沿着某个方向被切分时，另一个新添加的视图对象被动态创建；当视图沿着两个方向被切分时，新添加的三个视图对象则被动态创建。当用户取消切分时，所有新添加的视图对象被删除，但最先的视图仍被保留，直到切分窗口本身消失为止。

无论是静态切分还是动态切分，在创建时都要指定切分窗口中行和列的窗格最大数目。对于静态切分，窗格在初始时就按用户指定的最大数目划分好了；而对于动态切分窗口，当窗口构造时，第一个窗格就被自动创建。动态切分窗口允许的最大窗格数目是 2×2，而静态切分允许的最大窗格数目为 16×16。

在 MFC 中，CSplitterWnd 类封装了上述切分所需的功能函数，其中成员函数 Create 和 CreateStatic 分别用来创建“动态切分”和“静态切分”窗口，函数原型如下：

```
BOOL Create( CWnd* pParentWnd, int nMaxRows, int nMaxCols, SIZE sizeMin,
             CCreateContext* pContext,
             DWORD dwStyle = WS_CHILD | WS_VISIBLE |WS_HSCROLL |
                             WS_VSCROLL | SPLS_DYNAMIC_SPLIT,
             UINT nID = AFX_IDW_PANE_FIRST );
BOOL CreateStatic( CWnd* pParentWnd, int nRows, int nCols,
                   DWORD dwStyle = WS_CHILD | WS_VISIBLE,
```

```
UINT nID = AFX_IDW_PANE_FIRST );
```

其中，参数 pParentWnd 表示切分窗口的父框架窗口。nMaxRows 表示窗口动态切分的最大行数（不能超过 2）。nMaxCols 表示窗口动态切分的最大列数（不能超过 2）。nRows 表示窗口静态切分的行数（不能超过 16）。nCols 表示窗口静态切分的列数（不能超过 16）。sizeMin 表示动态切分时允许的窗格最小尺寸。

CSplitterWnd 类成员函数 CreateView 用来为静态窗格指定一个视图类，并创建视图窗口，其函数原型如下：

```
BOOL CreateView( int row, int col, CRuntimeClass* pViewClass,
                 SIZE sizeInit, CCreateContext* pContext );
```

其中，row 和 col 用来指定具体的静态窗格，pViewClass 用来指定与静态窗格相关联的视图类，sizeInit 表示视图窗口初始大小，pContext 用来指定“创建上下文”指针。“创建上下文”结构 CCreateContext 包含当前文档视图框架结构。

8.5.2 静态切分实现

利用 CSplitterWnd 成员函数，用户可以在文档应用程序的文档窗口（视图）中添加动态或静态切分功能。例如，下面的示例是将单文档应用程序中的文档窗口静态分成 3 × 2 个窗格。

 例 Ex_SplitSDI　静态切分。

（1）创建一个默认的单文档应用程序 Ex_SplitSDI。

（2）打开框架窗口类 MainFrm.h 头文件，为 CMainFrame 类添加一个保护型的切分窗口的数据成员，定义如下：

```
protected:    // control bar embedded members
    CStatusBar        m_wndStatusBar;
    CToolBar          m_wndToolBar;
    CSplitterWnd      m_wndSplitter;
```

（3）用 MFC ClassWizard 添加并创建一个新的视图类 CDemoView（基类为 CView）用于与静态切分的窗格相关联。

（4）用 MFC ClassWizard 为 CMainFrame 类添加 OnCreateClient（当主框架窗口客户区创建的时候自动调用该函数）函数重载，并添加下列代码：

```
BOOL CMainFrame::OnCreateClient(LPCREATESTRUCT lpcs,    CCreateContext* pContext)
{
    CRect rc;
    GetClientRect(rc);                                          // 获取客户区大小
    CSize paneSize(rc.Width( )/2-16,rc.Height( )/3-16);         // 计算每个窗格的平均尺寸
    m_wndSplitter.CreateStatic(this,3,2);                       // 创建 3×2 个静态窗格
    m_wndSplitter.CreateView(0,0,RUNTIME_CLASS(CDemoView),
        paneSize,pContext);                                     // 为相应的窗格指定视图类
    m_wndSplitter.CreateView(0,1,RUNTIME_CLASS(CDemoView),
        paneSize,pContext);
    m_wndSplitter.CreateView(1,0,RUNTIME_CLASS(CDemoView),
        paneSize,pContext);
    m_wndSplitter.CreateView(1,1,RUNTIME_CLASS(CDemoView),
        paneSize,pContext);
    m_wndSplitter.CreateView(2,0,RUNTIME_CLASS(CDemoView),
        paneSize,pContext);
    m_wndSplitter.CreateView(2,1,RUNTIME_CLASS(CDemoView),
        paneSize,pContext);
    return TRUE;
}
```

（5）在 MainFrm.cpp 源文件的开始处，添加视图类 CDemoView 的包含文件，代码如下：

```
#include "MainFrm.h"
```

```
#include "DemoView.h"
```

（6）编译并运行，结果如图 8-11 所示。

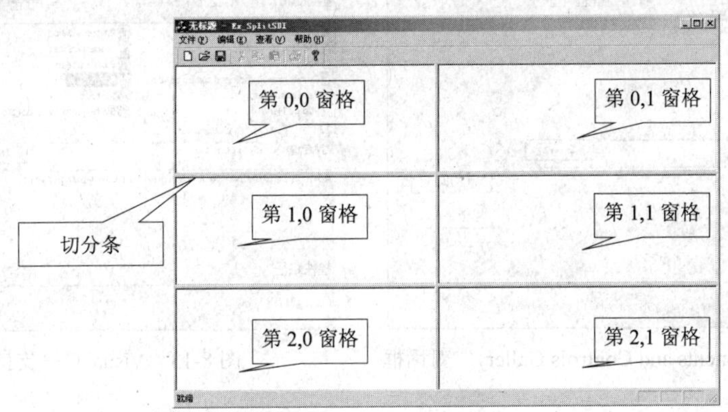

图 8-11　单文档的静态切分

说明如下。

（1）在调用 CreateStatic 函数创建静态切分窗口后，必须将每个窗格用 CreateView 函数指定相关联的视图类。各窗格的视图类可以相同，也可以不同。

（2）切分功能只应用于文档窗口，对于单文档应用程序切分的创建是在 CMainFrame 类进行的，而对于多文档应用程序，添加切分功能时应在子框架窗口类 CChildFrame 中进行。

8.5.3　动态切分窗口实现

动态切分功能的创建过程要比静态切分简单得多，它不需要重新为窗格指定其他视图类，因为动态切分窗口的所有窗格共享同一个视图。若在文档窗口中添加动态切分功能，除了上述方法外，还可在 MFC AppWizard 创建文档应用程序的“第四步”对话框中单击“高级”按钮，通过选中“高级选项”（Advanced Options）对话框“窗口样式”（Window Styles）页面中的“应用切分窗体”（Use Split Window）来创建，或是通过添加切分窗口组件来创建。

例如，下面的示例是通过添加切分窗口组件来创建动态切分的。

 例 Ex_DySplit　动态切分示例。

（1）创建一个默认的单文档应用程序 Ex_DySplit。

（2）选择“工程”→“添加工程”→“Components and Controls”，弹出如图 8-12 所示的对话框。

（3）双击“Visual C++ Components”，出现 Visual C++支持的组件，选中 Splitter Bar，结果如图 8-13 所示。

（4）单击“Insert”按钮，出现一个消息对话框，询问是否要插入 Splitter Bar 组件，单击“确定”按钮，弹出如图 8-14 所示的对话框。从中可选择切分类型：Horizontal（水平切分）、Vertical（垂直切分）和 Both（水平垂直切分）。

（5）选中 Both 选项，单击“OK”按钮，回到图 8-13 所示的对话框，单击“关闭”按钮，动态切分就被添加到单文档应用程序的主框架窗口类 CMainFrame 中。

（6）编译运行，结果如图 8-15 所示。

需要说明的是，上述方法还可向应用程序添加许多类似组件，如 Splash screen（程序启动画面）、Tip of the day（今日一贴）和 Windows Multimedia library（Windows 多媒体库）等。

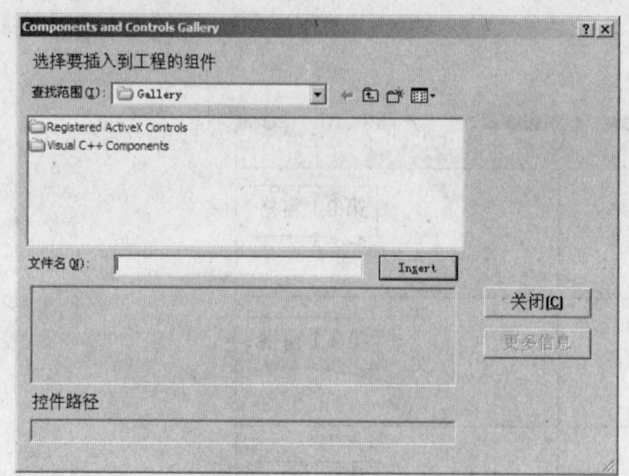

图 8-12 “Components and Controls Gallery”对话框

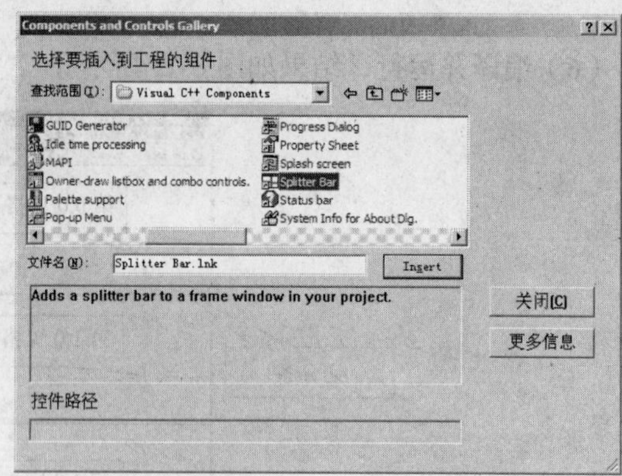

图 8-13 Visual C++支持的组件

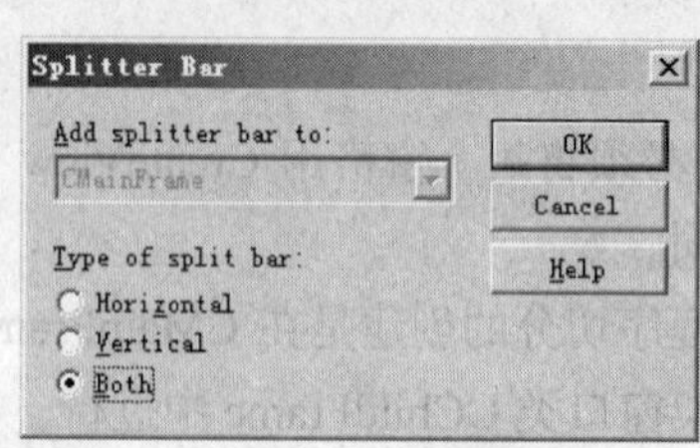

图 8-14 Splitter Bar 组件选项对话框

图 8-15 Ex_DySplit 运行结果

8.6 综 合 应 用

图 8-16 所示为一个带有左右两个窗格的静态切分视图框架。

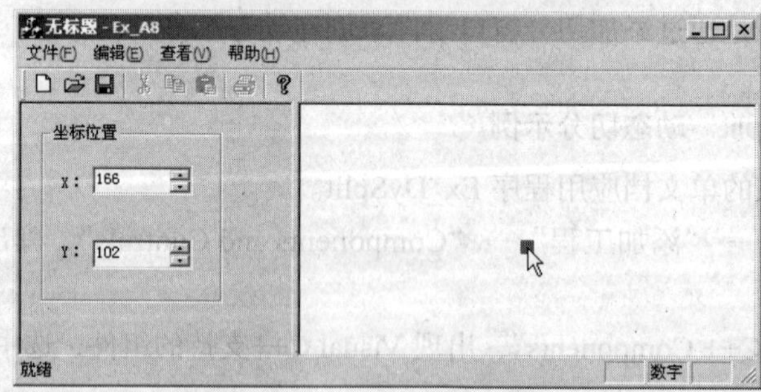

图 8-16 Ex_A8 运行结果

在这个框架中，左边的窗格指定了表单视图，右边的窗格指定了一般视图，这样在一个单文档窗口文档中就有两个视图，这样的结构常称为一档多视结构。由于这两个视图共享了在文档类中定义的用于记录鼠标位置的点的坐标，因而在左边表单视图通过控件调整点的坐标时，右边窗格的小方块会根据这个坐标自动更新其显示的位置。反过来，若在右边窗格中任意单击鼠标，相应的小方块会移动到当前鼠标位置处，且左边窗格的编辑框控件内容也随之发生改变。

下面就创建切分视图框架、添加 CEx_A8Doc 和 CEx_A8View 类代码、完善 CDrawView 类代码三部分来阐述其实现过程。

例 Ex_A8 一档多视示例。

第一步，创建切分视图框架。

（1）用 MFC AppWizard 创建一个单文档应用程序 Ex_A8。在第六步中将视图的基类选择为 CFormView。

（2）此时会自动打开表单模板资源 IDD_EX_A8_FORM，删除“TODO…”静态文本控件，如图 8-16 所示，调整表单模板大小，并依次添加如表 8-5 所示的控件。

表 8-5 在表单中添加的控件

添加的控件	ID 号	标 题	其 他 属 性
编辑框	IDC_EDIT1	——	默认
旋转按钮	IDC_SPIN1	——	自动伙伴（Auto buddy）、设置结伴整数（Set buddy integer）、靠右对齐（Alignment Right），其他默认
编辑框	IDC_EDIT2	——	默认
旋转按钮	IDC_SPIN2	——	自动伙伴（Auto buddy）、设置结伴整数（Set buddy integer）、靠右对齐（Alignment Right），其他默认

（3）打开 MFC ClassWizard 的“Member Variables”标签，在“Class name”列表中选择 CEx_A8View，选中所需的控件 ID 号，双击鼠标或单击“Add Variables”按钮，依次为表 8-6 所示的控件添加成员变量。

表 8-6 添加的控件变量

控件 ID 号	变 量 类 别	变 量 类 型	变 量 名
IDC_EDIT1	Value	int	m_nCoorX
IDC_EDIT2	Value	int	m_nCoorY
IDC_SPIN1	Control	CSpinButtonCtrl	m_wndSpinX
IDC_SPIN2	Control	CSpinButtonCtrl	m_wndSpinY

（4）用 MFC ClassWizard 添加并创建一个新的视图类 CDrawView（基类为 CView）用于与右边窗格相关联。

（5）打开框架窗口类 MainFrm.h 头文件，为 CMainFrame 类添加一个保护型的切分窗口的数据成员，定义如下：

```
protected:  // control bar embedded members
    CStatusBar      m_wndStatusBar;
    CToolBar        m_wndToolBar;
    CSplitterWnd    m_wndSplitter;
```

（6）用 MFC ClassWizard 为 CMainFrame 类添加 OnCreateClient（当主框架窗口客户区创建的时候自动调用该函数）函数重载，并添加下列代码：

```
BOOL CMainFrame::OnCreateClient(LPCREATESTRUCT lpcs, CCreateContext* pContext)
{
    BOOL bRes = m_wndSplitter.CreateStatic(this, 1, 2);      // 创建两个水平静态窗格
    m_wndSplitter.CreateView(0,0,RUNTIME_CLASS(CEx_A8View), CSize(0,0), pContext);
    m_wndSplitter.CreateView(0,1,RUNTIME_CLASS(CDrawView), CSize(0,0), pContext);
    m_wndSplitter.SetColumnInfo(0, 200, 10);                // 设置左边窗格列宽
    m_wndSplitter.RecalcLayout( );                          // 重新布局
    return bRes;        //CFrameWnd::OnCreateClient(lpcs, pContext);
}
```

（7）在 MainFrm.cpp 的前面添加用户视图类的头文件包含语句，如下：

```
#include "MainFrm.h"
```

```
#include "Ex_A8View.h"
#include "DrawView.h"
```

（8）编译。此时程序会有一个错误，这个错误的出现是基于这样的一些事实：在用标准 C/C++设计程序时，有一个原则即两个代码文件不能相互包含，而且多次包含还会造成重复定义的错误。为了解决这个难题，Visual C++使用#pragma once 来通知编译器在生成时只包含（打开）一次，也就是说，在第一次#include 之后，编译器重新生成时不会再对这些包含文件进行包含（打开）和读取，因此在用向导创建的所有类的头文件中都有#pragma once 这样的语句。然而正是由于这个语句而造成了在第二次#include 后编译器无法正确识别所引用的类，从而发生错误。解决的办法是在相互包含时加入类的声明来通知编译器这个类是一个实际的调用，如下一步操作。

（9）打开 Ex_A8View.h 文件，在 class CEx_A8View : public CFormView 语句前面添加下列代码：

```
class CEx_A8Doc;                    // 声明 CEx_A8Doc 类需要再次使用
class CEx_A8View : public CFormView
{…}
```

（10）再次编译运行，然后测试：打开表单模板资源 IDD_EX_A8_FORM，调整其大小，编译运行后看看跟前面运行的结果有何区别？多试几次！

第二步，添加 CEx_A8Doc 和 CEx_A8View 类代码。

（1）在 CEx_A8Doc 类中添加一个公有的 CPoint 数据成员 m_ptCoor，用来记录小方块的位置。

```
public:
    CPoint          m_ptCoor;
```

（2）在 CEx_A8Doc 类的构造函数处添加下列代码，使初始的位置为（0,0）：

```
CEx_A8Doc::CEx_RectDoc( )
{
    m_ptCoor  = CPoint( 0, 0 );
}
```

（3）在 CEx_A8View::OnInitialUpdate 中添加以下初始化代码：

```
void CEx_A8View::OnInitialUpdate( )
{
    CFormView::OnInitialUpdate( );
    GetParentFrame( )->RecalcLayout( );
    ResizeParentToFit( );
    m_wndSpinX.SetRange(0, 1000);                // 设置旋转按钮控件的范围
    m_wndSpinY.SetRange(0, 1000);
    CEx_A8Doc* pDoc = GetDocument( );
    m_nCoorX = pDoc->m_ptCoor.x;
    m_nCoorY = pDoc->m_ptCoor.y;
    UpdateData(FALSE);
}
```

（4）打开“MFC ClassWizard”对话框，并要换到“Messsage Maps”标签页，在 CEx_A8View 类中为编辑框 IDC_EDIT1 和 IDC_EDIT2 添加 EN_CHANGE 的消息映射，使它们的映射函数名都设为 OnChangeEdit，并添加下列代码：

```
void CEx_A8View::OnChangeEdit( )
{
    if ( this->IsWindowVisible( ) )              // 只有表单视图可见时，控件消息才是有用的
    {
        UpdateData(TRUE);
        CEx_A8Doc* pDoc = GetDocument( );
        pDoc->m_ptCoor = CPoint( m_nCoorX, m_nCoorY );
        pDoc->UpdateAllViews(NULL, 2 );
    }
}
```

（5）用 MFC ClassWizard 为 CEx_A8View 添加 OnUpdate 的消息函数，并添加下列代码：

```
void CEx_A8View::OnUpdate(CView* pSender, LPARAM lHint, CObject* pHint)
{
    if (lHint == 1)
```

```
        {
            CEx_A8Doc* pDoc = GetDocument( );
            m_nCoorX = pDoc->m_ptCoor.x;
            m_nCoorY = pDoc->m_ptCoor.y;
            UpdateData(FALSE);                    // 在控件中显示
        }
    }
```

第三步，完善 CDrawView 类代码。

（1）在 DrawView.cpp 文件的前面添加 CEx_A8Doc 类的包含语句，如下：

```
#include "Ex_A8.h"
#include "DrawView.h"
#include "Ex_A8Doc.h"
```

（2）在 CDrawView::OnDraw 函数中添加下列代码：

```
void CDrawView::OnDraw(CDC* pDC)
{
    CEx_A8Doc* pDoc = (CEx_A8Doc*)m_pDocument;
    CRect rc( pDoc->m_ptCoor.x - 5, pDoc->m_ptCoor.y - 5,
        pDoc->m_ptCoor.x + 5, pDoc->m_ptCoor.y + 5 );
    pDC->FillSolidRect( rc, RGB( 0, 128, 0 ) );
}
```

（3）用 MFC ClassWizard 为 CDrawView 类添加 OnUpdate 的消息函数，并添加下列代码：

```
void CDrawView::OnUpdate(CView* pSender, LPARAM lHint, CObject* pHint)
{
    if (lHint == 2)     Invalidate( );
}
```

（4）用 MFC ClassWizard 为 CDrawView 类添加 WM_LBUTTONDOWN 的消息映射，并添加下列代码：

```
void CDrawView::OnLButtonDown(UINT nFlags, CPoint point)
{
    CEx_A8Doc* pDoc = (CEx_A8Doc*)m_pDocument;
    pDoc->m_ptCoor      = point;
    pDoc->UpdateAllViews( NULL, 1 );
    Invalidate( );            // 强迫调用 CDrawView::OnDraw
    CView::OnLButtonDown(nFlags, point);
}
```

（5）编译运行并测试，结果如图 8-16 所示。

总之，MFC 应用程序框架中，视图应用框架的类型最为多样，它不但可以实现缩放和滚动，而且还可以像 Windows 资源管理器那样，拥有切分操作界面。另外，由于文档与视图关联，使得多个视图可以通过其文档实现数据的共享。但对于海量数据来说，使用数据库操作更为方便和高效，下一章就来讨论。

习　题

1. 视图类 CView 的派生类（视图应用框架）有哪些？如何创建这些框架应用程序？

2. 列表视图有哪些显示模式？如何通过程序实现切换？

3. 如何向树视图中添加一个新项（节点）？从一个节点向上和向下遍历时各要调用哪些成员函数？

4. 什么是静态切分和动态切分？它们有何异同？如何在文档窗口（视图）中添加动态和静态切分功能？

5. 什么是“一档多视”？说说 Ex_A8 中，文档数据改变后是怎样通知视图的？与同一个文档相联系的多个视图又是怎样获得数据的？

第 9 章 数据库应用

人们日常生活中有大量的信息，采用数据库管理比文件管理要方便得多。要操作数据库，需要通过数据库管理系统（DBMS）。但要开发出满足用户要求的 Windows 应用程序，还需要借助于开发工具。而 Visual C++就是一个很好的开发工具，它使用 MFC 面向对象的编程方法通过 DBMS 接口操作数据库，可以开发出包含数据库在内的功能强大的应用系统。

9.1 数据库和 ODBC 操作

9.1.1 数据库基本概念

1. 数据库和 DBMS

数据库是指以一定的组织形式存放在计算机存储介质上的相互关联的数据的集合。例如，把一个学校的教师、学生和课程等数据有序地组织起来，存储在计算机磁盘上，就构成了一个数据库。

为了能有效地管理数据库，常常需要数据库管理系统（DBMS）为用户提供对数据库的操作，包括数据库的建立和记录的输入、修改、检索、显示、删除和统计等。DBMS 为用户提供的对数据库操作的方法包括交互界面和 SQL 语句接口。Visual C++就是通过 SQL 语句接口操作数据库。

目前，使用最多的是关系数据库，有许多关系数据库管理系统（DBMS），如 Access、SQL Server、Oracle、Sybase 和 Visual Foxpro 等。

2. SQL 语句

SQL（结构化查询语言）语句是用来在 DBMS 中访问和操作数据库的标准语言，SQL 语言主要包括以下三个方面。

（1）数据操纵语言（Data Manipulation Language，DML）：主要包括查询、插入、删除和修改数据库中的数据的操作。

（2）数据定义语言（Data Definition Language，DDL）：定义数据库结构，包括定义表、视图和索引等。

（3）数据控制语言（Data Control Language，DCL）：包括对数据库的安全性控制、完整性控制以及对事务的定义、并发控制和恢复等。

3. ODBC、DAO 和 OLE DB

Visual C++为用户提供了 ODBC（Open Database Connectivity，开放数据库连接）、DAO（Data

Access Objects，数据访问对象）及 OLE DB（OLE Data Base，OLE 数据库）三种数据库方式，使用户的应用程序从特定的数据管理系统脱离出来。

ODBC 提供了应用程序接口（API），使得任何一个数据库都可以通过 ODBC 驱动器与指定的 DBMS 相联。用户的程序可通过调用 ODBC 驱动管理器中相应的驱动程序达到管理数据库的目的。作为 Microsoft Windows Open Standards Architecture（WOSA，Windows 开放式服务体系结构）的主要组成部分，ODBC 一直沿用至今。

DAO 类似于用 Microsoft Access 或 Microsoft Visual Basic 编写的数据库应用程序，它使用 Jet 数据库引擎形成一系列的数据访问对象：数据库对象、表和查询对象、记录集对象等。它可以打开一个 Access 数据库文件（MDB 文件），也可直接打开一个 ODBC 数据源以及使用 Jet 引擎打开一个 ISAM（被索引的顺序访问方法）类型的数据源（dBASE、FoxPro、Paradox、Excel 或文本文件）。

OLE DB 试图提供一种统一的数据访问接口，并能处理除了标准关系型数据库中的数据之外，还能处理包括邮件数据、Web 上的文本或图形、目录服务（Directory Services）以及主机系统中的 IMS 和 VSAM 数据。OLE DB 提供一个数据库编程 COM（组件对象模型）接口，使得数据的使用者（应用程序）可以使用同样的方法访问各种数据，而不用考虑数据的具体存储地点、格式或类型，这个 COM 接口与 ODBC 相比，其健壮性和灵活性要高得多。但是，由于 OLE DB 的程序比较复杂，因而对于一般用户来说使用 ODBC 和 DAO 方式已能满足一般数据库处理的需要。

4. ADO

ADO 是目前在 Windows 环境中比较流行的客户端数据库编程技术，它是微软为最新和最强大的数据访问范例 OLE DB 而设计的，是一个便于使用的应用程序层接口。ADO 使用户应用程序能够通过“OLE DB 提供者”访问和操作数据库服务器中的数据。由于它兼具有强大的数据处理功能（处理各种不同类型的数据源、分布式的数据处理等）和极其简单、易用的编程接口，因而得到了广泛的应用。

ADO 技术基于 COM（Component Object Model，组件对象模型），具有 COM 组件的许多优点，可以用来构造可复用应用框架，被多种语言支持，能够访问包括关系数据库、非关系数据库及所有的文件系统。另外，ADO 还支持各种 B/S 与基于 Web 的应用程序，具有远程数据服务 RDS（Remote Data Service）的特性，是远程数据存取的发展方向。

9.1.2 MFC ODBC 向导过程

用 MFC AppWizard 使用 ODBC 数据库的一般过程如下：

（1）用 Access 或其他数据库工具构造一个数据库；

（2）在 Windows 中为刚才构造的数据库定义一个 ODBC 数据源；

（3）在创建数据库处理的文档应用程序向导中选择数据源；

（4）设计界面，并使控件与数据表字段关联。

按照上述过程，介绍如下。

1. 构造数据库

数据库表与表之间的关系构成了一个数据库。作为示例，这里用 Microsoft Access 创建一个数据库 Student.mdb，其中暂包含一个数据表 score，用来描述学生课程成绩，如表 9-1 所示。在表中包括上、下两部分，上部分是数据表的记录内容，下部分是数据表的结构内容。

表 9-1　　学生课程成绩表（score）及其表结构

学号（studentno）	课程号（course）	成绩（score）	学分（credit）
21010101	2112105	80	3
21010102	2112348	85	2.5
21010501	2121344	70	3
21010502	2121331	78	3

序　号	字段名称	数据类型	字段大小	小数位	字段含义
1	studentno	文本	8		学号
2	course	文本	7		课程号
3	score	数字	单精度	1	成绩
4	credit	数字	单精度	1	学分

需要说明的是，数据表结构可以看成是一个具有行和列的二维表格。表格中的一行称为一个记录，一列称为一个字段，每列的标题称为字段名。

2. 创建 ODBC 数据源

Windows 中的 ODBC 组件是出现在系统的“控制面板”中的“管理工具”中的“数据源（ODBC）”，如图 9-1 所示。

双击“数据源（ODBC）”，进入 ODBC 数据源管理器。在这里，用户可以设置 ODBC 数据源的一些信息。其中，“用户 DSN”标签是用来定义用户自己在本地计算机使用的数据源名（DSN），如图 9-2 所示。

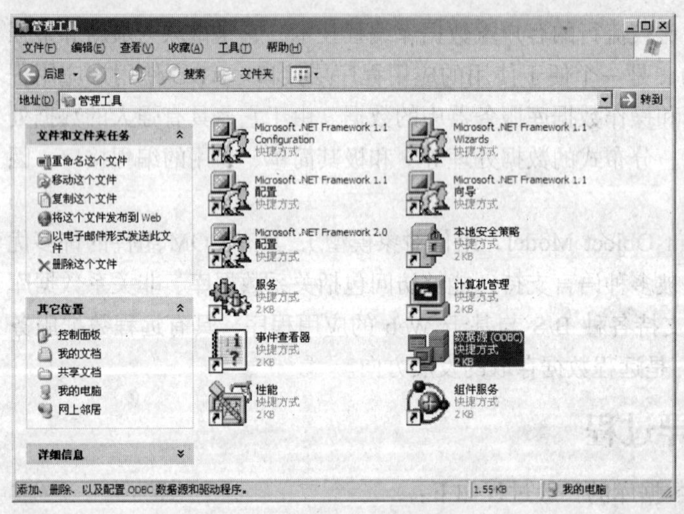

图 9-1　Windows XP 的管理工具

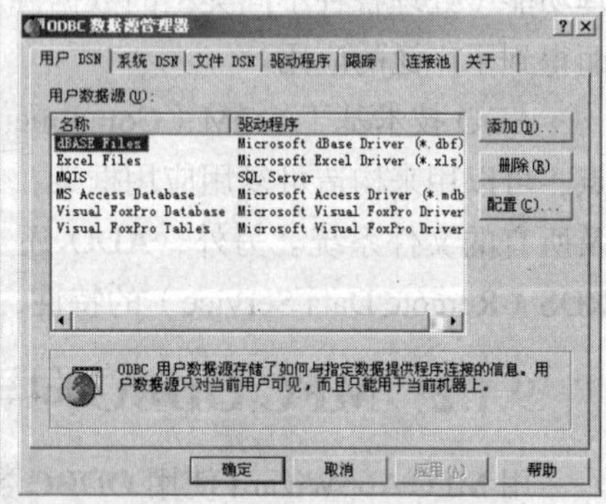

图 9-2　ODBC 数据源管理器

创建一个用户 DSN 的具体过程如下。

（1）单击“添加”按钮，弹出有一驱动程序列表的“创建新数据源”对话框，在该对话框中选择要添加用户数据源的驱动程序，这里选择“Microsoft Access Driver”，如图 9-3 所示。

（2）单击“完成”按钮，进入指定驱动程序的安装对话框，单击“选择”按钮将前面创建的数据库调入，然后在数据源名输入“Database Example For VC++”，结果如图 9-4 所示。

（3）单击“确定”按钮，刚才创建的用户数据源被添加在“ODBC 数据源管理器”的“用户数据源”列表中。

图 9-3　“创建新数据源”对话框

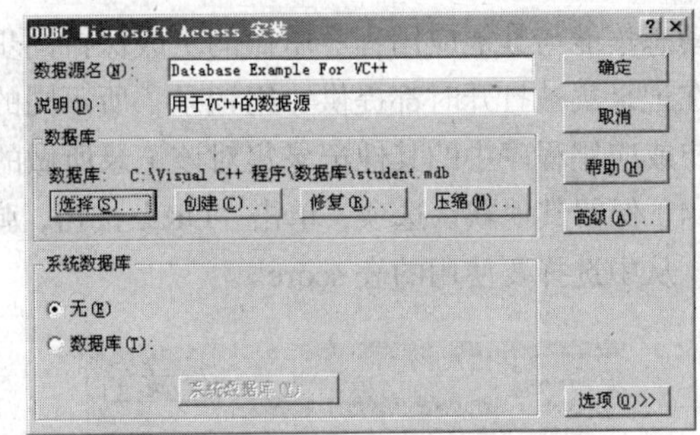

图 9-4　ODBC Access 安装对话框

3. 在 MFC AppWizard 中选择数据源

用 MFC AppWizard 可以容易地创建一个支持数据库的文档应用程序，过程如下。

（1）用 MFC AppWizard 创建一个单文档应用程序 Ex_ODBC。

（2）在向导的第二步对话框中加入数据库的支持，如图 9-5 所示。在该对话框中用户可以选择对数据库支持程序，其中各选项的含义如表 9-2 所示。

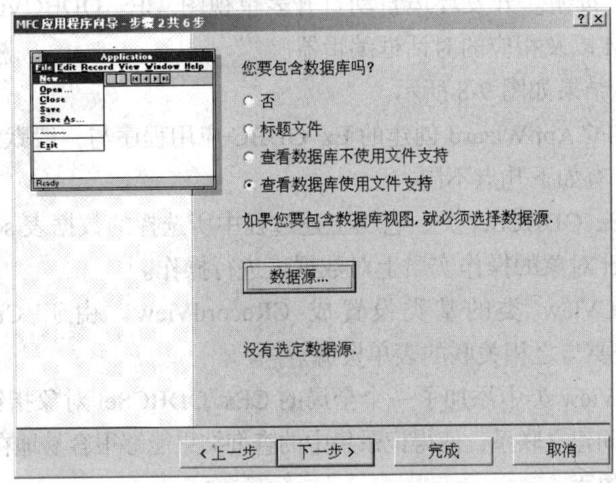

图 9-5　向导的第二步对话框

表 9–2　　MFC 支持数据库的不同选项

选　项	创建的视图类	创建的文档类
否（None）	从 CView 派生	支持文档的常用操作，并在“文件”菜单中有“新建”、“打开”、“保存”、“另存为”等命令
标题文件（Header files only）	从 CView 派生	除了在 StdAfx.h 文件中添加“#include <afxdb.h>”语句外，其余与“None”选项相同
查看数据库不使用文件支持（Database view without file support）	从 CRecordView 派生	不支持文档的常用操作，也就是说，创建的文档类不能进行序列化，且在“文件”菜单中没有“新建”等文档操作命令。但用户可在用户视图在中使用 CRecordset 类处理数据库
查看数据库使用文件支持（Database view with file support）	从 CRecordView 派生	全面支持文档操作和数据库操作

（3）选中“数据库查看使用文件支持”项，单击“数据源”（Data Source）按钮，弹出“Database Options”对话框，从中选择 ODBC 的数据源“Database Example For VC++”，如图 9-6 所示。

需要说明的是，Recordset type（记录集类型）有动态集（Dynaset）和快照集（Snapshot）之分。动态集能与其他应用程序所做的更改保持同步，而快照集则是数据的一个静态视图。这两种类型在记录集被打开时都提供一组记录，所不同的是：当在一个动态集里滚动一条记录时，由其他用户或应用程序中的其他记录集对该记录所做的更改会相应地显示出来，而快照集则不会。

（4）保留其他默认选项，单击“OK”按钮，弹出如图 9-7 所示的“Select Database Tables”对话框，从中选择要使用的表 score。

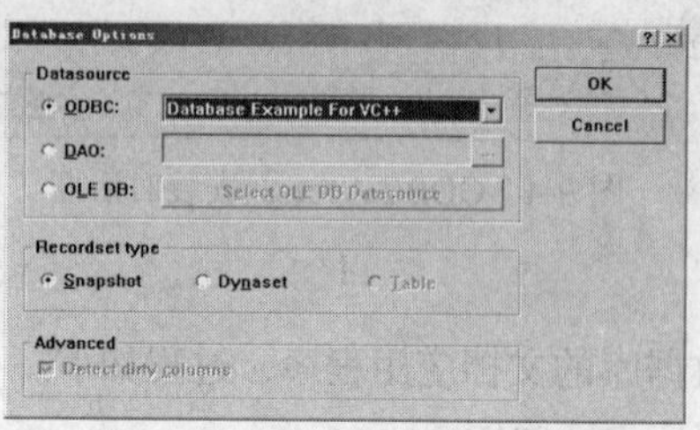

图 9-6 “Database Options”对话框

图 9-7 “Select Database Tables”对话框

（5）单击“OK”按钮，又回到了向导的第二步对话框。

（6）单击“完成”按钮。开发环境自动打开表单视图 CEx_ODBCView 的对话框资源模板 IDD_EX_ODBC_FORM 以及相应的对话框编辑器。

（7）编译并运行，结果如图 9-8 所示。

需要说明的是，MFC AppWizard 创建的 Ex_ODBC 应用程序与一般默认的单文档应用程序相比较，在类框架方面，有如下几点不同。

- 添加了一个 CEx_ODBCSet 类，它与上述过程中所选择的数据表 score 进行数据绑定，也就是说，CEx_ODBCSet 对象的操作实质上对数据表进行操作。
- 将 CEx_ODBCView 类的基类设置成 CRecordView。由于 CRecordView 的基类是 CFormView，因此它需要与之相关联的表单资源。
- 在 CEx_ODBCView 类中添加了一个全局的 CEx_ODBCSet 对象指针变量 m_pSet，目的是在表单视图和记录集之间建立联系，使得记录集中的查询结果能够很容易地在表单视图上显示出来。

4. 设计浏览记录界面

在 Ex_ODBC 中，MFC 为用户自动创建了用于浏览数据表记录的工具按钮和相应的“记录”菜单项。若用户选择这些浏览记录命令，系统会自动调用相应的函数来移动数据表的当前位置。

若在表单视图 CEx_ODBCView 中添加控件并与表的字段相关联，就可以根据表的当前记录位置显示相应的数据，其步骤如下。

（1）按照图 9-9 所示的布局，为表单对话框资源模板添加表 9-3 所示的控件。

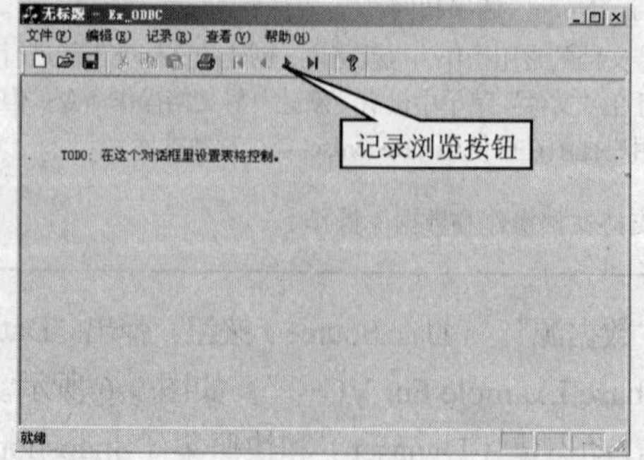

图 9-8 Ex_ODBC 运行结果

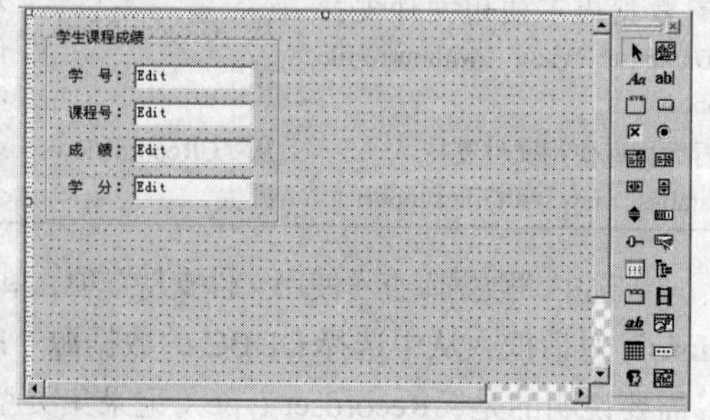

图 9-9 控件的设计

表 9-3　　表单对话框控件及属性

添加的控件	ID 号	标　题	其 他 属 性
编辑框（学号）	IDC_STUNO	—	默认
编辑框（课程号）	IDC_COURSENO	—	默认
编辑框（成绩）	IDC_SCORE	—	默认
编辑框（学分）	IDC_CREDIT	—	默认

（2）按快捷键 Ctrl+W，弹出“MFC ClassWizard”对话框，切换到“Member Variables”页面，在“Class name”列表框中选择 CEx_ODBCView，为上述控件添加相关联的数据成员。与以往添加控件变量不同的是，这里添加的控件变量都是由系统自动定义的，并与数据库表字段相关联。例如，双击 IDC_STUNO，在弹出的“Add Member Variable”对话框中的成员变量下拉列表中选择要添加的成员变量名 m_pSet->m_studentno，选择后，控件变量的类型将自动设置，如图 9-10 所示。

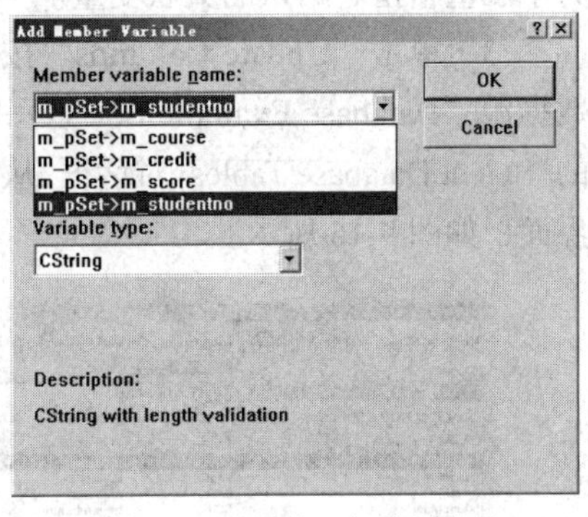

图 9-10　为控件添加数据成员

（3）按照上一步骤的方法，为表 9-4 所示的其他控件依次添加相关联的成员变量。需要说明的是，控件变量的范围和大小应与数据表中的字段一一对应，结果如图 9-11 所示。

表 9-4　　控件变量

控件 ID 号	变　量　名	范围和大小
IDC_COURSENO	m_pSet->m_course	7
IDC_SCORE	m_pSet->m_score	0 ~ 100
IDC_SREDIT	m_pSet->m_credit	1 ~ 20

（4）编译运行并测试，结果如图 9-12 所示。

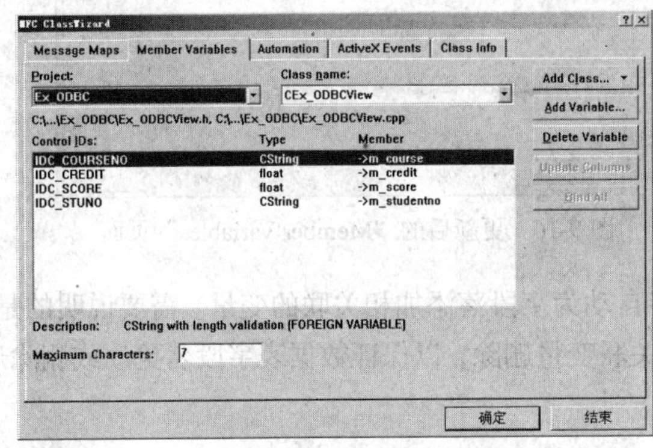

图 9-11　添加的控件变量图

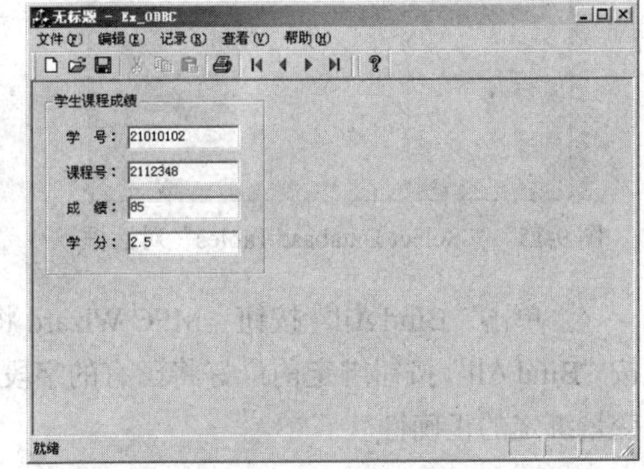

图 9-12　Ex_ODBC 最后运行结果

9.1.3　ODBC 数据表绑定更新

上述 MFC ODBC 应用程序框架中，数据表 score 和 CEx_ODBCSet 类进行数据绑定。但当数据表的字段更新后，例如，若用 Access 将 score 数据表再添加一个“备注”字段名（文本类型，长度为 50 个字符)，并关闭 Access 后，就需要为 Ex_ODBC 重新为数据表 score 和 CEx_ODBCSet 类进行数据绑定的更新，其步骤如下。

(1) 按快捷键 Ctrl+W，打开“MFC ClassWizard”对话框，切换到“Member Variables”页面。

(2) 在“Class name”下拉列表中选择“CEx_ODBCSet”，此时“MFC ClassWizard”对话框的“Update Columns”和“Bind All”按钮被激活，如图 9-13 所示。需要说明的是，“Update Columns”按钮用来重新指定与 CRecordSet 类相关的表，而“Bind All”按钮用来指定表的字段的绑定，即为字段重新指定默认的关联变量。

(3) 单击“Update Columns”按钮，又弹出前面的“Database Options”对话框，选择 ODBC 数据源“Database Example For VC++”，如图 9-14 所示。单击“OK”按钮，弹出如图 9-15 所示的“Select Database Tables”对话框，从中选择要使用的表。单击“OK”按钮，又回到 MFC ClassWizard 界面，如图 9-16 所示。

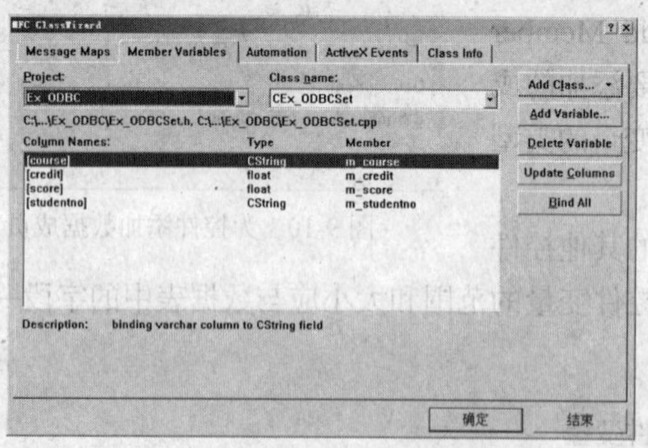

图 9-13 “MFC ClassWizard”对话框

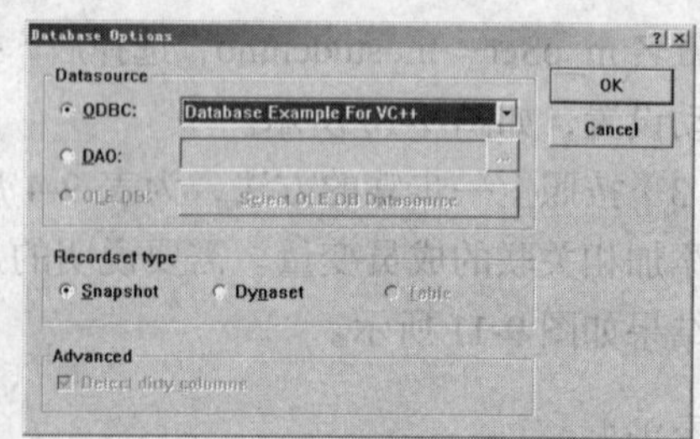

图 9-14 “Database Options”对话框

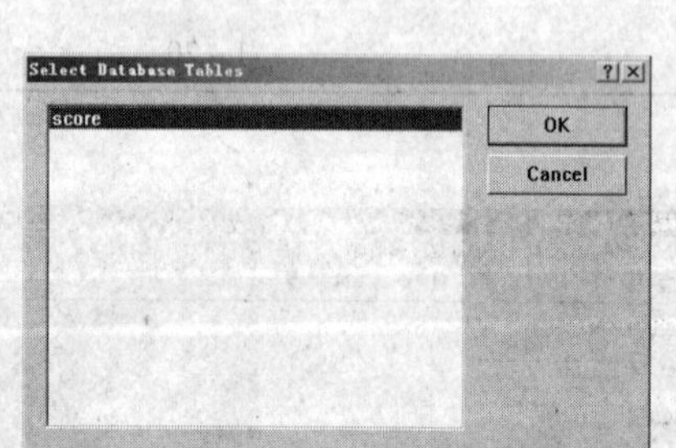

图 9-15 “Select Database Tables”对话框

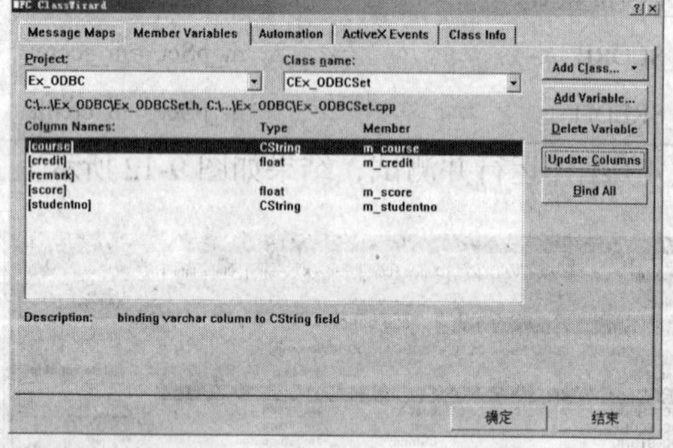

图 9-16 更新后的“Member Variables”页面

(4) 单击“Bind All”按钮，MFC Wizard 将自动为字段落添加相关联的变量。需要说明的是，在按“Bind All”按钮绑定前最好将已有的字段关联变量删除，以保证数据表字段名更改或删除后与变量绑定的正确性。

9.2 MFC ODBC 应用编程

上节例程虽没有添加任何代码，但却能浏览表中的记录内容，这是 MFC AppWizard 创建的功能。但在 MFC AppWizard 创建的数据库处理的基本程序框架中，只提供了程序和数据库记录之间的关系映射，却没有操作的完整界面。如果想要增加操作功能，还必须加入一些代码。这时就需要使用 MFC 所供的 ODBC 类：CDatabase（数据库类）、CRecordSet（记录集类）和 CRecordView（记录集视图类）。

其中，数据库类 CDatabase 用来提供对数据源的连接等操作；记录集视图类 CRecordView 用来控制并显示数据库记录，该视图是直接连到一个 CRecordSet 对象的表单视图。但在实际应用过程中，记录集类 CRecordSet 是用户最关心的，因为它为用户提供了对表记录进行操作的许多功能，如查询记录、添加记录、删除记录、修改记录等，并能直接为数据源中的表映射一个 CRecordSet 类对象，方便用户的操作。下面从查询记录、编辑记录、字段操作与多表处理等几个方面来讨论 MFC ODBC 数据库编程的方法和技巧。

9.2.1　查询记录

使用 CRecordSet 类的成员变量 m_strFilter、m_strSort 和成员函数 Open 可以对表进行记录的查询和排序。先来看一个示例，该示例在前面的 Ex_ODBC 的表单中添加一个编辑框和一个“查询”按钮，单击“查询”按钮，将按编辑框中的学号内容对数据表进行查询，并将查找到的记录显示在前面添加的控件中，具体过程如下。

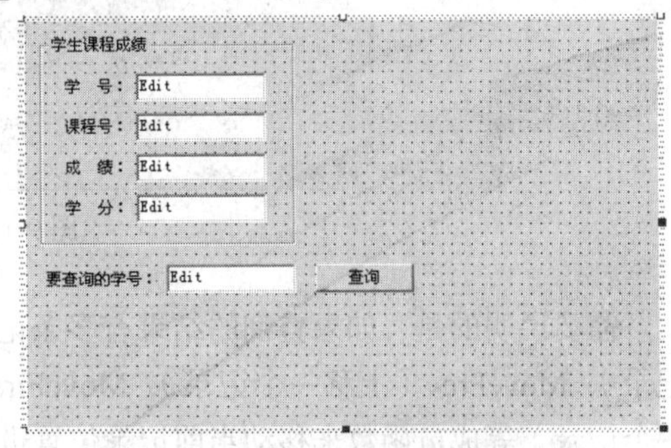

图 9-17　要添加的控件

（1）打开 Ex_ODBC 应用程序的表单资源，如图 9-17 所示的布局添加控件，其中添加的编辑框 ID 号设为 IDC_EDIT_QUERY，“查询”按钮的 ID 号设为 IDC_BUTTON_QUERY。

（2）用 MFC ClassWizard 为控件 IDC_EDIT_QUERY 添加关联变量 m_strQuery。

（3）在 CEx_ODBCView 类中添加按钮控件 IDC_BUTTON_QUERY 的 BN_CLICKED 消息映射，并在映射函数中添加下列代码：

```
void CEx_ODBCView::OnButtonQuery( )
{
	UpdateData( );
	m_strQuery.TrimLeft( );
	if (m_strQuery.IsEmpty( ))
	{
		MessageBox("要查询的学号不能为空！");
		return;
	}
	if (m_pSet->IsOpen( ))
		m_pSet->Close( );		// 如果记录集打开，则先关闭
	m_pSet->m_strFilter.Format("studentno='%s'",m_strQuery);
	// studentno 是 score 表的字段名，用来指定查询条件
	m_pSet->m_strSort = "course";
	// course 是 score 表的字段名，用来按 course 字段从小到大排序
	m_pSet->Open( );			// 打开记录集
	if (!m_pSet->IsEOF( ))		// 如果打开记录集有记录
		UpdateData(FALSE);		// 自动更新表单中控件显示的内容
	else
		MessageBox("没有查到你要找的学号记录！");
}
```

代码中，m_strFilter 和 m_strSort 是 CRecordSet 的成员变量，用来执行条件查询和结果排序。其中，m_strFilter 称为“过滤字符串”，相当于 SQL 语句中 WHERE 后的条件串；而 m_strSort 称为“排序字符串”，相当于 SQL 语句中 ORDER BY 后的字符串。若字段的数据类型是文本，则需要在 m_strFilter 字符串中用单引号用查询的内容括起来，对于数字，则不需要用单引号。

需要注意的是，只有在调用 Open 函数之前设置 m_strFilter 和 m_strSort 才能保证查询和排序有效。如果有多个条件查询，则可以使用 AND、OR、NOT 来组合，示例代码如下：

```
m_pSet->m_strFilter = "studentno>='21010101' AND studentno<='21010105'";
```

（4）编译运行并测试，结果如图 9-18 所示。

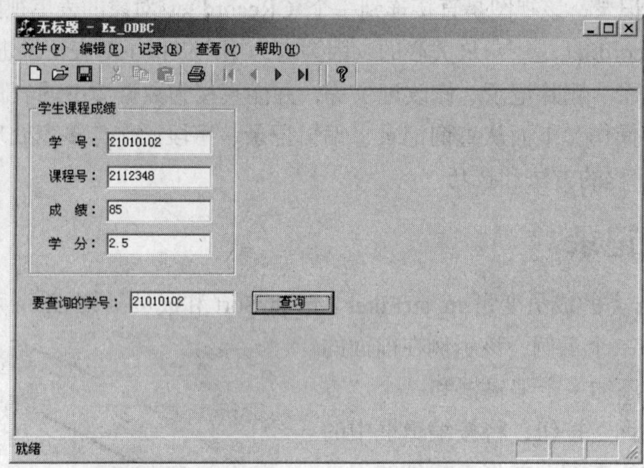

图 9-18 查询记录

需要说明的是，如果查询的结果有多条记录，可以用 CRecordSet 类的 MoveNext（下移一个记录）、MovePrev（上移一个记录）、MoveFirst（定位到第一个记录）和 MoveLast（定位到最后一个记录）等成员函数来移动当前记录位置进行操作。

9.2.2 编辑记录

CRecordSet 类为用户提供了许多对表记录进行操作的成员函数用来添加记录、删除记录和修改记录等。

1. 增加记录

增加记录可以使用 AddNew 函数，但要求数据库必须是以“可增加”的方式打开的。下面的代码是在表的末尾增加新记录：

```
m_pSet->AddNew( );                          // 在表的末尾增加新记录
m_pSet->SetFieldNull(&(m_pSet->m_studentno), FALSE);
// 设定 m_studentno 值不为空(NULL)
m_pSet-> m_studentno = "21010503";
…                                           // 输入新的字段值
m_pSet->Update( );                          // 将新记录存入数据库
m_pSet->Requery( );                         // 刷新记录集，这在快照集方式下是必须的
```

2. 删除记录

可以直接使用 CRecordSet::Delete 函数来删除记录。需要说明的是，要使删除操作有效，还需要移动记录函数。例如：

```
CRecordsetStatus status;
m_pSet->GetStatus(status);                  // 获取当前记录集状态
m_pSet->Delete( );                          // 删除当前记录
if (status.m_lCurrentRecord==0)             // 若当前记录索引号为 0(0 表示第一条记录)则
      m_pSet->MoveNext( );                  // 下移一个记录
else
      m_pSet->MoveFirst( );                 // 移动到第一个记录处
UpdateData(FALSE);
```

```
        {
            m_pSet->Edit( );
            m_pSet->m_course = dlg.m_strCourseNO;
            m_pSet->m_studentno = dlg.m_strStudentNO;
            m_pSet->m_score = dlg.m_fScore;
            m_pSet->m_credit = dlg.m_fCredit;
            m_pSet->Update( );
            UpdateData(FALSE);
        }
}
void CEx_ODBCView::OnRecDel( )
{
        CRecordsetStatus status;
        m_pSet->GetStatus(status);
        m_pSet->Delete( );
        if (status.m_lCurrentRecord==0)
            m_pSet->MoveNext( );
        else
            m_pSet->MoveFirst( );
        UpdateData(FALSE);
}
```

（9）在 Ex_ODBCView.cpp 文件的开始处添加下列 CScoreDlg 类的头文件包含语句，如下：

```
#include "ScoreDlg.h"
```

（10）编译运行并测试。

9.2.3　字段操作

在前面的示例中，虽然可以通过 CRecordSet 对象中的字段关联变量可以直接访问当前记录的相关字段值，但有时在处理多个字段时就不太方便了。CRecordSet 类中的成员变量 m_nFields（用于保存数据表的字段个数）和成员函数 GetODBCFieldInfo 及 GetFieldValue 可以简化多字段的访问操作。

GetODBCFieldInfo 函数用来数据表中的字段信息，其函数原型如下：

```
void GetODBCFieldInfo( short nIndex, CODBCFieldInfo& fieldinfo );
```

其中，nIndex 用于指定字段索引号，0 表示第一个字段，1 表示第二个字段，依次类推。fieldinfo 是 CODBCFieldInfo 结构参数，用来表示字段信息。

CODBCFieldInfo 结构体原型如下：

```
struct CODBCFieldInfo
{
    CString m_strName;                // 字段名
    SWORD m_nSQLType;              // 字段的 SQL 数据类型
    UDWORD m_nPrecision;              // 字段的文本大小或数据大小
    SWORD m_nScale;                   // 字段的小数点位数
    SWORD m_nNullability;             // 字段接受空值（NULL）能力
};
```

结构体裁中，SWORD 和 UDWORD 分别表示 short int 和 unsigned long int 数据类型。

GetFieldValue 函数用来获取数据表当前记录中指定字段的值，其常用的函数原型如下：

```
void GetFieldValue( short nIndex, CString& strValue );
```

其中，nIndex 用于指定字段索引号，strValue 用来返回字段的内容。

除了上述字段操作外，CRecordSet 类的成员函数 GetRecordCount 和 GetStatus，还可分别用来获得表中的记录总数和当前记录的索引，其原型如下：

```
long GetRecordCount( ) const;
void GetStatus( CRecordsetStatus& rStatus ) const;
```

其中，参数 rStatus 是指向下列的 CRecordsetStatus 结构的对象：

```
struct CRecordsetStatus
{
    long m_lCurrentRecord;            // 当前记录的索引，0 表示第一个记录
```

```
        // 1 表示第二个记录，依此类推。但-1 表示在第一个记录之前，-2 表示不确定
        BOOL m_bRecordCountFinal;              // 记录总数是否是最终结果
};
```

需要注意的是，GetRecordCount 函数所返回的记录总数在表打开时或调用 Requery 函数后是不确定的，因而必须经过下列的代码才能获得最终有效的记录总数：

```
while (!m_pSet->IsEOF( ))
{
        m_pSet->MoveNext( );
        m_pSet->GetRecordCount( );
}
```

例 Ex_Field　字段的编程操作示例。

该示例是用列表视图来显示一个课程信息表（见表 9-5）的全部记录内容，并在状态栏中显示记录总数。具体步骤按如下四部分进行。

表 9-5　　课程信息表(course)及其表结构

课程号（courseno）	所属专业（special）	课程名（coursename）	类型（coursetype）	开课学期（openterm）	课时数（hours）	学分（credit）
2112105	机械工程及其自动化	C 语言程序设计	专修	3	48	3
2112348	机械工程及其自动化	AutoCAD	选修	6	51	2.5
2121331	电气工程及其自动化	计算机图形学	方向	5	72	3
2121344	电气工程及其自动化	Visual C++程序设计	通修	4	60	3

序　号	字 段 名 称	数 据 类 型	字 段 大 小	小 数 位	字 段 含 义
1	courseno	文本	7		课程号
2	special	文本	50		所属专业
3	coursename	文本	50	——	课程名
4	coursetype	文本	10		课程类型
5	openterm	数字	字节	——	开课学期
6	hours	数字	字节	——	课时数
7	credit	数字	单精度	1	学分

第一步，为数据库 Student.mdb 添加一个数据表 course。

用 Microsoft Access 为数据库 Student.mdb 添加一个数据表 course，如表 9-5 所示。表中上部分是数据表的记录内容，下部分是数据表的结构内容。需要说明的是，上述字段名最好不要是中文，且一般不能为 SQL 的关键字 no、class、open 等，以避免运行结果出现难以排除的错误。

第二步，为文档应用程序添加 ODBC 的支持。

（1）用 MFC AppWizard 创建一个单文档应用程序 Ex_Field，但在向导的第六步将 CEx_FieldView 的基类由默认的 CView 选择为 CListView 类。

（2）将项目工作区窗口切换到“FileView”标签页面，展开 Header Files 所有项，双击 stdafx.h，打开该文件。

（3）在 stdafx.h 中添加 ODBC 数据库支持的头文件包含#include <afxdb.h>：

```
#ifndef _AFX_NO_AFXCMN_SUPPORT
#include <afxcmn.h>                    // MFC support for Windows Common Controls
#endif // _AFX_NO_AFXCMN_SUPPORT
#include <afxdb.h>
```

第三步，创建数据表 score 的 CRecordSet 派生类。

（1）按快捷键 Ctrl+W，打开“MFC ClassWizard”对话框。单击“Add Class”按钮，从弹出的下拉菜单中选择“New”。

（2）在弹出的“Add Class”对话框中输入类名（Name）为 CCourseSet，指定其基类（Base class）为 CRecordSet，结果如图 9-22 所示。

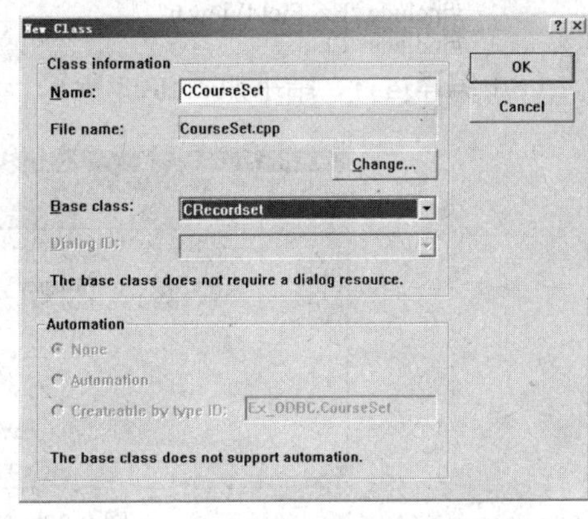

图 9-22 定义新的 CRecordSet 派生类

（3）单击“OK”按钮，弹出“Database Options”对话框。从中选择 ODBC 的数据源“Database Example For VC++”，单击“OK”按钮，弹出 “Select Database Tables”对话框，从中选择要使用的表 course。

（4）单击“OK”按钮回到 MFC ClassWizard 界面，单击“确定”按钮后，系统自动为用户生成 CCourseSet 类所需要的代码。

（5）在 CEx_FieldView::PreCreateWindow 函数中添加修改列表视图风格的代码：

```
BOOL CEx_FieldView::PreCreateWindow(CREATESTRUCT& cs)
{
    cs.style &= ～LVS_TYPEMASK;
    cs.style |= LVS_REPORT;          // 报表方式
    return CListView::PreCreateWindow(cs);
}
```

（6）在 CEx_FieldView::OnInitialUpdate 函数中添加下列代码：

```
void CEx_FieldView::OnInitialUpdate( )
{
    CListView::OnInitialUpdate( );
    CListCtrl& m_ListCtrl = GetListCtrl( );          // 获取内嵌在列表视图中的列表控件
    CCourseSet cSet;
    cSet.Open( );                                   // 打开记录集
    CODBCFieldInfo field;
    // 创建列表头
    for (UINT i=0; i<cSet.m_nFields; i++)
    {
        cSet.GetODBCFieldInfo( i, field );
        m_ListCtrl.InsertColumn(i,field.m_strName,LVCFMT_LEFT,100);
    }
    // 添加列表项
    int nItem = 0;
    CString str;
    while (!cSet.IsEOF( ))
    {
        for (UINT i=0; i<cSet.m_nFields; i++)
        {
            cSet.GetFieldValue(i, str);
            if ( i == 0)    m_ListCtrl.InsertItem( nItem, str );
            else            m_ListCtrl.SetItemText( nItem, i, str );
        }
        nItem++;
        cSet.MoveNext( );
    }
    cSet.Close( );                                  // 关闭记录集
}
```

需要说明的是，当为数据源中的某个数据表映射一个 CRecordSet 类时，该类对象一定先要调用 CRecordSet::Open 成员函数，才能访问该数据表的记录集，访问后还须调用 CRecordSet::Close 成员函数关闭记录集。

（7）在 Ex_FieldView.cpp 文件的前面添加 CCourseSet 类的头文件包含语句，如下：

```
#include "Ex_FieldDoc.h"
```

```
#include "Ex_FieldView.h"
#include "CourseSet.h"
```

（8）编译运行，结果如图 9-23 所示。

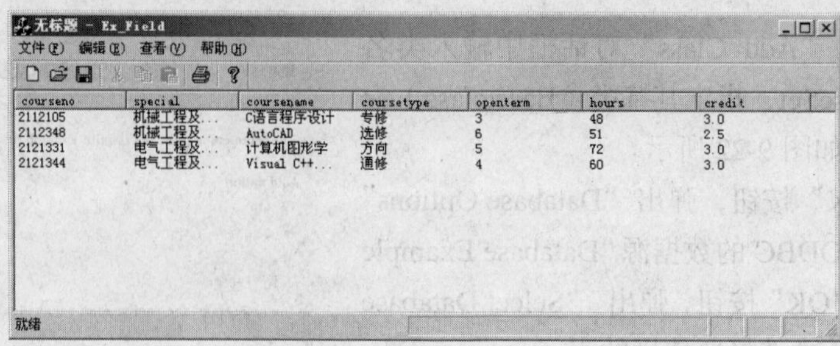

图 9-23　Ex_Field 第一次运行结果

第四步，在状态栏中显示当前记录号和记录总数。

（1）在 MainFrm.cpp 文件中，向原来的 indicators 数组添加一个元素，用来在状态栏上增加一个窗格，修改的结果如下：

```
static UINT indicators[] =
{
    ID_SEPARATOR,                          // 第一个信息行窗格
    ID_SEPARATOR,                          // 第二个信息行窗格
    ID_INDICATOR_CAPS,
    ID_INDICATOR_NUM,
    ID_INDICATOR_SCRL,
};
```

（2）为 CEx_FieldView 类添加一个成员函数 DispRecNum，其代码如下：

```
void CEx_FieldView::DispRecNum(CCourseSet *pSet)
{
    CString str;
    CMainFrame* pFrame = (CMainFrame*)AfxGetApp( ) ->m_pMainWnd;
                                           // 获得主框架窗口的指针
    CStatusBar* pStatus = &pFrame->m_wndStatusBar;
                                           // 获得主框架窗口中的状态栏指针
    if (pStatus)
    {
        CRecordsetStatus rStatus;
        pSet->GetStatus(rStatus);          // 获得当前记录信息
        str.Format("当前记录:%d    总记录:%d",1+rStatus.m_lCurrentRecord,
                pSet->GetRecordCount( ));
        pStatus->SetPaneText(1,str);       // 更新第二个窗格的文本
    }
}
```

该函数先获得状态栏对象的指针，然后调用 SetPaneText 函数更新第二个窗格的文本。

（3）在 CEx_FieldView 类的 OnInitialUpdate 函数处添加下列代码：

```
void CEx_FieldView::OnInitialUpdate( )
{
    …
    CString str;
    while (!cSet.IsEOF( ))
    {…
    }
    DispRecNum( &cSet );
    cSet.Close( );                         // 关闭记录集
}
```

（4）在 Ex_FieldView.cpp 文件的开始处增加下列语句：

```
#include "Ex_FieldDoc.h"
#include "Ex_FieldView.h"
```

```
#include "CourseSet.h"
#include "MainFrm.h"
```

（5）将 MainFrm.h 文件中的保护型变量 m_wndStatusBar 变成公共变量。

（6）编译运行并测试，结果如图 9-24 所示。

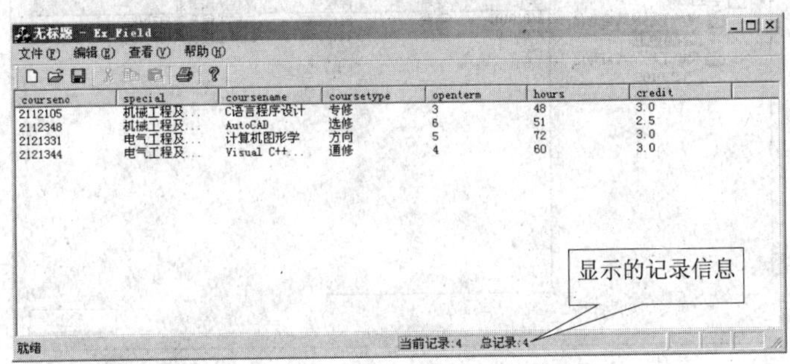

图 9-24　Ex_Field 最后运行结果

9.2.4　多表处理

数据库中表与表之间往往存在着一定的关系，例如，要显示一个学生的课程成绩信息，信息包括学号、姓名、课程号、课程所属专业、课程名称、课程类别、开课学期、课时数、学分、成绩，则要涉及前面的学生课程成绩表（score）、课程表以及学生基本信息表。其中的学生基本信息表如表 9-6 所示。表中上部分是数据表的记录内容，下部分是数据表的结构内容。

表 9–6　　　　学生基本信息表（student）及其表结构

姓名（studentname）	学号（sudentno）	性别（xb）	出生年月（birthday）	专业（special）
李明	21010101	true	1985-1-1	电气工程及其自动化
王玲	21010102	false	1985-1-1	电气工程及其自动化
张芳	21010501	false	1985-1-1	机械工程及其自动化
陈涛	21010502	true	1985-1-1	机械工程及其自动化

序　号	字段名称	数据类型	字段大小	小数位	字段含义
1	studentname	文本	20		姓名
2	studentno	文本	10		学号
3	xb	是/否			性别
4	birthday	日期/时间			出生年月
5	special	文本	50		专业

下面的示例在一个对话框中用两个控件来进行学生课程成绩信息的相关操作，如图 9-25 所示，左边是树视图，用来显示学生成绩、专业和班级号三个层次信息，单击班级号，该班级所有学生的课程成绩信息将在右边的列表视图中显示出来。

 **例 Ex_Student　多表处理（按六步来阐述）示例。**

第一步，为数据库 Student.mdb 添加一个数据表 student。

用 Microsoft Access 为数据库 Student.mdb 添加一个数据表 student，如表 9-6 所示。

第二步，创建并设计对话框应用程序。

（1）用 MFC AppWizard 创建一个默认的基于对话框应用程序 Ex_Student。

（2）在打开的对话框资源模板中，删除“取消”按钮和默认的静态文本控件。调整对话框大小，将对话框的标题文本改为“处理多表”，将“确定”按钮的标题文本改为“退出”。

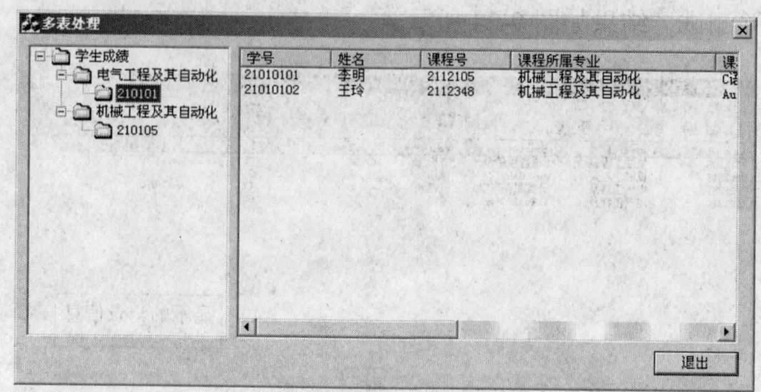

图 9-25　Ex_Student 运行结果

（3）参看图 8-26 所示的控件布局，向对话框中添加一个树控件，在其属性对话框中，选中“有按钮”、“有线条”、“根部的线”和“总是显示选定内容”属性。

（4）向对话框中添加一个列表控件，在其属性对话框中，将“查看”属性选为“报告”。

（5）用 MFC ClassWizard 在 CEx_StudentDlg 类中，添加树控件的控件变量为 m_treeCtrl，添加列表控件的控件变量为 m_listCtrl。

第三步，添加对 MFC ODBC 的支持及记录集。

（1）在 stdafx.h 文件中添加 ODBC 数据库支持的头文件包含#include <afxdb.h>。

（2）用 MFC ClassWizard 为数据表 student、course 和 score 分别创建 CRecordSet 派生类 CStudentSet、CCourseSet 和 CScoreSet。

第四步，完善左边树控件的代码。

（1）为 CEx_StudentDlg 类添加一个成员函数 FindTreeItem，用来查找指定节点下是否有指定节点文本的子节点，该函数的代码如下：

```
HTREEITEM CEx_StudentDlg::FindTreeItem(HTREEITEM hParent, CString str)
{
	HTREEITEM hNext;
	CString strItem;
	hNext = m_treeCtrl.GetChildItem( hParent);
	while (hNext != NULL)
	{
		strItem = m_treeCtrl.GetItemText( hNext );
		if ( strItem == str )		return hNext;
		else	hNext = m_treeCtrl.GetNextItem( hNext, TVGN_NEXT );
	}
	return NULL;
}
```

（2）为 CEx_StudentDlg 类添加一个 CImageList 成员变量 m_ImageList。

（3）在 CEx_StudentDlg::OnInitDialog 中添加下列代码：

```
BOOL CEx_StudentDlg::OnInitDialog( )
{
	…
	SetIcon(m_hIcon, FALSE);						// 设置小图标
	m_ImageList.Create(16, 16, ILC_COLOR8 | ILC_MASK, 2, 1);
	m_ImageList.SetBkColor( RGB( 255,255,255 ));		// 消除图标黑色背景
	m_treeCtrl.SetImageList( &m_ImageList, TVSIL_NORMAL );
	SHFILEINFO fi;								// 定义一个文件信息结构变量
	SHGetFileInfo("C:\\Windows", 0, &fi, sizeof(SHFILEINFO),
```

```
        SHGFI_ICON | SHGFI_SMALLICON);                    // 获取文件夹图标
    m_ImageList.Add( fi.hIcon );
    SHGetFileInfo("C:\\Windows", 0, &fi, sizeof(SHFILEINFO),
        SHGFI_ICON | SHGFI_SMALLICON | SHGFI_OPENICON);   // 获取打开文件夹图标
    m_ImageList.Add( fi.hIcon );
    HTREEITEM hRoot, hSpec, hClass;
    hRoot = m_treeCtrl.InsertItem("学生成绩",0,1);
    CStudentSet sSet;
    sSet.m_strSort = "special";                           // 按专业排序
    sSet.Open( );
    while (!sSet.IsEOF( ))
    {
        hSpec = FindTreeItem( hRoot, sSet.m_special);
        // 查找是否有重复的专业节点
        if (hSpec == NULL)                                // 若没有重复的专业节点
            hSpec = m_treeCtrl.InsertItem( sSet.m_special, 0, 1, hRoot);
        hClass = FindTreeItem( hSpec, sSet.m_studentno.Left(6));
        // 查找是否有重复的班级节点
        if (hClass == NULL)                               // 若没有重复的班级节点
            hClass = m_treeCtrl.InsertItem(sSet.m_studentno.Left(6), 0, 1, hSpec);
        sSet.MoveNext( );
    }
    sSet.Close( );
    return TRUE;   // return TRUE   unless you set the focus to a control
}
```

（4）在 Ex_StudentDlg.cpp 文件的前面添加记录集类的包含文件，如下：

```
#include "Ex_StudentDlg.h"
#include "StudentSet.h"
#include "ScoreSet.h"
#include "CourseSet.h"
```

（5）编译运行，结果如图 9-26 所示。

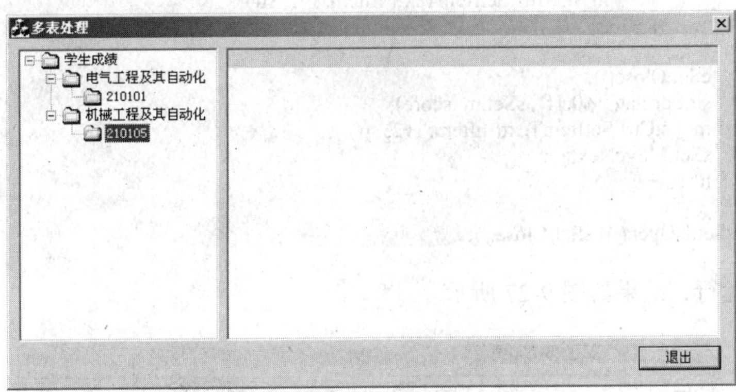

图 9-26　Ex_Student 第一次运行结果

第五步，完善右边列表控件的代码。

（1）在 CEx_StudentDlg::OnInitDialog 函数中添加下列代码，用来创建列表标题头：

```
BOOL CEx_StudentDlg::OnInitDialog( )
{
    …
    sSet.Close( );
    // 设置列表头
    CString strHeader[]={"学号","姓名", "课程号","课程所属专业",
        "课程名称","课程类别","开课学期","课时数","学分","成绩"};
    int nLong[] = {80, 80, 80, 180, 180, 80, 80, 80, 80, 80};
    for (int nCol=0; nCol<sizeof(strHeader)/sizeof(CString); nCol++)
        m_listCtrl.InsertColumn(nCol,strHeader[nCol],LVCFMT_LEFT,nLong[nCol]);
    return TRUE;   // return TRUE   unless you set the focus to a control
}
```

（2）为 CEx_StudentDlg 类添加一个成员函数 DispScoreAndCourseInfo，用来根据指定的条件在列表控件中用报表形式显示学生成绩的所有信息，该函数的代码如下：

```
void CEx_StudentDlg::DispScoreAndCourseInfo(CString strFilter)
{
        m_listCtrl.DeleteAllItems( );                          // 删除所有的列表项
        CScoreSet sSet;
        sSet.m_strFilter = strFilter;                          // 设置过滤条件
        sSet.Open( );                                          // 打开 score 表
        int nItem = 0;
        CString str;
        while (!sSet.IsEOF( ))
        {
                m_listCtrl.InsertItem( nItem, sSet.m_studentno);       // 插入学号
                // 根据 score 表中的 studentno(学号)获取 student 表中的"姓名"
                CStudentSet uSet;
                uSet.m_strFilter.Format("studentno='%s'", sSet.m_studentno);
                uSet.Open( );
                if (!uSet.IsEOF( ))
                        m_listCtrl.SetItemText( nItem, 1, uSet.m_studentname);
                uSet.Close( );
                m_listCtrl.SetItemText( nItem, 2, sSet.m_course);
                // 根据 score 表中的 course（课程号）获取 course 表中的课程信息
                CCourseSet cSet;
                cSet.m_strFilter.Format("courseno='%s'", sSet.m_course);
                cSet.Open( );
                UINT i = 7;
                if (!cSet.IsEOF( ))
                {
                        for (i=1; i<cSet.m_nFields; i++)
                        {
                                cSet.GetFieldValue(i, str);            // 获取指定字段值
                                m_listCtrl.SetItemText( nItem, i+2, str);
                        }
                }
                cSet.Close( );
                str.Format("%0.1f", sSet.m_score);
                m_listCtrl.SetItemText( nItem, i+2, str);
                sSet.MoveNext( );
                nItem++;
        }
        if (sSet.IsOpen( )) sSet.Close( );
}
```

（3）编译并运行，结果如图 9-27 所示。

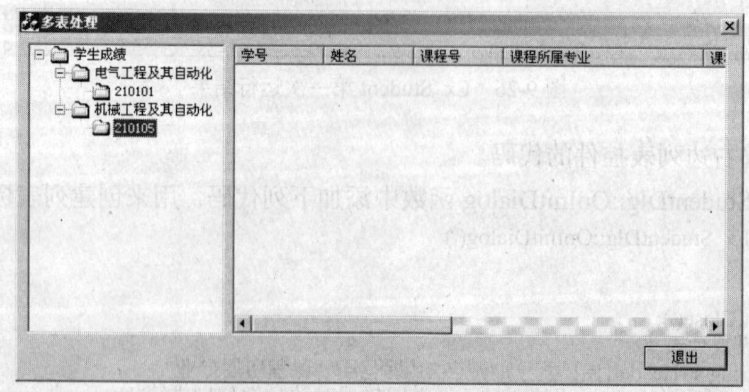

图 9-27　Ex_Student 第二次运行结果

第六步，完善两控件的关联代码。

从图 9-27 中可以看出，学生成绩还没有显示出来，下面将实现单击左边的班级号，在右边视

图中显示该班级的所有学生成绩信息。

（1）用 MFC ClassWizard 为 CEx_StudentDlg 类添加 TVN_SELCHANGED 消息处理，并添加下列代码：

```
void CEx_StudentDlg::OnSelchangedTree1(NMHDR* pNMHDR, LRESULT* pResult)
{
    NM_TREEVIEW* pNMTreeView = (NM_TREEVIEW*)pNMHDR;
    HTREEITEM hSelItem = pNMTreeView->itemNew.hItem; // 获取当前选择的节点
    // 如果当前的节点没有子节点，那说明该节点是班级号节点
    if (m_treeCtrl.GetChildItem(hSelItem) == NULL)
    {
        CString strSelItem, str;
        strSelItem = m_treeCtrl.GetItemText( hSelItem );
        str.Format("studentno LIKE '%s%%'", strSelItem.Left(6));
        DispScoreAndCourseInfo(str);
    }
    *pResult = 0;
}
```

代码中，调用 DispScoreAndCourseInfo 函数的参数是用来设置数据表（记录集）打开的过滤条件。str 是类似“studentno LIKE 210101%”这种形式，它使得所有学号前面是 210101 的记录被打开。%是 SQL 使用的通配符，由于%也是 Visaul C++格式前导符，因此在代码中需要两个%。

（2）编译运行并测试。

9.3 ADO 数据库编程

ADO 最主要的优点是易于使用、速度快、内存开销小，它使用最少的网络流量，并且在前端和数据源之间使用最少的层数，它是一个轻量、高性能的接口。ADO 实际上就是由一组 Automation 对象构成的组件，因此可以像使用其他任何 Automation 对象一样使用 ADO。ADO 中最重要的对象有三个：Connection、Command 和 Recordset，它们分别表示“连接”对象、“命令”对象和“记录集”对象。

9.3.1 ADO 编程的一般过程

在 MFC 应用程序中使用 ADO 数据库的一般过程是：首先，添加对 ADO 的支持；其次，创建一个数据源连接；再次，对数据源中的数据库进行操作；最后，关闭数据源。

这里先来介绍添加对 ADO 的支持以及数据源连接和关闭。

1. 添加对 ADO 的支持

ADO 编程有三种方式：使用预处理指令#import、使用 MFC 中的 CIDispatchDriver 和直接使用 COM 提供的 API。这三种方式中，第一种最为简便，故这里采用这种方法。

下面以一个示例过程来说明在 MFC 应用程序中添加对 ADO 的支持。

 例 Ex_ADO 添加对 ADO 的支持示例。

（1）用 MFC AppWizard 创建一个默认的单文档应用程序 Ex_ADO，但在向导的第六步将 CEx_ADOView 的基类由默认的 CView 选择为 CListView 类，以便更好地显示和操作数据表中的记录。

（2）在 CEx_ADOView::PreCreateWindow 函数添加下列代码，用来设置列表视图内嵌列表控件的风格：

```
BOOL CEx_ADOView::PreCreateWindow(CREATESTRUCT& cs)
{
```

```
        cs.style |= LVS_REPORT;              // 报表风格
        return CListView::PreCreateWindow(cs);
    }
```

（3）在 stdafx.h 文件中添加对 ADO 支持的代码：

```
#endif // _AFX_NO_AFXCMN_SUPPORT
#include <afxcmn.h>                       // MFC support for Windows Common Controls
#import "C:\Program Files\Common Files\System\ADO\msado15.dll" \
no_namespace rename("EOF", "adoEOF")
#include <icrsint.h>
//{{AFX_INSERT_LOCATION}}
```

代码中，预编译命令#import 是编译器将此命令中所指定的动态链接库文件引入到程序中，并从动态链接库文件中抽取出其中的对象和类的信息。

icrsint.h 文件包含了 Visual C++扩展的一些预处理指令、宏等的定义，用于与数据库数据绑定。

（4）在 CEx_ADOApp::InitInstance 函数中添加下列代码，用来对 ADO 的 COM 环境进行初始化：

```
BOOL CEx_ADOApp::InitInstance( )
{
        ::CoInitialize(NULL);
        AfxEnableControlContainer( );       …
}
```

（5）在 Ex_ADOView.h 文件中为 CEx_ADOView 定义三个 ADO 对象指针变量：

```
public:
        _ConnectionPtr    m_pConnection;
        _RecordsetPtr     m_pRecordset;
        _CommandPtr       m_pCommand;
```

代码中，_ConnectionPtr、_RecordsetPtr 和_CommandPtr 分别是 ADO 对象 Connection、Recordset 和 Command 的智能指针类型。

2. 连接数据源

只有建立与数据库服务器的连接后，才能进行其他有关数据库的访问和操作。ADO 使用 Connection 对象来建立与数据库服务器的连接，它相当于 MFC 中的 CDatabase 类。和 CDatabase 类一样，调用 Connection 对象的 Open 即可建立与服务器的连接。

HRESULT Connection::Open(_bstr_t *ConnectionString*, **_bstr_t** *UserID*, **_bstr_t** *Password*, **long** *Options* **)**

其中，ConnectionString 为连接字串，UserID 表示用户名，Password 是登录密码，Options 是选项，通常用于设置同步和异步等方式。_bstr_t 是一个 COM 类，用于字符串 BSTR（用于 Automation 的宽字符）操作。

需要说明的是，正确设置 ConnectionString 是连接数据源的关键。不同的数据，其连接字串有所不同，如表 9-7 所示。

表 9-7　　Connection 对象的连接字串格式

数 据 源	格 式
ODBC	"[Provider=MSDASQL;] {DSN=name | FileDSN=filename}; [DATABASE=database;] UID=user; PWD=password"
Access 数据库	"Provider=Microsoft.Jet.OLEDB.4.0; Data Source=databaseName; User ID=userName; Password=userPassWord"
Oracle 数据库	"Provider=MSDAORA; Data Sourse=serverName; User ID=userName; Password=userPassword;"
MS SQL 数据库	"Provider=SQLOLEDB； Data Source=serverName; Initial Catalog=databaseName; User ID=user; Password=userPassword;"

注：格式字串中，“[]”为可选项，“{}”为必选项，且等于符号“=”两边不应有空格符。

例如，若连接本地当前目录中的 Access 数据库文件 student.mdb，则有：

```
m_pConnection->Open("Provider=Microsoft.Jet.OLEDB.4.0; Data Source=student.mdb;","","",0);
```

或者，先设置 Connection 对象的 ConnectionString 属性，然后调用 Open：

```
m_pConnection->ConnectionString="Provider=Microsoft.Jet.OLEDB.4.0; Data Source=student.mdb;";
m_pConnection->Open("","","",0);
```

再如，若连接 ODBC 数据源为"Database Example For VC++"的数据库，则有：

```
m_pConnection->ConnectionString = "DSN=Database Example For VC++";
m_pConnection->Open("","","",0);
```

3. 关闭连接

用 MFC ClassWizard 为 CEx_ADOView 映射 WM_DESTROY 消息，并添加下列代码：

```
void CEx_ADOView::OnDestroy( )
{
    CListView::OnDestroy( );
    if (m_pConnection)
        m_pConnection->Close( );// 关闭连接
}
```

4. 获取数据源信息

Connection 对象除了建立与数据库服务器的连接外，还可以通过 OpenSchema 来获取数据源的自有信息，如数据表信息、表字段信息以及所支持的数据类型等。下面的代码用来获取 student.mdb 的数据表名和字段名，并将信息内容显示在列表视图中：

```
void CEx_ADOView::OnInitialUpdate( )
{
    CListView::OnInitialUpdate( );
    m_pConnection.CreateInstance(__uuidof(Connection));          // 初始化 Connection 指针
    m_pRecordset.CreateInstance(__uuidof(Recordset));            // 初始化 Recordset 指针
    m_pCommand.CreateInstance(__uuidof(Command));                // 初始化 Recordset 指针
    // 连接数据源为"Database Example For VC++"
    m_pConnection->ConnectionString = "DSN=Database Example For VC++";
    m_pConnection->ConnectionTimeout = 30;                       // 允许连接超时时间，单位为秒
    HRESULT  hr = m_pConnection->Open("","","",0);
    if (hr != S_OK) MessageBox("无法连接指定的数据库！ ");
    // 获取数据表名和字段名
    _RecordsetPtr  pRstSchema  = NULL;                           // 定义一个记录集指针
    pRstSchema = m_pConnection->OpenSchema(adSchemaColumns);     // 获取表信息
    // 将表信息显示在列表视图控件中
    CListCtrl& m_ListCtrl = GetListCtrl( );
    CString strHeader[3] = {"序号","TABLE_NAME","COLUMN_NAME"};
    for (int i=0; i<3; i++)
        m_ListCtrl.InsertColumn( i, strHeader[i], LVCFMT_LEFT, 120);
    int nItem = 0;
    CString str;
    _bstr_t value;
    while(!(pRstSchema->adoEOF))
    {
        str.Format("%d", nItem+1 );
        m_ListCtrl.InsertItem( nItem, str );
        for (int i=1; i<3; i++)
        {
            value = pRstSchema->Fields->GetItem((_bstr_t)(LPCSTR)strHeader[i]) ->Value;
            m_ListCtrl.SetItemText( nItem, i, value );
        }
        pRstSchema->MoveNext( );
        nItem++;
    }
    pRstSchema->Close( );
}
```

代码中，__uuidof 是用来获取对象的全局唯一标识（GUID）。ConnectionTimeout 是连接超时属性，单位为秒。OpenSchema 方法中的 adSchemaColumns 是一个预定义的枚举常量，用来获取与“列”（字段）相关的信息记录集。该信息记录集的主要字段名有“TABLE_NAME”、“COLUMN_NAME”；类似的，若在 OpenSchema 方法中指定 adSchemaTables 枚举常量，则返回

的记录集的字段名主要有“TABLE_NAME”、“TABLE_TYPE”。

上述代码运行结果如图 9-28 所示。

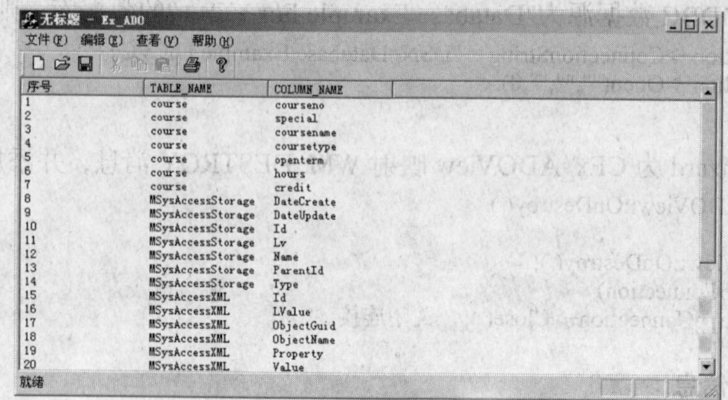

图 9-28　获取数据源表信息

9.3.2　Recordset 对象使用

Recordset 是用来从数据表或某一个 SQL 命令执行后获得记录集，通过 Recordset 对象的 AddNew、Update 和 Delete 方法可实现记录的添加、修改和删除等操作。

1．读取数据表全部记录内容

下面的过程是将 student.mdb 中的 course 表中的记录显示在列表视图中。

（1）打开菜单资源 IDR_MAINFRAME，在顶层菜单“查看”下添加一个“显示 Course 表记录”子菜单，将其 ID 号设为 ID_VIEW_COURSE。

（2）按快捷键 Ctrl+W，弹出“MFC ClassWizard”对话框，向 CEx_ADOView 类添加 ID_VIEW_COURSE 的 COMMAND 消息映射，保留默认的映射函数 OnViewCourse，并在该函数中添加下列代码：

```
void CEx_ADOView::OnViewCourse( )
{
    CListCtrl& m_ListCtrl = GetListCtrl( );
    // 删除列表中所有行和列表头
    m_ListCtrl.DeleteAllItems( );
    int nColumnCount = m_ListCtrl.GetHeaderCtrl( ) ->GetItemCount( );
    for (int i=0; i<nColumnCount; i++)
        m_ListCtrl.DeleteColumn(0);
    m_pRecordset->Open( "Course",                 // 指定要打开的表
        m_pConnection.GetInterfacePtr( ),        // 获取当前数据库连接的接口指针
        adOpenDynamic,                           // 动态游标类型，可以使用 Move 等操作
        adLockOptimistic,
        adCmdTable);
    // 建立列表控件的列表头
    FieldsPtr flds = m_pRecordset->GetFields( );    // 获取当前表的字段指针
    _variant_t Index;
    Index.vt = VT_I2;
    m_ListCtrl.InsertColumn(0, "序号", LVCFMT_LEFT, 60 );
    for (i = 0; i < (int)flds->GetCount( ); i++)
    {
        Index.iVal=i;
        m_ListCtrl.InsertColumn(i+1, (LPSTR)flds->GetItem(Index) ->GetName( ),
            LVCFMT_LEFT, 140 );
    }
    // 显示记录
    _bstr_t str, value;
    int nItem = 0;
```

```
        CString strItem;
        while(!m_pRecordset->adoEOF)
        {
            strItem.Format("%d", nItem+1);
            m_ListCtrl.InsertItem(nItem, strItem );
            for (i = 0; i < (int)flds->GetCount( ); i++)
            {
                Index.iVal=i;
                str = flds->GetItem(Index) ->GetName( );
                value = m_pRecordset->GetCollect(str);
                m_ListCtrl.SetItemText( nItem, i+1, (LPCSTR)value );
            }
            m_pRecordset->MoveNext( );
            nItem++;
        }
        m_pRecordset->Close( );
    }
```

代码中，_variant_t 是一个用于 COM 的 VARIANT 类，VARIANT 类型是一个 C 结构，由于它既包含了数据本身，也包含了数据的类型，因而它可以实现各种不同的自动化数据的传输。

（3）编译运行并测试，结果如图 9-29 所示。

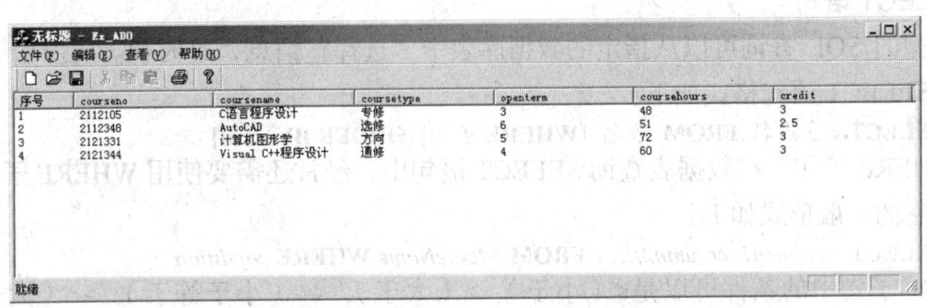

图 9-29　显示 Course 表所有记录

需要说明的是，上述代码是显示 Course 表的所有记录，若按条件显示记录，则为“条件查询”。Recordset 对象可有下列两种方式来实现。

第一种方式是在调用 Recordset 的 Open 方法之前，设置 Recordset 对象的 Filter 属性来实现。Filter 属性可以为由 AND、OR、NOT 等构成的条件查询字符串，它相当于“SELECT…WHERE” SQL 语句格式中 WHERE 的功能。例如：

```
m_pRecordset->Filter = "coursename LIKE 'C%'";          // 查询课程名以 C 打头的记录
m_pRecordset->Filter = "coursehours>=40 AND credit=3";  // 查询课时超过 40 且学分为 3 的记录
```

第二种方式是在 Recordset 的 Open 方法参数中进行设置。例如：

```
m_pRecordset->Open( "SELECT * FROM Course WHERE coursename LIKE 'C%'",
    m_pConnection.GetInterfacePtr( ), adOpenDynamic, adLockOptimistic, adCmdText);
```

事实上，第二种方式就是 Command 方式。

2. 添加、修改和删除记录

记录的添加、修改和删除是通过 Recordset 对象的 AddNew、Update 和 Delete 方法来实现的。例如，向 course 表中新添加一个记录，示例代码如下：

```
// 打开记录集
m_pRecordset->AddNew( );                                   // 添加新记录
m_pRecordset->PutCollect("courseno",_variant_t("2112111"));
m_pRecordset->PutCollect("coursehourse",_variant_t(60));
…
m_pRecordset->Update( );                                   // 使添加有效
// 关闭记录集
```

从 course 表中删除一个记录，示例代码如下：

```
// 打开记录集
```

```
…
m_pRecordset->Delete(adAffectCurrent);                    // 删除当前行
m_pRecordset->MoveFirst( );                               // 调用 Move 方法，使删除有效
// 关闭记录集
```

从 course 表中修改一个记录，示例代码如下：

```
// 打开记录集
m_pRecordset->PutCollect("courseno",_variant_t("2112111"));
m_pRecordset->PutCollect("coursehourse",_variant_t(60));
…
m_pRecordset->Update( );                                  // 使修改有效
// 关闭记录集
```

特别强调的是，数据库的表名不能与 ADO 的某些关键字串同名，如 user 等。另外，通常用 Command 对象执行 SQL 命令来实现数据表记录的查询、添加、更新和删除等操作，而用 Recordset 对象获取记录集，用来显示记录内容。

9.3.3 Command 对象使用

Command 对象用来执行 SQL 命令。下面先来简单介绍 SQL 几个常用语句。

1. SELECT 语句

一个典型的 SQL 查询可以从指定的数据库表中“选择”信息，这时就需要使用 SELECT 语句来执行。SELECT 语句格式如下：

SELECT 字段名 **FROM** 表名 [**WHERE** 子句] [**ORDER BY** 子句]

（1）WHERE 子句。在数据表查询 SELECT 语句中，经常还需要使用 WHERE 子句来设定查询的条件。它的一般形式如下：

SELECT *column1, column2,…* **FROM** *tableName* **WHERE** *condition*

WHERE 子句中的条件可以是<（小于）、>（大于）、<=（小于等于）、>=（大于等于）、=（等于）、<>（不等于）和 LIKE 等运算符。其中，LIKE 用于匹配条件的查询，它可以使用“%”和“_（下划线）”等通配符，“%”表示可以出现 0 个或多个字符，“_”表示该位置处只能出现 1 个字符。例如：

SELECT * FROM Score **WHERE** studentno **LIKE** '21%'

则将 Score 表中所有学号以 21 打头的记录查询出来。注意，LIKE 后面的字符串是以单引号来标识。再如：

SELECT * FROM Score **WHERE** studentno **LIKE** '210105__'

则将 Score 表中所有学号以 210105 打头的，且学号为 8 位的记录查询出来。

WHERE 子句中的条件还可用 AND（与）、OR（或）以及 NOT（非）运算符来构造复合条件查询，例如，若查询 Score 表中成绩（score）在 70 分到 80 分之间的记录，则可有下列语句：

SELECT * FROM Score **WHERE** score<=80 **AND** score>=70

（2）ORDER BY 子句。在数据表查询 SELECT 语句中，若将查询到的记录进行排序，则可使用 ORDER BY 子句，形式如下：

SELECT *column1, column2,⋯* **FROM** *tableName* [**WHERE** *condition*]
ORDER BY *col1, co2,⋯* **ASC | DESC**

其中，ASC 表示升序（从低到高），DESC 表示降序（从高到低），col1、col2、⋯分别用来指定是按什么字段来排序。当指定多个字段时，则先按 col1 排序，当有相同 col1 的记录时，则相同的记录按 col2 排序，依次类推。

它的最简单形式是：

SELECT * FROM *tableName*

其中，星号（*）用来指定从数据库的 tableName 表中选择所有的字段（列）。若要从表中选择指定字段的记录，则将星号（*）用字段列表来代替，多个字段之间用逗号分隔。

说明

（1）在 SELECT 语句中，若用星号（*）来查询时，则结果集中的字段顺序与数据表中的字段顺序相同。

（2）若字段名称中含有空格，则该字段名称需要用方括号（[]）来括上。

（3）在不同的 DBMS 中，字段名称的命名规则不一定相同。但为了确保数据库的兼容性，一般不使用汉字、空格或短划线来作为字段名中的字符，并且也不能与 SQL 的关键字重名。

2. INSERT 语句

INSERT 语句是用来向表中插入一个新的记录，该语句的常用形式如下：

```
INSERT INTO tableName(col1,col2,col3, …,colN)
    VALUES (val1,val2,val3, …valN)
```

其中，tableName 用来指定插入新记录的数据表，tableName 后跟一对圆括号，包含一个以逗号分隔的列（字段）名的列表，VALUES 后面的圆括号内是一个以逗号分隔的值列表，它与 tableName 后面的列名列表是一一对应的。需要说明的是，若某个记录的某个字段值是字符串，则需要用单引号括起来。例如：

```
INSERT INTO Student(studentno,studentname) VALUES ('21010503', '张小峰')
```

将在 Student 中插入一个新行，其中 studentno（学号）为“21010503”，studentname（学生姓名）为“张小峰”，对于该记录的其他字段值，由于没有指定相应的值，其结果由系统决定。

3. UPDATE 语句

UPDATE 语句用于更新表中的数据，该语句的常用形式如下：

```
UPDATE   tableName   SET column1=value1, column2=value2,...,columnN=valueN
    WHERE condition
```

该语句可以更新 tableName 表中一行记录或多行记录的数据，这取决于 WHERE 后面的条件。关键字 SET 后面是以逗号分隔的“列名/值”列表。例如：

```
UPDATE Student SET studentname = '王鹏' WHERE studentno = '21010503'
```

将学号为“21010503”的记录中的 studentname 字段内容更新为“王鹏”。

4. DELETE 语句

DELETE 语句用来从表中删除记录，其常用形式如下：

```
DELETE   FROM   tableName WHERE condition
```

该语句可以删除 tableName 表中一行记录或多行记录，这取决于 WHERE 后面的条件。

需要说明的是，与 UPDATE 语句相同，DELETE 语句后面的 WHERE 子句是可选的。但若不指定 WHERE 条件，则将删除全部记录，这也是很危险的，使用时要特别注意！

使用 Command 对象来执行这些 SQL 命令时，应遵循下列代码步骤：

```
_CommandPtr pCmd;
pCmd.CreateInstance(__uuidof(Command));                      // 初始化 Command 指针
pCmd->ActiveConnection = m_pConnection;                      // 指向已有的连接
pCmd->CommandText ="SELECT * FROM course";                   // 指定一个 SQL 查询
m_pRecordset = pCmd->Execute(NULL, NULL, adCmdText );        // 执行命令，并返回一个记录集指针
```

9.4　数据库相关的 ActiveX 控件

在前面的数据库处理中，一次只能显示出一行记录，且修改或添加等操作不能“可视化”地进行。为了弥补 MFC 的这种不足，在 Visual C++ 6.0 中允许用户使用一些 ActiveX 控件用来更好地操作数据库，这些控件包括 MSFlexGrid、RemoteData、DBGrid 等。

9.4.1 使用 MSFlexGrid 控件

Microsoft FlexGrid（MSFlexGrid）控件可以显示网格数据，也可以对其进行操作，它提供了高度灵活的网格排序、合并和格式设置功能，网格中可以包含字符串和图片。利用 MSFlexGrid 可以显示某个表的所有记录。下面以示例的形式来说明其使用过程，显示结果如图 9-30 所示。

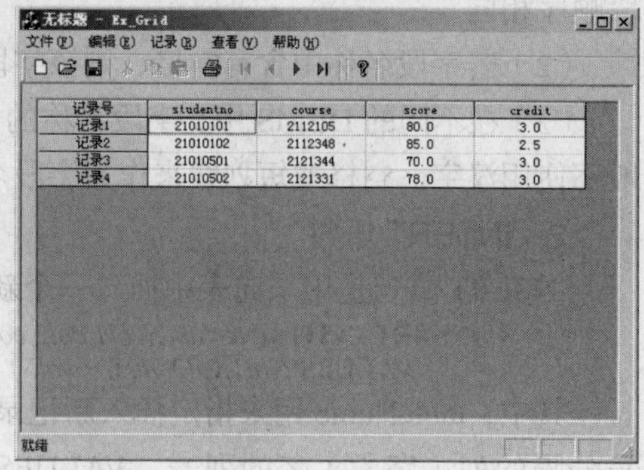

图 9-30　MSFlexGrid 控件的显示结果

例 Ex_Grid　使用 MSFlexGrid 控件示例。

第一步，将控件的类添加到项目中。

（1）用 MFC AppWizard 创建一个单文档应用程序 Ex_Grid。

（2）在向导的第二步对话框中，选中“查看数据库使用文件支持”项，单击“数据源”按钮，弹出“Database Options”对话框，从中选择 ODBC 的数据源“Database Example For VC++”。保留其他默认选项，单击“OK”按钮，在弹出的“Select Database Tables”对话框中，选择要使用的表 score。

（3）单击“OK”按钮，又回到了向导的第二步对话框。单击“完成”按钮。开发环境自动打开表单视图的对话框资源模板 IDD_EX_GRID_FORM。

（4）在打开的表单资源模板中右击鼠标，从弹出的快捷菜单中选择“Insert Active Control”命令，出现如图 9-31 所示“插入 ActiveX 控件”对话框。

（5）在对话框的控件列表中选择“Micorsoft FlexGrid Control，Version 6.0”，单击“确定”按钮，该控件就添加到表单资源中，参看图 9-30 所示调整其大小和位置。

第二步，修改 MSFlexGrid 控件属性。

右击添加的 Micorsoft FlexGrid Control 控件，从弹出的菜单中选择“属性”或“属性 MSFlexGrid Object”命令均可打开该控件的属性对话框，如图 9-32 所示。

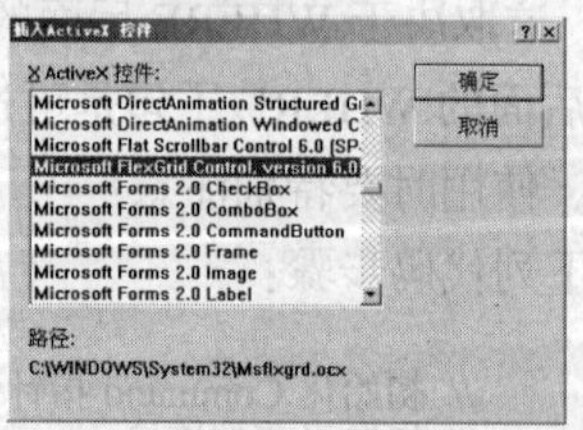

图 9-31　“插入 ActiveX 控件”对话框

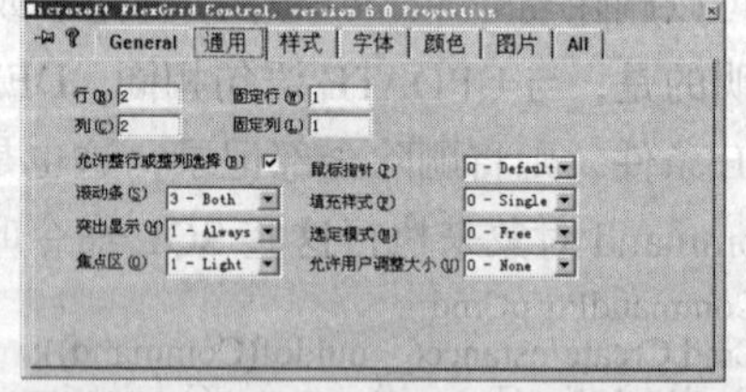

图 9-32　MSFlexGrid 控件的属性对话框

MSFlexGrid 控件的属性要比 Visual C++的控件属性多，如“General”、“通用”、“样式”、“字体”、“颜色”、“图片”等，这些属性不仅能设置控件的字体、颜色，而且能设置网格的行数和列数以及其他的功能。

第三步，编程控制。

（1）保留默认的属性及其控件标识符 IDC_MSFLEXGRID1。

（2）用 MFC ClassWizard 在 CEx_GridView 类中为刚才添加的 MSFlexGrid 控件设置一个相关联的控件变量 m_MSFGrid。需要说明的是，在此步骤中会出现一些对话框，用于询问是否要添加相关控件的类代码等，选择“是”。

（3）在 CEx_ODBCView 类的 OnInitialUpdate 函数中添加下列代码：

```
void CEx_GridView::OnInitialUpdate( )
{
    …
    while (!m_pSet->IsEOF( ))   m_pSet->MoveNext( );
    m_pSet->MoveFirst( );
    m_MSFGrid.SetCols(m_pSet->m_nFields+1 );           // 根据字段数设置单元格最大列数
    m_MSFGrid.SetRows(m_pSet->GetRecordCount( )+1);    // 根据记录数设置单元格最大行数
    m_MSFGrid.SetColWidth(-1,1440);
    // 将所有的单元格都设为相同的列宽。–1 表示所有的列，列宽单位为一个点的
    // 1/20(一个点是 1/72 英寸)，也就是说，1440 刚好为 1 英寸
    // 定义单元格的表头
    m_MSFGrid.SetRow(0);        m_MSFGrid.SetCol(0);   // 定位到(0,0)单元格
    m_MSFGrid.SetText("记录号");                        // 设置其显示内容
    m_MSFGrid.SetCellAlignment(4);               // 设置单元格对齐方式，4 表示水平和垂直居中
    CODBCFieldInfo field;
    for (UINT i=0; i<m_pSet->m_nFields; i++)
    {
        m_MSFGrid.SetRow(0);m_MSFGrid.SetCol(i+1);
        m_pSet->GetODBCFieldInfo(i,field);             // 获取指定字段信息
        m_MSFGrid.SetText(field.m_strName);
        m_MSFGrid.SetCellAlignment(4);
    }
    int iRow=1;
    while (!m_pSet->IsEOF( ))
    {                                                  // 将表的记录内容显示在单元格中
        CString str;
        str.Format("记录%d",iRow);
        m_MSFGrid.SetRow(iRow);   m_MSFGrid.SetCol(0);
        m_MSFGrid.SetText(str);
        m_MSFGrid.SetCellAlignment(4);
        for (UINT i=0; i<m_pSet->m_nFields; i++)
        {
            m_MSFGrid.SetRow(iRow);       m_MSFGrid.SetCol(i+1);
            m_pSet->GetFieldValue(i, str);         // 获取指定字段值，并自动转换成字符串
            m_MSFGrid.SetText(str);
            m_MSFGrid.SetCellAlignment(4);
        }
        iRow++;
        m_pSet->MoveNext( );
    }
    m_MSFGrid.SetRow(1);              m_MSFGrid.SetCol(1);
    m_pSet->MoveFirst( );
}
```

（4）编译运行。

9.4.2　RemoteData 和 DBGrid 控件

MSFlexGrid 控件提供界面友好的网格，表的记录内容可以全部地显示出来，但却没有表处理的常用功能，如添加记录、修改记录和删除记录等。而 DBGrid 控件不仅能自动全部显示表的记录内容，而且常见的记录操作也都能很好地支持。

需要注意的是，DBGrid 控件还必须用 RemoteData 控件来提供数据源，但它最大的好处是不需要任何程序代码就能实现表的处理。

通过被绑定的控件提供对存储在远程 ODBC 数据源中数据的存取。RemoteData 控件允许在某一记录集的行与行之间移动，且允许显示和操作来自于被绑定的控件各行里的数据。通过 RemoteData 控件，可以实现以下功能：

- 建立起与基于其本身属性的数据源的连接；
- 创建 RDO 的结果集；
- 把当前行的数据传送给相应被绑定的控件；

- 允许对当前行指针进行定位；
- 将对被绑定的控件所做的任何更改反传给数据源。

 例 Ex_DBCtrl 使用 RemoteData 和 DBGrid 控件示例。

（1）用 MFC AppWizard 创建一个默认的单文档应用程序 Ex_DBCtrl，但在向导的第六步将 CEx_DBCtrlView 的基类由默认的 CView 选择为 CFormView 类。

（2）在打开的表单资源模板中右击鼠标，从弹出的快捷菜单中选择“Insert Active Control”命令，出现“插入 ActiveX 控件”对话框。

（3）在对话框的控件列表中选择 Microsoft RemoteData Control，单击“确定”按钮，RemoteData 控件就添加到表单资源中，调整其大小和位置。

（4）右击该控件，从弹出的菜单中选择“属性”或“Properties RemoteDataCtl Object”命令，打开该控件的属性对话框（见图 9-33）。

（5）在“Control（控件）”页面中，从“DataSource”的下拉列表中选择所需要的数据源名“Database Example For VC++”。

（6）在 SQL 编辑框中键入 SQL 操作语句“SELECT * FROM score ORDER BY studentno”是检索学生课程成绩表 score 的所有记录，并按学号排序，设置的结果如图 9-33 所示。

（7）将 RemoteData 控件属性对话框切换到 All 页面，单击 CursorDriver 选项，在右侧的组合框中将其属性选择“1-ODBC cursor”，结果如图 9-34 所示。需要说明的是，由于该控件在这里是用于 ODBC 的联接，因此必须使用 ODBC 的游标驱动程序（CursorDriver）才能使其连接成功。

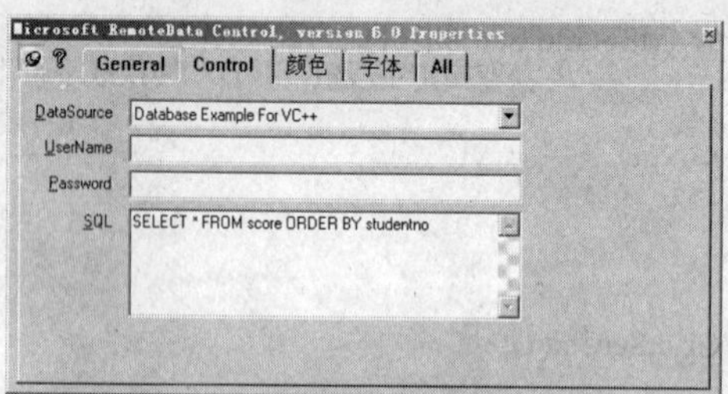

图 9-33 设置 RemoteData 控件的 Control 属性

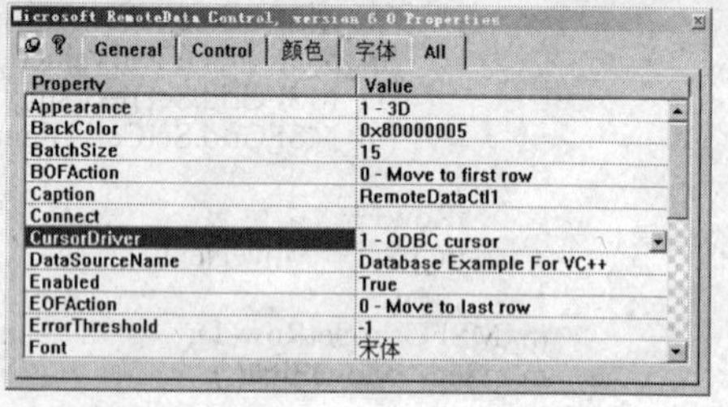

图 9-34 设置 CursorDriver 属性

（8）再次右击表单资源模板，从弹出的快捷菜单中选择“Insert Active Control”命令，在弹出的“插入 ActiveX 控件”对话框中找到要添加的 DBGrid 控件，单击“确定”按钮。

（9）如图 9-37 所示调整添加的 DBGrid 控件的大小和位置，打开该控件的属性对话框，将数据源（DataRource）设置为 RemoteData 控件 IDC_REMOTEDATACTL1，如图 9-35 所示。

（10）在对话框编辑器的控件布局栏上，单击测试工具按钮( )，结果如图 9-36 所示。按 ESC 键结束测试。

（11）编译运行并测试，结果如图 9-37 所示。

需要说明的是，大多数情况下，常把 RemoteData 控件的“显示（Visible）”属性设为不选中，以使 DBGrid 控件操作看起来是一个独立的界面。

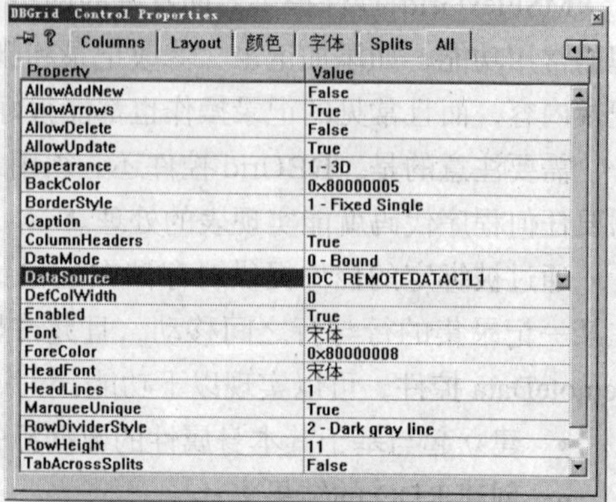

图 9-35 设置 DBGrid 控件的数据源

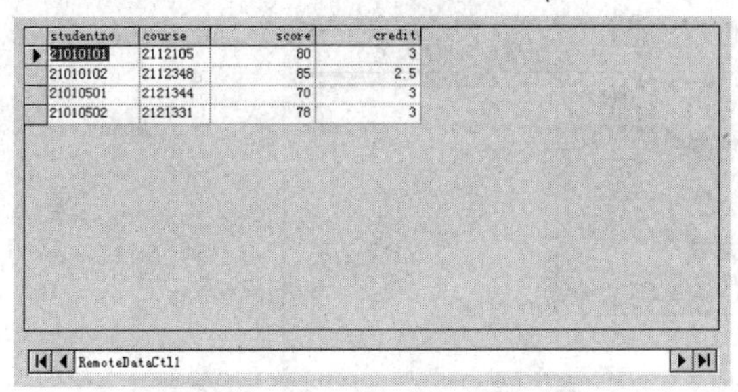

图 9-36　DBGrid 控件测试结果

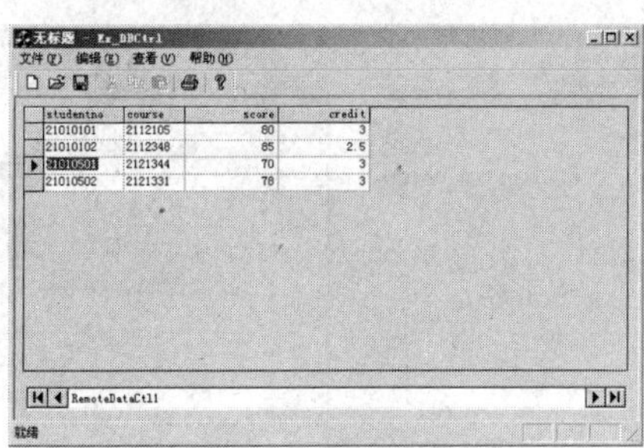

图 9-37　Ex_DBCtrl 运行结果

9.5　综合应用

在这个综合应用程序中，主要使用 ADO 来操作相应的数据表，并在一个基于 CListView 视图的单文档应用程序 Ex_A9 中实现。主要任务如下：

（1）用 Access 创建一个数据库 student.mdb，添加数据表 student，如表 9-8 所示。表中上部分是数据表的记录内容，下部分是数据表的结构内容。

表 9–8　　学生基本信息表（student）及其表结构

姓名（studentname）	学号（sudentno）	性别（xb）	出生年月（birthday）	专业（special）	
李明	21010101	true	1985-1-1	电气工程及其自动化	
王玲	21010102	false	1985-1-1	电气工程及其自动化	
张芳	21010501	false	1985-1-1	机械工程及其自动化	
陈涛	21010502	true	1985-1-1	机械工程及其自动化	
序　号	**字段名称**	**数据类型**	**字段大小**	**小数位**	**字段含义**
1	studentname	文本	20		姓名
2	studentno	文本	10		学号
3	xb	是/否			性别
4	birthday	日期/时间			出生年月
5	special	文本	50		专业

（2）在主菜单中添加“学生信息（&S）”顶层菜单，在该菜单添加“添加（&U）”子菜单。当选择“添加（&U）”子菜单后，出现“学生信息”对话框，单击“添加“后，记录添加到 student 表中，并自动更新列表视图的列表项。

（3）在列表视图的列表项中，右击鼠标，弹出“学生信息”对话框，单击“修改“按钮，student 表中相关记录被修改，同时更新列表视图的列表项，如图 9-38 所示。

例 Ex_A9　使用 ADO 来操作数据表。

第一步，创建并添加对话框。

（1）用 MFC AppWizard 创建一个单文档应用程序 Ex_A9，在创建的第六步将视图的基类选择为 CListView。

（2）添加一个对话框资源，打开属性对话框将其字体设置为“宋体 9 号”，标题定为“学生信息”，ID 号设为 IDD_STUINFO，创建对话框类 CStuInfoDlg。

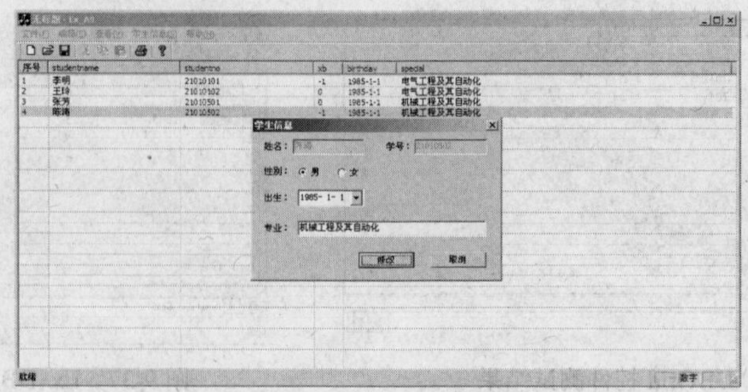

图 9-38 右击鼠标弹出修改学生信息对话框

（3）打开对话框网格，将“确定”和“取消”按钮放置到对话框的下面，按图 9-38 所示的控件布局，为对话框添加如表 9-9 所示的一些控件。

表 9-9 添加的控件

添加的控件	ID 号	标 题	其 他 属 性
编辑框（姓名）	IDC_EDIT_NAME		默认
编辑框（学号）	IDC_EDIT_NO		默认
单选按钮（男）	IDC_RADIO_M	男	默认
单选按钮（女）	IDC_RADIO_W	女	默认
日期时间控件（出生年月）	IDC_DATETIMEPICKER1	——	默认
编辑框（专业）	IDC_EDIT_SPEC		默认

（4）打开 MFC ClassWizard 的“Member Variables”页面，在“Class name”列表中选择 CStuInfoDlg，选中所需的控件 ID 号，双击鼠标或单击“Add Variables”按钮，依次为下列控件添加成员变量，如表 9-10 所示。

表 9-10 添加的控件变量

控件 ID 号	变 量 类 别	变 量 类 型	变 量 名	范围和大小
IDC_EDIT_NAME	Value	CString	m_strName	20
IDC_EDIT_NO	Value	CString	m_strNO	20
IDC_DATETIMEPICKER1	Value	CTime	m_tBirth	——
IDC_EDIT_SPEC	Value	CString	m_strSpec	80

（5）为 CStuInfoDlg 类添加一个公有 CString 类型成员变量 m_strSex，用来保存学生的性别，再添加一个公有 CString 类型成员变量 m_strOKText，用来设置“确定”按钮的标题。

（6）在 CStuInfoDlg 类构造函数中将 m_strSex 的初值设为“男”，m_strOKText 的初值设为“添加”。

（7）用 MFC ClassWizard 分别为 CStuInfoDlg 类添加单选按钮 IDC_RADIO_M 和 IDC_RADIO_W 的 BN_CLICKED 消息映射，并在映射函数中添加下列代码：

```
void CStuInfoDlg::OnRadioM( )
{
    m_strSex = "男";
}
void CStuInfoDlg::OnRadioW( )
{
    m_strSex = "女";
}
```

（8）用 MFC ClassWizard 为 CStuInfoDlg 类添加 WM_INITDIALOG 消息映射，并添加下列初始化代码：

```
BOOL CStuInfoDlg::OnInitDialog( )
{
    CDialog::OnInitDialog( );
    if (m_strSex == "女")
        CheckRadioButton(IDC_RADIO_M, IDC_RADIO_W, IDC_RADIO_W);
    else
        CheckRadioButton(IDC_RADIO_M, IDC_RADIO_W, IDC_RADIO_M);
    m_strOKText.TrimLeft( );
    GetDlgItem(IDOK)->SetWindowText(m_strOKText);
    if (m_strOKText=="修改")
    {
        GetDlgItem(IDC_EDIT_NAME)->EnableWindow( FALSE );     // 不允许修改姓名
        GetDlgItem(IDC_EDIT_NO)->EnableWindow( FALSE );        // 不允许修改学号
    }
    return TRUE;   // return TRUE unless you set the focus to a control
                   // EXCEPTION: OCX Property Pages should return FALSE
}
```

（9）用 MFC ClassWizard 为 CStuInfoDlg 类添加 IDOK 按钮的 BN_CLICKED 消息映射，并添加下列代码：

```
void CStuInfoDlg::OnOK( )
{
    UpdateData( );
    m_strName.TrimLeft( );
    m_strNO.TrimLeft( );
    if (m_strName.IsEmpty( ))
        MessageBox("必须要有姓名！");
    else if (m_strNO.IsEmpty( ))
        MessageBox("必须要有学号！");
    else
        CDialog::OnOK( );
}
```

第二步，添加对 ADO 的支持及其他代码。

（1）在 CEx_A9View::PreCreateWindow 函数添加下列代码，用来设置列表视图内嵌列表控件的风格：

```
BOOL CEx_A9View::PreCreateWindow(CREATESTRUCT& cs)
{
    cs.style |= LVS_REPORT | LVS_SHOWSELALWAYS ;
    return CListView::PreCreateWindow(cs);
}
```

（2）在 stdafx.h 文件中添加对 ADO 支持的代码：

```
#endif // _AFX_NO_AFXCMN_SUPPORT
#include <afxcmn.h>                 // MFC support for Windows Common Controls
#import "C:\Program Files\Common Files\System\ADO\msado15.dll" \
no_namespace rename("EOF", "adoEOF")
#include <icrsint.h>
//{{AFX_INSERT_LOCATION}}
```

（3）在 CEx_A9App::InitInstance 函数中添加下列代码，用来对 ADO 的 COM 环境进行初始化：

```
BOOL CEx_A9App::InitInstance( )
{
    ::CoInitialize(NULL);
    AfxEnableControlContainer( );     …
}
```

（4）在 Ex_A9View.h 文件中为 CEx_A9View 定义 ADO 连接对象指针变量：

```
public:
    _ConnectionPtr    m_pConnection;
```

（5）为 CEx_A9View 类添加一个成员函数 DispAllRec，用于显示数据表 Student 的所有记录，其代码如下：

```
void CEx_A9View::DispAllRec( )
{
```

```
    CListCtrl& m_ListCtrl = GetListCtrl( );
    // 删除列表中所有行和列表头
    m_ListCtrl.DeleteAllItems( );
    int nColumnCount = m_ListCtrl.GetHeaderCtrl( )->GetItemCount( );
    for (int i=0; i<nColumnCount; i++)
        m_ListCtrl.DeleteColumn(0);
    _CommandPtr pCmd;
    pCmd.CreateInstance(__uuidof(Command));                    // 初始化 Command 指针
    pCmd->ActiveConnection = m_pConnection;                    // 指向已有的连接
    CString strText = "SELECT * FROM student ORDER BY studentno";
    pCmd->CommandText = _bstr_t(strText);
    _RecordsetPtr pSet;
    pSet.CreateInstance(__uuidof(Recordset));                  // 初始化 Recordset 指针
    pSet = pCmd->Execute(NULL, NULL, adCmdText );
    // 建立列表控件的列表头
    FieldsPtr flds = pSet->GetFields( );                       // 获取当前表的字段指针
    _variant_t Index;
    Index.vt = VT_I2;
    m_ListCtrl.InsertColumn(0, "序号", LVCFMT_LEFT, 40 );
    for (i = 0; i < (int)flds->GetCount( ); i++)
    {
        Index.iVal=i;
        int nWidth = flds->GetItem(Index)->GetDefinedSize( )*9;
        if ( nWidth < 40 ) nWidth = 40;
        m_ListCtrl.InsertColumn(i+1, (LPSTR)flds->GetItem(Index)->GetName( ),
            LVCFMT_LEFT,    nWidth);
    }
    // 显示记录
    _bstr_t str, value;
    int nItem = 0;
    CString strItem;
    while(!pSet->adoEOF){
        strItem.Format("%d", nItem+1);
        m_ListCtrl.InsertItem(nItem, strItem );
        for (i = 0; i < (int)flds->GetCount( ); i++)
        {
            Index.iVal=i;
            str = flds->GetItem(Index)->GetName( );
            value = pSet->GetCollect(str);
            m_ListCtrl.SetItemText( nItem, i+1, (LPCSTR)value );
        }
        pSet->MoveNext( );
        nItem++;
    }
    pSet->Close( );
}
```

（6）在 CEx_A9View::OnInitialUpdate 中添加下列初始化代码：

```
void CEx_A9View::OnInitialUpdate( )
{
    CListView::OnInitialUpdate( );
    CListCtrl& m_ListCtrl = GetListCtrl( );
    m_ListCtrl.SetExtendedStyle(LVS_EX_FULLROWSELECT|LVS_EX_GRIDLINES);
    m_pConnection.CreateInstance(__uuidof(Connection));        // 初始化 Connection 指针
    m_pConnection->ConnectionString
        ="Provider=Microsoft.Jet.OLEDB.4.0;Data Source=..\\student.mdb;";
        // 此句代码在一行书写
    m_pConnection->ConnectionTimeout = 30;                     // 允许连接超时时间，单位为秒
    HRESULT    hr = m_pConnection->Open("","","",0);
    if (hr != S_OK)
        MessageBox("无法连接指定的数据库！ ");
    DispAllRec(    );
}
```

（7）编译运行。

第三步，学生信息记录的添加和修改。

（1）打开菜单资源，添加一个顶层菜单“学生信息（&S）”，在该菜单下添加一个子菜单项“添加（&A）”，将该菜单标识设为 ID_STUINFO_ADD。

（2）用 MFC ClassWizard 为 CEx_A9View 类添加该菜单的 COMMAND 消息映射，并添加下列代码：

```
void CEx_A9View::OnStuinfoAdd( )
{
	CStuInfoDlg dlg;
	if (dlg.DoModal( ) != IDOK) return;
	// 向 student 表添加新的记录，为了防止添加相同记录，这里先来判断
	_CommandPtr pCmd;
	pCmd.CreateInstance(__uuidof(Command));                    // 初始化 Command 指针
	pCmd->ActiveConnection = m_pConnection;                    // 指向已有的连接
	CString strText;
	strText.Format( "SELECT * FROM student WHERE studentname='%s' AND studentno='%s'",
		dlg.m_strName, dlg.m_strNO );
	pCmd->CommandText = _bstr_t(strText);
	_RecordsetPtr pSet;
	pSet.CreateInstance(__uuidof(Recordset));                  // 初始化 Recordset 指针
	pSet = pCmd->Execute(NULL, NULL, adCmdText );
	if (!pSet->adoEOF)
	{
		MessageBox(dlg.m_strName + " 学生记录已添加过！", "重复添加");
		pSet->Close( );
		return;
	}
	// 处理性别字符串
	CString strSex, strTime;
	if ( dlg.m_strSex == "男" ) strSex = "True";
	else strSex = "False";
	// 处理时间字符串
	strTime = dlg.m_tBirth.Format("%Y-%m-%d"); // 按年-月-日格式
	// 添加记录
	strText.Format( "INSERT INTO student(studentname,studentno,xb,birthday,special) \
		VALUES('%s','%s',%s,'%s','%s')",
		dlg.m_strName, dlg.m_strNO, strSex, strTime, dlg.m_strSpec );
	pCmd->CommandText = _bstr_t(strText);
	pCmd->Execute(NULL, NULL, adCmdText );
	DispAllRec( );
}
```

（3）在 Ex_ADOView.cpp 文件的前面添加 CStuInfoDlg 类的包含语句，如下：

```
#include "Ex_A9View.h"
#include "StuInfoDlg.h"
```

（4）用 MFC ClassWizard 为 CEx_A9View 类添加 WM_RBUTTONDOWN（右击鼠标）消息映射，并添加下列代码：

```
void CEx_A9View::OnRButtonDown(UINT nFlags, CPoint point)
{
	CListView::OnRButtonDown(nFlags, point);
	CListCtrl& m_ListCtrl = GetListCtrl( );
	UINT uFlags;
	int nItem = m_ListCtrl.HitTest(point, &uFlags);
	if (uFlags & LVHT_ONITEMLABEL)
	{
		CStuInfoDlg dlg;
		dlg.m_strOKText = "修改";                // 按钮标题
		dlg.m_strName = m_ListCtrl.GetItemText( nItem, 1);
		dlg.m_strNO = m_ListCtrl.GetItemText( nItem, 2);
		// 处理性别
		CString strSex, strTime;
		strSex = m_ListCtrl.GetItemText( nItem, 3);
		if (strSex=="0") strSex = "女";
		else strSex = "男";
```

```
            dlg.m_strSex = strSex;
            // 处理时间，由字符串转换成时间
            strTime = m_ListCtrl.GetItemText( nItem, 4);
            COleVariant vt(strTime);
            vt.ChangeType(VT_DATE);
            COleDateTime tm = vt;
            dlg.m_tBirth = CTime(tm.GetYear( ), tm.GetMonth( ), tm.GetDay( ), 0, 0, 0);
            dlg.m_strSpec = m_ListCtrl.GetItemText( nItem, 5);
            if (IDOK == dlg.DoModal( ))
            {   // 修改
                // 处理性别字符串
                CString strSex, strTime;
                if ( dlg.m_strSex == "男" ) strSex = "True";
                else strSex = "False";
                // 处理时间字符串
                strTime = dlg.m_tBirth.Format("%Y-%m-%d");          // 按年-月-日格式
                // 更新记录
                _CommandPtr pCmd;
                pCmd.CreateInstance(__uuidof(Command));
                pCmd->ActiveConnection = m_pConnection;
                CString strText;
                strText.Format( "UPDATE student SET xb=%s,birthday='%s',special='%s'\
                    WHERE studentname='%s' AND studentno='%s'",
                    strSex, strTime, dlg.m_strSpec, dlg.m_strName, dlg.m_strNO );
                pCmd->CommandText = _bstr_t(strText);
                pCmd->Execute(NULL, NULL, adCmdText );
                DispAllRec( );
            }
        }
    }
```

（5）编译运行并测试。

总之，Visual C++中的MFC编程方式不仅可以应用于一般类型的应用程序，而且还可以应用于图形、数据库、网络以及多媒体等类型的应用程序。限于篇幅，本书仅介绍最基本的也是最常用的MFC应用程序开发方法和技巧。

习　题

1. MFC提供的数据库编程方式有哪些？它们有何不同？
2. 用MFC进行ODBC的编程过程是怎样的？
3. 什么是动态行集（Dynasets）和快照集（Snapshots）？它们的根本区别是什么？
4. 在用CRecordSet成员函数进行记录的编辑、添加和删除等操作时，如何使操作有效？
5. 若对一个数据表进行排序和检索，利用CRecordSet的成员变量m_strFilter和m_strSort如何操作？
6. 如何处理多个表？试叙述其过程及其技巧。
7. 如何用ADO的Command对象来实现对数据表的记录操作？
8. 什么是ActiveX控件？当Visual C++ 6.0安装后，用于数据库的ActiveX控件有哪些？
9. RemoteData和DBGrid控件是如何关联的？又是如何进行数据库的操作的？

第二部分
实验

- 实验

实验 1　认识 Visual C++ 6.0 中文版开发环境

实验内容

（1）熟悉 Visual C++ 6.0（SP6）的开发环境。

（2）操作工具栏和项目工作区窗口。

（3）用应用程序向导创建一个控制台应用项目 Ex_Hello。

（4）输入并执行一个新的 C++程序 Ex_Simple。

实验准备和说明

（1）在学习完教材第 1 章内容第 1 节后进行本次实验。

（2）熟悉 Windows 2000 或 XP 操作系统的环境和基本操作。

（3）熟悉实验报告的书写格式，这里给出下列建议。

实验报告采用 A4 大小，封面一般包含实验目次、实验题目、班级、姓名、日期和机构（学院或系）名称。报告内容一般包括实验目的和要求、实验步骤、实验思考和总结。需要指出的是，实验步骤不是书本内容的重复，而是自己结合实验内容进行探索的过程。教师也可根据具体情况提出新的实验报告格式和新的要求。

实验步骤

1. 打开计算机，启动 Windows 2000 或 XP 操作系统

2. 创建工作文件夹

创建 Visual C++ 6.0 的工作文件夹“D:\Visual C++应用\实验”，以后所有实验创建的应用程序都在此文件夹下，这样既便于管理，又容易查找。在文件夹“实验”下再创建一个子文件夹“实验 1”，下一次实验就在“LiMing”文件夹下创建子文件夹“实验 2”，依次类推。

3. 启动 Visual C++ 6.0

选择“开始”→“程序”→“Microsoft Visual Studio 6.0”→“Microsoft Visual C++ 6.0”，运行 Visual C++ 6.0。第一次运行时，将显示如图 T1-1 所示的“每日提示”对话框。单击“下一条”按钮，可看到有关各种操作的提示。单击“关闭”按钮关闭此对话框，进入 Visual C++ 6.0 开发环境，如图 T1-2 所示。

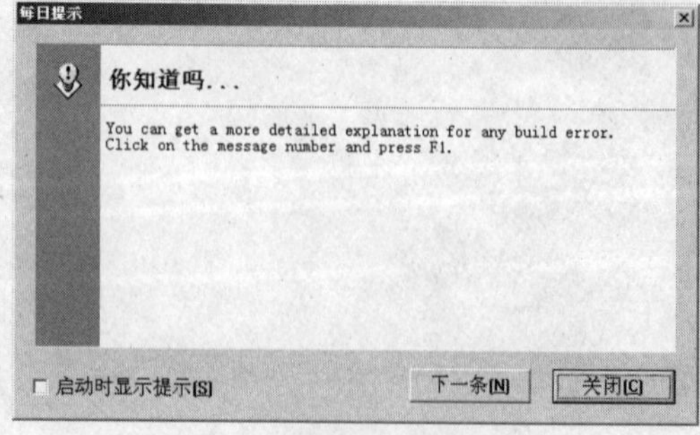

图 T1-1　“每日提示”对话框

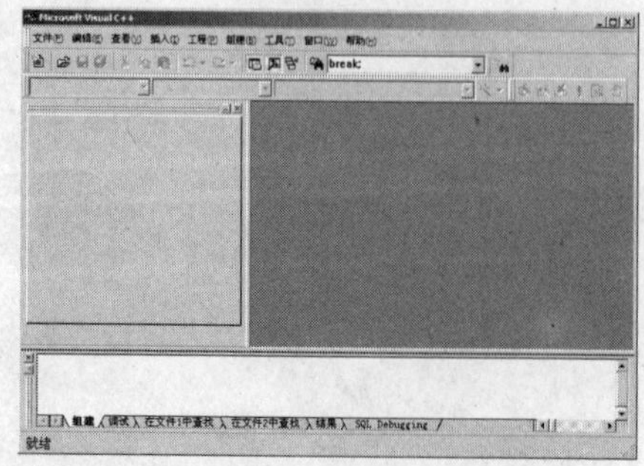

图 T1-2　Visual C++开发环境（无项目）

4. 创建一个控制台应用项目

在 Visual C++ 6.0 中，应用程序向导 AppWizard 能提供许多应用程序类型框架，但多数是基于 Windows 程序的。而对于 C++编程来说，使用“控制台应用程序”框架可以较好地满足学习和使用 C++程序进行各种应用的需要。

“控制台应用程序”是指那些需要与传统 DOS 操作系统保持程序的某种兼容性，同时又不需要为用户提供完善界面的程序。简单地讲，就是指在 Windows 环境下运行的 DOS 程序。在 Visual C++ 6.0 中，用 AppWizard 创建一个控制台应用程序可按下列步骤进行。

（1）选择“文件”→“新建”菜单命令，显示出“新建”对话框。选择“工程”标签，并从列表框中选中 Win32 Console Application 项。

（2）单击 ... 按钮，将项目文件夹定位到“D:\Visual C++应用\实验\实验 1”，并在“工程名称”编辑框中键入控制台应用程序项目名称 Ex_Hello，结果如图 T1-3 所示。

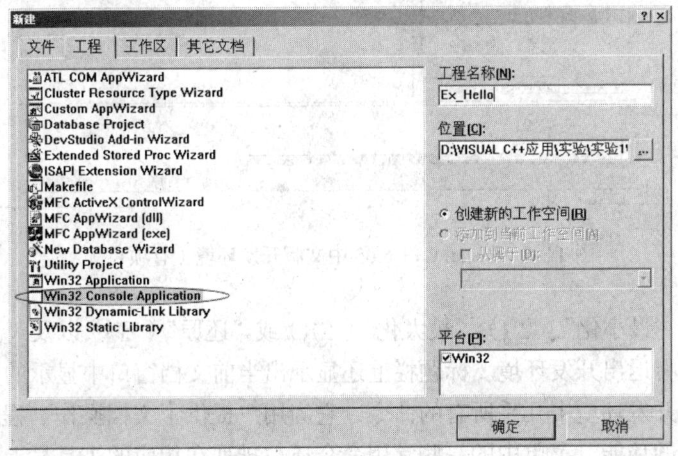

图 T1-3 新建一个工程

（3）单击“确定”按钮，显示 Win32 应用程序向导对话框。第 1 步是询问项目类型，如图 T1-4 所示。

（4）选中“一个“Hello, World!”程序”。单击“完成”按钮，系统将显示向导创建的信息，如图 T1-5 所示，单击“确定”按钮将自动创建此应用程序。

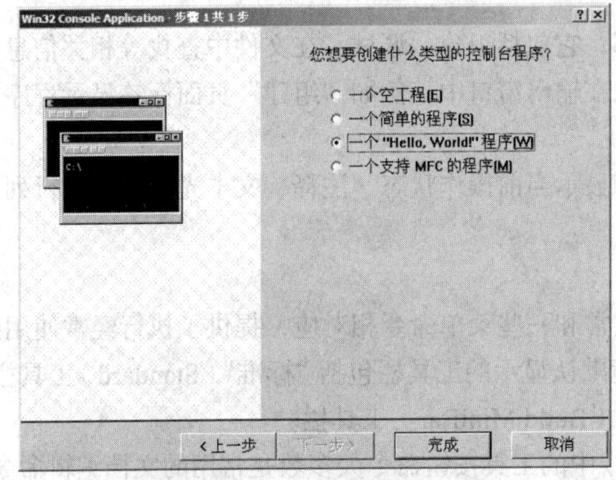

图 T1-4 控制台应用程序的第 1 步

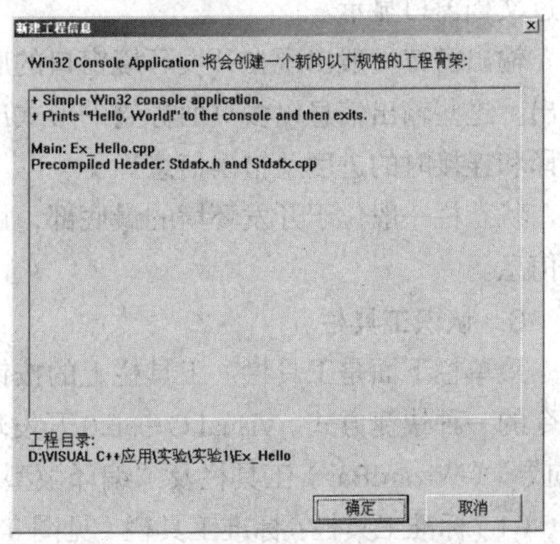

图 T1-5 “新建工程信息”对话框

5. 认识开发环境界面

项目创建后，Visual C++ 6.0 开发环境如图 T1-6 所示，它是由标题栏、菜单栏、工具栏、项目工作区窗口、文档窗口、输出窗口以及状态栏等组成。

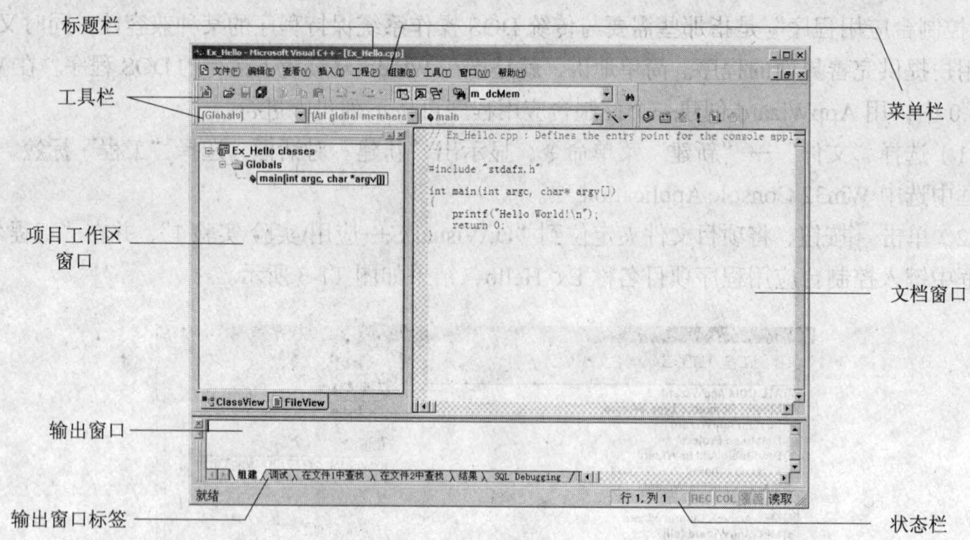

图 T1-6 Visual C++ 6.05 中文版开发环境（有项目）

标题栏一般有“最小化”（ ）、“最大化”（ ）或“还原”（ ）以及“关闭”（ ）按钮，单击“关闭”按钮将退出开发环境。标题栏上还显示出当前文档窗口中显示的文档的文件名。

菜单栏包含了开发环境中几乎所有的命令，它为用户提供了文档操作、程序的编译、调试、窗口操作等一系列的功能。菜单中的一些常用命令还被排列在相应的工具栏上，以便用户更好地操作。

项目工作区窗口包含用户项目的一些信息，包括类（Class View 页面）、项目文件（FileView 页面）等。在项目工作区窗口中的任何标题或图标处单击鼠标右键，都会弹出相应的快捷菜单，包含当前状态下的一些常用操作。

文档窗口一般位于开发环境的右边，各种程序代码的源文件、资源文件、文档文件等都可以通过文档窗口显示。

输出窗口一般出现在开发环境窗口的底部，它包括组建、调试、在文件中查找等相关信息的输出。这些输出信息以多页面标签的形式出现在输出窗口中，例如“组建”页面标签显示程序在编译和连接时的进度及错误信息。

状态栏一般位于开发环境的最底部，用来显示当前操作状态、注释、文本光标所在的行列号等信息。

6. 认识工具栏

菜单栏下面是工具栏。工具栏上的按钮通常和一些菜单命令相对应，提供了执行经常使用的命令的一种快捷方式。Visual C++ 6.0 开发环境默认显示的工具栏包括“标准”（Standard）工具栏、“向导”（WizardBar）工具栏及“编译微型条”（Build MiniBar）工具栏。

（1）标准工具栏：标准工具栏（见图 T1-7）中的工具按钮命令大多数是常用的文档编辑命令，如新建、保存、撤销、恢复、查找等，表 T1-1 列出了各个按钮命令的含义。

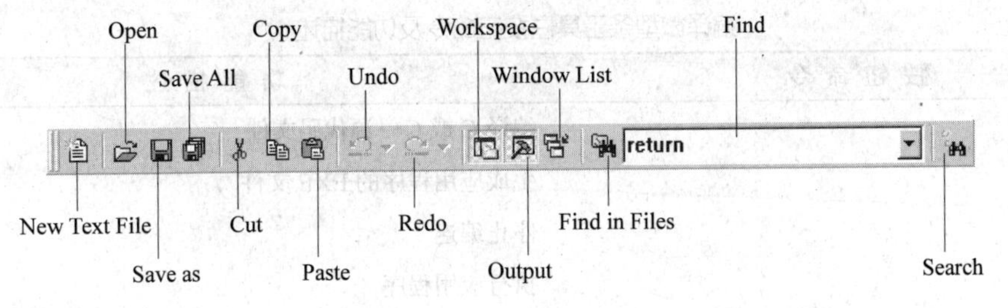

图 T1-7 标准工具栏

表 T1–1 标准工具栏按钮命令及功能描述

按钮命令	功能描述
New Text File	新建一个文本文件
Open	打开已存在的文件
Save as	保存当前文件
Save All	保存所有打开的文件
Cut	将当前选定的内容剪切掉，并移至剪贴板中
Copy	将当前选定的内容复制到剪贴板中
Paste	将剪贴板中的内容粘贴到光标当前位置处
Undo	撤销上一次操作
Redo	恢复被撤销的操作
Workspace	显示或隐藏项目工作区窗口
Output	显示或隐藏输出窗口
Window List	文档窗口操作
Find in Files	在指定的多个文件（夹）中查找字符串
Find	指定要查找的字符串，按 Enter 键进行查找
Search	在当前文件中查找指定的字符串

（2）向导工具栏：向导工具栏是将 Visual C++ 6.0 使用频率最高的，MFC ClassWizard（MFC 类向导）对话框的功能体现为三个相互关联的组合框和一个 Actions 控制按钮，如图 T1-8 所示。

图 T1-8 WizardBar

三个组合框分别表示类信息（Class）、选择相应类的过滤器（Filter）和相应类的成员函数（Members）等。单击 Actions 控制按钮可将文本指针移动到指定类成员函数在相应的源文件的定义和声明的位置处，单击 Actions 向下按钮（▼）会弹出一个快捷菜单，从中可以选择要执行的命令。

（3）编译微型条工具栏：编译微型条工具栏提供了常用的编译、连接操作命令，如图 T1-9 所示。表 T1-2 列出了各个按钮命令的含义。

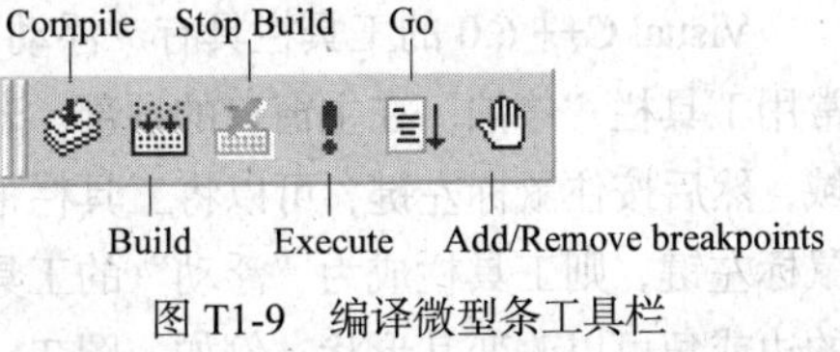

图 T1-9 编译微型条工具栏

表 T1-2　　编译微型条工具栏按钮命令及功能描述

按 钮 命 令	功 能 描 述
Compile	编译 C 或 C++源代码文件
Build	生成应用程序的 EXE 文件
Stop Build	停止编连
Execute	执行应用程序
Go	单步执行
Add/Remove breakpoints	插入或消除断点

需要说明的是，上述工具栏上的按钮有时处于未激活状态，例如，标准工具栏的“Copy”按钮在没有选定对象前是灰色的，这时用户无法使用它。

7. 工具栏的显示和隐藏

显示或隐藏工具栏可以使用“定制”对话框或快捷菜单两种方式进行操作。

（1）选择“工具”菜单→“定制”命令项。

（2）弹出“定制”对话框，如图 T1-10 所示；单击“工具栏”页面标签，将显示出所有的工具栏名称，那些显示在开发环境上的工具栏名称前面将带有选中标记（✔）。

如果觉得上述操作不够便捷，那么可以在开发环境的工具栏处右击鼠标，这时就会弹出一个包含工具栏名称的快捷菜单，如图 T1-11 所示。

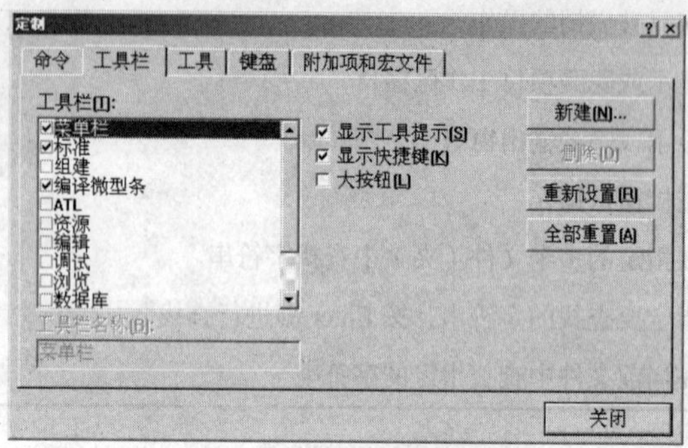

图 T1-10　“定制”对话框

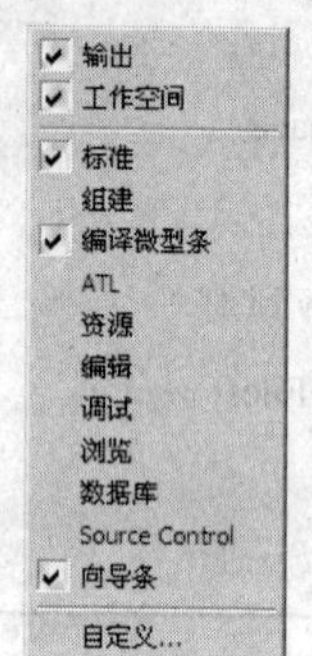

图 T1-11　工具栏的快捷菜单

若要显示某工具栏，只需单击该工具栏名称，使得前面的复选框带有选中标记即可。同样的操作再进行一次，工具栏名称前面的复选框的选中标记将消失，该工具栏就会从开发环境中消失。

边练边试

用“定制”对话框方式显示所有的工具栏，然后用快捷菜单方式隐藏，使工具栏恢复到默认的界面。

8. 工具栏的浮动与停泊

Visual C++ 6.0 的工具栏具有“浮动”与“停泊”功能。当 Visual C++ 6.0 启动后，系统默认将常用工具栏“停泊”在主窗口的顶部。若将鼠标指针移至工具栏的“把手”（‖）处或其他非按钮区域，然后按住鼠标左键，可以将工具栏拖动到主窗口的四周或中央。如果拖动到窗口的中央处松开鼠标左键，则工具栏成为“浮动”的工具窗口，窗口的标题就是该工具栏的名称。拖动工具栏窗口的边或角可以改变其形状。例如，图 T1-12 是“标准”工具栏浮动的状态，其大小已被改变过。

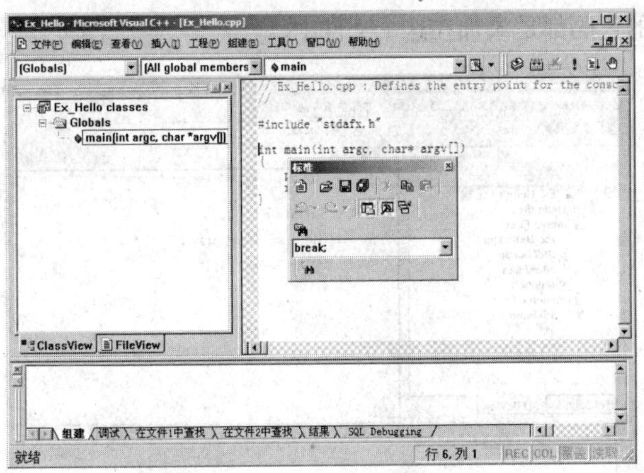

图 T1-12 浮动的标准工具栏

当然，“浮动”和“停泊”两种状态可以进行切换。在“浮动”的工具窗口标题栏处双击鼠标左键或将其拖放到主窗口的四周，都能使其停泊在相应的位置处。在“停泊”工具栏的非按钮区域双击鼠标左键，可切换成“浮动”的工具窗口。

将“标准”工具栏依次向窗口的四周“停泊”，然后恢复到默认的位置。

9. 项目工作区窗口

Visual C++在应用程序管理上是最为方便的，它不仅可以管理一个 Windows 应用程序的多种类型文件，而且还可以用于 C++应用程序的文件管理。项目工作区窗口就是用来进行文件管理的，它可用来显示、修改、添加、删除这些文件，并能管理多个项目。

对于 C++应用程序来说，项目工作区窗口包含两个页面：ClassView（类视图）和 FileView（文件视图），如图 T1-6 所示。

ClassView 页面用以显示项目中的所有的类信息。若打开的项目名为 Ex_Hello，单击项目区窗口底部的 ClassView 页面标签，则显示出“Ex_Hello classes”的树状节点，在它的前面是一个图标和一个套在方框中的符号“+”，单击符号“+”或双击图标，Ex_Hello 中的所有类名将被显示等。图 T1-6 中的 Globals 表示“全局”。

FileView 页面可以将项目中的所有文件（C++源文件、头文件等）分类显示。每类文件在 FileView 页面中都有自己的节点，例如，所有的 C++源文件都在 Source File（源文件）节点中。用户不仅可以在节点项中移动文件，而且还可创建新的节点以将一些特殊类型的文件放在该节点中。

查看 Ex_Hello 项目的 FileView 页面，看看该项目有哪些文件？

切换到 FileView 页面，可以看到 AppWizard 自动生成了 Ex_Hello.cpp、Stdafx.cpp、Stdafx.h 以及 ReadMe.txt 四个文件，如图 T1-13 所示。

其中，Stdafx.cpp 是一个只有一条语句（#include "stdafx.h"）的空文件，Stdafx.h 是每个应用程序所必有的预编译头文件，程序所用到的 Visual C++头文件包含语句均添加到这个文件中；ReadMe.txt 是 Visual C++ 6.0 为每个项目配置的说明文件，它包括对 AppWizard 产生文件类型的说明以及操作的一些技巧；而 Ex_Hello.cpp 是 AppWizard 产生的“真正”具有实际意义的程序源代码文件，几乎所有的代码都是添加在这个文件中。

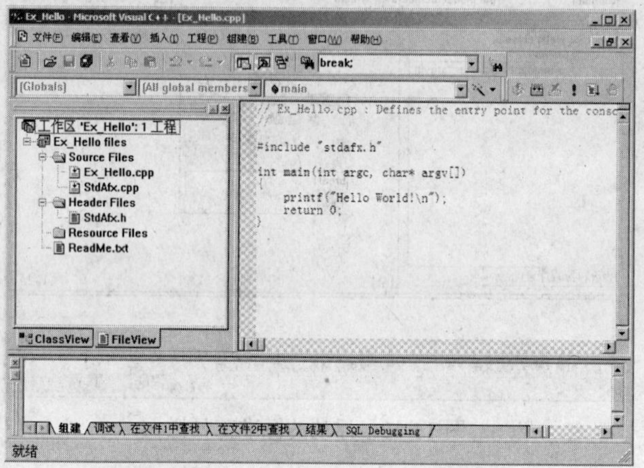

图 T1-13　Ex_Hello 项目工作区内容

Ex_Hello.cpp 文件中，main 函数是程序的入口点，它是程序的主函数，每一个 C/C++控制台应用程序都必须包含一个且只能包含一个这样的主函数。printf 是一个 C 库函数，用来进行格式输出。“printf（"Hello World!\n"）;”是将“Hello World!”显示在屏幕上，'\n'是一个转义字符，它表示换行。

10. 修改代码、编译运行

（1）单击项目工作区窗口的 ClassView 页面标签，将显示 Ex_Hello 类信息。

（2）单击各节点前面的“+”号，将所有节点展开。

（3）双击 main 函数名，在文档窗口中显示出 main 函数体所在的源文件 Ex_Hello.cpp，且文本光标已移至此函数名的前面。

（4）将 main 函数体中的“printf（"Hello World!\n"）;”改为 C++的输出语句“cout<<"I Like C++ !\n";”，然后添加 C++包含语句，结果如图 T1-14 所示。

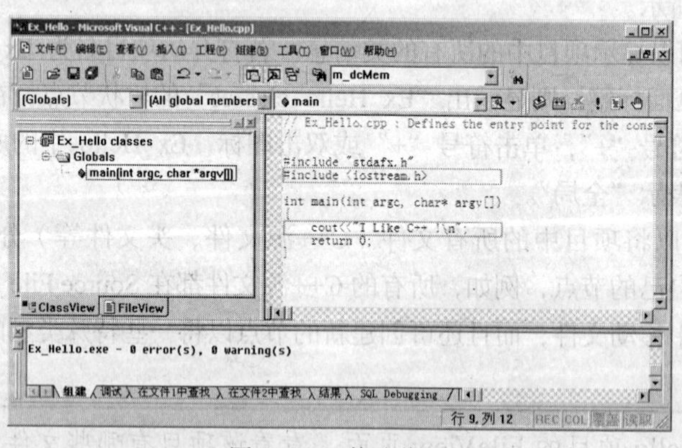

图 T1-14　修改代码

（5）单击编译工具条上的生成工具按钮“”或直接按快捷键 F7 或打开“编译”菜单，选取“编译 Ex_Hello.exe”命令，系统开始对 Ex_Hello 进行编译、连接，同时在输出窗口中显示出编译的内容，当出现

```
Ex_Hello.exe - 0 error(s), 0 warning(s)
```

表示 Ex_Hello.exe 可执行文件已经正确无误地生成了。

（6）单击编译工具条上的运行工具按钮“!”或直接按快捷键 Ctrl+F5 或在

“编译”菜单中选取“执行 Ex_Hello.exe”，就可以运行刚刚生成的 Ex_Hello.exe 了，结果如图 T1-15 所示，弹出的运行结果窗口就是控制台窗口。

说明：

- 默认的控制台窗口显示的字体和背景与图 T1-15 是不同的。单击窗口的标题栏最左边的 C:\，从弹出的菜单中选择“属性”，弹出如图 T1-16 所示的属性对话框，从“字体”和“颜色”等页面中可设置控制台窗口显示的界面类型。

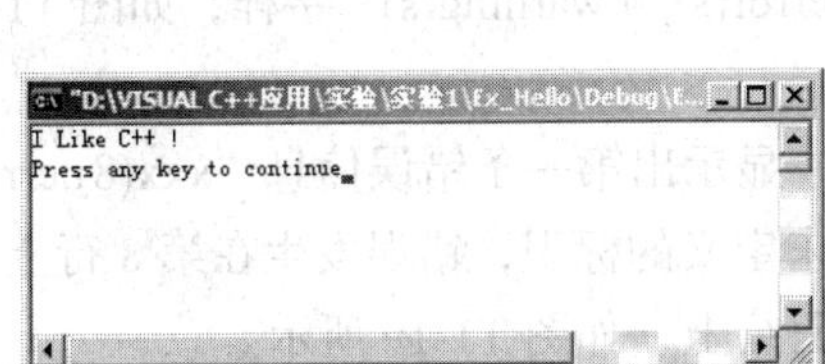

图 T1-15 Ex_Hello 运行结果

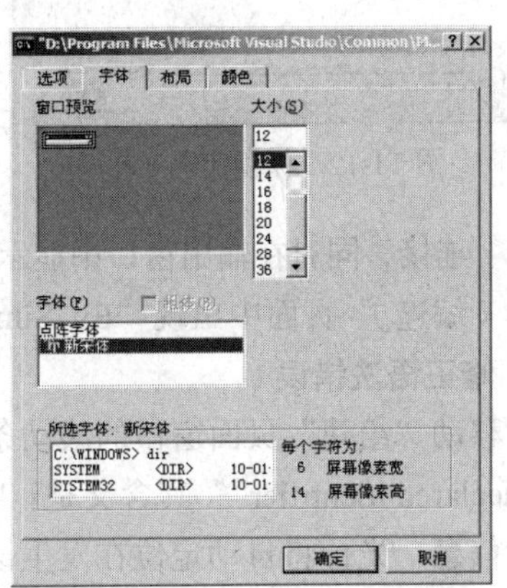

图 T1-16 控制台属性对话框

- 上述（5）、（6）两步也可合二为一，即直接运行第（6）步。控制台窗口中，“Press any key to continue”是 Visual C++自动加上去的，表示 Ex_Hello 运行后，按任意键返回到 Visual C++ 6.0 开发环境。

11. 输入一个新的 C++程序

（1）选择“文件”→“关闭工作区”，关闭原来的项目。

（2）单击标准工具栏上的“New Text File”按钮，打开一个新的文档窗口，在这个窗口中输入下列 C++代码：

```
#include <iostream.h>
int main( )
{
        double r, area;

        r = 10.0;                                        // 设置圆的半径
        aea = 3.14159 * r * r;
        cout<<"圆的面积为："<<area<<"\n;
        return 0;
}
```

这段代码是**有错误**的，下面会通过开发环境来修正它。注意，在输入字符和汉字时，要切换到相应的输入方式中，除了字符串和注释可以使用汉字外，其余一律用英文字符输入。

（3）选择“文件”→“保存”菜单或按快捷键 Ctrl+S 或单击标准工具栏的 Save 按钮，弹出“保存为”文件对话框。将文件定位到“D:\Visual C++应用\实验\实验 1”，文件名为“Ex_Simple.cpp”（注意扩展名.cpp 不能省略），结果如图 T1-17 所示。

（4）单击“保存”按钮，此时在文档窗口中部分代码的颜色发生了变化，这是 Visual C++ 6.0 的文本编辑器所具有的语法颜色功能，绿色表示注释，蓝色表示关键字（见图 T1-18）。

（5）单击编译工具条上的生成工具按钮“”或直接按快捷键 F7，出现一个对话框，询问是否为该应用程序创建一个活动的工作文件夹，单击“是”按钮。系统开始对 Ex_Simple

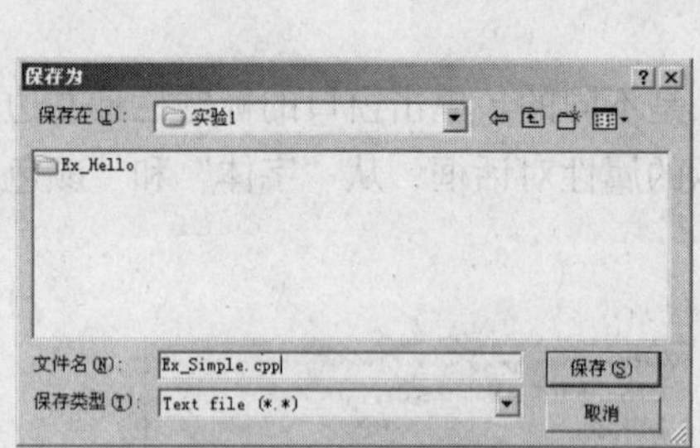

图 T1-17　保存代码

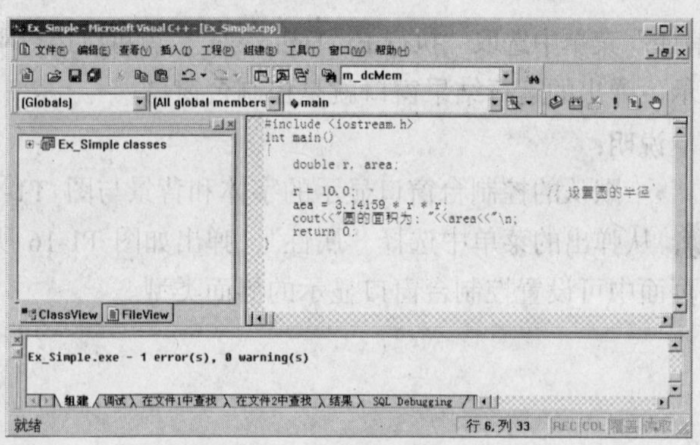

图 T1-18　Ex_Simple.cpp 编译后的开发环境

进行编译、连接，同时在输出窗口中显示出编连的内容。由于这段代码有错误，所以会在输出窗口的“编译（编连）”页面中出现“Ex_Simple.exe - 1 error(s), 0 warning(s)”字样，如图 T1-19 所示。

12. 修正语法错误

（1）移动“组建”页面窗口的滚动条，使窗口中显示出第一条错误信息“xxx(8):error C2065: 'aea' : undeclared identifier”，其含义是：'aea'是一个未定义的标识，错误发生在第 8 行上。双击该错误提示信息，光标将自动定位在发生该错误的代码行上，如图 T1-19 所示。

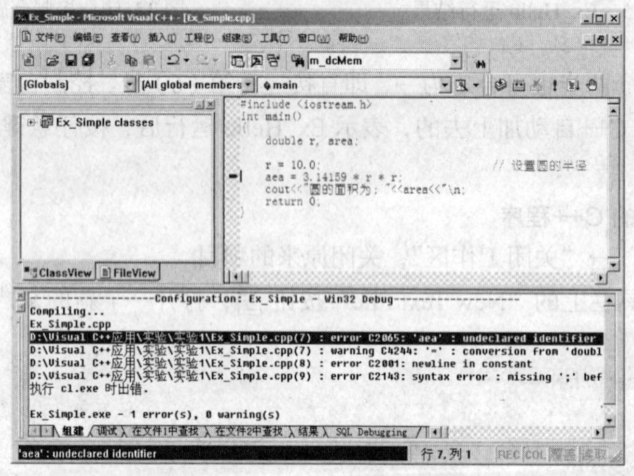

图 T1-19　显示第 1 个语法错误

（2）将“aea”改成“area”，重新编译和连接。编译后，Build 页面窗口给出的第一条错误信息是：

xxx (9) : error C2001: newline in constant

指明第 9 行处“常量（constant）”中的“换行（newline）”符出错。

（3）将"\n 改为"\n"，再次单击编译工具条上的运行工具按钮“!”或直接按快捷键 Ctrl+F5 运行程序，结果将显示在控制台窗口中，如图 T1-20 所示。

图 T1-20　Ex_Simple.exe 运行结果

13. 退出 Visual C++ 6.0

退出 Visual C++ 6.0 有两种方式：一种是单击主窗口右上角的“关闭”按钮（ ✕ ），另一种是选择“文件”→“退出”菜单。

14. 写出实验报告

结合思考与练习题，写出实验报告。

思考与练习

（1）除工具栏可以浮动和停泊外，看看还有哪些窗口可以这样操作？

（2）经过创建项目文件的实验，试总结一下创建一个C++应用程序有哪些方法？你认为哪种方法最适当？

实验2 类和对象

实验内容

组成一个可运行的完整程序Ex_Array，包含下列内容：

（1）设计个人信息类CPerson和学生成绩类CScore。其中，CPerson类的数据成员是姓名和学号；而CScore类的数据成员除了三门成绩外，还有一个CPerson类对象stu。

（2）设计数据操作类CStack，它使用数组来动态存储CScore类对象，并模拟栈的操作：push（压入）与pop（弹出）。栈是一种“FILO”（先进后出）或“LIFO”（后进先出）的存储结构。如图T2-1所示，它占用一块连续的内存空间，有两个端点：一个端点是固定的，称为栈底；另一个端点是活动的，称为栈顶。操作只能在栈顶进行，建立一个栈先要开辟栈空间，且为了指示栈顶位置还要设定一个指针，称为栈顶指针（图T2-1中的sp）。

初建栈时，栈顶指针sp指向栈底，如图T2-1（a）所示。当向栈内压入一个元素d1时，先向栈顶写入d1后，再将sp++，如图T2-1（b）所示。再压入一个元素d2时，先向栈顶写入d2后，再将sp++，如图T2-1（c）所示。可见，栈顶总是用于存放下一个元素。当栈内弹出一个元素d2时，直接执行sp− −，然后返回sp中的内容，如图T2-1（d）所示。这样，当再次压入新元素时，d2被覆盖。

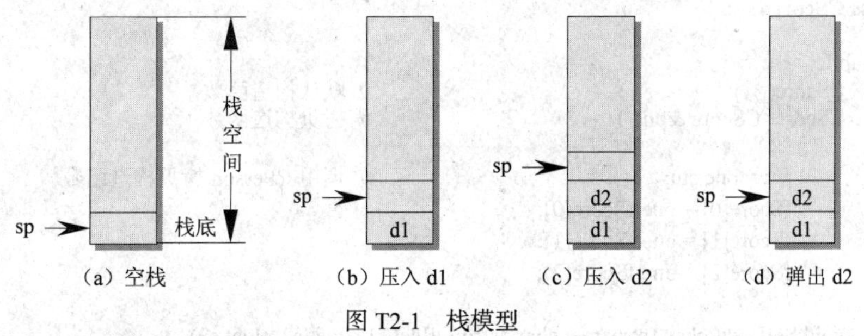

图T2-1 栈模型

实验准备和说明

（1）在学习完教材第1章第2节内容之后进行本次实验。

（2）编写本次上机所需要的程序。

实验步骤

1. 创建工作文件夹

打开计算机，在“D:\Visual C++应用\实验”文件夹中创建一个新的子文件夹“实验 2”。

2. 设计类 CPerson 和 CScore 类代码

（1）启动 Visual C++ 6.0。

（2）单击标准工具栏上的“New Text File”按钮，在新打开的文档窗口中输入下列程序代码：

```
#include <iostream.h>
#include <stdlib.h>
#include <string.h>
class CPerson
{
  public:
    CPerson( ){};                                    // 默认构造函数
    CPerson( char *strname, char *strno )
    {
        strcpy( strName, strname );          strcpy( strStuNO, strno);
    }
    CPerson( CPerson &one )                          // 拷贝构造函数
    {
        strcpy( strName, one.strName );      strcpy( strStuNO, one.strStuNO);
    }
    void SetData( char *strname, char *strno )
    {
        strcpy( strName, strname );          strcpy( strStuNO, strno);
    }
    void Output(void)
    {
        cout<<"姓名："<<strName<<endl;
        cout<<"学号："<<strStuNO<<endl;
    }
    void Input(void)
    {
        cout<<"姓名：";              cin>>strName;
        cout<<"学号：";              cin>>strStuNO;
    }
  private:
    char  strName[12];                               // 姓名
    char  strStuNO[9];                               // 学号
};

class CScore
{
  public:
    CScore( ){}                                      // 默认构造函数
    CScore( CScore &one )                            // 拷贝构造函数
    {
        stu = one.stu;                               // 调用 CPerson 拷贝构造函数
        fScore[0] = one.fScore[0];
        fScore[1] = one.fScore[1];
        fScore[2] = one.fScore[2];
    }
    void SetData( char *strname, char *strno, float s1, float s2, float s3)
    {
        stu.SetData( strname, strno );               // 调用 stu 中的成员函数
        fScore[0] = s1;          fScore[1] = s2;          fScore[2] = s3;
    }
    void Output(void)
    {
```

```
            stu.Output( );
            cout<<"三门课成绩："<<fScore[0]<<", "<<fScore[1]<<", "<<fScore[2]<<endl;
        }
        void Input(void)
        {
            stu.Input( );
            cout<<"三门成绩：";          cin>>fScore[0]>>fScore[1]>>fScore[2];
        }
    private:
        CPerson     stu;
        float  fScore[3];                                          // 三门课程成绩
};
```

（3）单击标准工具栏的 Save 按钮，弹出“保存为”文件对话框。将文件定位到“D:\Visual C++应用\实验\实验 2”，文件名为 Ex_Array.cpp。

3. 设计 CStack 代码

在 Ex_Array.cpp 文件中的最后添加下列代码：

```
class CStack
{
    public:
        CStack(int nSize = 10);                                  // 构造函数
        ～CStack( );                                              // 析构函数
    public:          // 操作
        void              push(CScore    a);                     // 压入 a
        CScore            pop(void);                             // 弹出
    private:
        CScore            *sp;                                   // 栈顶指针
        CScore            *buffer;                               // 栈空间
        int               m_nSize;                               // 栈大小
};
CStack::CStack(int nSize)
{
        // 初始化代码
        m_nSize = nSize;
        buffer = new CScore[m_nSize];                            // 开辟栈空间
        if ( buffer != NULL)                                     // 开辟成功
            sp = buffer;                                         // 初建时，sp 指向栈底
        else
            exit(1);                                             // 若开辟不成功，程序非正常终止
        cout<<"栈空间已成功建立！"<<endl;                          // 显示成功的提示信息
}
CStack::～CStack( )
{
        if (buffer)                                              // 判断
        {
            delete [m_nSize]buffer;                              // 释放内存
            buffer = NULL;                                       // 一个好的习惯
            cout<<"栈空间已释放！"<<endl;
        }
}
void    CStack::push(CScore    a)
{
        if ( sp > buffer + m_nSize )
        {
            cout<<"栈空间不够，栈溢出！"<<endl;
            exit(1);                                             // 程序非正常终止
        } else
            *sp++ = a;                                           // a 写入栈和 sp++合写一条语句
}
CScore    CStack::pop(void)
{
        sp--;
        if (sp < buffer)
```

```
        {
            cout<<"已越过栈底！"<<endl;
            exit(1);                                    // 程序非正常终止
        } else
            return    *sp;                              // 返回弹出的内容
    }
```

4. 添加 main 函数及测试代码

（1）在文件 Ex_Stack.cpp 中的最后位置添加最后的 main 函数及其测试代码：

```
int main( )
{
    CStack one(2);                              // 创建大小为两个学生成绩对象的栈
    CScore stu;
    stu.Input( );
    one.push(stu);                              // 压入
    stu.SetData( "DING",    "21010102", 80, 80, 90 );
    one.push(stu);                              // 压入
    stu.SetData( "ZHANG","21010103", 80, 90, 70 );
    one.push(stu);                              // 压入
    cout<<"开始进行弹出操作！"<<endl;
    stu = one.pop( );                           // 弹出
    stu.Output( );
    stu = one.pop( );                           // 弹出
    stu.Output( );
    stu = one.pop( );
    stu.Output( );
    return 0;
}
```

（2）编译运行并测试，写出运行结果。

5. 退出 Visual C++ 6.0

6. 写出实验报告

结合上述分析、边练边想和下面的思考练习等内容，写出实验报告。

思考与练习

本次实验给出的实例代码中，还有一项工作没有完成，即 CScore 类中的 stu 对象的初始化，试添加带参数的构造函数，然后将 stu 对象进行初始化。

实验 3　继承和派生

实验内容

编写一个程序 Ex_Student 实现一个班级学生的学期成绩管理。个人信息类 CPerson 的数据成员有：姓名、年龄、性别；课程类 CCourse 的数据成员有：课程名、学分、成绩；学生类 CStudent 从 CPerson 类派生，并增加数据成员：学号、CCourse 对象成员数组（大小为 8）、总成绩、总学分和平均成绩；班级类 CClass 类的数据成员有：CStudent 类对象成员数组（大小由构造函数确定）、班号、班级人数等。要求如下。

（1）本班级类 CClass 类的对象成员数组需要在构造函数中用 new 动态分配内存空间，在析构函数中释放。在类 CClass 中添加成员函数 Seek，通过学号查找并输出该学生的所有全部信息。

（2）构造 3 个学生的数据，每个学生都有 3 门课程的成绩，输入并显示这些数据。

（3）根据类的需要添加适当的其他成员，编写完整的程序并测试。

实验准备和说明

（1）在学习完教材第 1 章第 2 节内容之后进行本次实验。

（2）编写本次上机所需要的程序。

实验步骤

1. 创建工作文件夹

打开计算机，在“D:\Visual C++应用\实验”文件夹中创建一个新的子文件夹“实验 3”。

2. 设计类 CClass，并输入代码

思路：根据实验题目要求，先定义所需要的数据成员，并通过构造函数和析构函数建立和释放 CStudent 类对象的内存空间，然后添加成员函数 Add、Seek 和 ShowAll 分别用于 CStudent 对象数据的添加、查找和显示。具体步骤如下：

（1）启动 Visual C++ 6.0。

（2）单击标准工具栏上的“New Text File”按钮，在新打开的文档窗口中输入下列程序代码：

```
#include <iostream.h>
#include <stdlib.h>
#include <string.h>
class CClass
{
  public:
     CClass( char* strNO, int nSize = 10 )
          : nNum( 0 )
     {
          theStudent = new CStudent[nSize];
          this->nSize = nSize;
          strcpy( this->strNO, strNO );
     }
     ~CClass( )
     {
          if (theStudent)
          {
               delete []theStudent;          theStudent = NULL;
          }
     }
     void Add( CStudent one )
     {
          theStudent[ nNum ] = one;
          nNum++;
          if (nNum>=nSize)
          {
               cout<<"学生数据存储的内存空间不够！"<<endl;
               exit(1);
          }
     }
     void Seek( char *strStuNo )
     {
          bool  isFind = false;
          int        i;
          for ( i = 0; i<nNum; i++)
          {
               if ( 0 == strcmp( theStudent[i].GetStuNo( ), strStuNo) )
               {
                    isFind = true;          break;
               }
          }
```

```
                cout<<endl;
                if (isFind)
                {
                    cout<<"找到学号为["<<strStuNo<<"]的学生："<<endl;
                    theStudent[i].Show( );
                }else
                    cout<<"学号为["<<strStuNo<<"]的学生没有找到！"<<endl;
            }
            void ShowAll( )
            {
                // 显示班号和班级人数
                cout<<"班号："<<strNO<<"，班级人数："<<nNum<<endl;
                // 显示学生信息
                for ( int i = 0; i<nNum; i++)
                {
                    theStudent[i].Show( );        cout<<endl;
                }
            }
        private:
            CStudent    *theStudent;                    // 存储的指针
            char        strNO[20];                      // 班号
            int         nNum;                           // 班级人数
            int         nSize;                          // 内存空间的大小
    };
```

（3）单击标准工具栏的 Save 按钮，弹出“保存为”文件对话框。将文件定位到“D:\Visual C++应用\实验\实验 3”，文件名为 Ex_Student.cpp。

3. 设计并添加学生类 CStudent 代码

根据类 CClass 的代码可以知道所设计的类 CStudent 除必要的数据成员外，还必须有拷贝构造函数、默认构造函数、Show 函数（显示学生数据）、GetStuNo 函数（返回学号）。另外还必须要有设置学生数据的成员函数以及添加课程信息的成员函数。这样，就可以在类 **CClass** 声明之前**添加下列代码：**

```
    class CStudent : public CPerson
    {
        public:
            CStudent( )
                : nNum( 0 ), allScore( 0.0 ), aveScore( 0.0 ), allCredit(0.0)
            {}
            CStudent( CStudent &one )
            {
                for ( int i = 0; i<nNum; i++)            cc[i] = one.cc[i];
                allScore = one.allScore;
                aveScore = one.aveScore;
                allCredit = one.allCredit;
                strncpy( strNO, one.strNO, sizeof(strNO));
                // 复制基类拷贝数据
                strcpy( strName, one.strName );
                nAge = one.nAge;              chSex = one.chSex;
            }
            void SetStudentInfo( char *strname, char *strno, int age, char sex = 'M' )
            {
                SetPersonInfo( strname, age, sex );          strcpy( strNO, strno );
            }
            char* GetStuNo ( )
            {
                return strNO;
            }
            void Add( CCourse one )
            {
                cc[ nNum ] = one;
                nNum++;
                if (nNum>=8)
```

```
            {
                cout<<"课程数据存储的内存空间不够！"<<endl;
                exit(1);
            }
            // 计算总成绩、平均成绩，总学分
            allScore += one.GetScore( );              aveScore = allScore / (float)nNum;
            allCredit += one.GetCredit( );
        }
        void Show( )
        {
            cout<<"学号："<<strNO<<endl;
            CPerson::Show( );
            for ( int i = 0; i<nNum; i++)     cc[i].Show( );
            cout<<"课程数："<<nNum<<"，总学分："<<allCredit
                <<"，总成绩："<<allScore<<"，平均成绩："<<aveScore<<endl;
        }
    private:
        char  strNO[20];                          // 学号
        CCourse    cc[8];                         // 课程
        float  allScore;                          // 总成绩
        float  aveScore;                          // 平均成绩
        float  allCredit;                         // 总学分
        int    nNum;                              // 课程数
};
```

4. 设计并添加学生类 CStudent 代码

同样，根据类 CStudent 的代码来确定类 CCourse 和 CPerson 代码，并添加到类 **CStudent** 声明之前：

```
class CPerson
{
  public:
    CPerson( ){};
    void SetPersonInfo( char *strname, int age, char sex = 'M' )
    {
        strncpy( strName, strname, sizeof(strName) );
        nAge = age;              chSex = sex;
    }
    void Show( )
    {
        cout<<"姓名："<<strName<<"，年龄："<<nAge<<"，性别："
            <<( chSex=='M'?"男":"女" )<<endl;
    }
  protected:
    char  strName[20];                            // 姓名
    char  chSex;                                  // 性别
    int   nAge;                                   // 年龄
};

class CCourse
{
  public:
    CCourse( ) {}
    CCourse( CCourse &one )
    {
        strncpy( strName, one.strName, sizeof(strName) );
        fCredit = one.fCredit;             fScore = one.fScore;
    }
    void SetCourseInfo( char *strname, float credit, float score )
    {
        strncpy( strName, strname, sizeof(strName) );
        fCredit = credit;             fScore = score;
    }
    void Show( )
    {
        cout<<"课程名："<<strName<<"，学分："<<fCredit<<"，成绩："<<fScore<<endl;
```

```
    }
    float  GetCredit( ){        return fCredit;          }
    float  GetScore( ){         return fScore;           }
  private:
    char  strName[40];                                   // 课程名
    float  fCredit;                                      // 学分
    float  fScore;                                       // 成绩
};
```

5. 添加 main 函数及测试代码

（1）在文件 Ex_Stack.cpp 中的最后位置添加最后的 main 函数及其测试代码：

```
int main( )
{
    CClass theClass( "210501" );
    CStudent one, two, three;
    CCourse cc;
    // 添加第 1 个学生数据
    one.SetStudentInfo( "LiMing", "21050101", 18 );
    cc.SetCourseInfo( "C++程序设计", 3.5, 80 );          one.Add( cc );
    cc.SetCourseInfo( "数据结构", 3, 81 );               one.Add( cc );
    cc.SetCourseInfo( "软件技术基础", 2, 85 );           one.Add( cc );
    theClass.Add( one );
    // 添加第 2 个学生数据
    two.SetStudentInfo( "WangFang", "21050102", 18, 'W' );
    cc.SetCourseInfo( "C++程序设计", 3.5, 70 );          two.Add( cc );
    cc.SetCourseInfo( "数据结构", 3, 78 );               two.Add( cc );
    cc.SetCourseInfo( "软件技术基础", 2, 81 );           two.Add( cc );
    theClass.Add( two );
    // 添加第 3 个学生数据
    three.SetStudentInfo( "YangYang", "21050103", 19 );
    cc.SetCourseInfo( "C++程序设计", 3.5, 81 );          three.Add( cc );
    cc.SetCourseInfo( "数据结构", 3, 75 );               three.Add( cc );
    cc.SetCourseInfo( "软件技术基础", 2, 84 );           three.Add( cc );
    theClass.Add( three );
    theClass.ShowAll( );
    theClass.Seek( "21050102" );
    return 0;
}
```

（2）编译运行并测试，写出运行结果。

6. 退出 Visual C++ 6.0

7. 写出实验报告

结合上述分析、边练边想和下面的思考练习等内容，写出实验报告。

思考与练习

（1）若将 CStudent 类中的课程类 CCourse 对象数组 cc 的空间用 new 来分配，则代码应如何修改？

（2）如果想要添加有关学期的信息，设该类类名为 CTerm，则该类与课程类 CCourse 和 CStudent 类有哪些关系，代码应如何编写并添加到程序中？

实验 4　多态和调试

实验内容

（1）编写程序 Ex_Shape：定义一个类 CShape，包含两个虚函数 Area（用来计算面积）和 SetData

（用来重设形状大小），然后派生出矩形 CRect 类、圆 CCircle 类，分别求其面积。最后定义一个 CArea 类，计算这几个形状的面积之和，各形状的数据通过 CArea 类构造函数或成员函数来设置。

（2）学会使用 Visual C++调试器。

实验准备和说明

（1）在学习完教材第 1 章内容之后进行本次实验。

（2）构思本次上机所需要的程序。

实验步骤

1. 创建工作文件夹

打开计算机，在“D:\Visual C++应用\实验”文件夹中创建一个新的子文件夹“实验 4”。

2. 输入并运行程序 Ex_Shape

（1）启动 Visual C++ 6.0。

（2）单击标准工具栏上的“New Text File”按钮，在新打开的文档窗口中输入下列程序代码：

```
#include <iostream.h>
class CShape
{
  public:
     virtual float Area( )
     {     return 0.0;          }
     virtual void SetData( float, float )    { }
};
class CRect : public CShape
{
  public:
     CRect(float h = 0, float w = 0)
     {     H = h;          W = w;          }
     float Area( )
     {     return (float)(H * W * 0.5);    }
     void SetData( float h, float w)
     {     H = h;               W = w;     }
  private:
     float H, W;
};
class CCircle : public CShape
{
  public:
     CCircle(float r = 0)
     {     R = r;      }
     float Area( )
     {     return (float)(3.14159265 * R * R);        }
     void SetData( float r, float)
     {     R = r;    }
  private:
     float R;
};
class CArea
{
  public:
     CArea( )
          : fSum(0), nNum(0), pCur(NULL)
     {}
     void SetShape( CShape *p )
     {     pCur = p;   }
     void SetData( float f1, float f2 = 0.0)
```

```
        {    pCur->SetData( f1, f2 );    }
        void AddShape( )
        {    nNum++;        fSum += pCur->Area( );      }
        void ShowSumArea( )
        {    cout<<"当前添加的形状有 "<<nNum<<" 个，总面积为："<<fSum<<endl;    }
        void Clear( )
        {    fSum = 0;   nNum = 0;   pCur = NULL;      }
    private:
        float       fSum;
        int         nNum;
        CShape      *pCur;
};
int main( )
{
        CArea       all;
        CRect       rc( 3, 4 );
        CCircle     cir( 5 );

        all.SetShape( &rc );            all.AddShape( );
        all.SetShape( &cir );           all.AddShape( );
        all.ShowSumArea( );

        all.Clear( );
        all.SetShape( &rc );     all.SetData( 6, 8 );       all.AddShape( );
        all.SetShape( &cir );    all.SetData( 10 );         all.AddShape( );
        all.ShowSumArea( );
        return 0;
}
```

（3）单击标准工具栏的 Save 按钮，弹出“保存为”文件对话框。将文件定位到“D:\Visual C++应用\实验\实验 4”，文件名为 Ex_Shape.cpp。

（4）编译并运行。

试分析程序的运行结果？分析 CArea 类中为什么要使用 CShape 类指针对象？

3. 设置断点

在设置断点之前，首先要保证程序中没有语法错误。断点实际上就是告诉调试器在何处暂时中断程序的运行，以便查看程序的状态以及浏览和修改变量的值等。

（1）在项目工作区的 ClassView 页面中，展开所有节点。

（2）双击 main（int argc, char* argv[]）节点，这样就会在文档窗口中打开并定位到该函数代码处。在代码行“CArea all;”中单击鼠标，使插入符处在该行上。

（3）用下列 3 种方式之一设置断点，这样就会在代码行“CArea all;”的最前面的窗口页边距上有一个深红色的实心圆块，如图 T4-1 所示。

- 按快捷键 F9。
- 在 Build 工具栏上单击按钮。
- 在需要设置（或清除）断点的位置上右击鼠标，在弹出的快捷菜单中选择“Insert/Remove Breakpoint”命令。

需要说明的是，若在断点所在的代码行中再使用上述的快捷方式进行操作，则相应的位置断点被清除。若此时使用快捷菜单方式进行操作时，菜单项中还包含“Disable Breakpoint”命令，选择此命令后，该断点被禁用，相应的断点标志由原来的红色的实心圆变成空心圆。

4. 控制程序运行

（1）选择“组建”（Build）菜单→“开始调试”子菜单的“Go”命令，或单击“编译微型条”中的按钮，启动调试器。

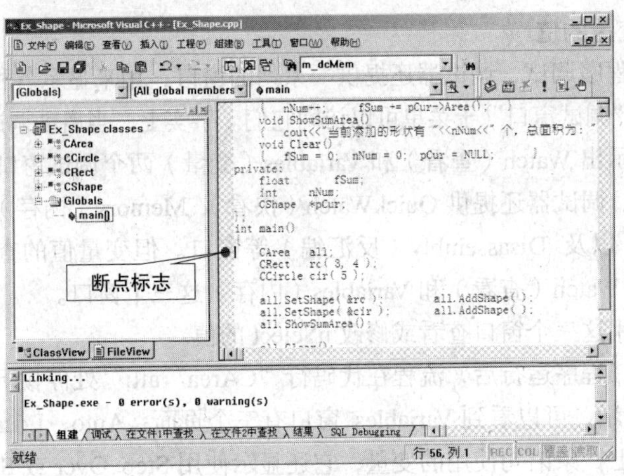

图 T4-1　设置的断点

（2）程序运行后，流程进行到代码行“CArea　all;”处就停顿下来，这是断点的作用。这时可以看到有一个黄色小箭头，它指向即将执行的代码，如图 T4-2 所示。

（3）原来的“组建”（Build）菜单就会变成“调试”（Debug）菜单，其子菜单如图 T4-3 所示，其中有四条命令 Step Into、Step Over、Step Out 和 Run to Cursor 是用来控制程序运行的，其含义如下：

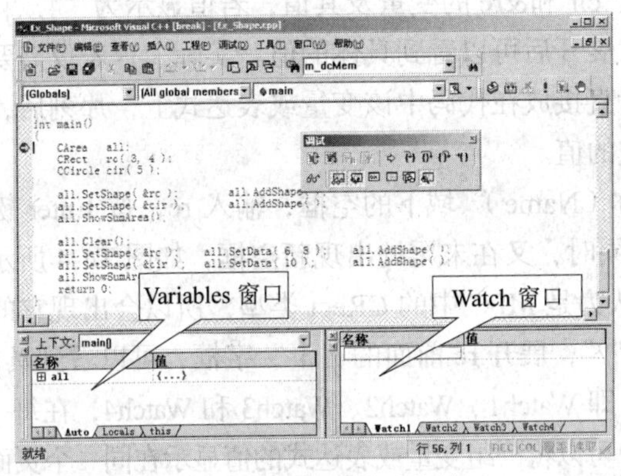

图 T4-2　启动调试器后的界面

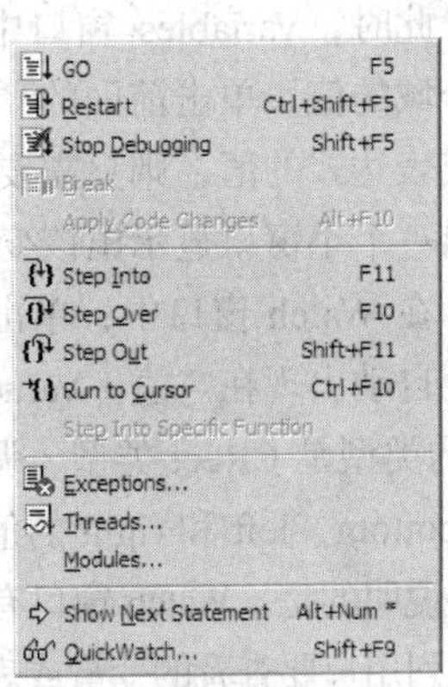

图 T4-3　调试菜单

- Step Over 的功能是运行当前箭头指向的代码（只运行一条代码）。
- Step Into 的功能是如果当前箭头所指的代码是一个函数的调用，则用 Step Into 进入该函数进行单步执行。
- Step Out 的功能是如果当前箭头所指向的代码是在某一函数内，用它使程序运行至函数返回处。
- Run to Cursor 的功能是使程序运行至光标所指的代码处。

边练边试

分别执行 Step Into、Step Over、Step Out 和 Run to Cursor 命令，看看程序运行结果和流程是怎样的？

（4）选择“Debug”（调试）菜单中的“Stop Debugging”命令或直接按快捷键 Shift+F5 或单击“编译微型条”中的按钮，停止调试。

5. 查看和修改变量的值

为了更好地进行程序调试，调试器还提供一系列的窗口，用来显示各种不同的调试信息。借助“查看”菜单下的“调试窗口”子菜单可以访问它们。事实上，当启动调试器后，Visual C++ 6.0的开发环境会自动显示出 Watch（查看）和 Variables（变量）两个调试窗口（见图 T4-2）。

除了上述窗口外，调试器还提供 QuickWatch（快看）、Memory（内存）、Registers（寄存器）、Call Stack（调用栈）以及 Disassembly（反汇编）等窗口。但变量值的查看和修改，通常使用 QuickWatch（快看）、Watch（查看）和 Variables（内存）这三个窗口。

下面的步骤来使用这三个窗口查看或修改 nSelect 的值。

（1）启动调试器，程序运行后，流程在代码行“CArea　all;”处停顿下来。

（2）如图 T4-2 所示，可以看到 Variables 窗口有三个页面：Auto、Locals 和 This。Auto 页面用来显示当前语句和上一条语句使用的变量，它还显示使用 Step Over 或 Step Out 命令后函数的返回值。Locals 页面用来显示当前函数使用的局部变量。This 页面用来显示由 This 所指向的对象信息。这些页面内均有“名称（Name）”和“值（Value）”两个域，调试器自动填充它们。除了这些页面外，Variables 窗口还有一个“上下文（Context）”框，从该框的下拉列表中可以选定指令。

（3）在“调试”工具栏上，单击{}按钮或按快捷键 F10，直到流程运行到语句“all.SetShape（&rc）;”。

（4）此时，Variables 窗口中显示了 all、cir 和&rc 的变量及其值，若值显示为“{...}”，则包括了多个域的值，单击前面的“十”字框，展开后可以看到具体的值。实际上，若仅需要快速查看变量或表达式的值，则只需要将鼠标指针直接放在代码中该变量或表达式上，片刻后，系统会自动弹出一个小窗口显示出该变量或表达式的值。

（5）在 Watch 窗口中，单击左边“名称（Name）”域下的空框，输入 rc，按 Enter 键，相应的值就会自动出现在“值（Value）”域中，同时，又在末尾处出现新空框，如图 T4-4 所示。由于此时 rc 的类型是 CRect 类型，调试器首先认为是 MFC 中的 CRect 类型，所以会出现它的成员变量 top、bottom、left 和 right 的值为未知“???”，展开 rc 前面的“十”字框，可以看到具体的值。

需要说明的是，Watch 窗口有四个页面，即 Watch1、Watch2、Watch3 和 Watch4，在每一个页面中有一系列用户要查看的变量或表达式，用户可以将一组变量或表达式的值显示在同一个页面中。

（6）选择“调试（Debug）”菜单→“QuickWatch”命令或按快捷键 Shift+F9 或在“调试（Debug）”工具栏上单击60'按钮，将弹出如图 T4-5 所示的 QuickWatch 窗口。

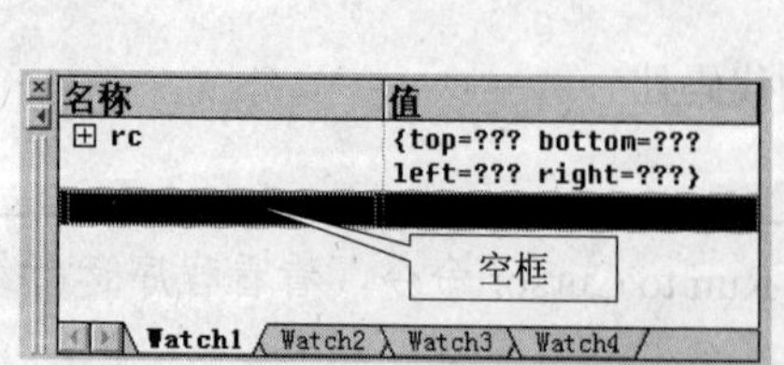

图 T4-4　添加新的变量或表达式

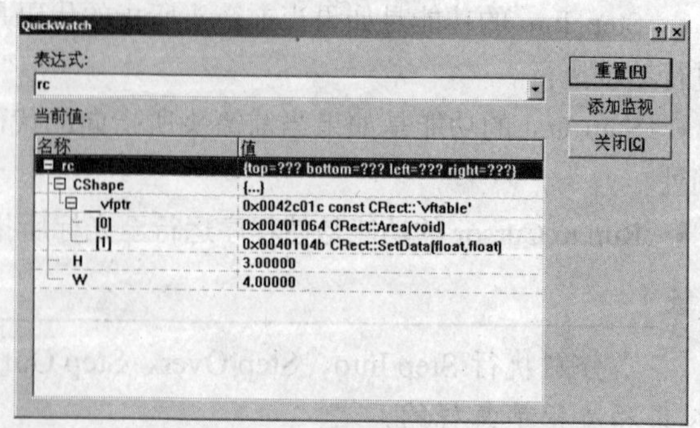

图 T4-5　“QuickWatch”窗口

其中，“表达式”框可以让用户键入变量名或表达式，然后按 Enter 键或单击“重置”按钮，就可以在“当前值”列表中显示出相应的值。若想要修改其值的大小，则可按 Tab 键或在列表项的“Value”域中双击该值，再输入新值按 Enter 键就可以了。

单击“添加监视”按钮可将刚才输入的变量名或表达式及其值显示在“Watch”窗口中，或单击“关闭”按钮关闭 QuickWatch 窗口。

从上述过程可以看出，调试一般按这样的步骤进行：修正语法错误→设置断点→启用调试器→控制程序运行→查看和修改变量的值。

6. 退出 Visual C++ 6.0

7. 写出实验报告

结合上述分析、边练边想和下面的思考练习等内容，写出实验报告。

思考与练习

（1）在程序 Ex_Shape 中，若还有一个三角形类 CTriangle，则如何实现其代码？

（2）为什么要设置断点？说出启动调试器和停止调试的一般方法。

（3）利用调试器来证明书中对虚函数机制描述的正确性。

实验 5 MFC 编程和操作

实验内容

（1）上机练习教材中第 2 章的 Ex_HelloWin 示例。

（2）上机练习教材中第 2 章的 Ex_HelloMFC 示例。

（3）在一个默认的单文档应用程序 Ex_SDI 中通过映射计时器消息实现这样功能：无论在 Ex_SDI 应用程序窗口的客户区中单击鼠标左键或右键，都会弹出消息对话框，显示鼠标左键或右键的单击次数，显示的结果如图 T5-1 所示。

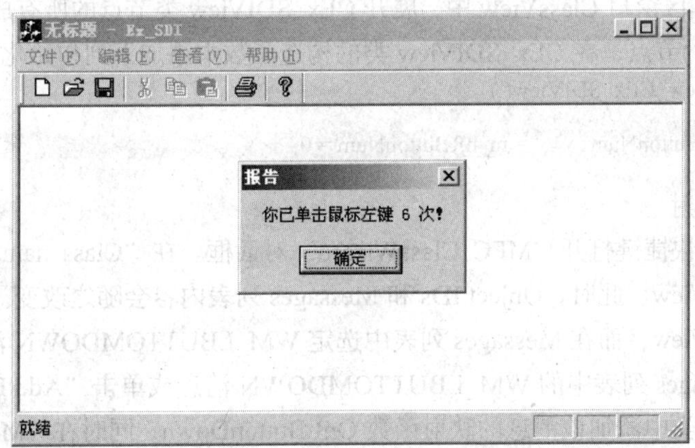

图 T5-1 Ex_SDI 运行结果

实验准备和说明

（1）在学习完教材第 2 章之后进行本实验。

（2）构思本实验上机所需要的程序。

实验步骤

1. 创建工作文件夹

打开计算机，在“D:\Visual C++应用\实验”文件夹中创建一个新的子文件夹“实验 5”。

2. 启动 Visual C++ 6.0

3. 按教材中的 Ex_HelloWin 示例进行

4. 按教材中的 Ex_HelloMFC 示例进行

5. 创建单文档应用程序 Ex_SDI

（1）选择“文件”→“新建”菜单命令，显示出“新建”对话框，从列表框中选中 MFC AppWizard（exe）的项目类型项。

（2）在“工程名称”编辑框中键入应用程序项目名称 Ex_SDI，并将项目文件夹定位到“D:\Visual C++应用\实验\实验 5”。

（3）单击“确定”按钮，显示应用程序向导对话框。选中“单个文档”（Single Document）应用程序类型。单击“完成”按钮，系统将显示向导创建的信息，单击“确定”按钮将自动创建此应用程序。

（4）编译运行。

6. 添加数据成员

（1）展开项目工作区窗口 ClassView 中的所有类节点。

（2）右击 CEx_SDIView 类节点，从弹出的快捷菜单中选择“Add Member Variable”（添加成员变量），弹出如图 T5-2 所示的对话框。

（3）在“变量类型”（Variable Type）框中输入成员变量类型 int，在“变量名称”（Variable Name）框中输入成员变量名 m_nLButtonNum。保留默认的“Access”（访问方式）为 Public。单击“确定”按钮，这样，就会在 CEx_SDIView 中添加一个公有成员变量 m_nLButtonNum，变量类型为 int。

（4）按相同的方法，在 CEx_SDIView 中添加一个公有成员变量 m_nRButtonNum，变量类型为 int。

（5）在项目工作区窗口 ClassView 中，展开 CEx_SDIView 类节点的所有成员节点，双击构造函数 CEx_SDIView( )节点，在 CEx_SDIView 类的构造函数中添加下列初始化代码：

```
CEx_SDIView::CEx_SDIView( )
{
    m_nLButtonNum        = m_nRButtonNum = 0;
}
```

7. 添加消息映射

（1）按 Ctrl+W 快捷键打开“MFC ClassWizard”对话框。在“Class name”列表框中，将类名选定为 CEx_SDIView。此时，Object IDs 和 Messages 列表内容会随之改变。在 Object IDs 列表框中选定 CEx_SDIView，而在 Messages 列表中选定 WM_LBUTTOMDOWN 消息。

（2）双击 Messages 列表中的 WM_LBUTTOMDOWN 消息或单击“Add Function”按钮，都会在 CEx_SDIView 类中添加该消息的映射函数 OnLButtonDown，同时在“Member functions”列表中显示这一消息映射函数和被映射的消息，结果如图 T5-3 所示。

（3）单击“Edit Code”按钮后，“MFC ClassWizard”对话框退出，并转向文档窗口，定位到 OnLButtonDown 函数源代码处，添加下列代码：

```
void CEx_SDIView::OnLButtonDown(UINT nFlags, CPoint point)
{
```

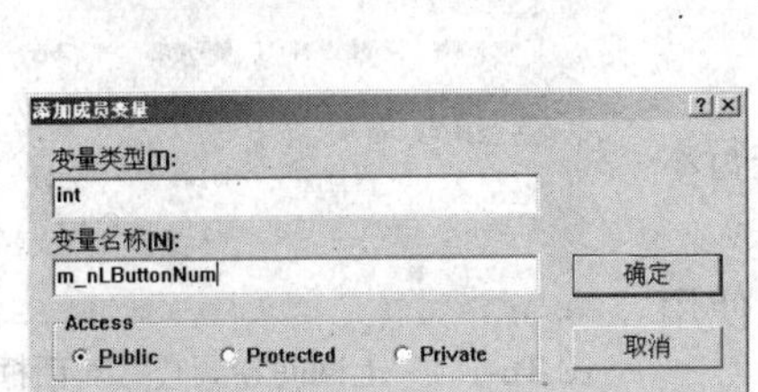

图 T5-2　“添加成员变量”对话框

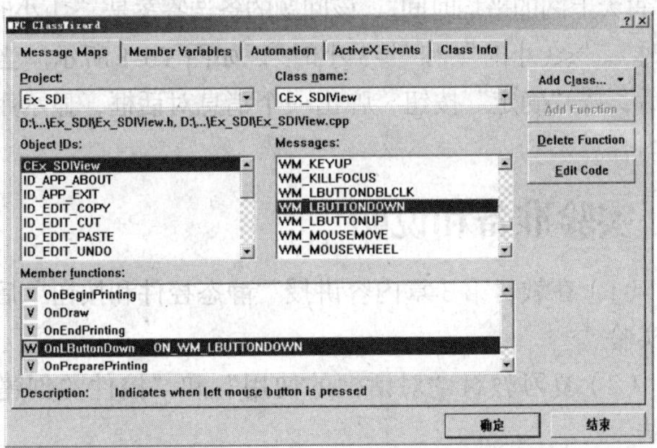

图 T5-3　映射 WM_LBUTTONDOWN 消息

```
        m_nLButtonNum++;
        CString str;
        str.Format( "你已单击鼠标左键 %d 次！", m_nLButtonNum );
        MessageBox( str, "报告");
        CView::OnLButtonDown(nFlags, point);
    }
```

（4）按相同的方法为 CEx_SDIView 类添加 WM_RBUTTOMDOWN 消息映射，并在映射函数中添加下列代码：

```
    void CEx_SDIView::OnRButtonDown(UINT nFlags, CPoint point)
    {
        m_nRButtonNum++;
        CString str;
        str.Format( "你已单击鼠标右键 %d 次！", m_nRButtonNum );
        MessageBox( str, "报告");
        CView::OnRButtonDown(nFlags, point);
    }
```

（5）编译运行并测试，结果如图 T5-1 所示。

8. 退出 Visual C++ 6.0

9. 写出实验报告

结合思考与练习的内容，写出实验报告。

思考与练习

（1）若向一个类添加成员函数，则应如何进行？

（2）在 Ex_SDI 中，若再在 CMainFrame 类添加 WM_LBUTTOMDOWN 消息映射，并在映射函数添加弹出消息对话框的代码。这样，就在 CMainFrame 类和 CEx_SDIView 中都有该消息的映射函数，测试一下，看看在 CMainFrame 类的这个消息映射函数会不会执行？为什么？用调试器调试其结果。

实验 6　对话框和按钮控件

实验内容

设计一个对话框，用于问卷调查，在教材的实例基础上针对“上网”话题再提出一个问题：

“你每天上网的平均时间”，该问题的备选答案是“<1 小时”、“<2 小时”、“<3 小时”和“>3 小时”，如图 T6-1 所示。当回答问题后，按“确定”按钮，弹出一个消息对话框，显示用户选择的内容。

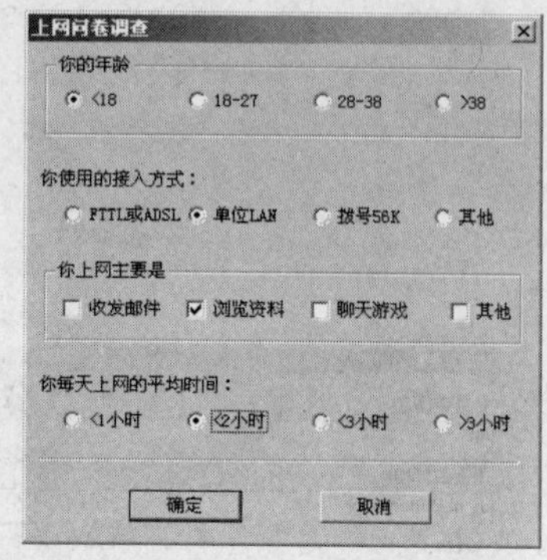

图 T6-1 “上网问卷调查”对话框

实验准备和说明

（1）在教材第 3 章内容讲授“静态控件和按钮”后进行本次实验。

（2）复习教材“对话框的使用”和“控件的创建和使用方法”。

实验步骤

1. 创建工作文件夹

打开计算机，在“D:\Visual C++应用\实验”文件夹中创建一个新的子文件夹“实验 6”。

2. 创建一个基于对话框应用程序 Ex_Research

（1）启动 Visual C++ 6.0。

（2）选择“文件”→“新建”菜单命令，显示出“新建”对话框。从列表框中选中 MFC AppWizard（exe）的项目类型项。

（3）在“工程名称”编辑框中键入应用程序项目名称 Ex_Research，并将项目文件夹定位到“D:\Visual C++应用\实验\实验 6”。

（4）单击“确定”按钮，显示应用程序向导对话框。选中“基本对话框”应用程序类型。单击“完成”按钮，系统将显示向导创建的信息，单击“确定”按钮将自动创建此应用程序。

3. 设计“上网问卷调查”对话框

（1）按教材 Ex_Research 示例步骤先将其上机练习并通过。

（2）参照图 T9-1 所示控件的布局，添加一个静态文本控件，标题为“你每天上网的平均时间:”，保留默认的标识符。

（3）添加四个单选按钮控件，在其属性对话框中，分别将其标题设置为“<1 小时”、“<2 小时”、“<3 小时”和“>3 小时”，标识符分别设为 IDC_TIME_L1、IDC_TIME_L2、IDC_TIME_L3 和 IDC_TIME_M3。

（4）选中第一个单选按钮 IDC_TIME_L1 的 Group 属性选项。

（5）添加一个静态图片控件，在其属性对话框中将其类型属性选为“框架（Frame）”，颜色属性选为“蚀刻（Etched）”，如图 T6-2 所示。

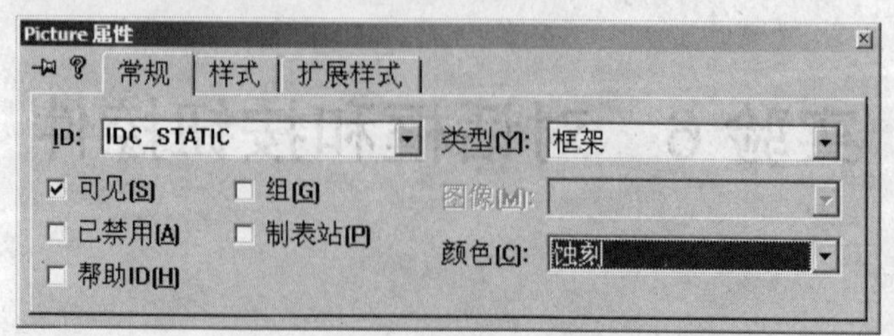

图 T6-2 调整静态图片控件属性

4. 修改代码

（1）在 CEx_ResearchDlg::OnInitDialog 函数中添加下列代码：

```
BOOL CEx_ResearchDlg::OnInitDialog( )
{
    …
    pBtn->SetCheck(1);    // 使“收发邮件”复选框选中
    CheckRadioButton(IDC_TIME_L1, IDC_TIME_M3, IDC_TIME_L1);
    return TRUE;   // return TRUE  unless you set the focus to a control
}
```

（2）在 CEx_ResearchDlg::OnOK 函数中添加下列代码：

```
void CEx_ResearchDlg::OnOK( )
{   …
    // 获取第四个问题的用户选择
    str = str + "\n 你每天平均上网的时间：\n";
    nID = GetCheckedRadioButton( IDC_TIME_L1, IDC_TIME_M3);
    GetDlgItemText(nID, strCtrl);        // 获取指定控件的标题文本
    str = str + strCtrl;
    MessageBox( str );
    CDialog::OnOK( );
}
```

5. 编译运行并测试

编译并运行后，出现“上网问卷调查”对话框，当回答问题后，按“确定”按钮，出现消息对话框，显示用户选择的内容。

6. 写出实验报告

分析上述运行结果以及思考与练习，写出实验报告。

思考与练习

（1）本实验中，当单击消息对话框的“确定”按钮后，对话框全部消失。若要想使“上网问卷调查”对话框一直显示，直到单击“取消”按钮，则应该如何设计和编程？

（2）若将消息对话框的标题设为“用户选择的结果”，则应如何修改代码？

实验 7 编辑框、列表框和组合框

实验内容

设计一个学生成绩管理对话框应用程序 Ex_Input，如图 T7-1 所示，单击“添加”按钮后，学生

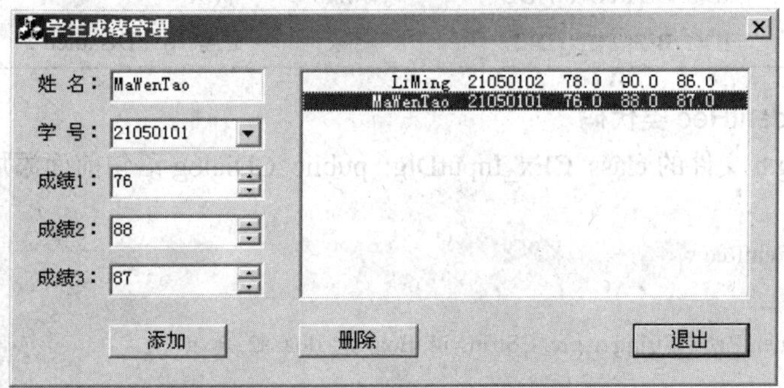

图 T7-1 Ex_Input 运行结果

成绩记录添加到列表框中，在列表框中单击学生成绩记录，则相当记录内容显示在左边的相关控件中，单击“删除”按钮，则删除该记录。需要说明的是，当列表框没有记录或没有选定的记录项，则“删除”按钮是灰显的。

实验准备和说明

（1）在教材第 4 章内容讲授“组合框”后进行本次实验。

（2）构思本次上机所需要的程序。

实验步骤

1. 创建工作文件夹

打开计算机，在“D:\Visual C++应用\实验”文件夹中创建一个新的子文件夹“实验 7”。

2. 设计学生成绩对话框

（1）启动 Visual C++ 6.0。

（2）创建一个默认的基于对话框应用程序项目 Ex_Input，在“新建”对话框中将项目文件夹定位到“D:\Visual C++应用\实验\实验 7”。

（3）在打开的对话框资源模板中，将对话框的标题属性改为“学生成绩管理”，删除“取消”按钮，并将“确定”按钮的标题属性改为“退出”。

（4）显示对话框网格，调整对话框的大小，参照图 T7-1 所示控件的布局，向对话框添加如表 T7-1 所示的控件，调整控件的位置。

表 T7–1　　学生成绩管理对话框添加的控件

添加的控件	ID 标识符	标　题	其 他 属 性
编辑框	IDC_EDIT_NAME	——	默认
组合框	IDC_COMBO_NO	——	默认
编辑框	IDC_EDIT_S1	——	默认
旋转按钮控件	IDC_SPIN_S1	——	自动结伴，设置结伴整数、靠右对齐
编辑框	IDC_EDIT_S2	——	默认
旋转按钮控件	IDC_SPIN_S2	——	自动结伴，设置结伴整数、靠右对齐
编辑框	IDC_EDIT_S3	——	默认
旋转按钮控件	IDC_SPIN_S3	——	自动结伴，设置结伴整数、靠右对齐
列表框	IDC_LIST1	——	默认
按钮	IDC_BUTTON_ADD	添加	默认
按钮	IDC_BUTTON_DEL	删除	已禁用（Disabled）

3. 添加 CStudentRec 类代码

在 Ex_InputDlg.h 文件的 class CEx_InputDlg: public CDialog 语句前面添加下列 CStudentRec 类代码：

```
class CStudentRec
{
  public:
    CStudentRec(CString name, CString id, float s1, float s2, float s3)
    {
        strName = name;
        strID = id;
```

```
        fScore[0] = s1;    fScore[1] = s2;    fScore[2] = s3;
    }
    CStudentRec( ){};                          // 默认构造函数
    ~CStudentRec( ){};                         // 默认析构函数
    CString          strName;                  // 姓名
    CString          strID;                    // 学号
    float            fScore[3];                // 三门成绩
};
```

4. 添加控件变量及其初始代码

（1）打开 MFC ClassWizard，在 MFC ClassWizard 的“Member Variables”页面中，确定“Class name”列表中是否已选择了 CEx_InputDlg，选中所需的控件 ID 标识符，双击鼠标或单击“Add Variables”按钮，依次为表 T7-2 所示控件增加成员变量。

表 T7-2　控件变量

控件 ID 标识符	变 量 类 别	变 量 类 型	变 量 名	范围和大小
IDC_EDIT_NAME	Value	CString	m_strName	20
IDC_COMBO_NO	Value	CString	m_strNO	20
IDC_COMBO_NO	Control	CComboBox	m_comboNo	——
IDC_LIST1	Control	CListBox	m_ListBox	——
IDC_EDIT_S1	Value	float	m_fScore1	0.0 ~ 100.0
IDC_SPIN_S1	Control	CSpinButtonCtrl	m_spinScore1	——
IDC_EDIT_S2	Value	float	m_fScore2	0.0 ~ 100.0
IDC_SPIN_S2	Control	CSpinButtonCtrl	m_spinScore2	——
IDC_EDIT_S3	Value	float	m_fScore3	0.0 ~ 100.0
IDC_SPIN_S3	Control	CSpinButtonCtrl	m_spinScore3	——

（2）在 CEx_InputDlg::OnInitDialog 中添加下列代码：

```
BOOL CEx_InputDlg::OnInitDialog( )
{
    CDialog::OnInitDialog( );
    …
    m_spinS1.SetRange( 0, 100 );        // 设置旋转按钮控件范围
    m_spinS2.SetRange( 0, 100 );
    m_spinS3.SetRange( 0, 100 );
    // 设置组合框内容
    CString str;
    for (int i=1; i<=50; i++)
    {
        str.Format("210501%02d", i );
        // %为格式引导符，后面 02d 表示 i 按 2 位整数格式输出，不足时前方补 0
        m_comboNo.InsertString( i-1, str );
    }
    m_comboNo.SetCurSel(0);
    return TRUE;    // return TRUE unless you set the focus to a control
}
```

（3）编译运行，结果如图 T7-2 所示。

5. 完善代码

（1）用 MFC ClassWizard 在 CEx_InputDlg 类中映射 IDC_BUTTON_ADD 按钮控件的 BN_CLICKED 消息，并添加下列代码：

```
void CEx_InputDlg::OnButtonAdd( )
{
    UpdateData( );        // 使控件数据传到控件变量中
    m_strName.TrimLeft( );        m_strName.TrimRight( );
```

图 T7-2 Ex_Input 第一次运行结果

```
        if (m_strName.IsEmpty( ))
        {
            MessageBox("姓名不能为空！","提示" );
            return;
        }
        CString str;
        str.Format("%15s%10s%6.1f%6.1f%6.1f", m_strName, m_strNO,
            m_fScore1, m_fScore2, m_fScore3);
        CStudentRec *rec = new CStudentRec( m_strName, m_strNO,
            m_fScore1, m_fScore2, m_fScore3);
        int nIndex = m_ListBox.AddString( str );
        m_ListBox.SetItemDataPtr( nIndex, rec );
    }
```

（2）用 MFC ClassWizard 在 CEx_InputDlg 类中映射 IDC_BUTTON_DEL 按钮控件的 BN_CLICKED 消息，并添加下列代码：

```
    void CEx_InputDlg::OnButtonDel( )
    {
        int nIndex = m_ListBox.GetCurSel( );
        if (nIndex != LB_ERR )
        {
            delete (CStudentRec *)m_ListBox.GetItemDataPtr(nIndex);
            m_ListBox.DeleteString( nIndex );
        } else
        GetDlgItem(IDC_BUTTON_DEL)->EnableWindow( FALSE );
    }
```

（3）用 MFC ClassWizard 在 CEx_InputDlg 类中映射 IDC_LIST1 列表框控件的 LBN_SELCHANGE 消息，并添加下列代码：

```
    void CEx_InputDlg::OnSelchangeList1( )
    {
        int nIndex = m_ListBox.GetCurSel( );
        if (nIndex != LB_ERR )
        {
            GetDlgItem(IDC_BUTTON_DEL)->EnableWindow( TRUE );
            CStudentRec data;
            data = *(CStudentRec*)m_ListBox.GetItemDataPtr( nIndex );
            m_strName = data.strName;
            m_strNO = data.strID;
            m_fScore1 = data.fScore[0];
            m_fScore2 = data.fScore[1];
            m_fScore3 = data.fScore[2];
            UpdateData( FALSE );
        } else
            GetDlgItem(IDC_BUTTON_DEL)->EnableWindow( FALSE );
    }
```

（4）用 MFC ClassWizard 在 CEx_InputDlg 类中映射 WM_DESTROY 窗口消息，并添加下列

代码：

```
void CEx_InputDlg::OnDestroy( )
{
    CDialog::OnDestroy( );
    for (int nIndex = m_ListBox.GetCount( )-1; nIndex>=0; nIndex--)
    {
        // 删除所有与列表项相关联的 CStudentRec 数据，并释放内存
        delete (CStudentRec *)m_ListBox.GetItemDataPtr(nIndex);
    }
}
```

（5）编译运行并测试。

6. 写出实验报告

分析上述运行结果以及思考与练习，写出实验报告。

思考与练习

（1）若在 Ex_Input 中还需要对添加的学生成绩记录进行修改，即在列表框中选中某记录项时，单击“修改”按钮，修改当前记录项，则这样的功能应如何实现？

提示：可先将原来的记录项删除，然后再添加。

（2）若在 Ex_Input 中还需对添加的学生成绩记录进行重复性判断，即判断添加的记录的学生姓名是否与已添加的记录重名，若是，则不添加，并弹出相应的消息对话框，则上述的代码应如何修改？

实验 8　进展条、滚动条和滑动条

实验内容

（1）上机练习教材中的 Ex_Timer 示例。

（2）上机练习教材中的 Ex_BkColor 示例。

实验准备和说明

（1）在学习完教材第 3 章内容后进行本次实验。

（2）阅读教材中本次上机所需要的示例程序 Ex_Timer 和 Ex_BkColor。

实验步骤

1. 创建工作文件夹

打开计算机，在“D:\Visual C++应用\实验”文件夹中创建一个新的子文件夹“实验 8”。

2. 启动 Visual C++ 6.0

3. 按教材中的 Ex_Timer 示例进行

4. 按教材中的 Ex_BkColor 示例进行

5. 退出 Visual C++ 6.0

6. 写出实验报告

结合下面的思考练习内容，写出实验报告。

思考与练习

在例 Ex_Timer 中，若添加一个按钮，单击此按钮后时间才会自动显示，则如何应如何修改代码?

实验 9　菜单、工具栏和状态栏

实验内容

上机练习教材中第 4 章的综合应用 Ex_A4 示例。

实验准备和说明

（1）在学习完教材第 4 章内容后进行本次实验。

（2）阅读 Ex_A4 示例的程序。

实验步骤

1. 创建工作文件夹

打开计算机，在“D:\Visual C++应用\实验”文件夹中创建一个新的子文件夹“实验 9”。

2. 启动 Visual C++ 6.0

3. 按教材中的综合应用 Ex_A4 示例进行

4. 退出 Visual C++ 6.0

5. 写出实验报告

结合下面的思考练习内容，写出实验报告。

思考与练习

在综合应用 Ex_A4 示例中，在 ID_OP_DEL 命令消息映射函数中添加代码，使状态栏上的数据清除。

实验 10　图标、光标和窗口框架

实验内容

（1）上机练习教材中第 5 章的 Ex_Cursor 示例（光标）。

（2）上机练习教材中第 5 章的综合应用 Ex_A5 示例。

实验准备和说明

（1）在学习完教材第 5 章内容后进行本次实验。

（2）阅读教材中关于本次上机所需要的程序。

实验步骤

1. 创建工作文件夹

打开计算机，在“D:\Visual C++应用\实验”文件夹中创建一个新的子文件夹“实验 10”。

2. 启动 Visual C++ 6.0
3. 按教材中的 Ex_Cursor 示例进行
4. 按教材中的综合应用 Ex_A5 示例进行
5. 退出 Visual C++ 6.0
6. 写出实验报告

结合下面的思考练习内容，写出实验报告。

思考与练习

在 Ex_A5 基础上添加这样的功能：若单击托盘图标时，还弹出一个快捷菜单，显示出“恢复”和“退出”命令，单击“恢复”菜单命令，应用程序窗口显示，托盘图标消息，若单击“退出”菜单命令，则应用程序退出和托盘图标都消失。

提示

想要应用程序退出，可向程序发生 WM_CLOSE 消息，即调用 PostMessage（WM_CLOSE）。

实验 11　数据和文档

实验内容

上机练习教材中第 6 章的综合应用 Ex_Student 示例。

实验准备和说明

（1）在学习完教材第 6 章内容之后进行本次实验。

（2）阅读教材中关于本次上机所需要的程序。

实验步骤

1. 创建工作文件夹

打开计算机，在“D:\Visual C++应用\实验”文件夹中创建一个新的子文件夹“实验 11”。

2. 启动 Visual C++ 6.0
3. 按教材中的综合应用 Ex_Student 示例进行
4. 退出 Visual C++ 6.0
5. 写出实验报告

结合下面的思考练习内容，写出实验报告。

思考与练习

（1）在综合应用示例中，哪些代码是将学生记录数据转换成 CString 字符串，它是如何转换的？

（2）若有非空的 CString 字符串，能不能在文档类中的 Serialize 函数里使用 CArchive& ar 对象的“<<”和“>>”来将字符串写入文档或从文档读取？为什么？

实验 12　图形、文本和位图

实验内容

上机练习教材中第 7 章的综合应用 Ex_A7 示例。

实验准备和说明

（1）在学习完教材第 7 章内容之后进行本次实验。

（2）阅读教材中关于上机所需要的程序。

（3）最好能分两次上机来进行。

实验步骤

1. 创建工作文件夹

打开计算机，在“D:\Visual C++应用\实验”文件夹中创建一个新的子文件夹“实验 12”。

2. 启动 Visual C++ 6.0

3. 按教材中的综合应用 Ex_A7 示例进行

4. 退出 Visual C++ 6.0

5. 写出实验报告

结合下面的思考练习内容，写出实验报告。

思考与练习

（1）说说图元动态定位实现的一般过程以及窗口跟随实现的原理？

（2）在程序 Ex_A7 中，WM_LBUTTONDOWN 消息映射函数中有下列代码，其目的是在当前鼠标点处绘制一个点标志图形，为什么需要 4 句代码？各句代码起什么作用？

```
DrawCursor( GetDC( ), point );
DrawPointFlag( GetDC( ), point );
DrawCursor( GetDC( ), point );
DrawPointFlag( &m_dcMem, point );
```

实验 13　视图应用框架

实验内容

上机练习教材中第 8 章的综合应用 Ex_A8 示例。

实验准备和说明

（1）在学习完教材第 8 章内容之后进行本次实验。

（2）阅读教材中关于本次上机所需要的程序。

实验步骤

1. 创建工作文件夹

打开计算机，在“D:\Visual C++应用\实验”文件夹中创建一个新的子文件夹“实验 13”。

2. 启动 Visual C++ 6.0

3. 按教材中的综合应用 Ex_A8 示例进行

4. 退出 Visual C++ 6.0

5. 写出实验报告

结合下面的思考练习内容，写出实验报告。

思考与练习

说说 Ex_A8 中，文档数据改变后是怎样通知视图的？与同一个文档相联系的多个视图又是怎样获得数据的？

实验 14　ODBC 数据库编程

实验内容

对于大量数据处理，采用数据库更为安全简便。例如，对于学生成绩管理系统，常常需要处理学生的基本信息、课程成绩以及与学生相关的院系、专业情况等，这些信息用数据库表的形式来描述更为清晰。本次实验按教材来练习 MFC ODBC 数据库编程过程。

实验准备和说明

（1）在学习完教材第 9 章“MFC ODBC 应用编程”内容后进行本次实验。

（2）复习教材中第 9 章的第 1 节和第 2 节内容。

实验步骤

1. 创建工作文件夹

打开计算机，在“D:\Visual C++应用\实验”文件夹中创建一个新的子文件夹“实验 14”。

2. 创建数据库和数据表

这里以 Microsoft Access 2003 为例说明数据库和数据表的创建过程。

（1）启动 Microsoft Access 2003。

（2）选择“文件”→“新建”菜单，在右边任务窗格中单击“空数据库”，弹出一个对话框，将文件路径指定到“D:\Visual C++应用\实验\实验 14”，指定数据库名为 student.mdb。单击“创建”按钮，出现如图 T14-1 所示的数据库设计窗口。

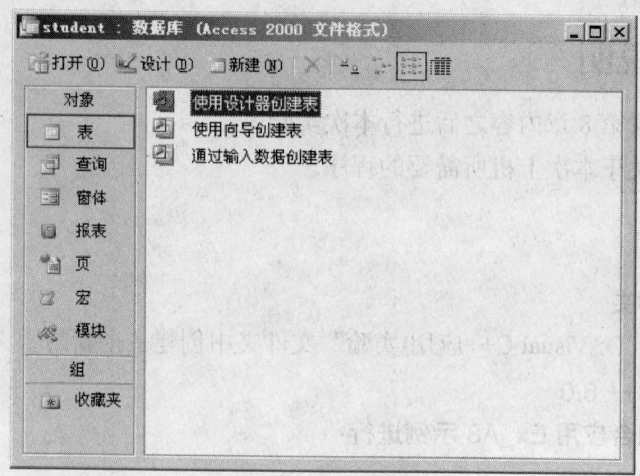

图 T14-1 数据库设计窗口

（3）双击“使用设计器创建表”，出现表设计界面。按表 T14-1 所示添加字段名和数据类型，结果如图 T14-2 所示。

表 T14–1 学生课程成绩表（score）结构

序号	字段名称	数据类型	字段大小	小数位	字段含义
1	studentno	文本	8		学号
2	course	文本	7		课程号
3	score	数字	单精度	1	成绩
4	credit	数字	单精度	1	学分

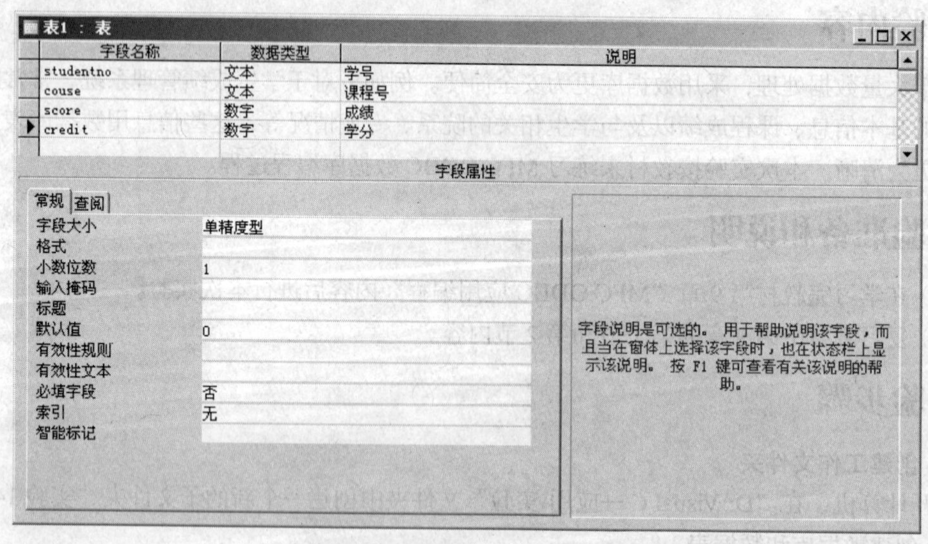

图 T14-2 表设计界面

（4）选择“文件”→“保存”，弹出保存对话框，将刚才设计的表 1 命名为 score，单击“确定”按钮，出现一个消息对话框，询问是否要创建一个主键，单击“否”按钮。

（5）关闭表设计器，双击数据库设计窗口中的 score 表，为 score 表输入如图 T14-3 所示的记录，以便于后面的测试。

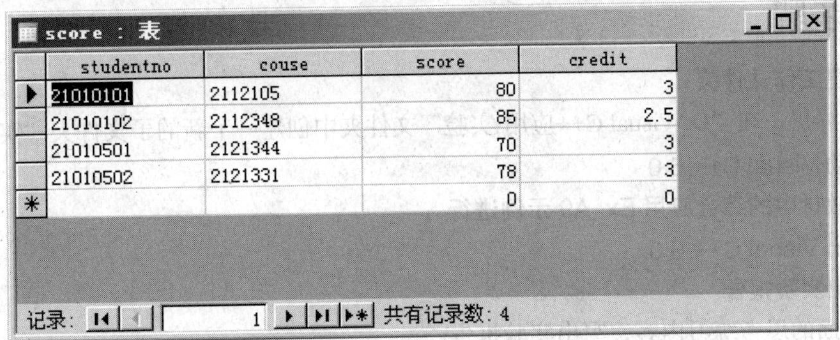

图 T14-3 在 score 表中添加的记录

(6) 关闭 Microsoft Access 2003。

3. 创建 ODBC 数据源

按教材步骤进行。

4. 在 MFC AppWizard 中选择数据源

(1) 启动 Visual C++ 6.0。在"新建"对话框中将项目文件夹定位到"D:\Visual C++应用\实验\实验 14"，项目名为 Ex_ODBC。

(2) 余下步骤按教材"MFC ODBC 向导过程"来进行。

5. 设计浏览记录界面

按教材步骤进行。

6. 查询记录

按教材步骤进行。

7. 编辑记录

按教材步骤进行。

8. 退出 Visual C++ 6.0

9. 写出实验报告

分析上述运行结果以及思考与练习，写出实验报告。

思考与练习

若在表单中添加一个列表控件用来显示 score 记录，则应如何添加？代码应如何修改？

实验 15 ADO 数据库编程

实验内容

上机练习教材中第 9 章的综合应用 Ex_A9 示例。

实验准备和说明

(1) 在学习完教材第 9 章内容后进行本次实验。

(2) 参照教材内容，构思本次上机所需要的程序。

实验步骤

1. 创建工作文件夹

打开计算机，在“D:\Visual C++应用\实验”文件夹中创建一个新的子文件夹“实验 15”。

2. 启动 Visual C++ 6.0

3. 按教材中的综合应用 Ex_A9 示例进行

4. 退出 Visual C++ 6.0

5. 写出实验报告

结合下面的思考练习内容，写出实验报告。

思考与练习

在综合应用 Ex_A9 基础上，添加删除功能，即当选定列表项，顶层菜单“学生信息（&S）”下的“删除”菜单命令可以使用，选择该命令，删除选定的列表项。提示，比较好的方法是先将选定的列表项所在数据表的记录先删除，然后更新列表项的显示。

第三部分

实习

- 实习　大综合应用

实习 大综合应用

实习题目

学生学习成绩管理程序（MFC 版）。

所需知识

教材第 2 章 ~ 第 9 章，实验 5 ~ 实验 15。

实习目的

（1）掌握用 Visual C++ 6.0 开发环境开发软件的方法。

（2）掌握单文档应用程序结构，熟悉多文档和基于对话框的应用程序的编程方法。

（3）掌握用资源编辑器进行图标、光标、菜单、工具栏、对话框等资源的编辑，熟悉应用程序界面设计方法。

（4）掌握对话框、常用控件和 ActiveX 控件的使用方法。

（5）熟悉文档视图结构，掌握文档和视图、视图与视图之间的数据传递技巧。

（6）熟悉切分窗口及一档多视的编程方法。

（7）熟悉在视图和对话框控件等窗口中绘制图形的方法。

（8）掌握用 MFC 编写 ODBC 或 ADO 数据库应用程序的方法和技巧。

实习建议

（1）完成本实验实习时，可将 4 ~ 6 人分为一个开发小组。

（2）可将本实习题目分为 MFC ODBC 和 ADO 两种类型以及界面的三种类型，这样就会有六种方案，根据学生的实际情况来布置任务。

（3）教师在实验实习过程中进行 1 ~ 2 次的方案讨论。

（4）本次实习时间建议安排 1 ~ 1.5 周。

实习要求

学生学习成绩管理系统通常涉及对学生信息、课程成绩及课程信息等内容的管理，开发这样的应用程序，要求如下。

（1）用数据库的方式管理系统中所涉及的数据。

（2）能进行数据记录的添加、删除、修改、查询和排序。

（3）能统计学生单科成绩分布情况，并绘制相应的分布图。

（4）应用程序界面友好，有简要的应用程序项目开发文档。对于计算机专业学生或较优秀学生，要求写出项目概要设计、详细设计以及用户帮助文档。

界面设计

主框架界面应根据总体方案和功能模块来进行设计，其中主要界面元素设计的主要内容包括：应用程序图标、文档图标设计；文档模板资源字符串修改；菜单和工具栏的设计；状态栏的文字提示；“关于...”对话框的设计等。除了这些内容，界面设计时还应考虑下列四个方面：

（1）界面的简化。在默认的文档应用程序中，有些界面元素实际上是不需要的。由于本次实习中没有“打印和打印预览”功能，也不需要文本的编辑功能，因此应将其去除。去除的最好方法是在 MFC AppWizard 创建过程中进行相关选项的选择。

（2）界面元素的联动。菜单中的一些命令和工具栏的按钮的功能是相同，当鼠标指针移至这些命令按钮或菜单项时，在状态栏上应有相应的信息提示。

（3）多个操作方式。切分窗口型的方案能直观地将操作界面呈现于用户的眼前，但不是所有的用户都欣赏这样的做法。许多用户对选择菜单命令或工具栏按钮仍然非常喜爱。因此需要提供多种操作方式，以满足不同的用户需要。但也要注意，当在菜单栏和工具栏上提供“增加”、“修改”、“删除”以及“排序”等命令时，这些命令的功能方案最好能弹出对话框或直接执行功能，以保持和传统风格相一致。值得一提的是，应根据实际需要提供快捷菜单供用户选择执行。

（4）界面的美学要求。在应用程序界面的现代设计和制作过程中，如果仅仅考虑界面的形式、颜色、字体、功能以及与用户的交互能力等因素，则远远不够。因为一个出色的软件还应有其独到之处，如果没有创意，那只是一种重复劳动。在设计过程中还必须考虑“人性”的影响，因为界面的好坏最终是由“人”来评价的。因此在界面的设计过程中除了考虑其本身的基本原则外，还应该有美学方面的要求。

方案选择

为了能满足上述的要求，从应用程序的界面和功能出发可有下列 3 种方案。

（1）简单型。简单型的方案是一种采用基于对话框的应用程序框架结构，无菜单栏、工具栏和状态栏。数据的显示和操作都是通过控件或弹出对话框来进行的，如图 P1-1 所示，这种方案最主要的好处是不需要复杂 MFC 文档视图结构，代码实现简单容易，建议少学时的学生或学员采用这种方案。

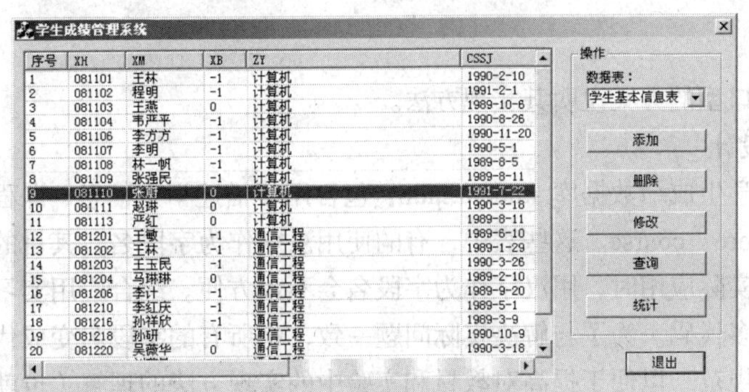

图 P1-1　简单型的主界面

（2）文档窗口型。文档窗口型的方案类似如图 P1-2 所示的界面，主框架是一个基于 CListView 视图类的单文档应用程序。CListView 的视图窗口用于显示数据库的内容，菜单命令和工具栏按钮联动，用于添加、删除、修改、查询、统计等操作。对于一般学时的学生来说，建议采用此方案。

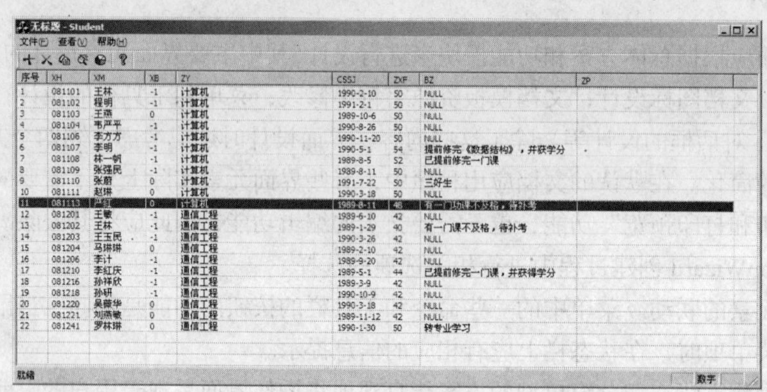

图 P1-2　文档窗口型的主界面

（3）切分窗口型。切分窗口型的方案类似如图 P1-3 所示的界面，它将单文档应用程序窗口分为左右两个窗格，左边窗格是基于 CListView 类的视图窗口，用于显示数据库的内容，右边的窗格是基于 CFormView 类的视图窗口，用于常用的操作，如添加、删除、修改、查询、统计等。由于用户不必打开菜单就可在右边的窗格中进行直接操作，十分方便。当然采用这种方案，可能会面临更多的难点。对于学时比较多的学生来说，建议采用此方案。

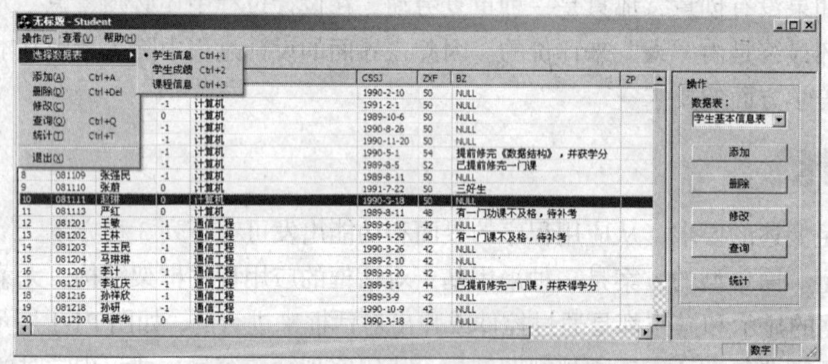

图 P1-3　切分窗口型的主界面

实现方法

下面以**文档窗口型**的方案说明其实现方法。

1．数据库的设计

教材中使用的学生成绩数据库 student.mdb，包含用于描述学生信息、课程成绩及课程信息的数据表 student、score、course。这些表中，有的使用汉字作为字段名，其目的是为了教程方便阅读和方便教学。但实际应用时，用汉字作为字段名会不太方便。综合应用实习部分是介绍解决实际问题，会出现很多代码。为了与解决实际问题一致，将所有的字段名变成代号，并且对于上述表的结构作了重新规范，以便于提高对教材和实验中的实现方法的理解（也就是说，教材和实验中的代码不能简单的复制就可以用作本部分的实现代码）。

用 Micosoft Access 创建的学生成绩数据库 student.mdb 各表结构如下。

（1）学生信息表。表名为 student，用于存放学生基本信息，其结构如图 P1-4 所示。学生的基本信息表结构字段说明如表 P1-1 所示。

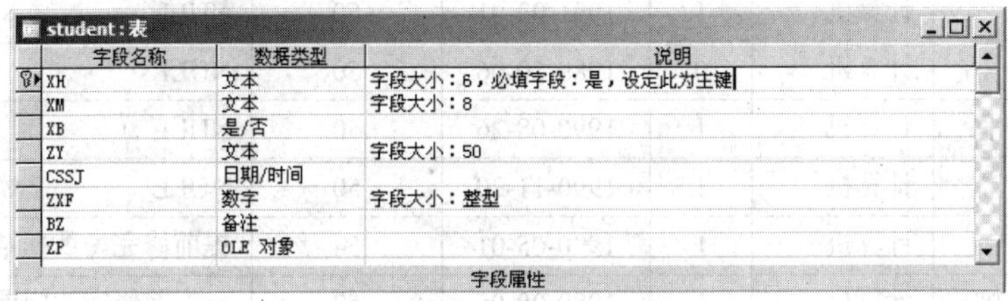

student : 表

字段名称	数据类型	说明
XH	文本	字段大小：6，必填字段：是，设定此为主键
XM	文本	字段大小：8
XB	是/否	
ZY	文本	字段大小：50
CSSJ	日期/时间	
ZXF	数字	字段大小：整型
BZ	备注	
ZP	OLE 对象	

字段属性

图 P1-4 student 表结构

表 P1-1 student 表字段说明

字 段 名	XH	XM	XB	ZY	CSSJ	ZXF	BZ	ZP
项目	学号	姓名	性别	专业名	出生时间	总学分	备注	照片

（2）课程表。表名为 course，用于存放学生所学课程基本信息，其结构如图 P1-5 所示。学生的基本信息表结构字段说明如表 P1-2 所示。

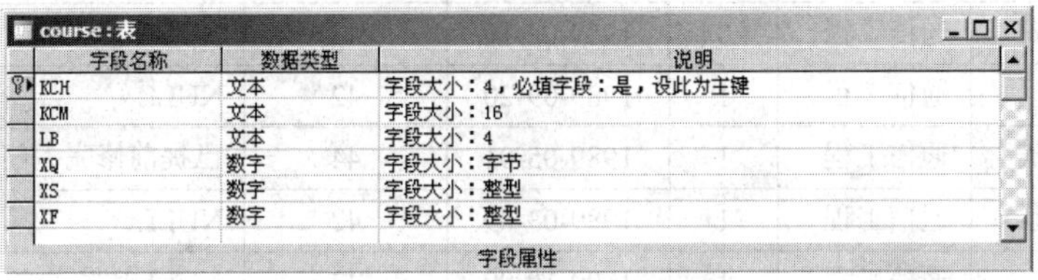

course : 表

字段名称	数据类型	说明
KCH	文本	字段大小：4，必填字段：是，设此为主键
KCM	文本	字段大小：16
LB	文本	字段大小：4
XQ	数字	字段大小：字节
XS	数字	字段大小：整型
XF	数字	字段大小：整型

字段属性

图 P1-5 course 表结构

表 P1-2 course 表字段说明

字 段 名	KCH	KCM	LB	XQ	XS	XF
项目	课程号	课程名	类别	开课学期	学时	学分

（3）学生成绩表。表名为 score，用于存放学生的成绩信息，其结构如图 P1-6 所示。学生的基本信息表结构字段说明如表 P1-3 所示。

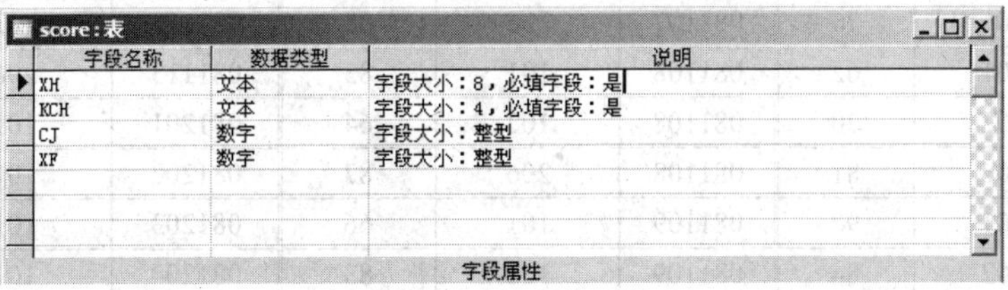

score : 表

字段名称	数据类型	说明
XH	文本	字段大小：8，必填字段：是
KCH	文本	字段大小：4，必填字段：是
CJ	数字	字段大小：整型
XF	数字	字段大小：整型

字段属性

图 P1-6 score 表结构

表 P1-3 score 表字段说明

字 段 名	XH	KCH	CJ	XF
项目	学号	课程号	成绩	学分

（4）添加相关表的测试数据，如表 P1-4、P1-5 和 P1-6 所示。

表 P1-4 student 表样本记录

学　号	姓　名	专业名	性别	出生时间	总学分	备　注
081101	王林	计算机	1	1990-02-10	50	NULL
081102	程明	计算机	1	1991-02-01	50	NULL
081103	王燕	计算机	0	1989-10-06	50	NULL
081104	韦严平	计算机	1	1990-08-26	50	NULL
081106	李方方	计算机	1	1990-11-20	50	NULL
081107	李明	计算机	1	1990-05-01	54	提前修完《数据结构》，并获学分
081108	林一帆	计算机	1	1989-08-05	52	已提前修完一门课
081109	张强民	计算机	1	1989-08-11	50	NULL
081110	张蔚	计算机	0	1991-07-22	50	三好生
081111	赵琳	计算机	0	1990-03-18	50	NULL
081113	严红	计算机	0	1989-08-11	48	有一门功课不及格，待补考
081201	王敏	通信工程	1	1989-06-10	42	NULL
081202	王林	通信工程	1	1989-01-29	40	有一门课不及格，待补考
081203	王玉民	通信工程	1	1990-03-26	42	NULL
081204	马琳琳	通信工程	0	1989-02-10	42	NULL
081206	李计	通信工程	1	1989-09-20	42	NULL
081210	李红庆	通信工程	1	1989-05-01	44	已提前修完一门课，并获得学分
081216	孙祥欣	通信工程	1	1989-03-09	42	NULL
081218	孙研	通信工程	1	1990-10-09	42	NULL
081220	吴薇华	通信工程	0	1990-03-18	42	NULL
081221	刘燕敏	通信工程	0	1989-11-12	42	NULL
081241	罗林琳	通信工程	0	1990-01-30	50	转专业学习

表 P1-5 score 表样本记录

学　号	课程号	成　绩	学　号	课程号	成　绩	学　号	课程号	成　绩
081101	101	80	081107	101	78	081111	206	76
081101	102	78	081107	102	80	081113	101	63
081101	206	76	081107	206	68	081113	102	79
081103	101	62	081108	101	85	081113	206	60
081103	102	70	081108	102	64	081201	101	80
081103	206	81	081108	206	87	081202	101	65
081104	101	90	081109	101	66	081203	101	87
081104	102	84	081109	102	83	081204	101	91
081104	206	65	081109	206	70	081210	101	76
081102	102	78	081110	101	95	081216	101	81
081102	206	78	081110	102	90	081218	101	70
081106	101	65	081110	206	89	081220	101	82
081106	102	71	081111	101	91	081221	101	76
081106	206	80	081111	102	70	081241	101	90

表 P1-6　　　　course 表样本记录

课　程　号	课　程　名	开 课 学 期	学　时	学　分
101	计算机基础	1	80	5
102	程序设计与语言	2	68	4
206	离散数学	4	68	4
208	数据结构	5	68	4
209	操作系统	6	68	4
210	计算机原理	5	85	5
212	数据库原理	7	68	4
301	计算机网络	7	51	3
302	软件工程	7	51	3

2. 程序框架界面及其添加的类

（1）为上述数据库添加并创建一个 ODBC 数据源。**对于 ADO 类型不需此步。**

（2）用 MFC AppWizard 创建一个单文档应用程序 Student，在向导的第 2 步中选择“标题文件（Header files only）”，在向导的第 6 步选择用户视图的基类为 CListView。这样，应用程序可以使用数据库的 MFC 类，但又没有默认的数据库程序代码框架。

（3）在应用程序项目中，用 ClassWizard 为数据表 student、score、course 创建并添加 CRecordSet 的派生类：CStudentSet、CScoreSet 和 CCourseSet。**对于 ADO 类型不需此步。**

（4）添加一个对话框资源 IDD_STUINFO，用于学生信息数据的添加和修改，参看 student 表结构设计并创建对话框类 CStuInfoDlg。

（5）添加一个对话框资源 IDD_SCORE，用于学生课程成绩数据的添加和修改，参看 score 表结构设计并创建对话框类为 CScoreDlg。

（6）添加一个对话框资源 IDD_COURSE，用于课程信息数据的添加和修改，参看 course 表结构设计并创建对话框类为 CCourseDlg。

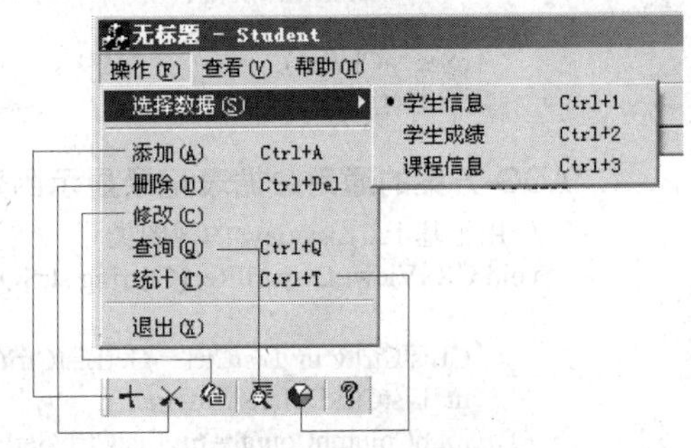

图 P1-7　菜单项和工具栏

（7）设计菜单和工具栏，如图 P1-7 所示，图中的连线表示菜单项和工具按钮的联动。

3. 带排序功能的通用数据表记录显示函数 DispAllRec（MFC ODBC 方案）

```
// 用于基于 CListView 的视图类
// nTable=1 时，表示 student 表，2 表示 score 表，3 表示 course 表
// nField 是用于排序的字段索引号
void CXxView::DispAllRec(int nTable, int nField)
{
    CRecordset *cSet;
    if (nTable == 1) cSet = new CStudentSet( );
    else if (nTable == 2) cSet = new CScoreSet( );
    else if (nTable == 3) cSet = new CCourseSet( );
    else return;
    CListCtrl& m_ListCtrl = GetListCtrl( );
    // 删除列表中所有行和列表头
    m_ListCtrl.DeleteAllItems( );
    int nColumnCount = m_ListCtrl.GetHeaderCtrl( )->GetItemCount( );
    for (int j=0; j<nColumnCount; j++)
        m_ListCtrl.DeleteColumn(0);
```

```
        cSet->Open( );                                    // 打开记录集
        CODBCFieldInfo field;
        int nWidth;
        CString strField, strName;
        // 创建列表头
        for (UINT i=0; i<cSet->m_nFields; i++)
        {
            cSet->GetODBCFieldInfo( i, field );
            strName = field.m_strName;
            // 计算列宽
            nWidth = field.m_nPrecision * 9;
            if (nWidth<strName.GetLength( )*9) nWidth = strName.GetLength( )*9;
            if (nWidth<40) nWidth = 40;
            m_ListCtrl.InsertColumn(i, strName, LVCFMT_LEFT, nWidth);
            if (i==(UINT)nField) strField = field.m_strName;
        }
        cSet->Close( );
        // 按字段打开记录集，然后添加列表项
        if (!strField.IsEmpty( )) cSet->m_strSort = strField;
        cSet->Open( );
        int nItem = 0;
        CString str;
        while (!cSet->IsEOF( ))
        {
            for (UINT i=0; i<cSet->m_nFields; i++)
            {
                cSet->GetFieldValue(i, str);
                if ( i == 0)    m_ListCtrl.InsertItem( nItem, str );
                else            m_ListCtrl.SetItemText( nItem, i, str );
            }
            nItem++;
            cSet->MoveNext( );
        }
        cSet->Close( );                              // 关闭记录集
        if (cSet) delete cSet;                       // 释放内存空间
}
```

4. ADO 方案的通用数据表记录显示函数 DispAllRec

```
// 用于基于 CListView 的视图类
void CXxView::DispAllRec(CString strSQL)
{
        CListCtrl& m_ListCtrl = GetListCtrl( );
        m_ListCtrl.DeleteAllItems( );
        int nColumnCount = m_ListCtrl.GetHeaderCtrl( )->GetItemCount( );
        for (int i=0; i<nColumnCount; i++)
            m_ListCtrl.DeleteColumn(0);
        _CommandPtr pCmd;
        pCmd.CreateInstance(__uuidof(Command));              // 初始化 Command 指针
        pCmd->ActiveConnection = m_pConnection;              // 指向已有的连接
        pCmd->CommandText = _bstr_t(strSQL);
        _RecordsetPtr pSet;
        pSet.CreateInstance(__uuidof(Recordset));            // 初始化 Recordset 指针
        pSet = pCmd->Execute(NULL, NULL, adCmdText );
        // 建立列表控件的列表头
        FieldsPtr flds = pSet->GetFields( );                 // 获取当前表的字段指针
        _variant_t Index;
        Index.vt = VT_I2;
        m_ListCtrl.InsertColumn(0, "序号", LVCFMT_LEFT, 40 );
        for (i = 0; i < (int)flds->GetCount( ); i++)
        {
            Index.iVal = i;
            int nWidth = flds->GetItem(Index)->GetDefinedSize( )*9;
            if ( nWidth < 40 ) nWidth = 40;
            if ( nWidth > 200 ) nWidth = 200;
```

```
            m_ListCtrl.InsertColumn(i+1, (LPSTR)flds->GetItem(Index)->GetName( ),
                    LVCFMT_LEFT,    nWidth);
        }
        // 显示记录
        _bstr_t str, value;
        int nItem = 0;
        CString strItem;
        while(!pSet->adoEOF)
        {
            strItem.Format("%d", nItem+1);
            m_ListCtrl.InsertItem(nItem, strItem );
            for (i = 0; i < (int)flds->GetCount( ); i++)
            {
                Index.iVal = i;
                str = flds->GetItem(Index)->GetName( );
                try
                {
                    value = pSet->GetCollect(str);
                    m_ListCtrl.SetItemText( nItem, i+1, (LPCSTR)value );
                }catch(...)
                {}
            }
            pSet->MoveNext( );
            nItem++;
        }
        pSet->Close( );
    }
```

5. 在一个对话框中绘制某门课程成绩分布的直方图或饼图

直方图和饼图是数据可视化手段的最常用的形式，这里预先构造了一个简单的 CGraph 类，用来绘制直方图和饼图，其类的声明代码如下：

```
class CGraph : public CObject
{
public:
        CGraph::CGraph( );
        CGraph::CGraph(CRect rcDraw);
        CGraph::CGraph(CRect rcDraw, int nMode);
        void SetDrawRect(CRect rcDraw);
        void SetDrawMode(int nMode);
        void AddData(unsigned int data);            // 添加数据
        void Draw(CDC *pDC, bool isDispData = FALSE);
        // 绘制，当 isDispData 为 TRUE 时，在直方图的顶上显示数字或饼图中显示百分比
private:
        CRect m_rectDraw;                           // 用于绘制直方图和饼图的整个范围
        int     m_nMode;                            // 0 表示直方图，其他值表示饼图
        CUIntArray    m_uDataArray;                 // 用于存放各个分量的值
        LOGFONT m_lfData;
        void DrawBar(CDC *pDC, bool isDispData);
        void DrawPie(CDC *pDC);
        void InitGraph(CRect rcDraw, int nMode);
};
```

下列来看一个通用的示例过程：

（1）将 Graph.h 文件复制到应用程序项目文件夹中。

（2）在应用程序项目中添加一个对话框资源 IDD_DRAW，删除“OK”和“Cancel”按钮，将对话框的字体设为“宋体，9 号”。

（3）将对话框大小调整为正方形，创建该对话框类为 CDrawDlg。

（4）为对话框类 CDrawDlg 添加 3 个公有成员变量：CUIntArray 型的 m_uData（分布数据），int 型的 m_nMode（0 为直方图，其他值为饼图），CString m_strTitle（对话框标题）。

（5）在构造函数中添加下列初始化代码：

```
CDrawDlg::CDrawDlg(CWnd* pParent /*=NULL*/)
        : CDialog(CDrawDlg::IDD, pParent)
{
        //{{AFX_DATA_INIT(CDrawDlg)
                // NOTE: the ClassWizard will add member initialization here
        //}}AFX_DATA_INIT
        m_strTitle = "成绩分布图";
        m_nMode = 0;
}
```

（6）用 MFC ClassWizard 为 CDrawDlg 添加 WM_INITDIALOG 和 WM_PAINT 消息映射函数，并在消息函数中添加下列代码：

```
#include "Graph.h"
CGraph theGraph;                // 全局变量
BOOL CDrawDlg::OnInitDialog( )
{
        CDialog::OnInitDialog( );
        SetWindowText( m_strTitle );
        for (int i=0; i<m_uData.GetSize( ); i++)
                theGraph.AddData( m_uData[i] );
        theGraph.SetDrawMode( m_nMode );
        return TRUE;    // return TRUE unless you set the focus to a control
                        // EXCEPTION: OCX Property Pages should return FALSE
}
void CDrawDlg::OnPaint( )
{
        CPaintDC dc(this); // device context for painting
        UpdateWindow( );
        CRect rc;
        GetClientRect( rc );
        theGraph.SetDrawRect( rc );
        theGraph.Draw(&dc, TRUE);
}
```

（7）在任意一个命令消息函数添加类似下列的代码，并在调用所在的程序文件的前面添加 CDrawDlg 类的包含文件，如下：

```
CDrawDlg dlg;
dlg.m_nMode = 1;
dlg.m_strTitle = "示例：这是一个圆饼图";
dlg.m_uData.Add( 2 );                   dlg.m_uData.Add( 1 );
dlg.m_uData.Add( 11 );                  dlg.m_uData.Add( 15 );
dlg.m_uData.Add( 24 );                  dlg.m_uData.Add( 6 );
dlg.DoModal( );
```

（8）编译运行并测试，结果如图 P1-8（a）所示，若将 dlg.m_nMode 设为 0，dlg.m_strTitle 设为“示例：这是一个直方图”，则结果如图 P1-8（b）所示。

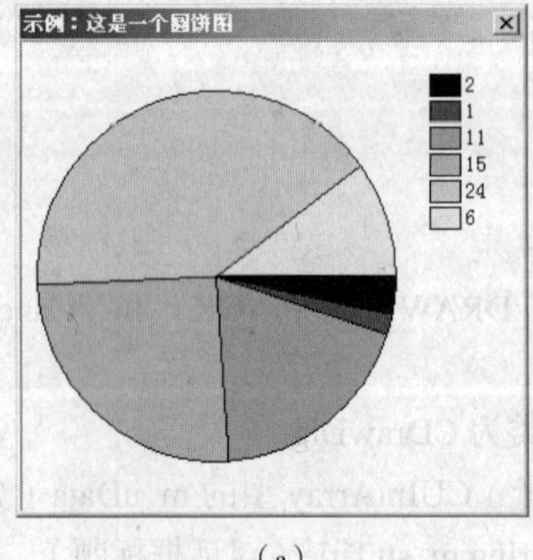

（a）

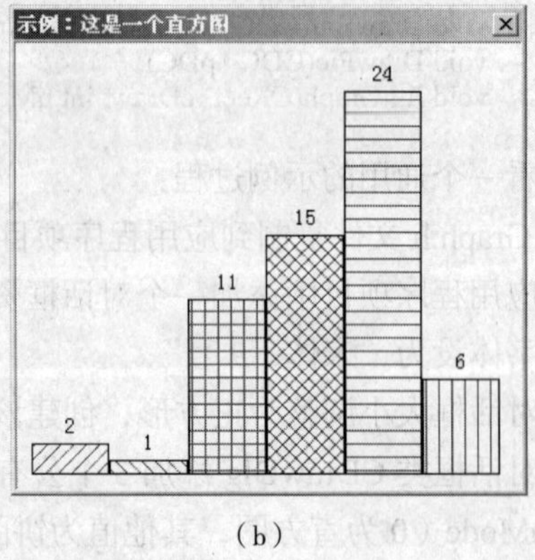

（b）

图 P1-8　在对话框中绘制饼图和直方图